普通高等教育国家级重点教材

军用装备维修工程学
（第3版）

甘茂治　康建设　高　崎　等著

国防工业出版社

·北京·

内容简介

本书系统地介绍了维修工程及相关的可靠性、维修性、保障性理论与技术,内容新颖、丰富、实用。全书共分13章,其中第二章至第六章分别介绍了可靠性和维修性的基本概念、模型,设计与分析,试验与评定等。第七章至第十三章围绕装备维修保障系统的建立和运行规律,详细地介绍了有关保障性、抢修性等基本概念,维修工程分析及其系统分析方法,可靠性、维修性、保障性定量要求确定,维修方案,以可靠性为中心的维修分析,维修工作分析与确定,装备战场抢修,维修资源的确定与优化,软件保障和软件密集系统保障,以及装备维修管理等内容。

本书可作为军队工程技术院校相关专业的教材,也可供其他工程院校教学使用,并可供装备(设备)论证、研制、生产、使用、维修等有关方面的工程技术与管理人员参考。

图书在版编目(CIP)数据

军用装备维修工程学/甘茂治等著. —3版. —北京:国防工业出版社,2022.8,2024.1重印
ISBN 978-7-118-12646-4

Ⅰ.①军… Ⅱ.①甘… Ⅲ.①军事装备—维修 Ⅳ.①E92

中国版本图书馆 CIP 数据核字(2022)第 198747 号

※

*国防工紫出版社*出版发行
(北京市海淀区紫竹院南路23号 邮政编码100048)
北京虎彩文化传播有限公司印刷
新华书店经销

*

开本 787×1092 1/16 印张 27½ 字数 637 千字
2024年1月第3版第2次印刷 印数 1201—2000 册 定价 88.00 元

(本书如有印装错误,我社负责调换)

国防书店:(010)88540777	书店传真:(010)88540776
发行业务:(010)88540717	发行传真:(010)88540762

《军用装备维修工程学(第3版)》
编审委员会

主任委员 徐滨士

委　　员（按姓氏笔画排序）

　　　　于　江　于永利　马绍民　王汉功

　　　　王宏济　石荣德　甘茂治　刘瑾辉

　　　　李陆平　李俊刚　罗　云　陈学楚

　　　　唐文彪　高　崎　徐仁益　康建设

编写委员会

委　　员（按姓氏笔画排序）

　　　　胡起伟　郭弛名　康建设　温　亮

第3版前言

《军用装备维修工程学》作为普通高等教育"九五"国家级重点教材和军队工程技术院校教材,1999年出版了第1版,2005年出版了第2版。进入新时代,随着国防和军队改革、多年来的教学实践以及装备(设备)维修工程理论与应用的进一步发展,有必要对第2版进行修订。与第2版相比,第3版最主要的变化有以下几点。

(1) 第十章装备战场抢修与抢修性的章节框架及部分内容进行了优化调整。结合近年来有关装备战场抢修方面的教学实践,第3版将有关概念及内容与现行相关的国家军用标准进行了对表,对战场抢修程序与方法、战场损伤评估与修复分析等内容进行了修订。

(2) 删除了第十三章可靠性、维修性、保障性数字仿真。考虑到本教材相关课程教学大纲及学时要求,结合近年来的教学实践和实施情况,以及为避免教材修订篇幅越来越大等因素,在第3版中删除了该部分内容。

(3) 对第十四章装备维修管理与质量监控进行了重新编写,并改为第十三章装备维修管理。为适应新时代我军装备维修管理工作需求,第3版对该章的名称和章节框架进行了优化调整,对相关内容进行了补充完善和必要的修订,以使其内容更具针对性和实用性。

此外,对其他章节的内容也进行了修订,主要是对部分概念、文字、段落及内容等进行了修改完善,以提高本教材的质量和实用性。

本书第十、十一、十二章由胡起伟执笔修订,第九、十三章由温亮执笔修订,第六、七章由郭驰名执笔修订,其他章节由康建设执笔修订。全书由康建设统稿。教研室宋明昌、郭宇荣、闫昊、刘杨硕等在读硕、博士研究生在全书文字、公式、图片编辑等方面做了大量工作。尽管作者们为第3版修订付出了大量努力,不足和疏漏之处在所难免,恳请读者批评指正。

作者
2022年3月

第2版前言

本书作为军队工程技术院校的教材和"九五"国家级重点教材,在1999年出版了第1版。随着教学实践及近年来装备(设备)维修工程理论与应用的进一步发展,有必要把学科的一些新进展补充到本书中。为此,在第2版里,增加了几章新的内容,并对原有的章节进行了修改与完善。与第1版相比最主要的变化如下。

(1) 增加了第八章可靠性、维修性、保障性定量要求的确定。可靠性、维修性、保障性(RMS)是与武器装备维修直接相关的重要质量特性,在武器装备论证中必须提出RMS要求。因此,根据内容及教学需要,在第2版中增加了本章内容。

(2) 增加了第十二章软件保障和软件密集系统保障。随着计算机技术在现代武器系统及自动化信息系统中的广泛应用,软件保障和软件密集系统保障问题需要进行专门研究和特殊关注。为此,在第2版中增加了此部分内容。

(3) 增加了第十三章可靠性、维修性、保障性数字仿真。随着计算机技术和仿真理论与方法的迅速发展,系统仿真在装备(设备)维修工程领域里获得了广泛的应用。为了使本书内容更趋全面、系统,在第2版中增加了本章内容。

此外,根据需要在第1版原有章节中还增加了一些新内容。如在第二章中增加了寿命分布一节内容;在第三章中增加了可靠性建模、可靠性设计准则两节内容;在第四章中增加了软件可维护性内容等。在其他章节,也对部分文字和段落进行了修改与完善,致力提高本教材的实用性和质量。

本书新增的第八章由康建设执笔,第十二章由甘茂治执笔,第十三章由高崎执笔。尽管作者对第2版做了共同努力,不足和疏漏之处在所难免,诚恳希望读者批评指正。

作者
2005年1月

第1版序

资产(民用设备、军用装备等)是我国社会主义现代化建设的重要物质技术基础。近年来,随着社会的技术进步,设备(装备)朝着大型化、自动化、智能化、复杂化、高速化、精密化、计算机化和流程化方向发展。设备越进步、越发展,设备的维修与管理就越重要,先进的设备需要先进的维修与管理。

维修不仅是为了保持和恢复资产的良好技术状态及正常工作(运行)所采取的措施,而且是改善性能、提高企业(部队)装备素质不可缺少的措施。所以,维修是对资产的一种再投资、再制造、再利用,有时还包括再设计(产品和过程)。在现代化大生产中,维修已不再是一种辅助手段或应急措施,而是生产力的有机组成部分。从这个意义上说,设备维修是生产力。同样,从维修对形成、保持和提高战斗力的作用来讲,维修是战斗力。

现代维修已经成为一种内容广泛、涉及面广、技术复杂的产业。在发达国家维修(翻修、重新制造)业有相当大的规模,并应用着种种先进技术。在国民经济和科学技术日益发展的今天,资产维修在社会发展(国民经济、科学技术、文化教育等)和国防建设中的地位和作用,变得越来越重要,特别是进入20世纪90年代以来,维修对于延长资产使用寿命、节省和合理利用资源尤甚。因此,为减少环境污染、保持社会持续发展的作用,它已被越来越多的国家、越来越多的人们所认识,甚至被认为,"维修是为了未来的投资"、"维修是社会持续发展的关键性因素",足见它的重要。

由于资产维修内容的扩展及其在社会发展和国防建设中的地位和作用的加强,资产维修不能单靠技艺,更要靠知识、靠科学、靠管理。资产维修与管理是建立在诊断技术、维修技术和信息技术等基础上,以现代管理科学为先导,融技术、经济和管理为一体的交叉、综合学科。这一学科越来越受到重视。发达国家非常重视该学科的研究和推广应用,并在经济、科技、防务等方面的发展中发挥了巨大作用。1974年,联合国教科文组织把设备维修工程列入学科目录,使它得到迅速发展,如美国发展为设备维修工程(maintenance engineering),欧洲建立了设备综合学(terotechnoly),日本提出并推行全员生产维修(TPM)等。如今,维修学科的研究与应用正在向深度和广度方向发展。

我国有丰富的资产维修与管理的经验。改革开放后,民用行业引进了发达国家的设备综合学和实践经验,结合我国国情,开展学科研究与应用。国家制定并推行《设备管理条例》,贯彻设计、制造与使用相结合,修理、改造与更新相结合,技术管理与经济管理相结合,专业管理与全员管理相结合等原则,推广状态监测、故障诊断、表面工程等新技术,在提高企业经济效益,保证国民经济持续、稳定发展中取得了很大成就。

我军20年前从国外引进维修工程理论,通过学习、消化,结合我军维修工作实际,贯彻以可靠性为中心的维修,积极采用新技术,推动了装备维修改革和维修工作发展。尽管在武器装备越来越复杂、价格越来越昂贵、维修经费紧缩的情况下,我军仍能保证完成部队作战、训练、战备等任务,并获得了丰富的经验。在此过程中,有关理论研究也取得了重要成果。这些实践经验和理论成果为本书——《军用装备维修工程学》的编写提供了重要基础。

本书的作者系统总结已有经验和成果,经过理论研究和再创造,明确提出把研究装备维修保障系统的建立和运行规律作为维修工程的主要内容,建立具有我国、我军特色的维修工程理论框架;把装备可靠性、维修性作为维修理论研究的基础,突出全系统全寿命过程的可靠性、维修性工作;根据学科发展,充实了测试与测试性、战场抢修、定寿延寿等新内容;从科学建立和运行维修保障系统出发,对维修保障系统总体设计、维修任务和资源确定、维修管理和质量监控等展开深入地论述。本书内容丰富、新颖,取材广泛,反映了国内外维修工程理论研究的新成果和工程实践的新经验;结构合理,重点突出,理论与实际紧密结合。作者以严谨、认真的精神完成编写提纲,三易其稿,并先后经过军内外本学科专家、教授组成的编委会审查、讨论。我相信,本书会受到读者的欢迎,其出版发行必将有利于推动维修工程理论研究和应用。

本书是作为普通高等教育"九五"国家级重点教材编写的。其主要读者对象是军队和国防科技系统工程技术院校的学生和教师,也可供军队和国防科技工业的工程技术人员使用。由于维修工程理论和技术具有普遍适用性,故也可供民用设备研制、维修、管理等行业的工程技术人员和院校师生参考。

徐滨士
1999 年 1 月

第1版前言

第二次世界大战以来,科学技术高速发展,特别是电子、核能、航空、航天、计算机、自动控制等高技术的发展及其在军事上的广泛应用,引发了一场军事技术革命。高技术条件下的局部战争,以其高强度、快节奏、高消耗等特点对武器装备提出了更高要求。武器装备的效能越来越高、作战使用环境越来越严酷,构造越来越复杂。装备的维修保障和相关的可靠性、维修性问题,已经是形成、保持和提高军用装备战斗能力的关键,成为军队装备发展与建设的重要问题。研究与提高装备的可靠性和维修性,解决维修保障问题是装备研制、生产、订购、使用、维修和管理各部门的共同任务,而军队在其中起着推动作用。了解装备的维修保障和相关的可靠性、维修性的理论和技术,对于军事工程技术和管理人员来说是必不可少的。研究这些内容的"军用装备维修工程"课程已在全军工程技术院校普遍开设(尽管使用的名称不完全相同),并成为军队重点建设学科或研究方向。本书正是为适应院校对该课程教学需要而编写的。

装备(设备)的可靠性,我国从20世纪50年代后期就开始研究,但在"文革"中被中断;维修性和维修工程学科则是在70年代后期从国外引入的。多年来,维修工程学科和可靠性维修性的研究和应用,在军事领域和民用电子、航空、航天、机械等行业有了很大的发展,促进了武器装备和民用设备质量的提高和有效使用。在积极推进工程实践的同时,有关学科研究也得到发展。特别是结合我国实际,形成了具有我国特色的强调装备全系统、全寿命管理的维修工程学科。本书反映了国内外维修工程学科近年来发展的新内容。

本书作为军队工程技术院校的教材,在较为全面地介绍维修工程理论和技术及相关的可靠性、维修性基础的同时,注重体现军队工程技术与管理人才知识需求的特点。本书分为13章:第一章"绪论",第二章至第六章介绍了可靠性和维修性的基本概念、指标要求、模型,设计与分析,试验与评定,以及特殊的可靠性、维修性问题等。其中关于使用、储存可靠性(以及维修性),既是军队特别关心的,又是军队工程技术与管理中的重要工作;而测试性(及第十章中的战场抢修性)等则是国内外近年来研究的热点问题。从第七章开始是维修工程的基本内容,紧紧围绕装备维修保障系统的建立和运行规律,详细地介绍了有关的基本概念、保障性分析,装备系统分析方法,维修方案,维修任务的分析与确定,装备战场抢修,维修资源的确定与优化,以及维修管理等。这些内容中的多数,既适合于装备论证、研制、生产过程,又适用于使用、维修过程,是工程技术与管理人员需要掌握的重要内容。全书教学时数大约60学时~100学时。不同的院校、专业和学制,根据课时数可选用或补充内容。本书也可供其他工程院校教学使用,以及供工程技术与设备管理人员参考。

本书是在系统总结、吸收近20年来我军各院校有关研究与教学实践的基础上编写的。本书的结构体系和部分内容,参考、吸取了各军兵种和院校的类似教材,特别是国防工业出版社出版的《可靠性维修性保障性丛书》和《装备维修工程学》。本书编委会由中国工程院院士、中国设备管理协会副会长、中国机械工程学会副理事长徐滨士教授主持,成员大都是从事本课程教学与研究的专家、教授。在本书编写过程中,他们对编写的提纲、征求意见稿、送审稿认真进行审查,提出了许多宝贵的修改意见和建议。在此一并表示感谢。

本书主编单位是军械工程学院,参编单位有装甲兵工程学院、工程兵工程学院、运输工程学院、海军工程学院、空军工程学院、二炮工程学院和空军雷达学院。本书的内容经过编委集体讨论定稿。执笔人是甘茂治(第一章、第四至六章和第十章)、高崎(第二、三章)和康建设(第七至第九章、第十一、十二章),全书由甘茂治统稿。张华同志在本书的立项、编写和出版中做了大量的工作,特别是对本书的总体设计提出了宝贵意见。维修工程是正在发展中的一门学科,尽管本书经过编委们的共同努力,但是由于作者的水平有限,疏漏和不完善之处在所难免,恳请读者批评指正。

作者
1999 年 1 月

CONTENTS 目录

第一章 绪论 ... 1

1.1 装备维修与维修保障系统 ... 1
- 1.1.1 维修的基本概念及区分 ... 1
- 1.1.2 维修保障系统 ... 3
- 1.1.3 装备维修在国防建设和现代战争中的作用和地位 ... 4
- 1.1.4 装备维修保障中的基本矛盾和基本规律 ... 4

1.2 装备维修工程 ... 7
- 1.2.1 基本概念 ... 7
- 1.2.2 装备维修工程的任务与目标 ... 7
- 1.2.3 维修工程活动 ... 8
- 1.2.4 装备维修工程与其他学科、专业工程的关系 ... 10
- 1.2.5 装备维修工程的基本观点 ... 13

1.3 装备维修与维修工程的发展概况 ... 15
- 1.3.1 装备维修发展概况 ... 15
- 1.3.2 新的军事变革对装备维修提出了更新、更高的要求 ... 18
- 1.3.3 装备维修改革与发展趋势 ... 19
- 1.3.4 装备维修工程的形成与发展 ... 22

习题 ... 24

第二章 可靠性基础 ... 25

2.1 可靠性的概念 ... 25
- 2.1.1 可靠性和故障的定义 ... 25
- 2.1.2 可靠性的区分 ... 27
- 2.1.3 产品的寿命 ... 28
- 2.1.4 可靠度函数 ... 29
- 2.1.5 累积故障分布函数 ... 30
- 2.1.6 故障密度函数 ... 31
- 2.1.7 故障率函数 ... 33
- 2.1.8 $\lambda(t)$ 与 $R(t)$、$F(t)$ 和 $f(t)$ 的关系 ... 34
- 2.1.9 故障规律 ... 35

2.2 可靠性参数及指标 ... 36

		2.2.1	基本概念	36
		2.2.2	常用可靠性参数	37
		2.2.3	可靠性指标的确定要求	41
	2.3	寿命分布		43
		2.3.1	寿命分布的作用	43
		2.3.2	产品常用寿命分布	43
	2.4	系统可靠性		47
		2.4.1	概念	47
		2.4.2	串联系统	48
		2.4.3	并联系统	52
		2.4.4	混联系统	54
		2.4.5	冷储备系统	56
		2.4.6	表决系统	58
	2.5	软件可靠性		60
		2.5.1	基本概念	60
		2.5.2	常用参数	61
		2.5.3	软件可靠性模型	62
		2.5.4	提高软件可靠性的途径	63
	2.6	人对系统可靠性的影响		64
		2.6.1	基本概念	64
		2.6.2	人为差错	65
		2.6.3	减少人为差错,提高系统可靠性	66
	习题			66

第三章 可靠性技术 … 70

	3.1	可靠性建模		70
		3.1.1	概述	70
		3.1.2	目的与作用	70
		3.1.3	一般程序与方法	70
	3.2	可靠性分配		72
		3.2.1	目的与作用	72
		3.2.2	方法	73
	3.3	可靠性预计		79
		3.3.1	目的与作用	79
		3.3.2	方法	80
	3.4	故障模式、影响与危害性分析		87
		3.4.1	概述	87
		3.4.2	目的与作用	88
		3.4.3	FMEA 方法与程序	88

  3.4.4　CA 方法与程序 ·· 92
 3.5　故障树分析 ··· 95
  3.5.1　概述 ·· 95
  3.5.2　目的与作用 ·· 95
  3.5.3　故障树的建立 ·· 96
  3.5.4　故障树的定性分析 ······································· 102
  3.5.5　故障树的定量计算 ······································· 104
 3.6　可靠性设计准则 ··· 107
  3.6.1　概述 ··· 107
  3.6.2　制定元器件大纲 ··· 109
  3.6.3　降额设计 ··· 109
  3.6.4　简化设计 ··· 110
  3.6.5　余度设计 ··· 110
  3.6.6　热设计 ··· 111
 3.7　可靠性试验 ·· 112
  3.7.1　概述 ··· 112
  3.7.2　统计试验方案的制定 ····································· 114
  3.7.3　指数寿命分布的参数估计 ································· 123
  3.7.4　加速寿命试验 ··· 125
 习题 ··· 131

第四章　维修性基础 ·· 134

 4.1　维修性的意义 ·· 134
  4.1.1　维修性的定义 ··· 134
  4.1.2　固有维修性与使用维修性 ································· 135
 4.2　维修性定性要求 ··· 135
  4.2.1　简化装备设计与维修 ····································· 135
  4.2.2　具有良好的维修可达性 ··································· 136
  4.2.3　提高标准化程度和互换性 ································· 137
  4.2.4　具有完善的防差错措施及识别标记 ························· 138
  4.2.5　保证维修安全 ··· 138
  4.2.6　测试准确、快速、简便 ··································· 139
  4.2.7　要重视贵重件的可修复性 ································· 139
  4.2.8　要符合维修中人机环工程的要求 ··························· 139
 4.3　维修性定量要求 ··· 140
  4.3.1　维修性函数 ··· 140
  4.3.2　维修时间的统计分布 ····································· 142
  4.3.3　维修性参数 ··· 146
 4.4　维修性模型 ·· 148

        4.4.1 维修性模型的作用 …………………………………………………… 148
        4.4.2 维修性模型的分类 …………………………………………………… 149
        4.4.3 维修性的系统框图模型 ……………………………………………… 149
        4.4.4 维修性数学模型 ……………………………………………………… 152
    4.5 软件可维护性 ……………………………………………………………… 154
        4.5.1 软件维护 ……………………………………………………………… 154
        4.5.2 软件可维护性概念 …………………………………………………… 155
        4.5.3 软件可维护性要求 …………………………………………………… 156
    习题 ……………………………………………………………………………… 157

第五章 维修性技术 ……………………………………………………………… 158

    5.1 维修性分配 ………………………………………………………………… 158
        5.1.1 维修性分配的目的、指标和产品层次 ……………………………… 158
        5.1.2 维修性分配的程序 …………………………………………………… 159
        5.1.3 维修性分配的方法 …………………………………………………… 159
    5.2 维修性预计 ………………………………………………………………… 161
        5.2.1 维修性预计的目的和参数 …………………………………………… 161
        5.2.2 维修性预计的程序 …………………………………………………… 162
        5.2.3 维修性预计的方法 …………………………………………………… 163
    5.3 维修性分析 ………………………………………………………………… 168
        5.3.1 维修性分析的意义及目的 …………………………………………… 168
        5.3.2 维修性分析的内容 …………………………………………………… 169
        5.3.3 维修性分析的技术与方法 …………………………………………… 171
    5.4 维修性试验与评定 ………………………………………………………… 174
        5.4.1 维修性试验与评定的目的、作用及区分 …………………………… 174
        5.4.2 维修性试验与评定的一般程序 ……………………………………… 176
        5.4.3 维修性验证方法 ……………………………………………………… 179
    习题 ……………………………………………………………………………… 185

第六章 测试与测试性 …………………………………………………………… 187

    6.1 测试的基本概念及分类 …………………………………………………… 187
        6.1.1 测试、故障诊断与测试系统 ………………………………………… 187
        6.1.2 测试的分类 …………………………………………………………… 188
        6.1.3 机内测试 ……………………………………………………………… 188
    6.2 测试性及其要求 …………………………………………………………… 189
        6.2.1 测试性概念 …………………………………………………………… 189
        6.2.2 定量要求 ……………………………………………………………… 190
        6.2.3 定性要求 ……………………………………………………………… 192
    6.3 测试性分配 ………………………………………………………………… 193

       6.3.1 按故障率分配法 193
       6.3.2 加权分配法 193
       6.3.3 装备中有部分现成产品时的分配法 194
   6.4 测试性预计 194
       6.4.1 BIT 参数预计 195
       6.4.2 系统测试性预计 196
   6.5 测试点与诊断程序的确定 197
       6.5.1 测试点及其分类 197
       6.5.2 确定测试点的步骤 197
       6.5.3 测试点的优化方法 198
       6.5.4 故障诊断程序的确定 201
   习题 203

第七章 维修工程分析及其系统分析方法 204

   7.1 保障性与保障性分析 204
       7.1.1 保障性 204
       7.1.2 保障性分析 207
   7.2 系统可用度分析 214
       7.2.1 可用度概念 214
       7.2.2 马尔可夫型可修复系统的可用度分析 217
       7.2.3 固有可用度分析 225
       7.2.4 使用可用度分析 229
   7.3 系统效能分析 230
       7.3.1 系统效能的基本概念和量度 231
       7.3.2 系统效能模型 233
       7.3.3 系统效能分析的作用及应用示例 238
   7.4 寿命周期费用分析 241
       7.4.1 寿命周期费用的基本概念 241
       7.4.2 装备寿命周期各阶段对 LCC 的影响 243
       7.4.3 寿命周期费用分析的主要作用 244
       7.4.4 LCC 分析的一般程序 244
       7.4.5 LCC 估算 246
   7.5 费用-效能分析 251
       7.5.1 费用-效能分析的基本概念 251
       7.5.2 费用-效能分析模型 251
       7.5.3 费用-效能分析的一般步骤与方法 253
   习题 255

第八章 可靠性、维修性、保障性定量要求的确定 256

   8.1 武器装备论证主要内容和一般程序 256

8.1.1 战术技术指标论证的主要任务和依据 ······ 259
8.1.2 战术技术指标论证的主要内容 ······ 259
8.2 可靠性、维修性、保障性参数选择与指标确定 ······ 260
8.2.1 参数与指标的概念及分类 ······ 260
8.2.2 指标确定的方法和基本步骤 ······ 262
8.3 可靠性、维修性、保障性参数选择与指标确定示例 ······ 263
8.3.1 论证阶段使用参数选择和指标确定 ······ 263
8.3.2 方案阶段合同参数和指标的确定 ······ 266
8.3.3 主要指标验证的规定 ······ 266
习题 ······ 267

第九章 维修方案和维修工作的确定 ······ 268

9.1 维修方案及其形成过程 ······ 268
9.1.1 维修方案 ······ 268
9.1.2 维修级别及其划分 ······ 269
9.1.3 修理策略 ······ 272
9.1.4 维修方案的形成 ······ 274
9.2 以可靠性为中心的维修 ······ 277
9.2.1 RCM 的基本概念、目的及发展 ······ 277
9.2.2 RCM 的原理 ······ 280
9.2.3 RCM 分析的一般步骤与方法 ······ 284
9.2.4 RCM 应用示例 ······ 293
9.3 预防性维修间隔期的确定 ······ 296
9.3.1 检查工作间隔期的确定 ······ 297
9.3.2 定时拆修(修复)和定时报废工作间隔期的确定 ······ 301
9.4 修理级别分析 ······ 308
9.4.1 LORA 的目的、作用及准则 ······ 308
9.4.2 LORA 的一般步骤与方法 ······ 309
9.4.3 LORA 模型 ······ 312
9.5 维修工作分析与确定 ······ 316
9.5.1 维修工作分析的目的 ······ 316
9.5.2 维修工作确定 ······ 316
9.5.3 维修工作分析的内容及过程 ······ 318
9.5.4 维修工作分析所需信息及分析时应注意的问题 ······ 320
习题 ······ 322

第十章 装备战场抢修与抢修性 ······ 323

10.1 战场损伤 ······ 323
10.1.1 战斗损伤 ······ 323

		10.1.2	故障	323

- 10.1.2 故障 ··· 323
- 10.1.3 人为差错 ··· 324
- 10.1.4 装备得不到供应品 ·· 324
- 10.1.5 装备不适于作战环境 ·· 324

10.2 战场抢修 ·· 325
- 10.2.1 基本概念 ·· 325
- 10.2.2 战场抢修与平时维修的区别 ····································· 325
- 10.2.3 战场抢修的特点 ·· 326
- 10.2.4 战场损伤评估 ··· 327
- 10.2.5 战场损伤修复 ··· 331
- 10.2.6 战场抢修发展概况 ··· 335

10.3 抢修性 ·· 337
- 10.3.1 抢修性的提出 ··· 337
- 10.3.2 基本概念 ·· 338
- 10.3.3 抢修性的主要要求 ··· 338
- 10.3.4 抢修性与装备研制过程 ··· 340

10.4 战场损伤评估与修复分析 ·· 341
- 10.4.1 基本概念 ·· 341
- 10.4.2 BDAR 分析的基本观点 ··· 341
- 10.4.3 抢修对策 ·· 342
- 10.4.4 BDAR 分析的一般步骤与方法 ·································· 342

习题 ·· 346

第十一章 维修资源的确定与优化 ··· 347

11.1 维修资源确定与优化的一般要求 ······································· 347
- 11.1.1 维修资源确定与优化的必要性 ·································· 347
- 11.1.2 维修资源确定与优化的主要依据 ······························· 348
- 11.1.3 维修资源确定与优化的约束条件和一般原则 ··············· 348
- 11.1.4 维修资源确定与优化的层次范围 ······························· 349

11.2 维修人员与训练 ·· 349
- 11.2.1 维修人员的确定 ·· 349
- 11.2.2 维修人员的训练 ·· 352

11.3 维修器材的确定与优化 ··· 352
- 11.3.1 基本概念 ·· 353
- 11.3.2 维修器材确定与优化的程序与步骤 ··························· 355
- 11.3.3 维修器材储存量确定的常用方法 ······························· 356
- 11.3.4 维修器材保障系统模型 ··· 358

11.4 维修设备的选配 ·· 367
- 11.4.1 维修设备分类 ··· 367

XVII

11.4.2　维修设备选配时应考虑的因素 ……………………………………… 367
　　　11.4.3　维修设备需求确定及其主要工作 …………………………………… 368
　11.5　技术资料 ………………………………………………………………………… 369
　　　11.5.1　技术资料的种类 ………………………………………………………… 370
　　　11.5.2　技术资料的编写要求 …………………………………………………… 370
　　　11.5.3　技术资料的编制过程 …………………………………………………… 371
　习题 ……………………………………………………………………………………… 372

第十二章　软件保障和软件密集系统保障 ……………………………………… 373

　12.1　概述 ……………………………………………………………………………… 373
　　　12.1.1　基本概念 ………………………………………………………………… 373
　　　12.1.2　意义 ……………………………………………………………………… 373
　12.2　软件与软件密集系统保障要素 ………………………………………………… 374
　　　12.2.1　维修(保障)规划 ………………………………………………………… 374
　　　12.2.2　人员与人力 ……………………………………………………………… 375
　　　12.2.3　训练与训练保障 ………………………………………………………… 376
　　　12.2.4　供应保障 ………………………………………………………………… 376
　　　12.2.5　技术资料 ………………………………………………………………… 376
　　　12.2.6　保障设备与设施 ………………………………………………………… 376
　　　12.2.7　设计接口 ………………………………………………………………… 377
　12.3　软件与软件密集系统保障的组织与实施 ……………………………………… 377
　　　12.3.1　保障组织 ………………………………………………………………… 377
　　　12.3.2　保障实施 ………………………………………………………………… 378
　12.4　软件保障与软件密集系统保障的若干关键技术 ……………………………… 380
　习题 ……………………………………………………………………………………… 381

第十三章　装备维修管理 …………………………………………………………… 382

　13.1　装备维修管理的基本原则和主要工作 ………………………………………… 382
　　　13.1.1　装备维修管理的基本原则 ……………………………………………… 382
　　　13.1.2　装备维修管理的基本要求 ……………………………………………… 383
　　　13.1.3　装备维修管理主要工作 ………………………………………………… 385
　13.2　装备维修现场管理 ……………………………………………………………… 387
　　　13.2.1　全员维修管理 …………………………………………………………… 387
　　　13.2.2　维修管理规范化 ………………………………………………………… 388
　　　13.2.3　维修现场 5S 活动 ……………………………………………………… 390
　13.3　装备维修质量管理 ……………………………………………………………… 391
　　　13.3.1　质量管理组织 …………………………………………………………… 391
　　　13.3.2　维修过程管理 …………………………………………………………… 392
　　　13.3.3　维修质量保证 …………………………………………………………… 393

    13.3.4 维修质量问题处理……393
    13.3.5 维修质量监督……394
    13.3.6 维修质量管理工具……395
  13.4 装备维修信息管理……398
    13.4.1 装备维修信息分类……399
    13.4.2 信息管理的工作流程……400
    13.4.3 维修管理信息系统……402
  13.5 装备寿命管理……403
    13.5.1 寿命的分类……403
    13.5.2 装备定寿……404
    13.5.3 装备延寿……408
 习题……411

附录一　泊松分布表……412

附录二　标准正态分布表(一)……413

附录三　标准正态分布表(二)……414

附录四　Γ 函数值表……416

附录五　t 分布表……417

附录六　χ^2-分布的上侧分位数表……418

参考文献……419

第一章
绪 论

军用装备是军队战斗力的重要组成部分,而装备维修是保持、恢复乃至提高战斗力的重要因素。装备的维修历来受到军队的重视,并经济、有效地保障了军队作战、训练和战备工作,在国防建设中发挥了重要作用。科学技术的飞速发展及其在武器装备中的应用,不仅对维修提出了更新更高的要求,而且也提供了新的手段,使以维修工程为主干的维修理论与技术得以发展。本章将介绍维修及维修工程理论与应用的基本概念及其发展。

1.1 装备维修与维修保障系统

1.1.1 维修的基本概念及区分

维修(maintenance)是为使产品保持或恢复到规定状态所进行的全部活动。显然,这是一个非常广泛的维修概念。维修贯穿于装备服役全过程,包括使用与储存过程。一般维修的直接目的是保持装备处在规定状态,即预防故障及其后果,而当其状态受到破坏(即发生故障或遭到损坏)后,使其恢复到规定状态。现代维修还扩展到对装备进行改进以局部改善装备的性能。维修既包括技术性活动(如检测、隔离故障、拆卸、安装、更换或修复零部件、校正、调试等),又包括管理性活动(如使用或储存条件的监测、使用或运转时间及频率的控制等)。

从不同的角度出发,维修有不同的分类方法。最常用的是按照维修的目的与时机分类划分。

1. 预防性维修

预防性维修(preventive maintenance)是通过系统检查、检测和消除产品的故障征兆,使其保持在规定状态所进行的全部活动。包括定时维修、视情维修、预先维修和故障检查等。这些活动可包括擦拭、润滑、调整、检查、定期拆修和定期更换等。这些活动的目的是发现并消除潜在故障,或避免故障的严重后果防患于未然。预防性维修适用于故障后果危及安全和任务完成或导致较大经济损失的情况。

(1) 定期(时)维修(hard time maintenance)。定期维修是指产品使用到预先规定的间隔期,按事先安排的内容进行的维修。间隔期可以按累计工作时间、里程或其他寿命单位来规定。其优点是便于安排维修工作,组织维修人力和准备物资。定期维修适用于已知其寿命分布规律且确有耗损期的产品。这种产品的故障与使用时间有明确的关系,大部分项目能工作到预期的时间以保证定期维修的有效性。

(2) 视情维修(on-condition maintenance)。视情维修又称预测性维修(predictive maintenance),是对产品进行定期或连续监测,发现其有功能故障征兆时,进行有针对性的维修。视情维修适用于耗损故障初期有明显劣化征候的产品,并需有适当的检测手段和标准。其优点是维修的针对性强,能够充分利用机件的工作寿命,又能有效地预防故障。

(3) 预先维修(proactive maintenance)。预先维修是针对故障根源采取的识别、监测和排除活动。故障根源或诱因是指机件所处的外部环境、介质以及其他产品(如液压油、润滑油或气体)的物理、化学性质劣化,产生渗漏、温度变化、气蚀、机件不对中等各种"稳定性"问题。预先维修通过监测和排除故障诱因,即对故障诱因进行保养、更换、修复、改进、替换等,从根本上消除机件故障。通过预先维修有可能实现设备的"零失效",但它只适用于那些能够确定机件故障根源的产品并需要较高的投入。

(4) 故障检查(failure-finding)。检查产品是否仍能工作的活动称为故障检查或功能检查。故障检查是针对那些后果不明显的故障,所以它适用于平时不使用的装备或产品的隐蔽功能故障。通过故障检查可以预防故障造成严重后果。

以上几种预防性维修方式各有其适用的范围和特点,并无优劣之分。正确运用定期维修与视情维修相结合的原则,适时进行故障检查,积极研究和适当应用预先维修,可以在保证装备战备完好性的前提下节约维修人力与物力。

在使用分队对装备所进行的例行擦拭、清洗、润滑、加油注气等,是为了保持装备在工作状态正常运转,也是一种预防性维修,通常称为维护或保养(servicing)。它是指为使产品保持规定状态所需采取的措施,如润滑、加油、紧固、调整和清洁等。

2. 修复性维修

修复性维修(corrective maintenance)也称修理(repair)或排除故障维修。它是指产品发生故障后,使其恢复到规定状态所进行的全部活动。它可以包括下述一个或多个步骤:故障定位、故障隔离、分解、更换、组装、调校及检验等。

3. 应急性维修

应急性维修(emergency maintenance)是在作战或紧急情况下,采用应急手段和方法,使损坏的装备迅速恢复必要功能所进行的突击性修理。最主要的是战场抢修,又称战场损伤评估与修复(battlefield damage assessment and repair,BDAR),是指当装备在战斗中遭受损伤或发生故障后,采用快速诊断与应急修复技术恢复、部分恢复必要功能或自救能力所进行的战场修理。它虽然也是修复性的,但环境条件、时机、要求和所采取的技术措施与一般修复性维修不同,必须给予充分的注意和研究(详见第十一章)。

4. 改进性维修

改进性维修(modification or improvement maintenance),是利用完成装备维修任务的时机,对装备进行经过批准的改进和改装,以提高装备的战术性能、可靠性或维修性,或使之适合某一特殊的用途。它是维修工作的扩展,实质是修改装备的设计。结合维修进行改进,一般属于基地级维修(制造厂或修理厂)的职责范围。

按照维修时机即产品发生故障前主动预防还是发生后去处理,可分为主动性维修和非主动性维修。主动性维修(active maintenance)是为了防止产品达到故障状态,而在故障发生前所进行的维修工作。它包括前述的定期维修、视情维修和预先维修。非主动性维修

(reactive maintenance)又称为"反应式维修",包括故障检查(或称"故障探测")和修理(修复性维修)。前者是针对隐蔽功能故障,通过检查确定其是否发生,以免它引起多重故障带来严重后果;后者是功能故障已经发生进行修复使产品恢复到规定状态。

维修还有其他分类方法。例如,按维修对象是否撤离现场可分为现场维修与后送维修;按是否预先有计划安排,可分为计划维修(planned maintenance)和非计划维修(unplanned maintenance)。预防性维修通常是按计划安排的,属于计划维修;而修复性维修常常是非计划的,但有时也可能要由计划安排。

此外,随着计算机在装备中的广泛应用,计算机软件维修(或称维护)也日益成为不可忽视的问题。它大体上包含与上述相似的一些维修分类,详见4.5节和第十二章。

1.1.2 维修保障系统

维修的根本目的是保证装备的使用,进而保障部队的作战、训练和战备,所以,维修对部队来说属于保障工作。一般来说,"维修"与"维修保障"并无严格的区分。但维修工作自身也需要保障,即需要人力、财力、物力的支持,特别是人员训练保障,备件及原料、材料、油料等消耗品供应,仪器设备维修及补充,技术资料的准备及供应等。这就是说,完成维修保障任务,需要一个完善的维修保障系统(maintenance support system)。维修保障系统是由经过综合和优化的维修保障要素构成的总体。维修保障要素,除上述的人与物质因素外,还应包括组织机构、规章制度等管理因素,以及包含程序和数据等软件与硬件构成的计算机资源或系统。所以,维修保障系统也可以说是由装备维修所需的物质资源、人力资源、信息资源以及管理手段等要素组成的系统。显然,维修保障系统是由硬件、软件、人及其管理组成的复杂系统。

维修保障系统可以是针对某种具体装备(如某型飞机,某型火炮)来说的,它是具体装备系统的一个分系统;也可以是按军队编制体制(如某级某种部队)来说的,它是在部队首长统一领导、技术保障或装备部门管理下的部队的一个分系统。建立、建设或完善维修保障系统,是贯穿于装备研制、采购、使用各阶段的重要任务;对部队装备部门来说,则是长期的经常的任务。

维修保障系统的功能是完成维修任务,将待维修装备转变为技术状况符合规定要求的装备(图1-1)。在此过程中,它还需要投入各种有关的作战、任务要求(信息输入),能源、

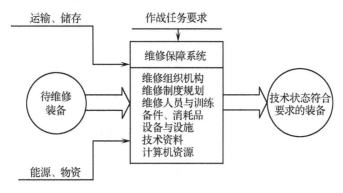

图1-1 维修保障系统的组成、功能示意图

物资(物、能输入)等。维修保障系统完成其功能的能力就是保障力。维修保障系统的能力既取决于它的组成要素及相互关系,又同外部环境因素(作战指挥、装备特性、科技工业的供应水平以及运输、储存能力等)有关。

1.1.3 装备维修在国防建设和现代战争中的作用和地位

军用装备维修是保持、恢复乃至提高军队战斗能力的重要因素。我军历次作战中是如此,在现代战争中更是如此。在第四次中东战争中,以色列军队在10天中修复坦克近2000辆次;英阿马岛之战中,英军损坏军舰12艘,战中修复11艘,都是依靠维修来保持和恢复军队战斗力。在20世纪90年代初的海湾战争中,美国三军以及动员的民用维修力量,通过维修使飞机、舰船、坦克等武器装备达到了非常高的完好率、出勤率(飞机、舰船完好率达到90%以上,飞机每天飞行几小时到十几小时),并及时有效地进行战场抢修,保证了以38天空袭加4天地面战斗取得胜利。在2003年美国对伊拉克的力量悬殊的"不对称战争"中,美军同样大力开展战场抢修,装备维修仍然是保持和恢复部队战斗力的重要因素。事实证明,在现代战争中,战争的准备和进程大大加快、空间时间压缩,保持部队战斗力将更加依赖于武器装备"战力再生",将更加依赖于维修保障。在和平时期,武器装备在使用与储存中,也要通过维修来保持其战备完好性,延长使用寿命与储存寿命,保证部队训练、执勤和战备需要。而通过装备的改进性维修,还可提高装备的作战能力。

同时,装备作为产品,对其维修实质上是一种再投资、再生产(有的还要再设计)。维修这种投资有着重大的经济效益,是一种"为了未来的投资"。以较少的资源消耗维修装备,获得与购买新装备同等或相近的效能就是这种经济效益的体现。此外,装备以及更广泛的产品或资产维修又是资源的一种再利用,通过维修延长使用寿命,减少废弃物和污染物,将减少对环境的危害。所以,维修从本质上说是"绿色"的,维修已成为国民经济、国防建设持续发展的重要策略和技术途径。

正因为如此,世界各国军队都非常重视武器装备维修,投入了巨大的人力、物力。多年以来,美军每年装备维修费都达数百亿美元,从20世纪80年代以来维修费接近装备研制费与采购费之和。据统计,近40年来其装备维修费约占国防费用的14.2%。在各国军队建设中,都把装备维修力量建设作为一项重要内容,即使在紧缩军队、紧缩军费的形势下,也要求保留一定数量的基地级修理力量,同时积极筹划利用民间力量进行装备维修,做好动员准备,以应战时急需。

由此可见,武器装备维修具有重要作用和地位。事实上,维修已经不是由少数维修人员进行的具体维修作业范畴的问题,而是涉及军队组织指挥、人员训练、制度法规、装备性能、保障资源等多方面因素的问题,需要系统地加以研究和规划。正是在这样的背景下,维修不仅需要技术,而且需要理论,需要研究维修保障的基本规律。

1.1.4 装备维修保障中的基本矛盾和基本规律

在装备维修保障中,普遍存在如下基本矛盾:
(1) 装备维修保障与装备作战(使用)需求的矛盾。装备维修保障的一切活动都是为了保障装备平时和战时满足作战(使用)对维修的需要服务的。平时与战时的装备运用对维修保障提出了各种需求,维修保障必须满足这种需求。然而,保障能力、效果和效率受多种因素制约,这样两者之间就产生了矛盾。军用装备维修固然属于军事领域的活动,但就其实质来说是生产(再生产)、经济性的活动,故上述矛盾通常表现为供应与需求的矛盾。正是这一矛盾规定和影响着维修保障系统建立与运行的目标和发展方向。

(2) 装备维修保障主体与装备维修保障客体的矛盾。这是维修保障系统在其运行过程中产生的矛盾。装备维修保障主体是从事装备维修保障的一切人员,装备维修保障客体是武器装备及其各种维修保障资源。在装备维修保障主体与客体的矛盾中,一般地说,装备维修保障客体是矛盾的主要方面,它规定和影响着装备维修保障主体。同时,装备维修保障主体又反作用于装备维修保障客体,而且在一定条件下两者是可以转化的。正是这一矛盾运动,规定了维修保障系统建立与运行的全过程。

(3) 装备维修保障系统与环境的矛盾。维修保障系统既有自身的内部环境,又有装备系统、军事系统、国防系统、社会系统……这样的外部环境。在系统和环境的关系中,尽管维修保障系统对环境产生一定的影响,但更基本的是系统的建立和运行受环境的制约。在这对矛盾中,一般地说,环境对维修保障系统的作用是主要的,因此它是矛盾的主要方面。而维修保障系统本身又对环境具有相对的独立性,可以克服环境所带来的一些不利影响。环境是系统存在与发展的基础,功能是系统与环境相互作用所表现出的特性。正是维修保障系统与环境这一矛盾,规定了维修保障系统的功能特性。

针对这些基本矛盾,装备维修保障系统的建设和运行,即维修保障工作应当遵循以下基本规律。

(1) 装备维修保障适应装备作战(使用)需求的规律。装备维修保障以支持和保证装备作战(使用)为前提,随装备作战样式的变化而发展。装备维修保障与装备作战(使用)需求之间的相互作用和矛盾运动,揭示了装备维修保障与装备作战(使用)需求之间的本质的、必然的联系,这就是装备维修保障适应装备作战(使用)需求的规律。装备作战(使用)的任务决定了装备维修保障的目标。作战装备的多样性、作战行动的突然性与时限性决定了装备维修保障的时限性和超前性。装备维修保障适应装备作战(使用)需求的规律告诉我们,装备维修保障虽然是为装备作战(使用)服务的,处于矛盾的次要方面,但是,如果装备维修保障不能适应装备作战(使用)需求或保障不力,不仅会使保障对象难以得到及时有效的保障,而且会对整个作战行动产生消极的后果和影响。因此,装备维修保障对作战使用需求要主动适应、预有准备,实行"保障先行";依据作战部署,合理配置维修力量,从维修装备数量、质量上满足作战使用需求。而在平时要统筹规划,既要做好当前的装备保障,又要着眼长远需求,加强保障系统建设,合理制定维修计划,保障部队的训练、战备及执勤等任务的完成。正确地认识和遵循这一规律,对于做好装备维修保障,提高部队的战斗力具有重要意义。

(2) 装备维修保障客体决定装备维修保障主体的规律。装备维修保障客体是维修保障活动存在的基础,同时也是维修保障主体选择并确定保障目标、保障手段的客观依据。维修保障客体决定维修保障主体主要表现为,维修保障客体的特性决定着维修保障主体的组织方式及素质要求,维修保障客体的发展变化决定了维修保障主体的发展变化。有什么样的武器装备及其保障资源,便要求具有相应素质的保障人员实施装备维修保障,随着武器装备及其保障资源的发展对保障人员的组织方式与素质会提出更新、更高的要求,需要对其不断地进行调整、培训和提高。一般地说,现代武器装备需要掌握现代维修理论与技术的人员来维修,可能需要某些新技术维修手段,这是武器装备的客体对保障主体的要求。当然,维修保障主体又能动地反作用于维修保障客体。这主要表现为,当维修保障主体能够全面把握维修保障客体时,便能科学地确定保障目标,合理地选择保障手段,恰当地制定保障方案和计划,适时地确定和配置维修保障资源,并通过实施保障收到预期的保障效果。为此,作为保障主体的维修(技术)保障机构和人员,要尽早介入装备的研制过程,从保障角度对装备设计及保障资源的研制、筹措提出要求,参与评审、施加影响,并使保障主体、保障系统与保障客体中的武器装备更好地匹配。反之则会面对保障客体而显得无所适从,茫无头绪,造成频频失误,难以实现保障有力。

(3) 装备维修保障系统的环境制约装备维修保障系统的规律。任何系统都与环境有着不可分割的联系。装备维修保障系统的建立、运行离不开国家的经济、政治和军事等外部环境的制约,这种环境的发展变化对装备维修保障系统的建立和运行会产生深刻的影响。比如,当前装备维修保障系统的建立及运行最直接地要受到市场经济及新技术发展的制约。环境制约装备维修保障系统的作用主要表现为,装备维修保障系统对环境的依赖性和环境对装备维修保障系统的导向作用。进入新时代以来,市场经济及新技术的发展对装备维修保障系统的建立、运行产生了深刻而又广泛的影响。例如,市场经济的发展一方面为武器装备维修保障提供了广泛(包含国外)而相对低廉的物质与技术资源,一方面又使传统的单一计划经济的资源保障渠道受到威胁,有的甚至事实上被瓦解。新技术的发展为装备维修保障提供了新的手段(材料、工艺、技术),而新技术装备的维修又面临着高费用、高难度、高风险等问题。我国科技发展水平和国防费用、装备维修费用推动或者限制着新技术维修手段的应用。这些因素,既直接影响着装备维修保障系统与装备作战(使用)之间的供需关系,也必然导致传统的保障方法和手段发生根本的变化。

进入新时代,党中央对建设世界一流军队作出了全面部署,以新时代中国特色社会主义思想为指导,全面贯彻新时代党的强军思想和新形势下军事战略方针,贯彻新发展理念,坚定实施军民融合发展战略。在武器装备采购、装备保障建设与运作等方面,必然要求和体现新时代发展理念和发展战略。

在探讨与研究装备维修保障系统的外部环境时,还要注意军队内部各个系统的关系,特别是作战指挥系统、后勤保障系统对技术保障的作用和约束。例如,维修是保障部队作战或平时部队训练等任务的,要依据作战指挥来确定技术保障的任务、目标、重点、方式及保障机构配置等;同时,随着技术保障地位的加强,维修已成为一种指挥职能,指挥员既要指挥作战,又要指挥保障。此外,装备保障系统自身的指挥、通信、防卫作战等,都要依托或依赖于作战指挥系统。装备维修保障系统一般是从后勤保障系统中分离出来的,它在装备及其他资源的供应、运输、储存等方面,至今仍依赖于后勤保障系统,受其制约,而在战时涉及物资运输、保障地域划分、防卫等方面仍有密切联系。这些都要求装备维修保障系统必须对环境具有很强的适应性,这也包括对环境的反作用。

装备维修保障系统对外部环境的适应性关键在于系统内部本身,通过系统内部组成要素的有序组织及优化完善,可以使得装备维修保障系统与环境协调发展。要求我们在现有的外部环境条件下,积极、主动地研究装备维修保障系统在组成要素及组织结构等方面存在的各种问题并加以解决,使得装备维修保障系统真正能够及时、高效、匹配地建立和运行。

1.2 装备维修工程

1.2.1 基本概念

维修工程(maintenance engineering)是装备维修保障的系统工程,也是研究装备(设备)维修保障系统的建立及其运行规律的学科。它主要研究装备维修保障系统的功能、组成要素及其相互关系;还要研究系统相关的外部因素,有关的设计特性、使用要求等,如何建立、完善装备维修保障系统,并及时、有效、经济地实施装备维修保障。它也可表述为,维修工程应用装备全系统全寿命过程的观点、现代科学技术的方法和手段,优化装备维修保障总体设计,使装备具有良好的有关维修的设计特性,并与装备维修保障分系统之间达到最佳匹配与协调,并对维修保障进行宏观管理,以实现及时、有效而经济的维修。

作为一门学科的维修工程,在其上述定义中的要点是:

(1) 研究的范围涉及维修保障系统和与维修有关的装备特性(如可靠性、维修性、测试性、保障性等)和要求;

(2) 研究的目的是优化装备有关设计特性和维修保障系统,使维修及时、有效而经济;

(3) 研究的对象是维修保障系统的总体设计、维修决策及管理和与维修有关的装备特性要求;

(4) 研究的主要手段是系统工程的理论与方法,以及其他有关的技术、手段;

(5) 研究的时域贯穿于装备的全寿命过程,包括装备论证、研制、使用(含储存)、维修直至退役。

由此可见,装备维修工程既不是研究具体维修作业的维修技术,又不是研究具体设计验证方法的设计学科,而是进行有关维修的分析、综合、规划与系统总体设计的工程技术学科。

1.2.2 装备维修工程的任务与目标

1.2.2.1 装备维修工程的任务

装备维修工程作为一项工程技术,其基本任务是:以全系统、全寿命、全费用观点为指导,对装备维修保障实施科学管理。具体说,其主要任务是:

(1) 以维修工程分析和综合权衡为手段,论证并确定有关维修的设计特性要求,使装备设计成为可维修可保障的;

(2) 通过分析、论证、规划,确定装备维修保障方案,进行维修保障系统的总体设计;

(3) 通过分析、规划,确定与优化维修工作及保障资源;

(4) 对维修活动进行组织、计划、监督与控制,并不断完善维修保障系统;

(5) 收集与分析装备维修信息,为装备研制、改进及完善维修保障系统提供依据。

由此可见,维修工程的主要活动是分析、权衡、规划和监督、评审。维修工程提出可靠性、维修性和维修资源要求,建立这些要求之间的相互关系,做出维修保障方面的决策和规划,进行维修保障系统的总体设计,并通过监督评审保证这一切得以实现。在使用保障过程中,维修工程将对装备设计和维修保障系统运行情况与收集到的维修信息进行分析评价,对保障要素做必要的改进,并将设计更改意见反馈给研制部门。维修工程的任务是通过分析权衡、规划和提供文件的多次反复过程来实现的。

作为部队分系统的维修保障系统,往往要对所管辖的多种装备实施保障。其建立、完善和运行是以构造各种装备维修保障系统为基础的,也需开展有关的维修工程活动。不过,这些维修工程活动不是以单种装备维修保障的及时、有效、经济为目标,而是以整个部队装备维修保障的及时、有效、经济为目标,即部队维修保障系统建立和运行总体最优。

1.2.2.2 装备维修工程的目标

维修工程的总目标是:通过影响装备设计和制造,使所得到的装备使用可靠,便于维修和保障;及时提供并不断改进和完善维修保障系统,使其与装备相匹配、有效而经济地运行。而其根本的目的是提高武器装备的战备完好性和保障能力,及时形成和保持装备作战能力,并减少用户费用负担。

上面的总目标可以通过下列的一系列具体的目标来达到。例如:减少维修频数(包括预防性维修和修复性维修)和维修工作量;减少维修延误时间,提高装备的可用性;在遭受战场损伤的情况下,迅速采取应急手段恢复装备的全部或部分急需的功能或自救能力;改善检测和诊断手段,达到简易、准确和高效;降低对于维修人员数量和技能水平的要求,缩短训练周期;减少备件的需求量(包括品种与数量),并保证货源;改进维修组织,改革维修管理,提高维修质量与效益,减少对环境的危害。

可以看出,上述各个具体目标,既互相联系,又各有不同。必须充分估计每一个具体目标对总目标的影响,统一权衡。

1.2.3 维修工程活动

如前所述,维修工程的主要活动是关于装备维修保障及相关设计特性的分析、权衡、规划和监督评审等。这些活动是在装备寿命周期各个阶段展开的,并融合在整个装备论证、设计、生产、管理工作中。下面介绍各个阶段维修工程的主要活动。

1.2.3.1 论证阶段

这一阶段维修工程的目标是为行将研制的新装备,论证并确定维修保障和有关的可靠性、维修性、保障性要求,确定初始维修保障规划。主要有以下具体工作:

(1) 装备的使用需求分析。装备的使用需求直接影响或决定着装备的可靠性、维修性和保障性要求,因此,应从使用需求出发进行分析,确定装备维修保障要求。与维修工程工作最密切的使用需求主要有以下内容:

① 任务剖面和工作方式;
② 负载情况,如功率、操作速度等;
③ 使用和维修工作环境;
④ 包装、装卸、储存和运输条件;

⑤ 对使用和维修人员的要求等。

(2) 论证和确定装备使用与维修保障要求。在装备使用需求分析的基础上论证和确定：

① 可靠性、维修性和保障性等与维修保障有关的设计特性的定性要求；

② 可靠性、维修性和保障性等与维修保障有关的设计特性的定量指标；

③ 维修保障要求。

(3) 初始维修保障的规划、维修保障的目标和约束的确定与分析。在论证和确定装备使用与维修要求的基础上，需进行以下工作：

① 初始维修保障方案的规划；

② 分析和确定维修保障的目标和约束条件（维修保障设备、设施、备件、人员、资料等）。

(4) 参与装备论证及评审。论证阶段的这些工作主要由装备论证单位、人员进行，通常应由专门负责装备综合保障的单位(室、组)、人员具体实施。

1.2.3.2 方案阶段

这一阶段维修工程的目标是，在确定了装备的维修保障和可靠性、维修性、保障性要求的基础上，制定初始的维修保障计划，为装备选择一种最佳的设计方案和维修方案，使其能最好地满足所确定的使用和维修需求。主要工作如下：

(1) 装备功能分析。装备功能包括使用功能和维修功能。通过装备功能分析将装备使用和维修保障要求转化为具体的定性和定量的设计要求，确保装备使用和维修保障要求同规定的功能相联系，从而确定装备"需求"与为保障此种需求而"需要的资源"之间的关系。

(2) 维修保障要求分配与协调。功能分析提供了关于装备重要功能的说明，在此基础上，需将装备系统级维修保障要求同有关设计特性相协调，将有关保障性参数和要求由上到下进行分配，以确保通过设计实现装备维修保障要求。

(3) 初始保障性分析。在上述两项工作的基础上，通过初始保障性分析，以便概略地确定各种维修保障资源。

(4) 制定初始维修保障计划。维修保障计划是比维修保障方案更为详细的维修保障系统的说明。在上述工作的基础上，制定初始维修保障计划，以便确定各种维修保障要素(尤其是对关键的、长周期的保障资源的开发、研制)，并使各要素之间相互协调。

(5) 评审初始维修保障方案。方案阶段维修工程活动主要由研制系统、单位、人员进行，通常应由专门负责综合保障的单位(部、室、组)、人员具体实施。军方通过不同的途径和形式，对研制单位的工作进行监督和协助，包括提供有关部队维护保障的信息，对维修保障方案、计划进行评审等。

1.2.3.3 工程研制阶段

这一阶段(含定型)维修工程的目标是，制定一套能够用于采办各种维修保障资源的正式维修保障计划，以便研制和获取经过权衡优化的各项维修保障资源。主要工作如下：

(1) 有关维修的保障性分析；

(2) 维修保障要素技术数据收集与分析；

(3) 维修保障资源确定、设计与研制；

(4) 制定正式的维修保障计划;
(5) 参加正式的装备设计评审、试验及定型。

与上相似,这个阶段的维修工程活动主要由研制系统、单位、人员在军方监督和协助下进行。由于活动的深入,需要更多人员和物质资源的投入。

1.2.3.4 生产阶段

这一阶段维修工程的目标是,使生产出的装备符合使用与维修要求,并且与计划的维修保障系统相匹配,在开始全面生产后,制造(或由其他方法获取)计划数量的、与装备系统相匹配的各种维修保障资源,组织维修人员培训,做好列装前的各项准备。具体工作如下:
(1) 维修保障资源生产、订购及监督;
(2) 维修保障计划(含停产后保障)的完善与优化;
(3) 从生产向使用、维修转移前的各项准备(人员训练、场地准备等);
(4) 参加装备的试验与评价。

这个阶段的维修工程活动主要由生产单位、人员进行,军方主要是通过军事代表对其进行监督,保障部门、计划列装部队可能要参与若干计划、培训等工作。

1.2.3.5 使用阶段

这一阶段维修工程的目标是,在部署和使用装备的同时,实施维修保障,评估维修保障系统,并不断完善维修保障系统,实现对装备进行及时、经济而有效的维修保障。具体工作如下:
(1) 实施装备维修保障;
(2) 维修保障数据收集、分析及反馈;
(3) 使用中的装备保障性分析;
(4) 维修保障能力的评估及改善。

这个阶段的维修工程活动由军方保障部门、单位、人员为主进行。

1.2.3.6 退役阶段

这一阶段维修工程的目标是,妥善处理装备退役后维修保障系统中不相适应的保障资源,对装备维修保障有关信息进行系统整理和分析,并向设计研制等有关部门予以反馈,为装备发展和装备维修保障提供支持。

这个阶段的工作由装备保障部门、单位、人员进行。

1.2.4 装备维修工程与其他学科、专业工程的关系

作为一门学科的装备维修工程与装备的维修技术学科和设计工程必然有着紧密的联系,同时,又有不同的任务和分工。

1.2.4.1 与可靠性、维修性工程的关系

与维修工程联系最紧密的装备设计专业工程是可靠性、维修性工程。在讨论其联系之

前,需对可靠性、维修性及其工程做简要介绍。

1. 可靠性、维修性的基本概念

装备的可靠性是指装备在使用中不出、少出故障的质量特性。可靠性可定义为:装备(产品)在规定的条件下和规定的时间内,完成规定功能的能力。可靠性可以用装备的使用寿命、故障间隔时间或不出故障的概率等参数量度。可靠性是装备使用或工作时间延续性的表示。装备作为一种产品,其可靠性主要取决于产品设计,同时与使用、储存、维修等因素也有关。

维修性(含测试性)是产品便于维修(含测试)的设计特性。维修性可定义为:装备(产品)在规定的条件下,在规定的时间内,采用规定的程序和方法,完成维修的能力。维修性可用完成维修的时间、工时或概率等参数表示。维修性好,装备维修所需的时间、人力或费用就少,既可保证使用,又可节省资源。同样,维修性主要取决于产品的设计。

可靠性、维修性是装备的性能。而实现产品高可靠性、维修性要求,需要进行一系列的研究、设计、生产、试验、分析等工程活动,需要研制、生产、使用各方面参与和努力。这些工程活动统称为可靠性工程、维修性工程。而研制中的可靠性维修性工程的目标,是提高装备的战备完好性和任务成功能力,减少维修人力和费用,并为装备维修和管理提供信息。同时,可靠性工程、维修性工程又是两门专业工程技术,其研究的主要内容是可靠性维修性设计、分析、试验及管理的技术与方法。

2. 可靠性、维修性是军用装备的重要性能

装备要完成其规定任务,作战性能当然是基本的。而可靠性、维修性是作战性能能否保持、恢复(延续)和改善的特性。如果装备不可靠,坏了又不能修,得不到保障,再好的作战性能也没有用。所以,可靠性维修性是非常重要的性能,应当把它们放在与作战性能同等重要的位置。具体地说,军用装备可靠性、维修性的作用和影响表现在以下几方面。

(1) 提高作战能力。武器装备可靠性高、维修性好,其可用时间长,平时能经常处于战备状态,战时能持续作战,部队作战能力自然就强。例如,美国早期的 F-15A 战斗机由于可靠性维修性差,又不能及时得到备件,战备完好率长期处在 50% 左右;经改型的 F-15E 大大提高了可靠性维修性,在海湾战争中其战备完好率达到 95.5%,持续作战能力几乎提高了一倍。在美国国防部文件中,任务可靠性指标就纳入作战性能指标中。

(2) 增强生存能力。在现代战争中,部队包含装备的生存能力与作战能力具有同等重要性。而生存能力与许多因素有关。提高装备的可靠性维修性,可以减少装备战时的损伤,或损伤后能得到快速地修复或自救;同时,由于可靠性维修性好,可以减少装备对保障的依赖,进而缩小保障人员、设备和设施这个"大尾巴"。这些都将有利于增强部队的生存能力。

(3) 提高部队机动性。如上述,可靠性维修性的提高,有利于缩小部队保障的"大尾巴",提高部队的机动性,降低运输能力的要求,或者便于采用空运等措施,从而满足部队快速机动、大规模投送的要求。显然,这对应付信息化战争是非常有意义的。

(4) 减少维修人力。显然,随着可靠性维修性的提高,维修次数减少而且维修容易,所需的人力自然就少了。美国空军在其 20 世纪 80 年代中期制定的可靠性维修性的 2000 年规划中,明确提出通过提高可靠性、维修性要使维修减半。70 年代的 F-15A 战斗机,一个中队需要维修人员 554 人,由于提高了可靠性维修性,90 年代末的新型 F-22 战斗机,维修人员可减少一半。

(5) 降低使用保障费用。可靠性维修性和保障性的提高,必将减少维修、储存及其他保障所需的人力及其培训、备件、设备、设施、原材油料等费用,从而降低装备使用保障费用。例如,我国某型导弹仅由于维修性的改善就可节省维修费用 1/7。

此外,提高装备的可靠性、维修性还将有利于尽早形成战斗能力。多年来,有些新研制或引进装备,由于可靠性维修性差,又缺少备件、技术资料、设备等保障资源,开不动、打不响,或者所谓"开得动、走不远,打得响、打不准,联得上、听不清",长期不能形成战斗能力。近几年来加强可靠性、维修性工作,随着可靠性、维修性改善,这种局面将得以改变。

总之,军用装备的可靠性、维修性对于形成、延续和改善战斗能力有着十分重要的作用,是装备极为重要的性能。此外,提高装备可靠性、维修性,延长使用寿命,对于减少资源消耗和对环境的影响都有重要的意义,这对民用资产更是明显。事实上,资产的维修已成为国民经济持续发展的一个关键因素。而可靠性、维修性的提高则将大大减少和便于资产维修。

3. 装备的可靠性、维修性是维修的重要依据

装备的可靠性维修性与部队的维修保障工作关系极为密切。显然,可靠性好,装备故障率低且影响或危害程度较低,维修任务自然少;维修性好,装备容易维修,占用时间、消耗人力物力资源少,维修所需资源容易得到保证。可见,这些设计特性都直接影响着维修工作,可靠性、维修性好是实现维修及时、经济、有效的前提和保证。

同时,维修工作的目的是保持或恢复装备规定状态,保证其正常使用,这实际上就是保持和恢复可靠性——预防性维修保持固有可靠性,修复性维修恢复固有可靠性。所以,从一定意义上说,维修工作的核心目的是保持和恢复可靠性。装备的可靠性状况,哪些项目或部位易出故障、哪些故障影响严重、各种故障的规律如何,决定着是否需要预防性维修、如何预防性维修以及具体的维修工作方式。装备的维修性,决定了装备是否便于维修、哪些部位易于或难于维修,在某种程度上决定和影响着维修所需要的技术、方法和物质资源。所以,维修工作的基础或"起点"是装备的可靠性、维修性这些设计特性。同时,作为设计特性的可靠性维修性,将在使用、维修过程中得到检验,虽然在装备技术保障中难以根本改变,但可靠性维修性却可以在使用过程中,通过合理的维修、储存得到保持甚至改善。改善实际使用中的装备可靠性、维修性也是维修工作的重要任务。

4. 维修工程与可靠性、维修性工程的关系

既然可靠性维修性是维修工作的重要依据,故维修工程中进行的分析、权衡、规划,确定维修方案、维修任务和所需资源等,就要从具体产品的可靠性维修性特性出发,特别是以保持甚至改善装备的这些特性为中心。例如,在第九章中讨论的预防性维修、修复性维修决策中进行的"以可靠性为中心的维修"(RCM)和"修理级别分析"(LORA)就体现了这样的原则。维修工程在这些活动中,必须以可靠性、维修性工程分析的输出作为依据;同时,维修工程分析的结果也可能对具体项目提出改进可靠性或维修性的要求,这也要由可靠性、维修性工程活动来完成。

可靠性维修性工程设计、分析和试验的主要依据是可靠性维修性定性、定量要求,而这些要求的论证、分析和确定却是依靠维修工程分析来进行的。通过系统效能分析、可用度分析、寿命周期费用分析以及对类似装备可靠性维修性的分析等,提出适当的可靠性维修性要求包括定量指标,进而进行分配、建立设计准则,进行可靠性维修性设计、分析、试验和评价。

可见,维修工程与可靠性维修性工程有着十分紧密的关系。所以,掌握维修工程需要了

解可靠性维修性及其工程知识。

1.2.4.2 与维修技术学科的关系

维修工程作为装备全系统全寿命过程维修管理的学科,必然同维修工作或作业的技术学科有最紧密的联系。这些技术学科,主要是:

(1) 故障诊断学。根据产品类型,往往分为机械故障诊断学,电子系统与设备故障诊断学等。

(2) 状态监控技术。产品动态参数的测量与分析,判断其状态,确定使用、维修决策的各种技术。

(3) 修理工艺学。除一般机械工艺、电器安装工艺外,零部件、元器件修理有一些特殊的工艺,如电刷镀、粘接、喷涂等。

(4) 装备保管保养(维护)技术。除一般共同的要求和技术(如防腐蚀、防老化、防霉雾)外,各种不同装备还有其不同的保管保养要求及相应的技术,特别是各种延寿技术。此外,有关装备事故预防及检查分析技术也是维修技术中常常需要研究的。

这些技术性学科是直接指导维修作业、维修活动的。它们将回答具体维修工作如何做的问题。而作为维修宏观管理的维修工程则是研究和回答维修工作何时做、谁来做及选用哪种维修工作类型的问题。维修技术与维修工程都要研究、涉及维修资源问题,但前者是研究具体维修活动中所需的资源,而后者将是研究对一种装备或部队维修资源的合理配置与优化问题。可见,这二者是各有其研究对象和工作范围的。但维修技术是维修工程分析的技术基础,而维修工程则对采用的具体维修技术有某种指导或决定作用。

1.2.4.3 与一般管理学科和军事学科的联系

装备维修工程学是技术与管理结合的工程学科。因此,它所使用的综合分析、规划、评审等技术,有许多是一般管理学科中常用的技术。特别是系统工程的理论与方法、运筹学的方法是维修工程的重要理论与技术基础。

装备维修是为军队作战和训练、战备服务的。作为对装备维修进行分析、规划、总体设计的维修工程,不论在论证与确定有关维修的设计要求中,还是研究与制订维修方案、建立维修保障系统中,都要以装备的作战任务需求和使用方案为依据。而维修体制及组织指挥,又离不开部队编制体制及作战指挥。所以,装备维修工程同军事指挥学、军事后勤学和军事装备学密不可分。这是装备维修工程区别于一般设备工程和维修技术学科的重要特点。

1.2.5 装备维修工程的基本观点

全系统、全寿命、全费用的观点是维修工程的基本观点,也是装备建设与发展中重要的观点。经过多年的发展和应用,日益为人们所认识和接受。

1.2.5.1 装备全系统观点

装备全系统(total system)的观点,就是要把装备的各种特性和所有的组成部分(含保障部分)作为一个系统来加以研究,弄清它们之间的相互联系和外界的约束条件,通过综合权衡,密切协调,谋求系统的整体优化。

装备维修工程是在系统论的思想指导下,运用系统工程的技术和方法来处理维修保障及有关装备发展问题。首先,对于装备的特性要求要从以往偏重于作战性能(功能)扩展到重视可靠性、维修性,同时也要兼顾可生产性、安全性、储存性等。既必须保持优越的作战性能的主导地位,又必须运用系统优化的思想和方法使装备的设计体现出整体优化的战术技术性能。对于现代武器装备必须把可靠性维修性发展放在与作战性能、费用、研制周期、可生产性等同等重要的位置。从装备的整体优化的战术技术性能出发,协调各个特性之间的关系,以达到令人满意的预期目标。而在维修保障系统建设和运行中,必须充分依据装备设计特性,把维修保障建立在科学基础上。

从全系统考虑装备组成,就是既重视主装备(作战装备),又重视保障装备(保障系统),并使它们互相匹配。要为整体优化的装备及时提供一个匹配的、有效而经济的维修保障系统。强调保障系统与作战装备相比,性能上不落后,时间上不滞后,即同步、协调发展。保障装备的可靠性维修性同样应当重视。

同时,装备系统是处在更大系统中,即受外界环境条件的制约。大的方面,如我军的战略方针和战略部署、外军状况、我国的综合国力、科技发展水平等;具体的还有自然环境、费用限制、研制与部署进度要求、部队现状等。在保障系统建设与运行中,必须考虑这些约束。例如,应从整个部队保障系统精简、优化、高效,而不只是追求单种装备保障设备的"先进",以节省资源和利于部队机动与生存。

1.2.5.2 装备全寿命观点

装备全寿命(过程)又称装备寿命周期(life cycle,LC)。它区别于某一台装备的使用寿命(例如一门火炮的使用寿命是以发射弹数计算的),是一种型号装备从预想(孕育)到淘汰(消亡)的全过程。一般可分为立项和战技指标论证、方案、工程研制(包括定型)、生产、使用(包括储存、维修)和退役等6个阶段,大体上说,就是"前半生"的研制生产和"后半生"的使用保障。每个阶段各有其规定的活动和目标,而各个阶段又是互相联系,互相影响的。

装备全寿命观点就是要统筹把握装备的全寿命过程,使其各个阶段互相衔接,密切配合,相辅相成,以达到装备"优生、优育、优用"的目的。特别是论证、研制中要充分考虑使用、维修、储存,乃至退役处理。同时,在使用、维修中要充分利用、依据研制、生产中形成的特性和数据,合理、正确地使用、维修,并在使用保障中积累有关数据和反馈信息。

从国家和国防持续发展考虑,在装备退役报废时,还有一个再利用(reuse)、再循环(recycle)、再制造(remanufacture)以节约资源减少环境污染的问题。

1.2.5.3 装备全费用观点

除作战效能外,应当重视经济性,即装备的采购、使用应当是经济上可承担的。这就要考虑装备的全寿命费用。全寿命费用(或称寿命周期费用,LCC)是一种装备从论证、研制、生产、使用,直到退役的全部费用。其中包括:装备的研制和生产费用合称为获取费用,也叫采购费用,这项费用是一次性投资,非再现的;使用与保障费用(O&SC),这项费用需每年开支,在全寿命过程的使用阶段不断付出。这两项费用的总和就是装备的寿命周期费用。各种装备这两项费用的比例不尽相同,但一般地说,使用维修费往往占LCC的大部分。可是由于研制生产费用转化为装备的订购费用,一次付清,容易引起重视;使用维修费逐次开支则容易被忽视。结果形成有的装备买得起而用不起、修不起。因此,在论证、设计阶段就应该对不同方案的寿命周期费用进行估算、比较,使得所发展的装备具有预期的费用效能。为了提高装备的可靠性、维修性和完善维修保障资源,可能要增加一些投资,但却可以取得节省大量使用维修费用的效果,因而是合算的。

总之,牢固树立"三全"观点,扩大视野,纵观全局,自始至终掌握装备系统发展、使用和保障的规律,把可靠性、维修性和维修保障系统建设放在重要位置,妥善地统筹解决问题,将有助于我军装备的建设和发展。

1.3 装备维修与维修工程的发展概况

1.3.1 装备维修发展概况

军事装备维修的发展具有悠久的历史,经过古代装备维修、近代装备维修发展为现代装备维修,并逐步形成为现代工程技术学科。

1.3.1.1 古代装备维修

自从数千年前有了刀、矛、箭、弓、弩等冷兵器及运输粮草的车、船(即后勤装备),就同时有了修复这些冷兵器及车船的简单维修,这就是最原始的装备维修。在中国春秋时期《孙子·作战》中就有记载维修弓矢器械的内容。在2200多年前的秦代,秦军使用的弩机,由于制作得十分标准,它的部件是可以互换的。在战场上,秦军士兵可以把损坏的弩机中完好的部件重新拼装使用。这可以说是装备战场抢修最早使用的拆拼修理。汉朝设考工令,隋唐以后设的兵部,宋代设的"军器监"也都负责兵器的监造和修理;元代更编有"匠军"随军制作火药和修理各种武器;清代军队中编配有负责维修的"维护匠役",是掌握维修技术的专职人员。随着兵器和技术的发展,维修技术及其手段都在发展。清代郑和下西洋的舰队中配有"马船",负责运送部分中级官员、技术人员和军需、生活、武器、修船等装备,实际上是最早的包含船舶修理的综合保障船。但是,就维修技术来说,仍然是依靠简单工具、设备的手工作业,主要靠工匠的技艺,其组织管理也很简单。

在国外,维修及其技术的发展大体相似。亚述帝国(公元前935年—公元前612年),国王就在军队中设立了修理弓箭和两轮马车的部队。公元前5世纪希腊设有军械库,负责制造修理和保管兵器。在第二次布匿战争期间(公元前218—前201年),罗马军团中配有铁匠,负责制造和修理兵器。他们使用的修理技术基本上是各种手工作业技术。随着火药从中国引入欧洲并用于军事之后,一些国家先后设立了主管火器制造和维修的专门机构。17世纪法国军队在补给兵站中建立了修理兵器的工场。从15世纪起,俄国先后建立主管火器生产供应和维修的炮作坊、炮厂、炮署、炮衙门,但其使用的维修技术同样是以手工作业为主的,所进行的工作主要是装备损坏后的修理。整个来说,古代军事装备维修基本上是一种依靠少数人员的技艺,维修管理也很简单,没有形成一种具有理论指导和系统知识的学科。

1.3.1.2 近代装备维修

伴随着工业革命的发展,军事装备维修中逐步使用热力、电力驱动的机器设备,维修手段开始迈向机械化,使维修方法、工艺出现了大的飞跃,伴随工业化的维修管理开始出现。第一次世界大战期间,火炮大量用于战场,同时出现了坦克、装甲车辆和飞机,汽车也大量使用,使武器装备的维修任务日益繁重,许多国家为此开始建立专门的维修机构,推动了维修技术和管理的进一步发展。但总的来说维修力量还很小而且分散,维修技术的机械化程度还不高,管理也比较简单。第二次世界大战中,部队机械化、摩托化程度迅速提高,火炮、坦克、装甲车辆及飞机、舰船等都大量装备部队使用,因损坏及被击伤的装备数量很大,使部队战斗力锐减,迅速修复损坏的装备、恢复军队的战斗力成了各国军队迫切要解决的问题,为此各参战国家军队都建立了有相当规模和能力的维修机构,具有对舰艇、飞机、坦克、火炮、车辆等大型装备比较完整的维修手段,维修技术特别是战场抢修技术在实践中有很大发展。战后军事装备维修技术手册、指南和论著大量出版,标志着军事装备维修正在形成具有自身体系的学科。但是,这个时期军事装备维修是建立在事后修理和定期预防性维修基础上的,修理方法以原件修复为主,而修复技术主要是机械加工;维修管理是建立在这些技术和近代工业管理理论基础上的。这是维修学科发展的初级阶段。

1.3.1.3 现代装备维修

第二次世界大战以后,出现了许多大型复杂的新技术装备——现代武器系统和信息系统。这些装备构造复杂、故障率高,维修及其所需资源费力、费钱、费时。于是,研究如何减少故障的可靠性工程和便于维修的维修性工程随之发展起来,并在20世纪60年代形成比较完整的理论。从而,为装备维修奠定了新的基础,建立了维修工程学科(详见1.3.3节)。对于复杂的装备,传统的定期维修方式和以机械修理为主的维修技术已经难以完成这些装备的维修任务。特别是电子系统和设备以及其他复杂装备,确定其状态(可工作、不可工作或性能下降)、检测和隔离故障、分析故障影响做出相应决策成为维修工作中的重要甚至关键环节;而对这些复杂装备由于其故障规律决定很难用传统的定期维修预防故障。20世纪60年代末到70年代,形成"以可靠性为中心的维修"(RCM)的现代维修理论,提出并强调视情维修方式,这种维修方式的先决条件是装备状态监控、检测。于是,在采用计算机、传感器、故障分析等多种技术的基础上,装备测试技术作为维修技术的主要内容得以发展。其中机内测试(BIT)技术、装备综合诊断、测试总线技术等发展迅速,并越来越多地应用于军事装备维修。修复技术发展的一个重要方面是粘接、喷涂、刷镀等表面工程技术在维修中的应用。除传统的机械装备维修技术,电子装备、导弹装备、核生化装备、航空装备、航天装备等专用维修技术及其手段,软件及软件密集型装备维修技术,以及各种机械化的车载、机载维修设备陆续开发并投入使用,特别是新技术在装备维修中的应用,使军事装备维修技术发展到与现代武器装备技术相适应的水平。在装备维修中广泛应用现代管理理论和技术,特别是系统工程、运筹学、信息论、计算机技术、网络技术,维修管理日益科学化、现代化。军事装备维修已经形成包含一系列理论和技术的完整体系。

1.3.1.4 我军装备维修的发展

中国人民解放军装备维修事业是随着军队的发展壮大和武器装备的发展而逐步发展的。1927年"八一南昌起义"时,贺龙领导的起义部队已经有修械所。1927年,毛泽东率领的"秋收起义"部队到达井冈山后,建立了红军步云修械所,有红炉、铁砧、锉刀等简单工具,修理枪械,制作大刀、梭镖等。1931年10月,中华苏维埃共和国中央军事委员会成立了"官田兵工厂",为红军修理了许多枪支和迫击炮,并制造弹药,利用简单工具复装枪弹,实际上是最早的装备"再制造"。这时已经使用车床、发电机、鼓风机等设备,但手工作业仍然占据主要地位。其他根据地建立的修械所、兵工厂的技术大体相似。抗日战争爆发后,1937年11月,八路军总部发出指示,要求各师、旅、团、游击支队都要招募技术工人,开办修械所和炸弹(是当时对地雷和手榴弹的统称)厂,以解决迫切的修械问题和制造地雷、手榴弹问题。这批修械所,大多数规模较小,设备比较简陋,缺乏兵工专门人才。他们使用锉刀、钳子、榔头等简单工具,抢修枪械和生产弹药,承担着抗战初期各部队和地方武装的修械和弹药补给任务。这些修械所也为以后的根据地兵工厂奠定了技术和物质基础。修造合一的兵工厂有了较多的机器设备,主要用于备件和弹药生产,装备维修仍然以手工作业为主。解放战争中重武器大量增加,为适应战争的需要,从1948年起加强了装备修理工厂的建设,修理缴获的各种火炮、汽车、坦克和飞机,开始掌握了修理大型装备的技术。

中华人民共和国成立后,逐步形成了总部及军兵种、军区、部队组成的装备维修管理体系和修理工厂、修理分队组成的装备维修作业体系,普遍建立和实行三级维修体制。制定装备维修技术标准、改进维修技术手段,建立了有关装备维修的院校、研究所,使装备维修技术和管理水平显著提高。从20世纪50年代起,随着海军、空军、炮兵、装甲兵和通信兵等军兵种的发展,舰船、飞机、火炮、雷达、装甲车辆、通信等装备专用维修技术迅速发展,形成了维修能力,保证了作战、训练任务的完成。各级各类修理机构配置了各种机械设备和保障车辆等技术手段,初步实现维修作业由手工向机械化转变。

20世纪70年代末、80年代初,引进国外先进的维修理论和技术,研究维修理论和新技术在空军、军械、装甲等系统中的应用形成热潮。与此同时,我军在总部重新建立了全军装备维修归口管理机构,并在80年代进行装备维修改革,以维修技术手段改革作为突破口,在突破单一的定期维修制度开展视情维修的同时,大力研究和推广装备状态监控、故障诊断、表面工程、装备定寿延寿等技术,积极研究和推行以可靠性为中心的维修、计算机辅助维修信息管理等。1990年,以装备维修工程为主要研究方向的兵器运用工程经国务院学位委员会同意纳入国家学科目录。90年代以后,在贯彻中央军委新时期军事战略方针中,全军研究装备战场抢修形成高潮,并取得实际进展。军事装备维修形成了一个完整的工程技术学科体系。但是,由于种种原因,军事装备维修技术和管理与世界先进水平相比还存在一些差距和薄弱环节。

进入21世纪,面对世界军事变革,我军装备维修大力开展信息化建设,以适应军队信息化作战的需求。特别是进入新时代,我党对全面推进国防和军队现代化建设作出了战略安排。到2035年,基本实现国防和军队现代化。到21世纪中叶,把人民军队全面建设成为世界一流军队。一流军队需要有一流的装备保障,一流的装备保障需要有一流的保障理念和理论进行实践指导,以适应新时代军队现代化建设和打赢能力的需要。

1.3.2 新的军事变革对装备维修提出了更新、更高的要求

半个世纪以来,核能、航天、微电子、激光等高新技术不断出现,并且更迭的速率越来越快。特别是信息技术的发展和广泛应用,正在迅速地影响着国家和世界的政治、军事、经济、文化环境和形势,改变着人们的精神和物质生活。这些技术首先用到武器装备上,使装备性能大大提高。同时,信息技术在作战指挥、军队管理和后勤保障等各方面的应用,使军队向信息化方向发展。从20世纪90年代的海湾战争、科索沃战争到21世纪初的伊拉克战争,信息化战争已经现实地摆在世界面前。适应新的军事变革成为各国军队的重要任务。

适应新的军事变革,建设信息化军队,打赢信息化战争,对装备维修工作的目标、规模、质量、效率、消耗等诸方面提出了新的要求,对维修保障系统建设提出了新的要求。

1. 提高战备完好性和保障能力

提高战备完好性和保障能力是装备维修工作乃至整个装备建设的主要目标。应付作战节奏快、装备使用强度大、战损率高的现代局部战争,要求提高装备的战备完好性和保障能力。纵观海湾战争中美军的连续作战能力,高强度的作战,正是靠武器装备的高战备完好性和出勤率来保证的。而这些,就是其多年来维修保障及装备发展中艰苦努力得到的"报偿"。为了实现军队"保障有力",就要把维修保障的着眼点放在提高装备的战备完好性,放在提高保障能力上。特别是在重点部队、应急机动作战部队中,通过提高装备战备完好性和保障能力,提高部队的快速反应、机动作战能力更为重要。

2. 维修保障要高效、优质、低消耗

所谓高效,就是要保障及时,维修迅速,减少延误时间,以适应信息化作战的要求。优质,就是维修质量可靠,能够保持或恢复装备的良好技术状态,在应急修理中至少是恢复必要的功能或自救能力。同时,要保证维修安全。低消耗,则是维修消耗的人财物力要尽可能少,以减少军队负担和对生态环境的危害。在今天要特别强调维修工作的费用效益。

3. 提高维修保障系统的机动性和生存力

提高维修保障系统的机动性和生存力,是维修保障力量建设的重要内容。部队的机动性和生存力,是历来所强调的。在现代条件下,作为部队作战十分重要的装备维修保障系统的机动性和生存力,与部队的机动性和生存力则是同等重要的。事实上,单台装备的掉队或损毁,只是失去单台装备的战斗力;而保障系统的掉队或损毁,却往往导致整团整师飞机、坦克失去或减弱战斗力。新型飞机把提高保障系统的机动性和生存力作为其装备研制的重要目标,采用各种新技术,把许多检测、挂弹乃至制氧等设备由地面搬到机上,减少地面保障设备、人员以提高其机动性和生存力。

4. 提高战场损伤修理能力

提高战场损伤修理能力,实现维修与作战相结合,是应付现代局部战争的迫切要求。早在20世纪70年代的第四次中东战争之后,世界各国在惊叹以军战场抢修的成效时,也充分认识到了战场损伤修复的意义。而在80年代,美军则把前方维修保障能力的形成和发展作为其前方部署战略的一个部分。在海湾战争中,美军动用7艘修理船(包括潜艇供应船)作为战区维修保障中心,与其他辅助舰船和作战保障直升机群一起对200多艘舰船实施有效的前沿维修保障。在战时抢修抢救了受到严重损伤的"特里波利"号两栖攻击舰和"普林斯

顿"号导弹巡洋舰等舰船。由于赋予战斗舰船编队全面的检修和后勤保障能力,实行维修与作战相结合,使得前方部署的战斗部队能坚持在前方位置上,保持其战斗能力。显然,这对于作战地域有限、时间有限但强度很大的现代技术条件下的局部战争是尤其重要的。

综上所述,现代战争对装备维修提出了更新更高的要求。而就维修保障系统自身来说,尤其应当具备:

(1) 高效的组织指挥。这是实现快速反应、灵活机动、维修与作战相结合的重要前提。

(2) 高效的维修手段。特别是战场抢修和对新技术装备进行维修的手段。

(3) 高度的准备状态。这是实现"保障先行"和完成保障任务的必要条件。

1.3.3 装备维修改革与发展趋势

面临军事变革的新形势、新要求,各国军队对军用装备维修采取了或正在采取一些对策,以改革和发展装备维修,主要有以下一些内容:

(1) 改革维修制度,科学、合理地确定维修任务,重视维修的经济性;

(2) 改革维修体制,合理选择保障源,实行军地结合、平战结合的维修体制;

(3) 改进维修技术和手段,适应现代武器装备维修和现代战争的需要,重点是新技术装备的维修和把新技术用于装备维修;

(4) 改进维修管理和改善支援系统,确保装备维修质量与效率。

从军事斗争需求、持续发展国策的要求以及科技和装备发展水平来看,我国装备维修发展的主要趋势,可以概括为以下几方面。

1. 装备维修综合化(集成化)

集成或综合是信息化社会、信息化经济、信息化战争的要求和发展趋势。传统的装备或设备维修主要是依靠个别或少数维修人员技艺的"作坊式"维修作业方式。而现代武器装备功能多样、结构复杂,往往都是多学科、多专业综合的现代工程技术的产物。各种武器系统、信息系统又构成一个庞大而紧密联系的体系,其维修问题已经不能依靠个别人员的技艺来解决。装备维修需要越来越多方面的综合或集成,主要表现为:

(1) 维修与装备研制、生产、供应、使用及全寿命其他环节的集成。特别要强调可靠性、维修性和保障性设计。现代武器装备,维修问题必须在装备论证、研制时考虑,提出维修保障要求,进行维修性设计,研究制订维修方案和开发、准备维修资源,并在生产、使用过程持续地提供这些资源,建立和完善维修保障系统。作为维修工程部门来说,就是要及早介入并以维修保障要求影响装备设计,需要探索有关的途径和方法,真正实现"全系统全寿命管理"。

(2) 装备维修与改造(改进)的集成(结合)。除传统的修复性维修、预防性维修外,积极发展改进性维修,结合维修改善装备的作战性能、可靠性和维修性,以提高装备的效能。软件改善性维修更不可缺少。

(3) 装备维修与其他保障工作的集成。装备维修与订购、验收、培训、储存、供应、运输、报废处理等其他装备保障工作以及后勤保障工作,应当紧密结合、统一安排,才能形成、保持和提高部队战斗力。在局部战争压缩了的时间、空间里,这个问题将更加突出。在我军装备管理体制调整的情况下,这个问题将更为重要。

(4) 跨军兵种(行业)、多装备类型维修的集成。协同作战、联合作战是现代战争的特点,装备维修应当与之相适应,实施跨军兵种、多装备类型的维修保障。这首先要求对装备进行系列化、通用化、组合化(模块化)设计;同时,要求突破传统的装备维修管理体系和模式,实行维修运作的"集中管理,分散实施"。

(5) 各种维修类型的集成。装备维修的发展,正在创造着新的维修方式或类型,除修复性维修(CM)、预防性维修(PM)外,还有战场抢修(BDAR)、建立在对装备进行实时或近于实时监测和故障预测基础上的基于状态的维修(CBM)、改进性维修、针对故障根源的预先维修(PaM)等。应根据实际情况,综合应用这些维修方式或类型,以便实施及时、有效而经济的维修。

(6) 软硬件维修的集成。随着计算机的广泛应用,计算机软件缺陷、故障已经成为影响武器系统质量的重要因素。装备投入使用后,硬件、软件都需要维修。需要研究软件和软件密集系统维修保障的一系列问题,包括维修方案、人员、设备设施、技术资料、供应以及关键技术,以建立其保障系统,形成装备软件和软件密集系统的保障能力。

装备维修综合化是从根本上解决维修供需矛盾,提高维修效益和效率,适应新技术和现代装备发展,做好军事斗争准备的重要途径。实现各种"综合"或"集成",首先要突破各种不适宜的传统观念和体制的束缚,同时,要研究具体的程序、方法,并需要有"综合"能力的人才。

2. 装备维修精确化

精确或准确维修(precision maintenance),是实现维修优质、高效、低消耗,提高装备可用度或战备完好性的主要途径。传统维修是一种相对粗放型的维修,既可能有"维修不足"又可能有"维修过度",从而造成故障损失或资源浪费,甚至导致人为故障。维修精确化要求突破维修越勤、越宽、越深就越好的观念,突破粗放型维修运作,在正确的时间、位置、部位实施正确的维修。

实现精确维修的主要途径是:

(1) 按照以可靠性为中心的维修(RCM)分析方法科学地制订维修大纲;
(2) 采用装备综合诊断提高故障检测和隔离能力以及精确性;
(3) 积极发展并应用故障预测技术和基于状态的维修技术;
(4) 利用修理级别分析合理确定维修级别(修理场所);
(5) 开发各种实用的维修工作站;
(6) 发展远程支援维修技术和系统;
(7) 建立健全计算机化的维修管理信息系统。

精确维修的主要基础是信息技术、测试诊断技术、故障(失效)分析与预测和各种维修分析与决策技术的研究和发展。

3. 维修信息化

维修信息化是指在维修工作中积极应用信息技术,开发并充分利用维修保障信息资源,以实现维修保障的各种目标。对于军用装备来说,维修信息化是信息化战争及武器装备发展的需求和电子、网络等技术发展推动的必然产物。事实上,高技术、高效能的现代武器装备(系统)结构复杂,其维修过程或活动的重点(核心)已由传统的以修复技术为主,转变为以信息获取(包括装备状态信息、维修资源信息和维修过程信息的获取)、处理和传输并做出维修技术与管理决策为主。所以,实现维修过程信息化,是缩短维修时间、提高维修效率、节约维修资源的关键。

维修信息化或电子维修的形成和发展是一个过程。随着网络的应用发生了突变,形成了维修领域的广泛创新。信息化或 E—维修首先是一种维修概念或理念的创新,同时也将引起技术和管理的创新。它引起维修由手段的变化到观念、方式、管理的一系列变化:

(1) 维修方案的变化。减少维修级别(许多新装备由传统的 3 级维修转变为 2 级维修;软件保障也采用 2 级维护),且分级维修将趋于模糊。

(2) 维修"场地"的变化。发展远程维修包括远程诊断与修复,特别是软件保障和卫星、无人机等在轨维修,既不是现场维修,也不是把装备拉到后方去维修。

(3) 维修方式的变化。除传统的修复性维修、预防性维修,还要发展各种主动维修(预先维修、定期维修和预计维修)实现重要装备"近于零的损坏和停机"。

(4) 维修主体的变化。部分实现装备自维修、自服务以节省人财物力和时间。

(5) 维修目标的变化。实现精确维修,达到优质、高效和低耗,并利于保护环境和社会持续发展。

(6) 维修资源保障的变化。通过自动识别技术、计算机和通信网络等技术,实现全资可视化(TAV),达到全部资源的优化配置和调度。

(7) 维修组织的变化。实现网络化管理,维修采取"集中管理与分散运作"模式,适应各种作战样式的要求。

维修信息化或 E-维修有丰富的内容,基本内容可概括为以下方面。

(1) 维修作业信息化(基于 E-特征的维修作业)。基于信息化或数字化技术的各种维修作业,如:状态监控,故障(损伤)预测,故障诊断,自修复(重构、冗余),远程维修作业(卫星、无人机等的远程测控、诊断与维修),维修作业辅助(便携式维修辅助装置 PMA,交互式电子技术手册 IETM)。

(2) 维修管理信息化(基于 E-特征的维修管理)。基于信息化或数字化手段的维修管理活动,如:维修规划信息化;维修资源规划;维修组织网络化。

(3) 维修支援信息化(基于 E-特征的维修支援)。基于信息化或数字化技术的维修支援活动。如:在线、多媒体维修教育与训练;全资可视化物资供应;远程技术支援。

(4) 考虑 E-维修的可靠性维修性(含测试性)保障性设计。

军队装备维修信息化要面向战场、面向全军或战区,借助网络化信息平台,建设从作战指挥中枢到末端维修单兵、单位、装备的维修系统。维修信息化同装备设计与指挥自动化以及电子商务、电子制造的发展有密切关系。可以而且应当利用在这些领域中的各种成熟技术。发展 E-维修需要研究和突破若干关键技术。例如:战场损伤快速检测与评估技术,故障预测技术,全部资源可视化技术,远程测控、诊断与维修技术,自维修技术,维修工作站/维修保障平台技术,虚拟维修技术,维修作业辅助技术。

4. 维修绿色化(集约化)

20 世纪是人类物质文明最发达的时期,然而也是生态环境和自然资源遭到破坏最为严重的时期。环境污染和生态失衡已成为 20 世纪的显性危机,成为制约世界经济、可持续发展、威胁人民健康的主要因素之一。在这样的形势下,世界各国首先是发达国家开始研究减少和避免生产过程中的环境污染,保持生态平衡;之后又提出节约资源、持续发展,开始研究无污染的绿色产品、绿色制造、绿色工程等;发展再利用、再循环、再制造。基于持续发展、保护环境的新理念,绿色维修应当作为绿色工程的一个重要环节引起重视。维修事业的发展,同样应当有科学的发展观。

绿色维修是指资产维修消耗资源少、排出的废弃物少、不产生有害物质或其他污染,以利于生态平衡和社会持续发展。对于军用装备维修的发展来说,这也并不是遥远或无关痛痒的事。对企业化维修工厂,这将是其是否能够生存的关键问题。对其他级别的维修,绿色维修同样是方向是目标。

实施绿色维修应当把环境意识贯穿于整个维修工作中,其基本点包括:

(1) 建立和实施故障的环境准则。把对环境的损害作为设备或装备故障的主要判据,有害环境的故障是通过维修要预防和排除的重要对象(如在新的 RCM 中已将环境危害作为安全性后果)。

(2) 通过各种技术和方法(如寿命周期评估 LCA)鉴别、分析并采取措施消除维修过程对环境可能的损害。

(3) 把对环境影响作为维修质量及其验收的准则。

(4) 实现绿色维修首先在于产品设计,绿色设计必须包含绿色维修特性的设计;产品维修性必须将减少维修对环境影响作为主要目标,即确立"绿色维修性"的观念。

1.3.4 装备维修工程的形成与发展

装备维修工程的形成与发展,是科学技术和武器装备发展的结果,是武器装备研制、使用、维修及管理的需要,是武器装备建设与发展的需要。同时,维修工程的形成与发展和可靠性维修性工程的发展是密不可分的。

1.3.4.1 装备维修工程的形成

20 世纪 50 年代以来,随着军用装备的发展及其技术上的复杂化,维修保障日益影响装备的使用并成为部队的沉重负担。于是,可靠性维修性工程应运而生,并在 60 年代后得到迅速发展。它们都从改善产品设计特性入手,减少故障或便于维修来减少维修占用的总时间和消耗的资源。与此同时,维修保障系统的优化,即如何及时建立经济有效的维修保障系统,以及它与主装备之间的匹配问题也提上了研究的日程。在装备研制早期就要考虑其可靠性、维修性和维修保障分系统,并贯穿于整个研制、生产和使用过程中。论证、分析有关维修的设计要求,确定维修保障方案,建立保障系统,成为用户十分关注和迫切需要研究解决的问题。正是在这样的背景下,美国从 60 年代开始研究,逐渐形成与可靠性工程、维修性工程并列,而与维修技术学科相区别的维修工程学科。

1975 年在美国陆军部主持下,由美国国家航空航天局 NASA 编写出版了《维修工程技术》(*Maintenance Engneering Techniques*)一书,论述了维修工程的理论和方法。该书主要是为了满足实施维修工程的需要,对于维修工程的各项任务和所用的方法进行全面的讨论,而这些任务是为了保证装备的使用、保障和取得经济效益所必须完成的。随着对系统(产品)可靠性、维修性及其保障研究的深入和应用的扩展,美国弗吉尼亚州立大学本杰明·斯·布兰恰德(Benjamin S. Blanchard)教授的专著《后勤工程与管理》(*Logistics Engineering and Management*)出版。作者在这本书里所界定的"后勤"概念,相当于我们所说的装备保障。

这本书系统而精炼地阐述了对于装备系统(产品)保障的基本概念、要求、原则以及有关的管理程序和技术。与此同时,美国国防部采用了综合后勤保障(integrated logistics support, ILS,也译作"装备综合保障")的原理和技术,近年来改称"采办后勤"(acquisition logistics),其具体内容比原来的维修工程虽略有扩展,但基本原理和要求是一致的。

苏联在可靠性和维修保障的研究方面,是有长期的实践经验和理论成就的。苏联虽然没有提出"维修工程"名称,但它对产品技术状况变化的研究比较深入,把有关的理论应用于产品的技术保障也有其独到之处,并形成了系列标准,包含了这方面的丰富资料。

1970年,英国形成了设备综合学(terotechnology)学科,其实质与维修工程并无大的差异,只是其研究和涉及的范围更广一些,对象更侧重于企业的设备。1973年,日本在欧洲考察设备综合工程后,也提出了适合其国情的"全员生产维修(TPM)",更加强调企业全体人员参与管理的作用。1974年,联合国教科文组织将"设备维修工程"列入技术科学分类目录中。

中国设备管理协会于20世纪80年代初引进了设备综合工程,并结合我国国情进行研究和应用,以其理论培训人员并指导我国各民用企业推行设备综合管理,制定有关法规,推广先进维修与管理技术,特别是表面工程技术、状态监控技术和计算机管理技术,设备维修与管理取得了显著的成效,并形成具有中国特色的设备工程学科。

我国自20世纪70年代末引入维修工程理论,军械工程学院王宏济教授做出了突出的贡献。他总结国外经验,概括出"全系统全寿命观念"以来,积极推行维修工程理论,在军内外影响日益增大。目前,各军兵种的有关院校都设置了维修工程或与之类似的课程,对维修工程的研究各具特色。在有关领导机关的主持、倡导和促进下,结合我国我军的实际,除了颁布实施和正在制定一批与可靠性、维修性以及维修保障有关的国家军用标准、规范和技术条件外,这些新学科的理论与方法已逐渐为人们接受和掌握,并结合我国国情有所发展,广泛应用于保障决策、维修改革以及现役装备可靠性与维修性的改进中,取得了明显实效,并将逐步体现在我国新型武器的研制、生产与使用维修中。

1.3.4.2 装备维修工程的发展

自从装备维修工程形成以来,作为装备维修保障的系统工程,已在装备的维修保障领域中发挥其应有的作用,取得了显著的军事效益和经济效益。随着人们实践经验的积累和研究的深入,维修工程预期将在以下三个方面有进一步的发展:

(1)维修工程的理论将更为充实。维修工程是一门较新的综合性工程技术学科,以多门学科为其理论基础。随着这些基础理论的发展,维修工程吸取其中有益的养分,自身的理论必将进一步得到充实,更趋成熟。

(2)维修工程应用的手段将日益完善。在现代武器装备日趋复杂精密的情况下,需要维修工程处理的各种参数和问题必然更加繁多,涉及的因素更加复杂。但是,维修工程所应用的各种技术手段特别是信息技术的发展一日千里,信息化、网络化将适应维修工程应用的需要,从而使维修工程在处理各种复杂的维修保障问题时应用的手段日臻完善。

(3)维修工程研究涉及的内容不断扩大。例如以测试性而言,以往一直是把它包括在维修性内的,但是,近些年来,检测诊断对装备的保障日见重要,检测和诊断技术不断发展,在某些场合中已将测试性作为单独的一种装备设计特性,有其独立的指标,并需与维修性权衡。又如战场抢修本是一项由来已久的维修工作,便于战场抢修也是维修性应当考虑的问题,但随着战争实践经验的积累和人们认识的深化,近些年提出了在装备设计时就应赋予"战斗恢复力"的特性(或称抢修性)。再如在未来战争中现行的维修保障组织结构(包括供应)容易被敌方攻击和摧毁,故要强调装备有自保障性,尽量减少对外部保障资源的依赖,以提高装备系统的机动作战能力。随着计算机在装备中的广泛应用,软件维修及软件密集型装备的保障将成为维修工作的重要内容。凡此所涉及的维修保障问题都将成为维修工程研究的对象。因此,可以预见未来维修工程研究涉及的内容将不断扩大。

面对军队信息化建设和打赢信息化战争的要求,维修保障信息化已经成为维修工程研究的重要内容。

最后,需要指出的是,维修工程是从国外引进的,但我国装备维修工程有其特点。最重要的特点是:突出对武器装备维修与发展中的全系统、全寿命管理。美国的"维修工程",侧重于寿命周期前期的论证、设计与分析,实现影响设计和建立良好维修保障分系统两个目标。英国的设备综合工程学和日本的全员生产维修比较侧重于后期管理。我国的装备维修工程,既强调前期管理,实现上述两个目标,形成保障力战斗力,又重视后期管理,作为前期管理的继续和发展,在维修工程中研究维修保障系统的完善及其运行,确实把装备维修工程作为全系统、全寿命的"维修工程"。

习　题

1. 什么是维修？试通过查阅有关资料给出几种不同的表述,并简要说明其异同。
2. 视情维修能够充分利用产品的寿命并在故障前进行有针对性的维修。这是否说明视情维修优于修复性维修和定期维修？试简要说明理由。
3. 什么是修理？它与维修是否相同？并简要进行说明。
4. 什么是应急性维修？它与其他几种维修有无关系？是什么关系？
5. 什么是装备维修保障系统？它可分为几种类型？试举例说明装备维修保障系统的要素构成以及装备维修保障系统对部队"能打仗、打胜仗"的意义和作用。
6. 什么是装备维修工程？其主要任务和目标是什么？
7. 什么是"全系统""全寿命""全费用"(三全)？试简要说明"三全"观点不仅是装备维修工程特别强调的观点,也是装备建设与发展应坚持的重要观点。

第二章
可靠性基础

科学技术突飞猛进,装备越来越复杂,装备要求越来越高,使用环境日益严酷,使用维修费用不断增长,这些都促使人们认真探索、深入研究可靠性问题。本章主要介绍产品可靠性的基本概念和可靠性模型。

2.1 可靠性的概念

2.1.1 可靠性和故障的定义

2.1.1.1 可靠性

可靠性(reliability)是指产品在规定的条件下和规定的时间内,完成规定功能的能力。

在这里,产品是一个非限定性术语,可以是某个装备系统,也可以是组成系统中的某个部分乃至元、器件等。在可靠性定义中,以下"三个规定"是很重要的。

(1)"规定的功能"。可靠性是保证完成规定功能的质量特性,定义产品的可靠性,首先要定义和规定其功能。电视机的功能是接收电视台发出的电视信号,能看,能听;洗衣机的功能是洗衣服;雷达的功能是发现搜索目标,测出距离和方位;枪、炮的功能是射击。这些是产品的规定功能。许多产品规定的功能并不是单一的,而是多种多样的,电视机还可以接录像机。显然,工厂制造出来的合格产品本来是具有完成规定功能的能力的,但如果出了故障,坏了,就不能完成规定的功能。可靠性就是要产品不出毛病,能完成规定功能。但是应当强调,一是规定的功能是指产品技术文件中规定的功能。电视机能看见图像、能听见声音,而图像"跳舞",噪声大就失去了规定功能;二是功能应指规定的全部功能,而不是其中的部分功能,即要注意产品功能的多样性;三是规定功能还应包括故障或完成功能的判断准则,如,枪、炮不是打响就合格,散布大到一定程度就不能完成规定功能,但散布大到什么程度就算失去规定功能,应加以规定。

(2)"规定的时间"。这是可靠性定义中的核心。因为离开时间就无可靠性可言,而规定时间的长短又随产品对象不同和使用目的不同而异。例如,火箭弹要求在几秒或几分钟内可靠地工作;地下电缆、海底电缆系统则要求几十年、上百年内可靠地工作。产品的规定时间,是广义的时间或"寿命单位",它可以是使用小时数(如电视机、雷达、电机等),行驶公里数(如汽车、坦克),射击发数(如枪、炮、火箭发射架),也可以是储存年月(如弹药、导弹等一次性使用而长期储存的产品)。

(3) "规定的条件"。这是产品完成规定功能的约束条件,包括多方面,如装备使用(工作)时所处的环境(指产品工作所处的环境温度、湿度、振动、风、砂、霉菌等)、运输、储存、维修保障和使用人员的条件等。这些条件对产品可靠性都会有直接的影响,在不同的条件下,同一产品的可靠性也不一样。例如,实验室条件与现场使用条件不一样,它们的可靠性有时可能相近,有时可能相差几十倍,所以不在规定条件下就失去了比较产品可靠性的前提。

2.1.1.2 故障

产品不可靠就是出了故障。因此,研究可靠性与研究故障是密不可分的;同时可靠与故障是对立的,只要掌握了产品故障规律,也就掌握了产品可靠性的规律。

故障(failure 或 fault)是指产品不能执行规定功能的状态,通常指功能故障。因预防性维修或其他计划性活动或缺乏外部资源造成或不能执行规定功能的情况除外。例如,坦克、汽车开不动,熄火"抛锚了",即出了故障;舰船出故障,跑不动;枪炮打不响,打不连;发动机漏油等都是故障。

上述故障定义是广义的,在有的场合中产品不能执行规定功能的状态称为故障(fault),而把产品丧失完成规定功能的能力的事件称为失效(failure)。在工程实践特别是产品使用中一般并不严格区分故障和失效,多数场合用故障,对弹药、电子元器件等不修复的产品常称失效。

2.1.1.3 故障的分类

1. 根据故障发生的原因分

(1) 偶然(random)故障或叫随机故障。由于偶然的因素(过载,过压,过流,冲击,误操作等)引起。

(2) 可预知(predictable(可预报)或 gradual(渐变))故障。主要由于系统内部因素(老化,退化,漂移)引起。

2. 根据故障的后果分

(1) 灾难性(catastrophic)或安全性(safe)故障,如人员伤亡、系统毁坏、环境污染等。

(2) 严重性(critical)故障,如任务失败、重大经济性损失等。

(3) 轻微故障,如指示灯坏、保险丝烧断等。

3. 根据统计研究目的分

(1) 统计独立(independent)故障。不是由另一产品引起的故障,是独立发生的。亦称原发故障。

(2) 统计相依(dependent)故障(从属故障)。由于另一产品的故障而引起的故障。亦称诱发故障。产品故障不再是统计独立的,有以下几种主要情况:

① 元件分担负荷。在储备冗余系统(并联系统、多数表决系统等)中,某一工作单元故障后,其他单元的负荷便会增大,可能导致其他同型单元的故障机理、特性改变,从而引起其他单元的故障不再独立。

② 共因故障(common cause failure,CCF)。在共同原因(如着火)作用下的一组元件故障,这些元件的故障也不能认为是统计独立的。

注意:共模故障(common mode failure,CMF)是 CCF 的一部分情形,较容易确定。故障有共同的表现形式,如锈蚀或沿海盐雾对铝的腐蚀作用等。

③ 互斥的故障。如"开关合不上"与"开关断不开"就不是统计独立的。因为"开关合不上"的故障发生后,必然不可能发生"开关断不开"的故障,这与独立事件(发生互不影响)的假设相抵触。

2.1.2 可靠性的区分

2.1.2.1 任务可靠性与基本可靠性

根据装备设计的目标,可将可靠性分为任务可靠性和基本可靠性,而它们对应于两种剖面。

1. 寿命剖面与任务剖面

剖面是对产品所发生的事件、过程、状态、功能及所处环境的描述。由于事件、过程、状态、功能及所处环境都与时间有关,因此这种描述事实上是一种时序描述。

寿命剖面是指产品从交付到寿命终结或退出使用这段时间内所经历的全部事件和环境的时序描述,它包含一个或几个任务剖面。寿命剖面说明产品在整个寿命期经历的事件(如包装、运输、储存、检测、维修、任务剖面等)以及每个事件的持续时间、顺序、环境和工作方式(图 2-1)。

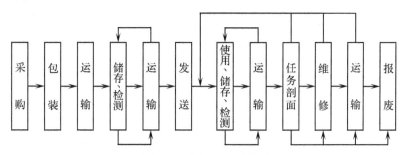

图 2-1 寿命剖面示意图

任务剖面是指产品在完成规定任务这段时间内所经历的事件和环境的时序描述。它包括任务成功或致命故障的判断准则。对于完成一种或多种任务的产品均应制定一种或多种任务剖面。任务剖面一般包括:产品的工作状态,维修方案,产品工作的时间顺序,产品所处环境(外加与诱发的)的时间顺序。

2. 任务可靠性

任务可靠性是指产品在规定的任务剖面内完成规定功能的能力。显然,装备的任务可靠性高,表示该装备具有较高的完成规定任务的概率,任务可靠性是装备作战效能的一个因素。

3. 基本可靠性

基本可靠性又称后勤可靠性,是产品在规定条件下,规定的时间内,无故障工作的能力。

它说明装备经过多长时间可能要发生故障需要维修。后勤可靠性可评估装备或部件对维修和维修保障的要求,反映了减少维修人力与费用的要求。

2.1.2.2 固有可靠性与使用可靠性

为了比较装备在不同条件下的可靠性,可将可靠性区分为固有可靠性和使用可靠性。

1. 固有可靠性

固有可靠性是设计和制造赋予产品的,并在理想的使用和保障条件下所具有的可靠性。固有可靠性也是可靠性的设计基准。具体装备设计、工艺确定后,装备的固有可靠性是固定的。

2. 使用可靠性

使用可靠性是产品在实际的环境中使用时所呈现的可靠性,它反映产品设计、制造、使用、维修、环境等因素的综合影响。

2.1.2.3 工作可靠性与不工作可靠性

许多军用装备往往是工作时间极短,而不工作时间(待命、储存等时间)较长,可将可靠性区分为工作可靠性和不工作可靠性。

工作可靠性是产品在工作状态所呈现出的可靠性。例如:飞机的飞行,导弹、弹药的发射,车船运行等是装备工作状态,其工作可靠性常用飞行小时、发射成功率、运行小时或公里数等来量度。

不工作可靠性是产品在不工作状态所呈现出的可靠性。不工作状态包括:储存、静态携带(运载)、战备警戒(待机)或其他不工作状态。尽管装备不工作,但可能由于自然环境或诱导环境应力等的影响,装备也可能发生故障。例如,弹药、导弹、电子装备、光学仪器在储存过程中,由于高温、潮湿造成失效。对弹药、导弹等装备,储存可靠性尤其重要。

2.1.3 产品的寿命

在可靠性领域将产品从开始工作到发生故障前的一段时间 T 称为寿命。由于产品发生故障是随机的,所以寿命 T 是一个随机变量。对不同的产品、不同的工作条件,寿命 T 取值的统计规律一般是不同的。对应产品的两种类型,不修产品(不能修或不值得修的产品)和可修产品的"寿命"可用图 2-2 表示。

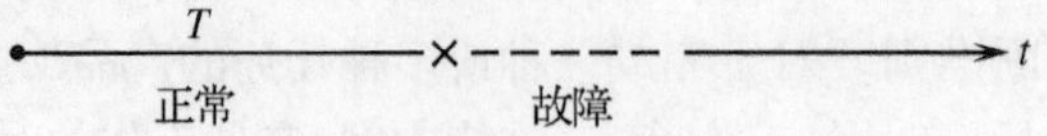

(a) 不修产品状态描述

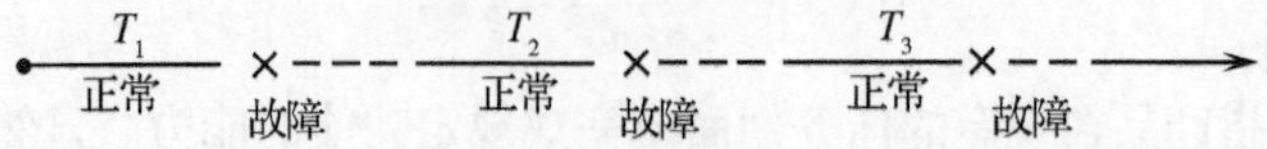

(b) 可修产品状态描述

图 2-2 可修产品和不修产品状态描述示意图

产品寿命中所说的时间是广义时间,其单位称为寿命单位。根据产品寿命度量不同,有不同的寿命单位,如小时(h)、千米(km)、摩托小时、发(枪、炮弹)、次(起飞次数、发射次数)、飞行小时等。

2.1.4 可靠度函数

2.1.4.1 定义

产品在规定的条件下和规定的时间 t 内,完成规定功能的概率称为产品的可靠度函数,简称可靠度,记为 $R(t)$。

设 T 是产品在规定条件下的寿命,则下面3个事件等价:

(1) "产品在时间 t 内能完成规定功能";
(2) "产品在时间 t 内无故障";
(3) "产品的寿命 $T > t$"。

产品的可靠度函数 $R(t)$ 可以看作是事件" $T > t$ "的概率,即

$$R(t) = P\{T > t\} \tag{2-1}$$

显然,这个概率值越大,表明产品在 t 内完成规定功能的能力越强,产品越可靠。

2.1.4.2 可靠度的性质

(1) $0 \leqslant R(t) \leqslant 1$(因 $R(t)$ 是一种概率);
(2) $R(0) = 1$(假定产品开始工作时完全可靠);
(3) $R(\infty) = 0$(表示产品最终会发生故障);
(4) $R(t)$ 是 t 的非增函数(表示随产品使用时间增加可靠性降低)。

2.1.4.3 可靠度的估计

由概率论和数理统计理论可知,当统计的同类产品数量较大时,概率可以用频率进行估计。假如在 $t=0$ 时有 N 件产品开始工作,而到 t 时刻,有 $r(t)$ 个产品故障,还有 $N - r(t)$ 个产品继续工作,则频率

$$\hat{R}(t) = \frac{N - r(t)}{N} = 1 - \frac{r(t)}{N} \tag{2-2}$$

可以用来作为时刻 t 的可靠度的近似值。

例 2-1 对某种100个元件在相同条件下进行寿命试验,每工作100h统计一次,得到结果如图2-3所示,试估计该种元件在各检测点的可靠度。

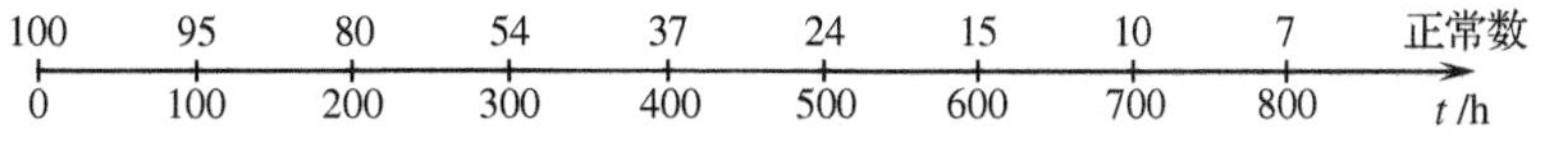

```
100    95    80    54    37    24    15    10    7    正常数
 0    100   200   300   400   500   600   700   800   t/h
```

图 2-3 元件寿命试验统计结果

解:依题意计算结果见表 2-1。

表 2-1　例 2-1 计算结果

时刻 t_i/h	在 $(0, t_i)$ 内故障数 $r(t_i)$	$\hat{R}(t_i) = \dfrac{N - r(t_i)}{N}$
0	0	1.00
100	5	0.95
200	20	0.80
300	46	0.54
400	63	0.37
500	76	0.24
600	85	0.15
700	90	0.10
800	93	0.07

由表 2-1 可画出 $R(t)$ 的曲线(图 2-4)。

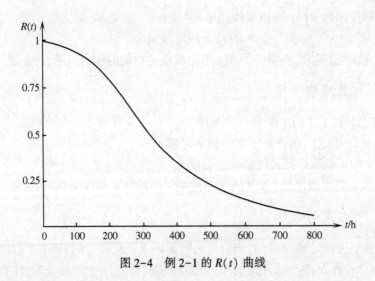

图 2-4　例 2-1 的 $R(t)$ 曲线

从图 2-4 可以估计出不同时刻的可靠度值。例如,在 $t = 250\text{h}$ 这一时刻,对应的可靠度为:$R(250) \approx 0.68$。反之,若给定可靠度为 0.90,也可按图估计出对应的时间 t_0,即 $R(t_0) = 0.90$ 时,$t_0 = 130\text{h}$。

2.1.5　累积故障分布函数

2.1.5.1　定义

产品在规定的条件下和规定的时间 t 内,丧失规定功能(即发生故障)的概率,称为产品的故障概率(或不可靠度),记为 $F(t)$。

设产品的寿命为 T,t 为规定的时间,则

$$F(t) = P\{T \leq t\} \tag{2-3}$$

$F(t)$表示在规定条件下,产品的寿命不超过t的概率,或者说,产品在t时刻前发生故障的概率。

由于产品故障与可靠两个事件是对立的,所以

$$R(t) + F(t) = 1 \tag{2-4}$$

$F(t)$也称为"累积故障分布函数"。$F(t)$是一种普通概率分布函数,概率论与数理统计中有关分布函数的公式和定理可以全部套用。

2.1.5.2 累积故障分布函数的性质

(1) $0 \leq F(t) \leq 1$;
(2) $F(0) = 0$(设产品未使用时,故障数为0);
(3) $F(\infty) = 1$(产品最终全部发生故障);
(4) $F(t)$为非减函数。当产品工作时间增加时,其故障数不可能减少,只可能不变或增加,因此$F(t)$为非减函数。

2.1.5.3 累积故障分布函数的估计

设$t=0$时有n个产品开始工作,到时刻t已有$r(t)$个产品发生了故障,则

$$\hat{F}(t) = \frac{r(t)}{N} \tag{2-5}$$

2.1.6 故障密度函数

2.1.6.1 定义

在规定条件下使用的产品,在时刻t后一个单位时间内发生故障的概率称为产品在t时刻的故障密度函数,记为$f(t)$,即

$$f(t) = \lim_{\Delta t \to 0} \frac{P\{t < T \leq t + \Delta t\}}{\Delta t} \tag{2-6}$$

式中:$P\{t < T \leq t + \Delta t\}$为产品在区间$(t, t + \Delta t)$内发生故障的概率。

由式(2-6)可进一步推得

$$f(t) = \lim_{\Delta t \to 0} \frac{P\{T \leq t + \Delta t\} - P\{T < t\}}{\Delta t} = \lim_{\Delta t \to 0} \frac{F(t + \Delta t) - F(t)}{\Delta t} = F'(t) \tag{2-7}$$

故障密度函数就是普通的概率密度函数。

2.1.6.2 故障密度函数的性质

$f(t)$具有一般概率密度函数的性质:

(1) $\int_0^{+\infty} f(t) \mathrm{d}t = 1$(归一性);
(2) $f(t) \geq 0$ (非负性)。

2.1.6.3 故障密度函数的估计

显然 $f(t)$ 也可用频率变化率来估计,即在时刻 t 后(前)一个单位时间内的故障数与产品总数之比。$f(t)$ 可近似表示为

$$\hat{f}(t) = \frac{r(t+\Delta t) - r(t)}{N} \times \frac{1}{\Delta t} = \frac{\Delta r(t)}{N} \times \frac{1}{\Delta t} \tag{2-8}$$

式中:N 为同类产品总数;Δt 为很小的时间区间;$r(t)$ 为产品在 $(0,t)$ 内发生故障的数目;$r(t+\Delta t)$ 为产品在 $(0,t+\Delta t)$ 内发生故障的数目;$\Delta r(t)$ 为产品 t 时刻后,Δt 时间内发生故障的数目。

例 2-2 对 1000 个元件进行试验,同时工作 500h 时,已有 50 个元件发生故障,在 500~550h 区间内有 5 个元件发生了故障。试求该元件在 $t=500h$ 时的故障密度函数值。

解: 因为 $\hat{f}(t) = \dfrac{\Delta r(t)}{N} \times \dfrac{1}{\Delta t}$

所以 $\hat{f}(500) = \dfrac{5}{1000} \times \dfrac{1}{50} = 10^{-4}(h^{-1})$

例 2-3 已知条件同例 2-1,估计该元件在各检测点的分布函数值 $F(t_i)$ 及故障密度函数值 $f(t_i)$ 并给出 $F(t)$、$f(t)$ 曲线。

解: 由式(2-5)和式(2-8)可得

$$F(t_i) \approx \frac{r(t_i)}{N}$$

$$f(t_i) \approx \frac{r(t_{i+1}) - r(t_i)}{N} \times \frac{1}{t_{i+1} - t_i} = \frac{\Delta r(t_i)}{N} \times \frac{1}{\Delta t_i}$$

其中 $\Delta r(t_i) = r(t_{i+1}) - r(t_i)$,$\Delta t_i = t_{i+1} - t_i$

由于 $N = 100$ 个,再由式(2-5)和式(2-8)计算,可得表 2-2。

表 2-2 例 2-3 计算结果

序号	时刻 t_i/h	$\Delta r(t_i)$	$r(t_i)$	$F(t_i)$	$f(t_i)$/h^{-1}
0	0	5	0	0	5×10^{-4}
1	100	15	5	0.05	15×10^{-4}
2	200	26	20	0.20	26×10^{-4}
3	300	17	46	0.46	17×10^{-4}
4	400	13	63	0.63	13×10^{-4}
5	500	9	76	0.76	9×10^{-4}
6	600	5	85	0.85	5×10^{-4}
7	700	3	90	0.90	3×10^{-4}
8	800		93	0.93	—

由表 2-2 可画出 $F(t)$ 和 $f(t)$ 曲线(图 2-5)。

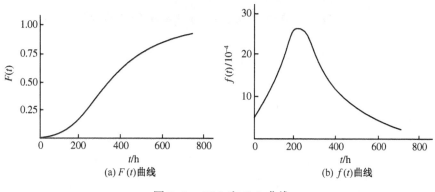

图 2-5 $F(t)$ 和 $f(t)$ 曲线

2.1.7 故障率函数

2.1.7.1 定义

已工作到时刻 t 的产品在其后单位时间内发生故障的条件概率称为产品在时刻 t 的故障率,简称故障率,记为 $\lambda(t)$,即

$$\lambda(t) = \lim_{\Delta t \to 0} \frac{P\{t < T \leq t + \Delta t \mid T > t\}}{\Delta t} \tag{2-9}$$

该概念表示,如果装备工作到时刻 t 还没有发生故障,即正常工作,那么该装备在以后单位时间内发生的故障概率即故障率。

由条件概率公式可推得

$$\begin{aligned}
& P\{t < T \leq t + \Delta t \mid T > t\} \\
&= \frac{P\{t < T \leq t + \Delta t, T > t\}}{P\{T > t\}} = \frac{P\{t < T \leq t + \Delta t\}}{P\{T > t\}} \\
&= \frac{P\{T \leq t + \Delta t\} - P\{T \leq t\}}{1 - P\{T \leq t\}} = \frac{F(t + \Delta t) - F(t)}{1 - F(t)}
\end{aligned}$$

于是

$$\lambda(t) = \lim_{\Delta t \to 0} \frac{F(t + \Delta t) - F(t)}{\Delta t} \times \frac{1}{1 - F(t)} = \frac{F'(t)}{1 - F(t)} = \frac{f(t)}{R(t)} \tag{2-10}$$

故障率是可靠性理论中的一个很重要的概念。在实践中,它又是产品或装备的一个重要参数。故障率越小,其可靠性越高;反之,故障率越大,可靠性就越差。电子元件就是按故障率大小来评价其质量等级的。

2.1.7.2 故障率的估计

故障率也可用频率来估计。假若 $t = 0$ 时刻有 N 个产品开始工作,到时刻 t 有 $r(t)$ 个产品发生了故障,这时还有 $N - r(t)$ 个产品在继续工作;为了研究产品在 t 时刻后的故障情况,再观察 Δt 时间,如果在 t 到 $t + \Delta t$ 时间内又有 $\Delta r(t)$ 个产品故障,那么在 t 时刻尚未发生

故障的 $[N-r(t)]$ 个产品继续工作,在 $(t,t+\Delta t)$ 内故障的频率为

$$\frac{\Delta r(t)}{N-r(t)} = \frac{\text{在时间}(t,t+\Delta t)\text{内故障的产品数}}{\text{在时刻}t\text{仍在工作的产品数}}$$

于是工作到 t 时刻的产品在单位时间内发生故障的频率为

$$\frac{\Delta r(t)}{N-r(t)} \times \frac{1}{\Delta t}$$

故障率的估计值为

$$\hat{\lambda}(t) = \frac{\Delta r(t)}{N-r(t)} \times \frac{1}{\Delta t} = \frac{r(t+\Delta t)-r(t)}{N-r(t)} \times \frac{1}{\Delta t} \tag{2-11}$$

例 2-4 在 $t=0$ 时,有 100 个元件开始工作,工作 100h 时,发现有两个元件已发生故障;继续工作 10h,又有一个元件故障。求 $\lambda(100)$ 和 $f(100)$ 的估计值。

解:由题可知 $N=100, r(100)=2, \Delta r(100)=1, \Delta t=10h$

所以 $\hat{\lambda}(100) = \frac{\Delta r(100)}{N-r(100)} \times \frac{1}{\Delta t} = \frac{1}{100-2} \times \frac{1}{10} = \frac{1}{980}(h^{-1})$

$\hat{f}(100) = \frac{\Delta r(100)}{N} \times \frac{1}{\Delta t} = \frac{1}{100} \times \frac{1}{10} = \frac{1}{1000}(h^{-1})$

$\lambda(t)$ 和 $f(t)$ 都可以反映产品故障发生变化的情况,但是 $f(t)$ 不如 $\lambda(t)$ 灵敏。一般情况下,人们希望,产品工作时间 t 后,未来的故障数与还在工作的产品数之比越小越好,这一点 $f(t)$ 是反映不出来的,只有 $\lambda(t)$ 能反映。

在工程实践中常用平均故障率的概念,即某时期内故障数与其时间之比值。

2.1.7.3 故障率的量纲

故障率的单位是时间的倒数,由于不同装备的寿命单位不同,$\lambda(t)$ 的单位也不同,它可以是 h^{-1}、1/发、1/次或 km^{-1} 等。如枪的平均故障率为 0.001/发(= 1/1000 发),它表示这种枪射击 1000 发子弹大约有 1 次故障。

对于高可靠性的产品,常采用菲特(fit)作为故障率的单位,它的定义为

$$1\text{fit} = 10^{-9}(h^{-1}) = 10^{-6}(kh^{-1})$$

它也可理解为每 1000 个产品工作 1000000h 后,只有一次故障。

2.1.8 $\lambda(t)$ 与 $R(t)$、$F(t)$ 和 $f(t)$ 的关系

根据 $R(t)$、$F(t)$ 及 $f(t)$ 的关系,进一步推得

$$\lambda(t) = \frac{F'(t)}{R(t)} = \frac{f(t)}{R(t)} = -\frac{R'(t)}{R(t)} \tag{2-12}$$

这些都是故障率的数学表达式,显然,已知产品故障分布 $F(t)$ 或 $f(t)$,或可靠度函数 $R(t)$,都可以求出 $\lambda(t)$。

由式(2-12)可得

$$R(t) = e^{-\int_0^t \lambda(t)dt} \tag{2-13}$$

同样

$$F(t) = 1 - R(t) = 1 - e^{-\int_0^t \lambda(t)dt} \qquad (2-14)$$

$$f(t) = F'(t) = \lambda(t)e^{-\int_0^t \lambda(t)dt} \qquad (2-15)$$

例 2-5 假设某装备的故障率函数 $\lambda(t)$ 为

$$\lambda(t) = \frac{m}{\eta}\left(\frac{t}{\eta}\right)^{m-1} \qquad (t \geq 0, \ \eta \geq 0, \ m > 0)$$

求该装备的可靠度 $R(t)$ 及故障分布 $F(t)$ 与 $f(t)$。

解: $R(t) = e^{-\int_0^t \lambda(u)du} = \exp\left[-\int_0^t \frac{m}{\eta}\left(\frac{u}{\eta}\right)^{m-1}du\right] = \exp\left[-\left(\frac{t}{\eta}\right)^m\right]$

$$F(t) = 1 - R(t) = 1 - \exp\left[-\left(\frac{t}{\eta}\right)^m\right]$$

$$f(t) = F'(t) = \frac{m}{\eta}\left(\frac{t}{\eta}\right)^{m-1}\exp\left[-\left(\frac{t}{\eta}\right)^m\right]$$

例 2-6 已知某产品的故障密度函数为

$$f(t) = \lambda e^{-\lambda t} \qquad (t \geq 0, \lambda > 0)$$

求该产品的可靠度函数 $R(t)$ 和故障率函数 $\lambda(t)$。

解: 因为 $\quad F(t) = \int_0^t f(t)dt = \int_0^t \lambda e^{-\lambda t}dt = 1 - e^{-\lambda t}$

所以 $\quad R(t) = 1 - F(t) = e^{-\lambda t}$

$$\lambda(t) = \frac{f(t)}{R(t)} = \frac{\lambda e^{-\lambda t}}{e^{-\lambda t}} = \lambda$$

2.1.9 故障规律

如上述,故障率反映了装备故障发生的快慢情况,因此,常用故障率随时间的变化表示故障规律。最基本的故障规律有以下三种。

(1) 故障率恒定型。当产品的故障率函数 $\lambda(t) = \lambda$(常数)时,称为故障率恒定型(constant failure rate,CFR)。其可靠度函数 $R(t) = e^{-\lambda t}$,呈最简单的指数分布,即例 2-6 的情况,是可靠度函数的最基本形式。在这种情况下产品故障发生是随机的,即没有一种特定的故障因素在起主导作用,而大多数是由于使用不当,操作上疏忽或润滑密封及类似维护条件不良等偶然原因引起的。

(2) 故障率递减型。故障率函数 $\lambda(t)$ 随时间单调递减时,称为故障率递减(decreasing failure rate,DFR)。产品在开始故障率高,其后逐渐降低,这反映出一些产品的早期故障过程。其原因在于材料、结构、制造及装配上存在有某些缺陷。一些受静载荷作用或有少量摩擦磨损,又没有经过充分筛选或磨合的产品故障,基本上属于这种类型。

(3) 故障率递增型。故障率函数 $\lambda(t)$ 随时间单调递增时,称为故障率递增型(increasing failure rate,IFR)。说明产品故障率随时间增加而不断升高,最后出现大量故障。大多数受变载荷作用及易磨损、老化、腐蚀产品的耗损性故障属于这种类型,其故障密度函数 $f(t)$ 多半是近似正态分布。

通过对大量使用和试验中得到的故障数据进行统计分析后,可以得到产品故障率随时间变化的曲线。显然,实际故障率是复杂的,但都可以看作上述三种基本型的组合。一种简单产品典型的故障率 $\lambda(t)$ 随工作时间 t 的变化趋势如图 2-6 所示的曲线形式,人们形象地把它称为"浴盆曲线"。从这条曲线可以看出,根据产品故障率的变化情况,可将产品的寿命分为早期故障期、偶然故障期和耗损故障期 3 个阶段。

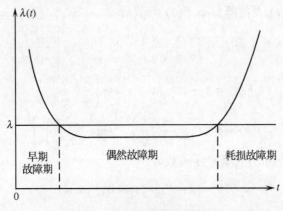

图 2-6 简单产品的故障规律

上述产品的浴盆曲线并不适用于所有装备。由于装备复杂程度不同,故障模式(或原因)或多或少,使用维修条件差异,使其表现出的故障规律存在较大差别,如有些没有早期或耗损故障期。根据装备的故障率曲线,可从宏观上掌握故障规律,分析故障原因,进而寻求解决途径。

2.2 可靠性参数及指标

2.2.1 基本概念

2.2.1.1 可靠性参数

可靠性参数是描述系统(产品)可靠性的量,它直接与装备战备完好、任务成功、维修人力和保障资源需求等目标有关。根据应用场合的不同,又可分为使用可靠性或合同可靠性参数两类。前者是反映装备使用需求的参数,一般不直接用于合同,如确有需要且参数的所有限定条件均明确,也可用于合同;而合同参数则是在合同或研制任务书中用以表述订购方对装备可靠性要求的,并且是承制方在研制与生产过程中能够控制的参数。

2.2.1.2 可靠性指标

可靠性指标是对可靠性参数要求的量值。如 MTBF≥1000h 即为可靠性指标。与使用、合同可靠性参数相对应,则有使用、合同可靠性指标。前者是在实际使用保障条件下达到的指标;而后者是按合同规定的理想使用保障条件下达到的要求。所以,一般情况下同一装备的使用可靠性指标低于同名的合同指标。GJB 1909《装备可靠性维修性保障性要求论证》中,将指标分为最低要求和希望达到的要求,即使用指标的最低要求值称为"阈值",希望达到的值称为"目标值";合同指标的最低要求值称"最低可接受值",希望达到的值称"规定值"。某装甲车辆可靠性参数与指标举例见表2-3。

表 2-3 某装甲车辆可靠性参数与指标举例

参数名称	使用指标		合同指标	
	目标值	阈值	规定值	最低可接受值
任务可靠度	0.66	0.61	—	—
致命性故障间任务里程/km	1200	1000	1500	1250
平均故障间隔里程/km	250	200	300	250

2.2.2 常用可靠性参数

除前面介绍的 $R(t)$, $\lambda(t)$ 可作为可靠性参数外,还有以下一些常用的可靠性参数。应当根据装备的类型、使用要求、验证方法等选择。

2.2.2.1 平均寿命 θ

(1) 定义:产品寿命的平均值或数学期望称为该产品的平均寿命(mean life),记为 θ。

设产品的故障密度函数为 $f(t)$,则该产品的平均寿命,即寿命 T(随机变量)的数学期望为

$$\theta = E(T) = \int_0^\infty t f(t) \mathrm{d}t \tag{2-16}$$

对可修产品平均寿命又称平均故障间隔时间(mean time between failure),MTBF。

对不修产品平均寿命又称为平均故障前时间(mean time to failure,MTTF)。

若产品的故障密度函数为

$$f(t) = \lambda e^{-\lambda t} \quad (\lambda > 0, t > 0)$$

则

$$\theta = \int_0^\infty t\lambda e^{-\lambda t} \mathrm{d}t = \frac{1}{\lambda} \tag{2-17}$$

即故障率为常数时,平均寿命与故障率互为倒数。

平均寿命表明产品平均能工作多长时间。很多装备常用平均寿命来作为可靠性指标,如车辆的平均故障间隔里程,雷达、指挥仪及各种电子设备的平均故障间隔时间,枪、炮的平均故障间隔发数等。人们可以从这个指标中比较直观地了解一种产品的可靠性水平,也容易在可靠性水平上比较两种产品的高低。

(2) 估计值。平均寿命一般通过寿命试验,用所获得的一些数据来估计。由于可靠性试验往往是具有破坏性的,故只能随机抽取一部分产品进行寿命试验。这部分产品在统计学中被称为子样或样本,其中每一个称为样品。一般情况,平均寿命是指试验的总工作时间与在此期间的故障次数之比,即

$$\hat{\theta} = \frac{s}{r}$$

式中:s 为试验总工作时间;r 为故障次数。

如果从一批不修产品中随机抽取 n 个,把它们都投入使用或试验,直到全部发生故障为止。这样就可以获得每个样品工作到故障前的时间,即寿命为 $t_1, t_2, \cdots, t_n$;则试验总工作时间

$$s = \sum_{i=1}^{n} t_i$$

在试验中,产品发生了 $r = n$ 次故障,显然,平均寿命

$$\theta = \frac{\sum_{i=1}^{n} T_i}{n} \tag{2-18}$$

例 2-7 取 10 个元件做寿命试验,每个工作到出故障时间为(单位:h)

5000,7500,8000,8500,10000,11000,12500,13000,13500,14000

试估计这批元件的平均寿命。

解:这 10 个元件的试验总时间

$$s = \sum_{i=1}^{n} t_i = 103000(\mathrm{h})$$

由 $n = 10$,故这批元件平均寿命的估计值为

$$\hat{\theta} = \frac{s}{n} = \frac{103000}{10} = 10300(\mathrm{h})$$

如果所抽取的样品数量较大,即 n 较大,那么可按一定时间间隔对寿命试验数据进行分组。如把 n 个数据分为 K 组,设第 i 个组中有 Δn_i 个数据,t_i' 表示第 i 组的时间中值,并且用 t_i' 作为该组数据的均值或每一个数据的近似值,于是 n 件样品总的工作时间可作如下近似计算:

$$s = \sum_{i=1}^{K} t_i' \cdot \Delta n_i$$

于是这批产品的平均寿命的估计公式为

$$\hat{\theta} = \frac{s}{n} = \frac{1}{n} \sum_{i=1}^{K} t_i' \cdot \Delta n_i \tag{2-19}$$

2.2.2.2 可靠寿命 t_r

定义:设产品的可靠度函数为 $R(t)$,使可靠度等于给定值 r 的时间 t_r 称为可靠寿命(reliable life)。其中,r 称为可靠水平,满足 $R(t_r) = r$。

特别,可靠水平 $r = 0.5$ 的可靠寿命 $t_{0.5}$ 称为中位寿命。可靠水平 $r = e^{-1}$ 的可靠寿命 $t_{e^{-1}}$ 称为特征寿命(图 2-7)。

从定义中可以看出,产品工作到可靠寿命 t_r,大约有 $100(1-r)\%$ 产品已经失效;产品工作到中位寿命 $t_{0.5}$,大约有一半产品失效;产品工作到特征寿命,大约有 63.2% 产品失效(在指数寿命分布下)。

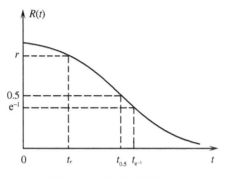

图 2-7 产品的可靠寿命

在指数分布场合,可靠寿命满足下列指数方程

$$e^{-\lambda t_r} = r$$

故

$$t_r = -\frac{\ln r}{\lambda}$$

可以求得任意可靠水平 r 下的可靠寿命 t_r。表 2-4 列出了指数分布的几种可靠寿命。

对于可靠度有一定要求的产品,工作到了可靠寿命 t_r 就要替换,否则就不能保证其可靠度。如,为了保证产品有 99% 的可靠度,在指数分布场合下,产品工作时间就不应长于 $0.01/\lambda$,由于 $1/\lambda$ 是指数分布的平均寿命,所以其工作时间应不超过平均寿命的 1%。

表 2-4 指数分布的可靠寿命(系数:$1/\lambda$)

r	t_r	r	t_r	r	t_r
0.9999	0.0001	0.7	0.357	0.2	1.609
0.999	0.001	0.6	0.511	0.1	2.302
0.99	0.01	0.5	0.693	0.05	3.000
0.95	0.05	0.4	0.916	0.01	4.605
0.9	0.105	0.368	1.000	0.001	6.91
0.8	0.223	0.3	1.204	0.0001	9.21

例 2-8 产品的故障密度为

$$f(t) = \frac{m}{\eta}\left(\frac{t-r_0}{\eta}\right)^{m-1}\exp\left[-\left(\frac{t-r_0}{\eta}\right)^m\right] \quad (m>0, \eta>0, t \geq r_0)$$

求可靠寿命 t_r,中位寿命 $t_{0.5}$,平均寿命 θ。

解: 可靠度函数为

$$R(t) = \int_t^\infty \frac{m}{\eta}\left(\frac{t-r_0}{\eta}\right)^{m-1}\exp\left[-\left(\frac{t-r_0}{\eta}\right)^m\right]dt = \exp\left[-\left(\frac{t-r_0}{\eta}\right)^m\right] \quad (t \geq r_0)$$

令 $R(t) = r$,解得

$$t_r = r_0 + \eta\left(\ln\frac{1}{r}\right)^{\frac{1}{m}}$$

令 $r = 0.5$,得 $t_{0.5} = r_0 + \eta (\ln 2)^{\frac{1}{m}}$

由平均寿命公式

$$\theta = \int_0^\infty tf(t)\,dt = \int_{r_0}^\infty t \frac{m}{\eta}\left(\frac{t-r_0}{\eta}\right)^{m-1} \exp\left[-\left(\frac{t-r_0}{\eta}\right)^m\right] dt$$

$$= \int_{r_0}^\infty \frac{t}{\eta} \exp\left[-\left(\frac{t-r_0}{\eta}\right)^m\right] d\left(\frac{t-r_0}{\eta}\right)^m$$

作变换 $u = \left(\frac{t-r_0}{\eta}\right)^m$ $\quad t = \eta u^{\frac{1}{m}} + r_0$

则 $\theta = \int_0^\infty \left[\eta(u)^{\frac{1}{m}} + r_0\right] e^{-u} du = r_0 + \eta \int_0^\infty u^{\frac{1}{m}} e^{-u} du = r_0 + \eta \Gamma\left(\frac{1}{m} + 1\right)$

其中 $\Gamma(x) = \int_0^\infty y^{x-1} e^{-y} dy$

$$\Gamma(x+1) = x\Gamma(x), \quad \Gamma(1) = 1, \quad \Gamma\left(\frac{1}{2}\right) = \sqrt{\pi}$$

2.2.2.3 使用寿命

使用寿命(useful life)指的是产品从制造完成到出现不修复的故障或不能接受的故障率时的寿命单位数。对有耗损期的产品,其使用寿命如图2-8中 AB 段。

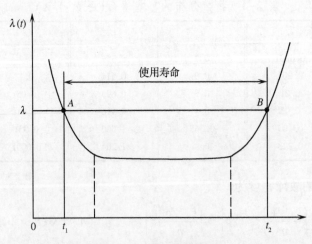

图2-8 产品的使用寿命

2.2.2.4 平均拆卸间隔时间

平均拆卸间隔时间(mean time between removals,MTBR)是指在规定的时间内,系统寿命单位总数与从该系统上拆下的产品总次数之比,不包括为了方便其他维修活动或改进产品而进行的拆卸。它是与供应保障要求有关的系统可靠性参数。

2.2.2.5 平均故障间隔时间

这个参数主要用于可修产品。前面已有介绍平均故障间隔时间(mean time between failures,MTBF),对于不同的武器装备可采用不同的寿命单位表达。例如,坦克、车辆等可采用平均故障间隔里程;对于飞机可采用平均故障间隔飞行小时;对于火炮等可采用平均故障间隔发数。

2.2.2.6 致命性故障间的任务时间

致命性故障间的任务时间(mission time between critical failures,MTBCF)是与任务有关的一种可靠性参数,其度量方法为:在规定的一系列任务剖面中,产品任务总时间与致命性故障之比。

对于不同的武器装备也能采用不同的任务时间单位表达。例如,对于坦克、车辆等可采用致命性故障间的任务里程;对于火炮等可采用致命性故障间的任务发数。

2.2.2.7 翻修间隔期限

翻修间隔期限(time between overhauls)是在规定的条件下,产品两次相继翻修间的工作时间、循环数和(或)日历持续时间。

2.2.2.8 总寿命

总寿命(total life)是在规定的条件下,产品从开始使用到规定报废的工作时间、循环数或日历持续时间。

2.2.2.9 任务成功概率

任务成功概率(mission completion success probability,MCSP)是在规定的条件下和规定的任务剖面内,武器装备能完成规定任务的概率。

2.2.2.10 成功率

成功率(success probability)是产品在规定的条件下完成规定功能的概率或试验成功的概率。某些一次性使用的产品,如弹射救生系统、导弹、弹药、火工品等,其可靠性参数可选用成功率。

2.2.3 可靠性指标的确定要求

在确定可靠性指标时,要考虑并实现以下要求。

1. 要体现指标的先进性

选定的可靠性指标,应能反映装备水平的提高和科学技术水平的发展。指标应当成为促进装备发展、提高装备质量的动力。对于新研制的装备,其可靠性要求应在原型装备的基础上有所提高;有些在国内尚无原型可供参考的装备,应充分吸取国外相似装备的可靠性工作经验,参考国外同类型装备的可靠性参数指标。就现阶段来说,积极跟踪世界先进水平,仍然是我们的努力方向。

2. 要体现指标的可行性

可靠性指标的可行性是指在一定的技术、经费、研制周期等约束条件下，实现预定指标的可能程度。在确定指标时，必须考虑经费、进度、技术、资源、国情等背景，在需要与可能之间进行权衡，以处理好指标先进性和可行性的关系。考虑到可靠性指标增长的阶段性，可对研制、生产阶段分别提出要求。阈值(最低可接受值)和目标值(规定值)的相差量及各阶段的增长量，应根据不同装备的历史经验数据和实际增长的可能性综合考虑。

对于缺乏历史经验数据的新研制装备，目标值和阈值可以相差大些；而对于可靠性情况掌握比较多的装备，阈值和目标值的差别应当小些。

3. 要体现指标的完整性

指标的完整性是指要给指标明确的定义和说明，以分清其边界和条件；否则只有单独的名词和数据，是很难检验评估的，也是没有实际意义的。为了做到指标的完整性，必须明确下列问题。

(1) 给出参数的定义及其量值的计算方法。

(2) 明确给出任务剖面和寿命剖面，指出该项指标适合于哪个(或几个)任务剖面。

(3) 明确故障判据准则，哪些算故障应当统计，哪些不算故障可不统计。例如，若需要评价装备的基本可靠性，则应统计装备的所有寿命单位和所有故障，而不局限于发生在任务期间的故障，也不局限于危及任务成功的故障。若需评价装备的任务可靠性，则只统计那些在任务期间影响任务成功的故障。

(4) 必须给出验证方法。若在研制生产阶段验证，则必须明确试验验证方案和依据的标准、规范以及有关参数(如承制方风险 α、订购方风险 β、MTBF 检验上限 θ_0、检验下限 θ_1、鉴别比 d、置信水平 γ 等)；若采用性能试验、环境应力试验、耐久性试验与可靠性试验相结合的方法进行验证评估，则应明确如何收集和处理有关的数据；在按系统验证可靠性指标不现实或不充分的情况下，则应明确允许用低层次产品的试验结果推算出系统的可靠性量值，但必须有可靠性框图等依据，并附有详细说明；明确指标是点估计值还是单边置信下限值(同时给出置信水平)。

(5) 明确是哪一阶段应达到的指标。

(6) 明确是目标值(规定值)还是阈值(最低可接受值)。

(7) 维修、保障条件及人员素质，它们是影响产品使用可靠性指标的重要因素。

(8) 其他假设和约束条件。

4. 要体现指标的合理性

指标的合理性在很大程度上取决于是否综合考虑其影响，是否与其他指标经权衡达到协调。例如应当注意以下方面：

(1) 要考虑故障的危害性。可靠性很好的产品也是要出故障的。因此应该考虑故障后果(可用 FMECA 确定)，对后果危害性大的，如影响执行重要任务或安全，则可靠性指标可高一些，反之可低一些。

(2) 要考虑综合影响。有的产品出了故障虽然危害性不大，但影响却很深远，有的民品出了故障甚至会使企业倒闭，因此，这类产品的可靠性指标应高一些。

(3) 要考虑产品的复杂性。我们知道,组成产品的零部件大多呈串联关系,零部件越多可靠性越低,因此对某些复杂产品而言,可靠性指标应提得适当。

(4) 要注意与其他性能指标权衡。在确定可靠性指标时,应同时考虑产品的维修性指标和维修保障要求等,进行综合权衡。

2.3 寿命分布

寿命分布或故障分布是可靠性工程应用和可靠性研究的基础,寿命分布的类型是各种各样的,某一类分布适用于具有共同故障机理的某类产品,它与装备的故障机理、故障模式以及施加的应力类型有关。根据装备的故障机理分析和现场试验及运行数据拟合,是导出其寿命分布的常用方法。

寿命分布是将工程问题抽象简化后,在理论上对其特性进行深入研究。

产品的寿命分布是产品故障规律的具体体现;分析寿命分布的过程,实际上是从可靠性角度对产品进行分类的过程,达到在理论上对可靠性研究的深化,在工程上对可靠性的分析、试验、验证、评估等的定量化。

2.3.1 寿命分布的作用

如前述,一个产品故障的发生或寿命终结是随机的,因此,对一种产品的寿命要用寿命的分布函数(或故障分布函数)进行描述。知道了产品的可靠性参数,可从其分布预测产品的故障发生及其规律,以便合理使用、维修和保障等,所以探求产品的寿命分布是有重要意义的。

2.3.2 产品常用寿命分布

产品寿命分布类型是各种各样的,某一类型分布可适用于具有相似失效机理的某些产品。寿命分布往往与其施加的应力,产品内在结构,物理、力学性能等有关,即与其失效机理有关。

某些产品以工作次数、循环周期数等作为其寿命单位,例如开关的开关次数,这时可用离散型随机变量的概率分布来描述其寿命分布的规律,如二项分布、泊松分布和超几何分布等。多数产品寿命需要用到连续随机变量的概率分布,常用的有指数分布、正态分布、威布尔分布等。这些常用的概率分布图形及函数式见表 2-5 和表 2-6。

指数分布是一种相当重要的分布,电子产品的寿命和复杂系统的故障时间经常可用指数分布来叙述。在可靠性工作开展初期用得很多,经过分析研究发现如果产品的寿命分布不是指数分布,那么会造成显著的推断误差。自 1939 年瑞典物理学家威布尔提出这种分布并将其应用于疲劳试验中以来,威布尔分布在可靠性工程中得到广泛应用,国际电工委员会在 1976—1981 年的标准编制计划中将它作为一种重要的分布来考虑。

表 2-5 常用的概率分布(离散型分布)

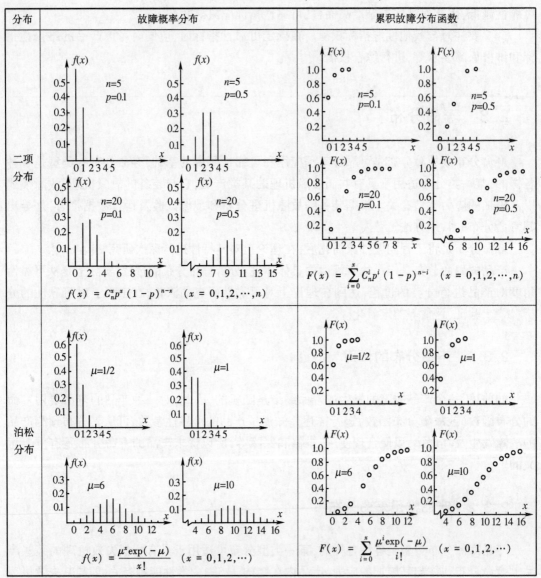

表 2-6 常用的概率分布(连续型分布)

续表

分布	故障密度函数	累积故障分布函数	故障率函数
伽马分布（Γ分布）	$f(t) = \dfrac{\lambda^k}{\Gamma(k)} t^{k-1} \mathrm{e}^{-\lambda t}$	$F(t) = 1 - \sum\limits_{i=0}^{k-1} \dfrac{(\lambda t)^i}{i!} \mathrm{e}^{-\lambda t}$	$\lambda(t) = \dfrac{f(t)}{R(t)}$
正态分布	$f(t) = \dfrac{1}{\sigma \sqrt{2\pi}} \exp\left(-\dfrac{1}{2}\left(\dfrac{t-\mu}{\sigma}\right)^2\right)$	$F(t) = 1 - \Phi\left(\dfrac{t-\mu}{\sigma}\right)$	$\lambda(t) = \dfrac{f(t)}{R(t)}$
对数正态分布	$f(t) = \dfrac{1}{\sigma \sqrt{2\pi}} \exp\left(-\dfrac{1}{2}\left(\dfrac{\ln t-\mu}{\sigma}\right)^2\right)$	$F(t) = 1 - \Phi\left(\dfrac{\ln t-\mu}{\sigma}\right)$	$\lambda(t) = \dfrac{f(t)}{R(t)}$
威布尔分布	$f(t) = \dfrac{m}{\eta}\left(\dfrac{t-\gamma}{\eta}\right)^{m-1} \exp\left(-\left(\dfrac{t-\gamma}{\eta}\right)^m\right)$	$F(t) = 1 - \exp\left[-\left(\dfrac{t-\gamma}{\eta}\right)^m\right]$	$\lambda(t) = \dfrac{m}{\eta}\left(\dfrac{t-\gamma}{\eta}\right)^{m-1}$

分布	故障密度函数	累积故障分布函数	故障率函数
极值分布	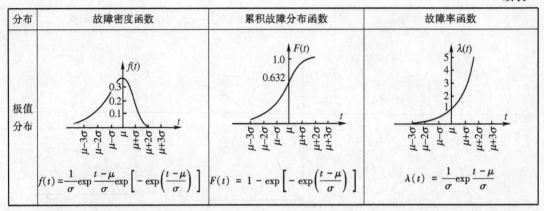 $f(t)=\dfrac{1}{\sigma}\exp\dfrac{t-\mu}{\sigma}\exp\left[-\exp\left(\dfrac{t-\mu}{\sigma}\right)\right]$	$F(t)=1-\exp\left[-\exp\left(\dfrac{t-\mu}{\sigma}\right)\right]$	$\lambda(t)=\dfrac{1}{\sigma}\exp\dfrac{t-\mu}{\sigma}$

确定产品的寿命分布类型有其重要的意义,但要判断其属于哪种分布类型仍是困难的,目前所采用的方法有两种。一种是通过失效物理分析,来证实该产品的故障模式或失效机理近似地符合于某种类型分布的物理背景,表2-7给出了某些产品在实践经验中得到的对应分布的举例。另一种方法是通过可靠性试验,利用数理统计中的判断方法来确定其分布。表2-7给出的示例,只能是近似符合某种分布,而不是绝对理想的分布。按概率统计方法可计算出各种寿命分布的寿命特征,结果见表2-8。

表2-7 寿命符合典型分布的产品类型举例

分布类型	适用范围
指数分布	具有恒定故障率的部件,无余度的复杂系统,经老炼试验并进行定期维修的部件
威布尔分布	某些电容器、滚珠轴承、继电器、开关、断路器、电子管、电位计、陀螺、航空发电机、电缆、蓄电池、材料疲劳等
对数正态分布	电机绕阻绝缘、半导体器件、硅晶体管、锗晶体管、直升机旋转叶片、飞机结构、金属疲劳等
正态分布	飞机轮胎磨损及某些机械产品

表2-8 各种寿命分布的寿命特征

分布类型	寿命特征
二项分布	均值 $E(X)=np$
指数分布	平均寿命 $E(T)=\dfrac{1}{\lambda}$,寿命方差 $D(T)=\dfrac{1}{\lambda^2}$,可靠寿命 $t_r=\dfrac{1}{\lambda}\ln\dfrac{1}{r}$,中位寿命 $t_{0.5}=0.693\dfrac{1}{\lambda}$,特征寿命 $t_{e^{-1}}=\dfrac{1}{\lambda}$
伽马分布	平均寿命 $E(T)=\dfrac{k}{\lambda}$,寿命方差 $D(T)=\dfrac{k}{\lambda^2}$
威布尔分布	平均寿命 $E(T)=\gamma+\eta\Gamma\left(1+\dfrac{1}{m}\right)$(其中 $\Gamma\left(1+\dfrac{1}{m}\right)$ 为 Γ 函数),寿命方差 $D(T)=\eta^2\left[\Gamma\left(1+\dfrac{2}{m}\right)-\Gamma^2\left(1+\dfrac{1}{m}\right)\right]$,可靠寿命 $t_r=\gamma+\eta(-\ln r)^{\frac{1}{m}}$,中位寿命 $t_{0.5}=\gamma+\eta(\ln 2)^{\frac{1}{m}}$,特征寿命 $t_{e^{-1}}=\gamma+\eta$

续表

分布类型	寿命特征
对数正态分布	平均寿命 $E(T) = \exp\left(\mu + \dfrac{\sigma^2}{2}\right)$，寿命方差 $D(T) = \exp(2\mu + \sigma^2)[\exp(\sigma^2) - 1]$，可靠寿命 $t_r = \exp(\mu + Z_p\sigma)$（式中 Z_p 是标准正态分布的分位点值）
正态分布	平均寿命 $E(T) = \mu$，寿命方差 $D(T) = \sigma^2$，可靠寿命 $t_r = \mu + Z_p\sigma$，中位寿命 $t_{0.5} = \mu$

例 2-9 某电子设备的故障分布为指数分布，根据数据分析可知，这种设备在 50h 的工作时间内有 20% 故障。试求其平均寿命 θ 和 $t_{0.5}$、$t_{0.9}$。

解：因为 $t = 50\text{h}$ 时，$F(50) = 1 - e^{-\frac{50}{\theta}} = 0.2$

所以 $\theta = \dfrac{-50}{\ln 0.8} = 224(\text{h})$，$t_{0.5} = 0.693\theta = 155(\text{h})$，$t_{0.9} = \theta\ln\dfrac{1}{0.9} = 24(\text{h})$

例 2-10 某厂为用户生产直径为 5mm 的钢丝，要求其在工作应力条件下承受 10^6 次载荷循环以后立即更换。根据以往的试验知，该弹簧在恒定应力条件下的疲劳寿命为对数正态分布（取自然对数），参数 $\mu = 13.9554$，$\sigma = 0.1035$，试问在更换弹簧之前，其故障的可能性有多大？若要保证更换前具有 99% 的可靠度，应在多少次循环前更换？

解：（1）计算在 10^6 次循环时弹簧的故障概率：

$$F(t) = \Phi\left(\dfrac{\ln t - \mu}{\sigma}\right)$$

$$F(10^6) = \Phi\left(\dfrac{\ln 10^6 - 13.9554}{0.1035}\right) = \Phi(-1.35) = 0.08851$$

（2）计算保证可靠度为 0.99 时的可靠寿命：

因为 $t_r = e^{\mu + z_p\sigma}$

所以 $t_{0.99} = e^{13.9554 + (-2.325) \times 0.1035} = 904160 \approx 9 \times 10^5$

即保证 99% 可靠度需在 9×10^5 次循环时更换。

例 2-11 某发射管的故障时间服从威布尔分布，其参数 $m = 2$，$\eta = 1000\text{h}$，试确定当任务时间为 100h 时，发射管的可靠度及工作 100h 的故障率。

解：$R(t) = e^{-\left(\frac{t}{\eta}\right)^m}$，$R(100) = e^{-\left(\frac{100}{1000}\right)^2} = 0.99$

$\lambda(t) = \left(\dfrac{m}{\eta}\right)\left(\dfrac{t}{\eta}\right)^{m-1}$，$\lambda(100) = \left(\dfrac{2}{1000}\right) \times \left(\dfrac{100}{1000}\right)^{2-1} = 0.0002(\text{h}^{-1})$

2.4 系统可靠性

2.4.1 概念

装备通常是由各个分系统及元器件、零部件和软件组成的完成一定功能的综合体或系统。更完整地说，系统组成还应包括使用装备的人。显然，系统各个组成元素（单元）的可靠性对整体、对系统的可靠性是有影响的。因此,在讨论可靠性时,要从系统的角度研究各组成部分与系统的关系,建立系统可靠性与各个组成元素(单元)可靠性的关系。也就是说,找出各种类型系统可靠性与单元可靠性关系,用不同形式表现出来,即建立系统可靠性的模型,以便进行可靠性分配、预计以及相应的可靠性设计、评定。在分析使用维修及储存问题中,也同样要研究系统的可靠性。

可靠性模型是指为分配、预计、分析或估算产品的可靠性所建立的模型。它包括可靠性框图和数学模型。

可靠性框图是表示系统与各单元功能状态之间的逻辑关系的图形。它是指对于复杂产品的一个或一个以上的功能模式,用方框表示的各组成部分的故障或它们的组合如何导致产品故障的逻辑图。一般情况下,可靠性框图由方框和连线组成,方框代表系统的组成单元,连线表示各单元之间的功能逻辑关系。所有连接方框的线没有可靠性值,不代表与系统有关的导线和连接器。若必要,导线和连接器可单独放入一个方框作为另一个单元或功能的一部分。用框图表示单元故障与整个系统故障的关系;但这种表示是定性的。可靠性数学模型表达系统与组成单元的可靠性函数或参数之间的关系。

本节讨论中假设:
(1) 系统和单元仅有"正常"和"故障"两种状态;
(2) 各单元的状态均相互独立,即不考虑单元之间的相互影响;
(3) 系统的所有输入在规定极限之内,即不考虑因输入错误而引起系统故障的情况。

符号约定:

A ——系统 A 正常工作的事件;

A_i ——第 i 个单元正常工作的事件;

$R_s(t)$ ——系统的可靠度;

$F_s(t)$ ——系统的不可靠度;

$R_i(t)$ ——单元 i 的可靠度;

$F_i(t)$ ——单元 i 的不可靠度;

T ——系统寿命;

T_i ——单元 i 的寿命;

θ_s ——系统平均寿命。

2.4.2 串联系统

2.4.2.1 定义及框图模型

组成系统的所有单元中任一单元的故障均会导致整个系统故障(或所有单元能完成规定功能,系统才能完成规定功能)的系统称为串联系统。

串联系统是最常见和最简单的系统之一,下面通过举例来说明可靠性框图的画法。

例 2-12 试画出 L-C 振荡电路的可靠性框图。

解：L-C振荡电路如图2-9(a)所示,要完成振荡功能,其中单元L和C是缺一不可的。也就是说,如果其中任何一个单元故障,就使系统发生故障,所以其可靠性框图是一个串联模型(可以理解为有一电流从一端点流向另一端点,能流通的条件是两个都好),如图2-9(b)所示。

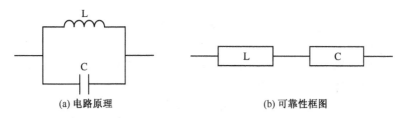

图2-9　L-C振荡电路

例2-13　图2-10所示的是由导管及2个阀门组成的流体系统,试画出其可靠性框图。

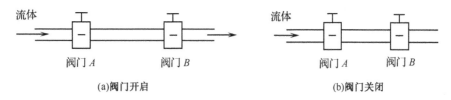

图2-10　流体系统原理图

解：要画出系统的可靠性框图,首先要明确系统的功能是什么,也就是要明确系统正常工作的标准是什么,同时还应弄清阀门A、B正常工作时应处的状态(设导管始终是通的,在可靠性框图中不必表示)。

当系统的功能是使流体由左端流入、右端流出,这时系统正常就是指它能保证流体流出。要使系统正常工作,阀门A、B必须同时处于开启状态,这时阀门开启为正常,如图2-10(a)所示。所以可靠性框图就如2-11(a)所示(为串联系统)。

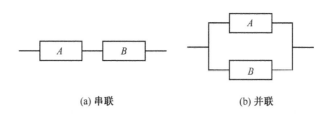

图2-11　流体系统的可靠性框图

当系统的功能是截流时,系统正常是指它能保证截流,要使系统正常工作,只需阀门A或B有一个处于关闭状态即可。这时阀门关闭为正常,如图2-10(b)所示,其可靠性框图如图2-11(b)所示(为后面讲到的并联系统)。

由此可见,系统内各部件之间的物理关系和功能关系是有区别的,不能混为一谈。如果仅从表面形式看,2个阀门(图2-10)像是串联的,如不管其功能如何,把它们都作为串联系统进行计算就会产生错误。

从上面例子可以看出：

(1) 可靠性框图可能和系统的直观结构有很大差异。有些结构复杂的设备，由于其任一部分都是必不可少的，所以在可靠性框图中只用串联表示。有些在直观上并不复杂的装备，由于其功能作用，却有较复杂的可靠性框图。

(2) 同一装备，在不同的规定任务下，其可靠性框图不同。如一门火炮，完成射击和完成机动任务其可靠性框图是不同的。

(3) 同一装备在规定任务的成功(失效)判据不同的情况下，其可靠性框图不同。如导弹任务判据是击中或是击毁某种目标，其可靠性框图会有不同。

(4) 考虑不同的功能或故障模式，其可靠性框图可能不同。上面 2 个阀门组成的系统，对完成截流和流通功能，即不能关闭和不能流通这 2 种失效模式，前者是并联系统，后者是串联系统。

一般由 n 个单元组成的串联系统可靠性框图如图 2-12 所示。

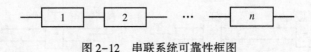

图 2-12 串联系统可靠性框图

2.4.2.2 数学模型

由于 n 个单元的串联系统中，只要有 1 个单元故障，系统就发生故障，故系统寿命 T 应是单元中最短寿命，即

$$T = \min_i(T_i)$$

按可靠度定义： $R(t) = P(T > t)$

则 $R_s(t) = P(T > t) = P\{\min(T_1, T_2, \cdots, T_n) > t\} = P\{T_1 > t, T_2 > t, \cdots, T_n > t\}$

由于各单元之间相互独立，且 $R_i(t) = P(T_i > t)$，得

$$R_s(t) = P\{T_1 > t\}P\{T_2 > t\}\cdots P\{T_n > t\} = R_1(t)R_2(t)\cdots R_n(t), T_2, \cdots, T_n = \prod_{i=1}^n R_i(t)$$

(2-20)

当已知第 i 个单元的故障率为 $\lambda_i(t)(i=1,2,\cdots,n)$ 时，得

$$\lambda_s(t) = \sum_{i=1}^n \lambda_i(t) \tag{2-21}$$

当各单元的寿命服从指数分布时，即故障率 $\lambda_i(t) = \lambda_i(i=1,2,\cdots,n)$，由式(2-21)得

$$\lambda_s(t) = \sum_{i=1}^n \lambda_i = \lambda_s$$

即若所有单元寿命服从指数分布，则系统寿命也服从指数分布，且故障率等于各单元故障率之和。

当所有单元的故障率相等时，即 $\lambda_i = \lambda(i=1,2,\cdots,n)$ 时，系统的可靠性参数由式(2-20)、式(2-21)可以推得

$$R_s(t) = e^{-n\lambda t}, \quad \lambda_s = n\lambda, \quad \theta_s = \frac{1}{n\lambda}$$

例2-14 假设系统由若干单元串联组成，单元寿命服从指数分布，且故障率相等，求下列系统的可靠度、平均寿命。

(1) 单元故障率为 $0.002h^{-1}$，任务时间为10h，单元数分别为1、2、3、4、5。

(2) 单元数为5，任务时间为10h，单元故障率分别为 $0.001h^{-1}$、$0.002h^{-1}$、$0.003h^{-1}$、$0.004h^{-1}$、$0.005h^{-1}$。

(3) 单元故障率都为 $0.002h^{-1}$，单元数量为5，任务时间分别为10h、20h、30h、40h、50h。

解：由于单元寿命服从指数分布，且各单元故障率相等，故

$$\lambda_s = n\lambda, \quad R_s(t) = e^{-n\lambda t}, \quad \theta_s = \frac{1}{n\lambda}$$

计算结果分别见表2-9~表2-11。

表2-9 (1)的计算结果($t = 10h$，$\lambda_i = 0.002h^{-1}$)

单元数量	1	2	3	4	5
λ_s	0.002	0.004	0.006	0.008	0.010
$R_s(10)$	0.980	0.961	0.942	0.923	0.905
θ_s	500	250	166.7	125	100

表2-10 (2)的计算结果($n = 5$，$t = 10h$)

单元故障率 λ_i	0.001	0.002	0.003	0.004	0.005
λ_s	0.005	0.010	0.015	0.020	0.025
$R_s(10)$	0.951	0.905	0.861	0.819	0.779
θ_s	200	100	66.7	50	40

表2-11 (3)的计算结果($\lambda_i = 0.002h^{-1}$，$n = 5$)

任务时间 t	10	20	30	40	50
λ_s	0.010	0.010	0.010	0.010	0.010
$R_s(t)$	0.905	0.819	0.741	0.670	0.606
θ_s	100	100	100	100	100

2.4.2.3 提高串联系统可靠度的途径

从设计角度出发，为提高串联系统的可靠性，应从下列几方面考虑：

(1) 提高单元可靠性，即降低单元故障率；

(2) 减少串联单元个数；

(3) 可能时，缩短任务时间。

2.4.3 并联系统

2.4.3.1 定义

组成系统的所有单元都发生故障时系统才发生故障(或只要有任意单元能完成规定功能,系统就能完成规定功能)的系统称为并联系统。

并联系统是最简单的冗余系统,其框图如图 2-13 所示。从完成功能而言,仅需一个单元也能完成,设置多单元并联是为了提高系统的任务可靠性。但是,系统的基本可靠性随之下降,增加了维修和保障要求,设计时应进行综合权衡。

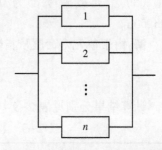

图 2-13 并联系统可靠性框图

2.4.3.2 数学模型

n 个单元的并联系统中,所有单元都发生故障时系统才故障,故系统寿命 T 应与单元中最长的寿命相等,即

$$T = \max_i(T_i)$$

所以

$$F_s(t) = P\{T \leq t\} = P\{\max(T_1, T_2, \cdots, T_n) \leq t\}$$
$$= P\{T_1 \leq t, T_2 \leq t, \cdots, T_n \leq t\}$$

由于各单元相互独立,且 $F_i(t) = P\{T_i \leq t\}$,得

$$F_s(t) = P\{T_1 \leq t\} P\{T_2 \leq t\} \cdots P\{T_n \leq t\} = F_1(t) F_2(t) \cdots F_n(t) = \prod_{i=1}^n F_i(t) \tag{2-22}$$

或

$$R_s(t) = 1 - F_s(t) = 1 - \prod_{i=1}^n F_i(t) = 1 - \prod_{i=1}^n [1 - R_i(t)] \tag{2-23}$$

2.4.3.3 模型讨论

(1) 将串联系统中的 $R_s(t)$ 用 $F_s(t)$ 替换,同时将 $R_i(t)$ 用 $F_i(t)$ 替换,则串联系统公式就变为了并联系统公式,反之,亦成立。这说明串联系统与并联系统存在对偶性。

(2) 当单元寿命服从相同的指数分布时,即 $\lambda_i(t) = \lambda (i = 1, 2, \cdots, n)$,有

$$R_s(t) = 1 - (1 - e^{-\lambda t})^n$$

$$\lambda_s(t) = -\frac{R_s'(t)}{R_s(t)} = \frac{n\lambda e^{-\lambda t}(1 - e^{-\lambda t})^{n-1}}{1 - (1 - e^{-\lambda t})^n} \quad (\text{为 } t \text{ 的函数但不是指数分布})$$

$$\theta = \int_0^\infty R_s(t) dt = \int_0^\infty [1 - (1 - e^{-\lambda t})] dt$$

令 $y = 1 - e^{-\lambda t}$,则 $dy = \lambda e^{-\lambda t}$;当 $t = 0$ 时,$y = 0$

$$\lim_{t \to \infty} y = \lim_{t \to \infty} (1 - e^{-\lambda t}) = 1$$

所以

$$\theta_s = \int_0^1 (1-y^n) \cdot \frac{\mathrm{d}y}{\lambda(1-y)} = \int_0^1 \frac{1}{\lambda}(1+y+y^2+\cdots+y^{n-1})\mathrm{d}y$$

$$= \frac{1}{\lambda}\left(1+\frac{1}{2}+\cdots+\frac{1}{n}\right) = \frac{1}{\lambda}\sum_{i=1}^n \frac{1}{i}$$

(3) 当系统仅由 2 个指数分布单元组成时,且 $\lambda_1 \leqslant \lambda_2$,有

$$R_s(t) = 1 - (1-\mathrm{e}^{-\lambda_1 t})(1-\mathrm{e}^{-\lambda_2 t}) = \mathrm{e}^{-\lambda_1 t} + \mathrm{e}^{-\lambda_2 t} - \mathrm{e}^{-(\lambda_1+\lambda_2)t}$$

$$\lambda_s(t) = -\frac{R_s'(t)}{R_s(t)} = (\lambda_1+\lambda_2) - \frac{\lambda_1 \mathrm{e}^{-\lambda_2 t} + \lambda_2 \mathrm{e}^{-\lambda_1 t}}{\mathrm{e}^{-\lambda_1 t} + \mathrm{e}^{-\lambda_2 t} - \mathrm{e}^{-(\lambda_1+\lambda_2)t}}$$

尽管 λ_1、λ_2 都是常数,但并联系统故障率不再是常数,其变化规律如图 2-14 所示。

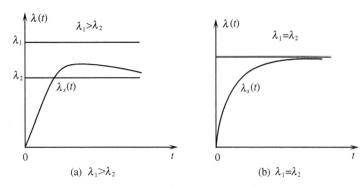

图 2-14 并联系统故障率与单元故障率之间的关系

例 2-15 假设系统由若干单元并联组成,工作时间是原来的 10 倍,其他同例 2-14。

解:由公式

$$R_s(t) = 1 - (1-\mathrm{e}^{-\lambda t})^n, \qquad \theta_s = \frac{1}{\lambda}\sum_{i=1}^n \frac{1}{i}$$

计算结果见表 2-12~表 2-14。

表 2-12 (1)的计算结果($\lambda_i = 0.002\mathrm{h}^{-1}$, $t = 100\mathrm{h}$)

单元数量	1	2	3	4	5
$R_i(t)$	0.8187	0.8187	0.8187	0.8187	0.8187
θ_s	500	750	917	1041.7	1141.7
$R_s(t)$	0.8187	0.9671	0.9940	0.9989	0.9998*

表 2-13 (2)的计算结果($n=5, t=100\mathrm{h}$)

单元故障率 λ_i	0.001	0.002	0.003	0.004	0.005
$R_i(t)$	0.9048	0.8187	0.7048	0.6703	0.6065
θ_s	2283.3	1141.7	761.1	570.8	456.7
$R_s(t)$	0.999992	0.9998	0.9988	0.9961	0.9906

表 2-14 (3)的计算结果($\lambda_i = 0.002\mathrm{h}^{-1}$, $n = 5$)

任务时间 t	100	200	300	400	500
$R_i(t)$	0.8187	0.6703	0.5488	0.4493	0.3678
θ_s	0.9998	0.9961	0.9813	0.9493	0.8991
$R_s(t)$	1141.7	1141.7	1141.7	1141.7	1141.7

2.4.3.4 提高并联系统可靠度的途径

从设计角度出发,为提高并联系统可靠性,可从以下几方面考虑:
(1) 提高单元可靠性,即减少单元故障率;
(2) 增加并联单元个数,但当单元数在 3 以上其增益将很小(参见表 2-12);
(3) 可能时,缩短任务时间。

2.4.4 混联系统

2.4.4.1 概述

由串联系统和并联系统混合而成的系统称为混联系统。

对于 n 个独立单元组成的混联系统,系统可靠度计算可从系统最小局部(为单元间的简单串、并联)开始,逐步迭代到系统,每一步迭代所需公式仅为串、并联公式。

例 2-16 一个混联系统如图 2-15 所示,单元 1、2、3、4、5、6、7 的可靠度分别为 $R_1(t)$, $R_2(t)$, $\cdots$, $R_7(t)$,求系统 S 的可靠度 $R_s(t)$。

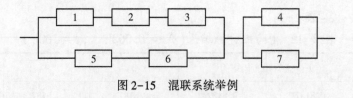

图 2-15 混联系统举例

解:所给系统 S 可以看作由 3 个分系统 S_1, S_2 和 S_3 构成。其中 S_1 由单元1、单元2、单元3 串联而成;S_2 由单元 5 和单元 6 串联而成;S_3 由单元 4 和单元 7 并联而成。所给系统等效于图 2-16 所示系统。再把图 2-16 所示系统中的 S_1 和 S_2 并联构成分系统 S_4。这时图 2-16所示系统和图 2-17 所示系统等效。

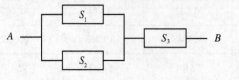

图 2-16 由 S_1, S_2 和 S_3 组成的等效图

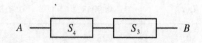

图 2-17 由 S_4 和 S_3 组成的等效图

由此可得

$$R_s(t) = R_{s_4}(t) R_{s_3}(t)$$

而

$$R_{s_4}(t) = R_{s_1}(t) + R_{s_2}(t) - R_{s_1}(t) R_{s_2}(t)$$
$$R_{s_3}(t) = R_{s_4}(t) + R_{s_7}(t) - R_{s_4}(t) R_{s_7}(t)$$
$$R_{s_1}(t) = R_1(t) R_2(t) R_3(t)$$
$$R_{s_2}(t) = R_5(t) R_6(t)$$
$$R_{s_4}(t) = R_1(t) R_2(t) R_3(t) + R_5(t) R_6(t) - R_1(t) R_2(t) R_3(t) R_5(t) R_6(t)$$

从而

$$R_s(t) = [R_1(t) R_2(t) R_3(t) + R_5(t) R_6(t) - R_1(t) R_2(t) R_3(t) R_5(t) R_6(t)] \cdot$$
$$[R_4(t) + R_7(t) - R_4(t) R_7(t)]$$

2.4.4.2 串并联系统

串并联系统是特殊的混联系统,单元先并联后串联,并联的各单元相同,又称附加单元系统,其可靠性框图如图 2-18 所示。如设每个单元 A_i 的可靠度为 $R_i(t)$,则此系统的可靠度为

$$R_{s1}(t) = \prod_{i=1}^{n} \{1 - [1 - R_i(t)]^m\} \tag{2-25}$$

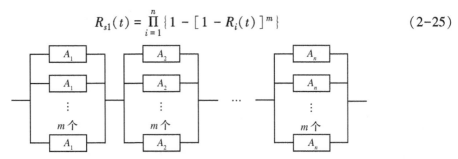

图 2-18 串并联系统可靠性框图

2.4.4.3 并串联系统

并串联系统是又一种特殊的混联系统,单元先串联后并联,且串联单元组的可靠度相等,又称附加通路系统,其可靠性框图如图 2-19 所示。设每个单元 A_i 的可靠度为 $R_i(t)$,则此系统的可靠度为

$$R_{s2}(t) = 1 - \left[1 - \prod_{i=1}^{n} R_i(t)\right]^m \tag{2-26}$$

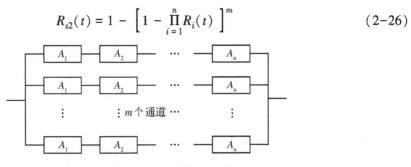

图 2-19 并串联系统可靠性框图

2.4.4.4 混联系统讨论

串并联系统和并串联系统的功能是一样的,但在单元可靠度和单元数相同时系统可靠度是不一样的,可以证明

$$R_{s1}(t) > R_{s2}(t)$$

即单元级冗余(如串并联系统)比系统级冗余(如并串联系统)可靠性高,这是一个一般结论,为了说明这个结论我们再看一个例子。

例 2-17 一个系统由两个独立单元串联组成,如图 2-20 所示,单元可靠度分别为 0.8、0.9。在某时刻系统可靠度

$$R_s = 0.8 \times 0.9 = 0.72$$

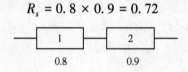

图 2-20 两个独立单元组成的系统

现为提高系统可靠度取两个可供选择的方案,方案 A:部件(单元)冗余见图 2-21(a);方案 B:系统冗余见图 2-21(b)。

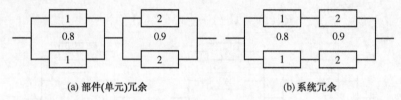

(a) 部件(单元)冗余 (b) 系统冗余

图 2-21 系统改进方案

对方案 A: $R_{sA} = [1 - (1 - 0.8)^2][1 - (1 - 0.9)^2] = 0.9504$

对方案 B: $R_{sB} = 1 - (1 - 0.8 \times 0.9)^2 = 0.9216$

显然两个方案都提高了系统可靠度,但方案 A 优于方案 B。即在低层次设置冗余比高层次设置冗余更有利于提高可靠度。

2.4.5 冷储备系统

储备系统又称冗余系统,它是把若干个单元作为备件,且可以代替工作中失效的单元工作,以提高系统的可靠度。单元的储备形式有多种多样,常见的有冷储备、热储备和温储备。热储备是指所有储备件与工作单元一起工作,相当于单元在储备期间的故障率和工作时的故障率相同。并联系统是一种特殊的热储备系统。冷储备是指单元在储备过程中不工作不失效,储备期的长短对单元的工作寿命没有影响。如在有好的防腐措施的情况下,机械零部件或机械产品在储备期间可以看作冷储备。温储备是指单元在储存期内会有故障,但它的故障率小于工作故障率,即介于冷储备和热储备之间。如电子元器件、易老化的垫圈,在储备期间也会失效,可看作温储备。

在后两种储备中,工作单元发生故障后,转换开关就启动一个储备单元代替工作。故转

换开关是否可靠工作,也将影响储备系统的可靠度。

下面仅讨论转换开关可靠的冷储备系统。

2.4.5.1 定义

系统 S 由 $n+1$ 个单元组成,其中一个单元工作,其他 n 个单元都作冷储备。当工作单元失效后,一个储备单元代替工作这样逐个去替代工作,直到 n 个单元都失效时,系统才失效。并且假定,在用储备单元去代替失效的工作单元时转换开关不会失效。把这样的系统称为转换开关可靠的冷储备系统或理想的冷储备系统。

转换开关可靠的冷储备系统的可靠性框图如图 2-22 所示,其中 K 为转换开关。

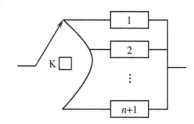

图 2-22 转换开关可靠的冷储备系统

2.4.5.2 系统可靠度的计算

设 $T_i(i=1,2,\cdots,n,n+1)$ 为单元 i 的寿命,由转换开关可靠的冷储备系统的工作方式可知,该系统的寿命 T 为各单元寿命之和,即

$$T = T_1 + T_2 + \cdots + T_{n+1} \tag{2-27}$$

$$\begin{aligned} R_s(t) &= P\{T>t\} = P\{T_1+T_2+\cdots+T_{n+1}>t\} \\ &= 1 - P\{T_1+T_2+\cdots+T_{n+1} \leq t\} \end{aligned}$$

由概率统计可知,$P\{T_1+T_2+\cdots+T_n \leq t\}$ 是联合概率分布,可用卷积公式计算,即

$$P\{T_1+T_2+\cdots+T_n \leq t\} = F_1(t) * F_2(t) * \cdots * F_{n+1}(t) \tag{2-28}$$

式中:$F_i(t)$ 是单元 $i(i=1,2,\cdots,n+1)$ 的寿命分布函数;"$*$"表示卷积。

$$\begin{aligned} &F_1(t) * F_2(t) * \cdots * F_{n+1}(t) \\ &= \int_{-\infty}^{t} \int_{-\infty}^{t-t_1} \cdots \int_{-\infty}^{t-(t_1+t_2+\cdots+t_n)} f_1(t_1)f_2(t_2)\cdots f_{n+1}(t_{n+1}) dt_1 dt_2 \cdots dt_{n+1} \end{aligned}$$

故 $$R_s(t) = 1 - F_1(t) * F_2(t) * \cdots * F_{n+1}(t) \tag{2-29}$$

当组成系统的单元为同一型号,且寿命服从指数分布时,式(2-29)可以简化为直接可计算的公式。由于指数分布可以看作是伽马分布的特殊情况(参见表 2-6 中的伽马分布),故每个组成单元的寿命服从伽马分布,即 $T_i \sim \Gamma(t_i \mid 1, \lambda_i)$。

因为组成单元为同一型号,且相互独立,即 $\lambda_i(t) = \lambda = $ 常数 $(i=1,2,\cdots,n+1)$,根据式(2-27)可得

$$T = \sum_{i=1}^{n+1} T_i \sim \Gamma(t \mid n+1, \lambda)$$

此处使用了伽马分布的性质,具体可参见文献[14]。

则系统可靠度：

$$R_s(t) = \sum_{i=0}^{n} \frac{(\lambda t)^i}{i!} e^{-\lambda t} \tag{2-30}$$

2.4.5.3 系统平均寿命

$$\theta_s = E(T) = E\left(\sum_{i=1}^{n+1} T_i\right) \stackrel{独立}{=} \sum_{i=1}^{n+1} E(T_i) = \sum_{i=1}^{n+1} \theta_i$$

当 $\lambda_i(t) = \lambda_i (i = 1, 2, \cdots, n+1)$ 时，有

$$\theta_s = \sum_{i=1}^{n+1} \frac{1}{\lambda_i} \tag{2-31}$$

当 $\lambda_i(t) = \lambda_i (i = 1, 2, \cdots, n+1)$ 时，有

$$\theta_s = \frac{n+1}{\lambda}$$

例 2-18 有 3 台同型产品组成一冷储备系统。已知产品寿命服从指数分布，且 $\lambda = 0.001 \mathrm{h}^{-1}$，试求该系统工作 100h 的可靠度。

解：由题意，$\lambda = 0.001 \mathrm{h}^{-1}$，$t = 100\mathrm{h}$，$n = 2$，$\lambda t = 0.001 \times 100 = 0.1$，由式(2-30)可得

$$R_s(100) = \sum_{i=0}^{n} \frac{(\lambda t)^i}{i!} e^{-\lambda t} = \sum_{i=0}^{2} \frac{0.1^i}{i!} e^{-0.1} = e^{-0.1} \times \left(1 + \frac{0.1}{1} + \frac{0.1^2}{2}\right) = 0.999845$$

2.4.6 表决系统

表决系统也是一种冗余系统，在工程实践中得到了广泛的应用。下面讨论几种常见的表决系统。

(1) $K/n(G)$ 系统。组成系统的 n 个单元中，只要有 K 个或 K 个以上单元正常，则系统正常，把这样的系统称为"n 中取 K 好(K-out-of n: Good)表决系统"，记为 $K/n(G)$ 系统。例如装备 3 台发动机的喷气式飞机，只要有 2 台发动机正常，即可保证安全飞行和降落，从这个角度上说，这样的系统为 $2/3(G)$ 系统。

(2) "n 中取 K 至 r"系统。n 个单元中，有 K 至 r 个单元正常则系统正常。如果正常单元数目小于 K 或大于 $r(r > K)$ 则系统不正常。例如，多处理机系统，若全部 n 台处理机中，少于 K 台正常工作，则系统计算能力太小；若多于 r 台同时工作，则公用设备(例如总线)不能容纳那么大的数据量，因而系统效率很低。故可认为 K 至 r 台处理机正常，则系统正常，否则系统发生故障。类似情况存在于任何具有固定容量的计算机网络中。

(3) "n 中取连续 K"系统。考虑有 n 个中继站的微波通信系统，如果 1#站发出的信号可由 2#站或 3#站接收，2#站中继的信号可由 3#站或 4#站接收，依次类推直至 $n^\#$站。显然，当 2#站故障时系统仍能把信号从 1#站传至 $n^\#$站。所有中间站相间地出现单站故障时也是如此，系统还是正常的。但是，若任何相邻两站发生故障，则通信系统失效。该系统是"n 中取连续 2 则失效"的直列式系统，简称"n 中取连续 2"系统。

表决系统的特例是并联 $(1/n(G))$ 和串联 $(n/n(G))$ 系统。以下仅讨论 $K/n(G)$ 表决系统。

2.4.6.1 可靠性框图

$K/n(G)$系统的可靠性框图见图2-23。

2.4.6.2 系统可靠度计算

先计算一个简单表决系统的可靠度。

例2-19 求2/3(G)系统可靠度。

解: 事件A(系统完好)与A_1、A_2、A_3(各单元完好)关系为

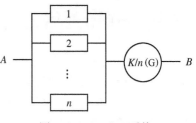

图2-23 $K/n(G)$系统

$$A = A_1A_2A_3 \cup A_1A_2\bar{A_3} \cup A_1\bar{A_2}A_3 \cup \bar{A_1}A_2A_3$$

因而,2/3(G)系统的可靠度为

$$R_s(t) = R_1(t)R_2(t)R_3(t) + R_1(t)R_2(t)F_3(t) + R_1(t)F_2(t)R_3(t) + F_1(t)R_2(t)R_3(t)$$

当各单元可靠度相等时,即$R_1(t) = R_2(t) = R_3(t) = R(t)$

$$R_s(t) = 3R^2(t) - 2R^3(t)$$

对于一般$K/n(G)$系统,下面只讨论各单元寿命$T_i(i=1,2,\cdots,n)$独立同分布的情形,设

$$R_i(t) = R(t) \quad (i = 1,2,\cdots,n)$$

则很容易推出,系统可靠度为

$$R_s(t) = \sum_{i=k}^{n} C_n^i R^i(t) [1 - R(t)]^{n-i}$$

这里n个单元中有i个单元正常,$(n-i)$个单元故障的概率是$R^i(t)[1-R(t)]^{n-i}$,而组合公式表示n个单元中取i个正常单元可能的组合数。

当各单元寿命服从指数分布时

$$R_s(t) = \sum_{i=k}^{n} C_n^i e^{-i\lambda t} [1 - e^{-\lambda t}]^{n-i}$$

系统平均寿命

$$\theta_s = \int_0^\infty R_s(t) dt = \sum_{i=k}^{n} \frac{1}{i\lambda}$$

例2-20 某20管火箭炮,要求有12个定向器同时工作才能达到火力密度要求,所有定向器相同,且寿命服从$\lambda=0.00105$/发的指数分布,任务时间是100发,试求在任务期间内,该炮能正常工作的概率。

解: 火箭炮系统可看作$K/n(G)$表决系统,其中$K=12,n=20,\lambda=0.00105$/发,$t=100$发。

单元可靠度

$$R(t) = e^{-\lambda t}$$
$$R(100) = e^{-0.00105 \times 100} = 0.9000$$

系统可靠度

$$R_s(t) = \sum_{i=12}^{20} C_{20}^i R^i(t) [1 - R(t)]^{20-i}$$
$$R_s(100) = 0.99991$$

2.5 软件可靠性

软件可靠性是用以衡量一个软件(指计算机程序)和数据好坏很重要的一个评价指标。软件可靠性与硬件可靠性有许多相似之处,更有许多差别。这种差异是由于软、硬件故障机理的差异造成的,因而使软件可靠性在术语内涵、指标选择、设计分析手段以及提高软件可靠性的方法与途径等方面具有其自身的特点。然而,软件可靠性作为一个新的研究领域,理论与实践都不尽成熟,还有许多研究与应用的工作有待完成。

2.5.1 基本概念

2.5.1.1 软件故障及其特征

对于软件的不正常,常用如下几个术语来描述。

(1) 失效(failure)是指由于软件故障导致软件系统丧失完成功能的能力的事件。软件失效是软件输出不符合软件需求规格说明或软件异常崩溃,是软件运行时产生的一种不期望的或不可接受的外部行为结果,是系统运行行为对用户要求的偏离。如死机、错误的输出结果、用户查询操作没有产生任何反应等。软件失效是由于软件故障引起的。

(2) 故障(fault)是指软件功能单元不能完成其规定功能的状态。软件故障是软件在运行过程中出现的一种不希望或不可接受的内部状态,是一种动态行为,它是软件缺陷被激活后的表现形式。如在软件运行过程中产生不正确的数值,数据在传输过程中产生的偏差等。

(3) 缺陷(defect)是指存在于软件(包括说明文档、应用数据、程序代码等)中的不希望的或不可接受的偏差。软件缺陷以一种静态的形式存在于软件的内部,是软件开发过程中人为错误的结果,只要不修改去除已有的缺陷,缺陷就会永远在软件中。例如数组下标不对、循环变量初值设置有误、异常处理方法有误等。

(4) 错误(error)是指开发人员在开发过程中出现的失误、疏忽和错误。错误是在软件开发过程中引入的,其结果是导致软件缺陷的产生。软件错误是软件开发活动中难以避免的一种行为过失。

软件错误是一种人为错误,在一个软件的开发过程中,这种错误是难以避免的。一个软件错误必定会产生一个或多个软件缺陷。软件缺陷是程序本身的特性,以静态的形式存在于软件内部,它往往十分隐蔽不易被发现和改正,只有通过不断地测试和使用,软件缺陷才能以软件故障的形式表现出来。软件故障如果没有得到及时的处理将导致系统或子系统失效。一部分系统失效是非常危险的,如果这类失效在系统范围内得不到很好地控制,可能会导致灾难性事故发生。故存在下面的传递关系:错误→缺陷→故障→失效。

但是发生过故障的软件通常仍然是可用的。只有当软件频繁发生故障,或公认已经"陈旧"时,软件才被废弃,这一版本软件的寿命也就终结。

有缺陷的软件只有在特定条件下才能导致出错,而在一般情况下是能够正常工作的。软件缺陷一般有以下特征。

(1) 软件缺陷的固有性。软件一旦有缺陷,它将潜伏在软件中,直到它被发现和改正。

反之,在一定的环境下,软件一旦运行是正确的,它将继续保持这种正确性,除非使用环境发生了变化。此外,它不像硬件,随时间推移会因使用而不断"耗损",或产生新的缺陷。因此,软件缺陷是"牢靠地""无耗损地"潜伏于软件之中。

(2) 缺陷对环境的敏感性。对于一个软件来说,它的各部分之间有着密切的联系。软件的运行过程实际上是各部分间的一个逻辑组合过程,不同的逻辑组合就可得到不同的程序路径,而每一次软件运行或完成某功能总是选择某一条程序路径。选什么样的程序路径是由软件自身确定的输入环境决定的。对于不同的输入环境,软件的运行路径可能不同。如果软件在某些程序路径上含有缺陷,那么在执行这些程序路径时就有可能发生故障。这就是软件故障与输入环境的关系。对在一定输入环境下工作出现故障的软件,当退出该环境后,对于其他环境,此软件又可能正常工作。但当再次进入该环境时,软件又会出故障。这说明缺陷对环境是十分敏感的。

(3) 软件故障的传染性。任一软件缺陷,只要未被排除,始终存在于该软件中,一旦暴露,处理过程就将产生故障,而这种故障往往是变化的。例如,由于某一处故障,使某个变量 C 的值与要求不合,当变量 C 继续参加运行时会引起处理过程中的其他故障。故这类故障是具有"传染性"的。如果故障不被纠正,也许这种故障就一直存在以至继续"传染",直到引起软件失效。

2.5.1.2 软件可靠性定义

软件可靠性是在规定的条件下和规定的时间内,软件不引起系统故障的能力。软件可靠性不仅与软件存在的差错(缺陷)有关,而且与系统输入和系统使用有关。软件可靠性同样可用可靠度来衡量,而软件的可靠度是"软件在规定的条件下和规定的时间内,软件不引起系统故障的概率"。该概率是系统输入与系统使用的函数,也是软件中存在的缺陷的函数。系统输入将确定是否会遇到已存在的缺陷(如果有缺陷存在的话)。

软件可靠性的定义虽与硬件可靠性定义貌似类同,但定义中的各要素的含义是不同的。环境条件是指软件的使用(运行)环境,它涉及软件运行所需要的一切支持系统及有关的因素。规定的时间 t 被定义为软件系统一旦投入运行后的计算机挂起(开机但空闲)和工作的累积时间。显然,在使用时间中还有计算机的停机时间,它不包括在运行时间 t 内。

2.5.2 常用参数

软件的故障与硬件不同,软件一旦出现故障,查明原因后相应的缺陷就可以得到纠正,以后不再重复出现。因此这是一个可靠性增长的问题。特定的故障出现是非重复性事件,因此不能用频率学派的理论来说明。基于上述分析,可知在一个较长的时间区间内,故障率 $\lambda(t)$ 肯定不是常值。但是通过对软件工厂工作质量(包括质保体系质量)的掌握程度,根据软件开发(测试)过程的质量可靠性分析,可以建立起对软件质量可靠性的"信念",用概率方法对其进行评估。

常用的软件可靠性参数包括以下方面。

(1) 系统平均不工作间隔时间(MTBSD)。设 T_V 为软件正常工作总时间,d 为软件系统由于软件故障而停止工作的次数,则定义

$$T_{BSD} = \frac{T_V}{d+1} \tag{2-32}$$

式中：T_{BSD} 为系统平均不工作间隔时间。

（2）系统不工作次数（一定时期内）。由于软件故障停止工作，必须由操作者介入再起动才能继续工作的次数。

（3）可用度（A）。设 T_V 为软件正常工作总时间，T_D 为由于软件故障使系统不工作的时间，则定义

$$A = \frac{T_V}{T_V + T_D} \tag{2-33}$$

亦可表达为

$$A = \frac{T_{BD}}{T_{BD} + T_{DT}} \tag{2-34}$$

式中：T_{BD} 为平均工作时间（h）；T_{DT} 为平均不工作时间（h）。

一般情况下，生产计算机系统要求 $A \geqslant 99.8\%$；银行计算机系统要求 $A \geqslant 99.9\%$。

（4）初期故障率。一般以软件交付使用方后的 3 个月内为初期故障期。初期故障率以每 100h 的故障数为单位，用它来评价交付使用的软件的质量并预测软件可靠性何时基本稳定。

（5）偶然故障率。一般以软件交付给使用方后的 4 个月后为偶然故障期。偶然故障率一般以每千小时的故障数为单位，它反映了软件处于稳定状态的质量。

（6）使用方误用率。使用方不按照软件规范及说明等文件来使用而造成的错误叫"使用方误用"。在总使用次数中，使用方误用次数占的百分率叫"使用方误用率"。造成使用方误用的原因之一是使用方对说明理解不深，操作不熟练，但也可能是说明没有讲得非常清楚引起误解等。

（7）用户提出补充要求数。由于软件开发过程中未能充分满足用户需要，或者用户对软件开发时所提要求不全面，软件开发使用后用户又提出补充要求，需要生产方对软件进行修改、完善。

（8）处理能力。处理能力有各种指标。例如可用每小时平均多少个文件，每项工作的反映时间多少秒等表示，根据需要而定。在评价软件及系统的经济效益时需用这项指标。

2.5.3 软件可靠性模型

虽然软件可靠性与硬件可靠性有相似之处，都是用出现故障的概率来表示的，但由于两者间故障机理不同，因此可靠性模型也不一样。软件可靠性模型有很多种，下面介绍常用的 3 类：

（1）从硬件可靠性理论导出的模型；

（2）根据程序内部特性得到的模型；

（3）用已知错误植入软件，经过测试、分析比较建立的可靠性模型。

第一种可靠性模型所做的假设是：

（1）在两次错误出现之间的调试时间随错误出现率呈现指数分布，而错误出现率和剩

余错误数成正比;

(2) 每个错误一经发现,立即排除,并使错误总数减1;

(3) 产生错误的速率是个常数。

对软件来说,上面假设的合理性可能还有问题,例如,纠正一个错误的同时可能不小心而引入另一些错误,这样第(2)个假设将不成立。

第二种可靠性模型计算存在于软件中的错误的预期数目,根据软件复杂性度量函数导出的定量关系,这种模型建立了程序面向代码的(如操作符的数目)与程序中错误的初始估计数字之间的关系。

奈伯(Naib)在一项利用霍尔斯特德(Halstead)方法对软件出错率估算的研究中发现,环境因素对软件出错率的影响最大,并找出了3个起决定作用的随机变量,即

(1) 使用过该软件的总用户数 X;

(2) 当前用户人数 Y;

(3) 当前用户中有过出错历史的用户数 Z。

X、Y、Z 为随机变量。这样软件出错率可表示为

$$\left(\frac{V}{D^2}\right)X + DY + B_3 Z \tag{2-35}$$

其中 $V = (\eta_1 \log_2 \eta_1 + \eta_2 \log_2 \eta_2) \log_2(\eta_1 + \eta_2)$,$D = \dfrac{\eta_1 N_2}{2\eta_2}$

式中:η_1 为操作符个数;η_2 为操作对象个数;N_2 为操作对象使用次数;B_3 为模块个数。

经实验,奈伯发现,该式的结果与实验值相关系数达0.92。

第三种可靠性模型是由D. Mills首先提出的。这种方法一开始用来估算野外生活的动物数或一个池塘内鱼的尾数。如要估算池塘内鲢鱼的尾数 N,可以先把带有标记的 N_t 尾鲢鱼放入池塘,过一段时间后,从池塘中捕捉鲢鱼。数一数不带标记的鲢鱼有 n 尾,带标记的有 n_t 尾。如果这些带与不带标记的鲢鱼分散均匀,又比较合群,而且捕捉的难易度相同,那么就可以求得 N 为

$$N = \frac{n}{n_t} N_t \tag{2-36}$$

植入模型就是在软件中"植入"已知的错误,并计算发现的植入错误数与发现的实际错误数之比而开发出的模型。随机将一些已知的带标记的错误植入程序。设程序中尚未发现的残留错误总数为 N,植入的错误总数为 N_t。在历经一段时间的测试之后,总共发现有程序的残留错误 n 个和带标记的植入错误 n_t 个。假定植入错误和程序中的残留错误都可以同等难易地被测试到,就可用上式求出程序中尚未发现的残留错误总数 N。但这种模型依赖于测试技术。例如,如何判定哪些错误是程序的残留错误,哪些是植入带标记的错误,不是件容易的事,而且植入带标记的错误有可能导致新的错误。

还有其他一些软件可靠性模型,如外延式。绘制单位时间内已检测到错误数目的关系曲线,然后用最小二乘法将曲线外延,以此来估计程序中尚残留的错误数目。

2.5.4 提高软件可靠性的途径

提高软件可靠性的根本途径是开展软件工程,减少软件缺陷,还应当做到以下方面。

（1）严格的配置管理。软件的配置管理能标识和确定系统中的配置项,在系统整个寿命期内控制这些项目的投放与更动,记录并报告配置和更动要求,验证配置项的完备性和正确性。它能够完成软件的配置标识、配置控制、配置记录和配置审核4项任务。严格的配置管理是保证软件可靠性的重要措施之一。

（2）软件（模块）的标准化。对硬件产品来说,一般地说标准化程度越高,其质量与可靠性也越高；软件也一样。软件标准件应由国家至少是部门来组织生产。这样,软件的质量与可靠性将会有明显的提高。

（3）软件可靠性设计准则。实践证明,总结国内外特别是本部门、单位的成功或失败的经验教训,制订并贯彻产品可靠性设计准则是提高产品可靠性的根本手段。对硬件产品如此,软件也相同。硬件可靠性设计的很多思路与方法可用在软件之中。例如：

① 故障模式影响分析、故障树分析可以根据软件的特点具体化后加以应用。

② 冗余技术。软件不能像硬件一样用几个完全相同的单元组成冗余,因为一错皆错。但软件可使用具有相同功能,但算法及逻辑上都"相异"的技术,使用多版本编辑结构或恢复块结构来构成冗余,提高系统的可靠性。

③ 由于计算机运行及信息传输中可能出错,因此,软件应有一定的抗拒硬件出错能力。例如,采用信息论中现成的检错码及纠错码；对关键及重要信息的编码应与其他信息编码有足够的 Hamming 距离（两码字 X、Y 间的 Hamming 距离 $d(X、Y)$ 是码字 X、Y 之间对应位取不同值的码元数,如 $X=1100$,$Y=1011$,则 $d(X、Y)=3$）。

④ 对以安全性为重点的计算机应有一个叫安全性内核的独立程序监视系统。在出现潜在的不安全状态或有可能转移到不安全状态时,转入规定的状态。

（4）软件的设计评审。应像硬件一样建立严格的设计评审制度,使之成为把好软件质量关的重要手段。为了防止软件可靠性设计评审走过场,制订"软件可靠性与可维护性的设计评审检查单"是必要的,要按检查单逐项评审,审查软件是否严格按可靠性设计准则设计。

2.6 人对系统可靠性的影响

武器系统或设备的使用都是由人来完成的,因此,人与武器系统或设备的可靠性关系非常密切。研究表明,系统故障中很大一部分（约占故障总数的 10%～15%）是由于人为差错而产生的。而随着系统的精度提高和复杂程度的增加,人对系统可靠性的影响将越来越大,并且由于人的差错使系统发生故障造成的损失将不可估量。

如果在产品设计和研制阶段就考虑到人对产品可靠性的影响,并对其进行分析,在设计中给予适当考虑,则可以减少人的影响因素,增加系统的可靠性。在系统设计阶段遵循有关人为因素的原则,能够明显地降低人对系统可靠性的影响。另外,仔细地挑选和培训有关人员,也有助于改善人对系统可靠性的影响。

2.6.1 基本概念

研究人对系统可靠性的影响问题,实质上是研究人的可靠性问题。与此有关的基本概念：

（1）人的可靠性。在系统运行中的任一阶段，在规定的最少时间限度内（如果规定有时间要求），由人成功地完成工作或任务的概率。

（2）人为差错。人未能实现规定任务（或者实现了禁止的动作），可能导致中断计划运作或引起财产和设备的损坏。

（3）人的动作可靠性。一个人在规定条件下能完成全部规定的人的功能的概率。

2.6.2 人为差错

人的作用的重要程度对不同的系统可能不同，对同一系统的不同阶段也可能不同。这种作用会由于人为差错而受到损害，系统总的可靠度会由于人不正确地完成他们应完成的正常任务而受到影响。人的可靠性问题实际上就是人为差错问题。这种差错可能发生在装备操作、维修、搬运、处理等不同场合。

2.6.2.1 人为差错的原因

发生人为差错有各种不同的原因，一般有：工作区域光线不足；有关人员，如操作人员、维修人员和生产人员缺乏必要的训练和技能；不良的装备设计；工作区域温度太高，噪声太大；不适当的工作总体安排；太拥挤的工作空间；工作动力不足；不适当的工具；内容拙劣的装备维修和操作程序说明书、手册；管理不善；任务复杂；缺少口头交流等。

2.6.2.2 人为差错的后果

人为差错的后果对不同装备或同一装备不同任务可能是不同的。后果的范围可以从轻微到严重（例如：从耽误装备的运行到毁坏装备）。人为差错对装备使用造成的后果可以分为以下3类：①装备毁坏或不能正常使用；②装备的使用有严重的延迟，但不妨碍装备的使用；③装备使用的延迟不严重。

2.6.2.3 人为差错的发生

人为差错以各种不同的方式发生，一般有以下几种：对某一困难问题做出不正确的决策；没有实现某一必要的功能；进行了一项不应进行的活动；对某一意外事故的响应迟钝和笨拙；没有觉察到某一危险情况。

2.6.2.4 人为差错的分类

人为差错可以细分为各种不同的类别：操作错误、装配错误、检验错误、安装错误和维修错误等。

（1）操作错误。操作错误是由操作人员造成的，几乎所有的操作错误都是在使用现场的环境中发生的。下列几种情况导致了操作错误的发生：缺少合适的工艺规程；任务复杂和超载状态；人员的挑选和培训不良；操作人员粗心大意和缺少兴趣；违反正常的操作规程等。

（2）装配错误。这类错误是由于人引起的并发生在装备装配时，它们是工艺不良的结果。在很多情况下，装配错误是在产品发生故障后，在使用现场的环境下被发现的。如使不正确的零件(元件)、遗漏了零件、装配与蓝图不一致、不正确的焊接、零件用导线反接等。产生这些错误的原因通常为照明不足、噪声太大、设计不当的工作安排、信息交流不畅和工作温度过高、缺少监督和培训、蓝图质量拙劣等。

(3) 检验错误。检验的目的是发现缺陷，检验错误的发生是因为监测不是绝对精确，由于检验错误，在公差范围内的零件可能被拒绝，或超差的零件可能被接受等。

(4) 安装错误。这类错误发生在装备设计的安装阶段，属于短期错误。安装错误的主要原因之一是人们没有按照说明书或蓝图来安装装备。

(5) 维修错误。这类错误发生在对有问题的装备修理不正确的现场。如对装备的调试不正确或在装备的某些部位采用了错误的润滑脂等。一般随着装备的老化，发生维修错误的可能性就会增加，这是由于机械件的耗损而使装备维修频率增大的结果。

2.6.2.5 心理压力

压力是影响人的动作及其可靠性的一个重要方面。显然，一个承受着过重压力的人会有较大的可能性造成人为差错。研究表明，压力并不完全是消极的影响，事实上，适度的压力是有益的，它能使人的效率提高到最佳状态；一方面，压力过轻时人会觉得没有挑战和变得迟钝，因而人的表现不会处于巅峰状态；另一方面，当承受的压力过重时，将引起人的工作效率急剧地下降。下降的原因是多方面的，如忧虑、恐惧或其他心理上的压力等。适度的压力应该定在足够使人保持警觉的压力水平上。当操作人员在很高的压力下执行任务时，发生人为差错的概率通常要比其在适度的压力下工作时高。

2.6.3 减少人为差错，提高系统可靠性

为了减少人为差错，提高系统可靠性，应注意以下几点。

(1) 设计时，应按照操作人员所处的位置、姿势与使用工具的状态，并根据人体的测量尺寸，提供适当的操作空间，使操作人员有比较合理的操作姿态，尽量避免以跪、卧、蹲、趴等容易疲劳或致伤的姿势进行操作。

(2) 噪声不允许超过 GJB 50 的标准，如难避免，对操作人员应有保护措施。

(3) 对产品的操作部位应提供自然或人工的适度照明条件。

(4) 应采取适当措施，减少装备的振动，避免操作人员在超过 GJB 966 等规定标准的振动条件下工作。

(5) 设计时，应考虑操作人员在举起、推拉、提起及转动物体等操作中人的体力限度。

(6) 设计时应考虑使操作人员的工作负荷和难度适当，以保证操作人员的持续工作能力、维修质量和效率。

习 题

1. 什么叫可靠性？
2. 解释任务可靠性与基本可靠性的概念。
3. 什么叫故障？故障按后果可以分为哪几类？
4. $\lambda(t)$ 与 $f(t)$ 有何异同？

5. 从一批产品中取 200 个样品进行试验,第 1 个小时内有 8 个故障,第 2 个小时内有 2 个故障,在第 3 小时内有 5 个故障,第 4、第 5 小时内各有 4 个故障。试估计产品在 1h、2h、3h、4h、5h 时的可靠度和累积故障分布函数?

6. 对 100 台电子设备进行高温老化试验,每隔 4h 测试一次,直到 36h 后共有 85 台发生了故障,具体数据统计如下:

测试时间 t_i/h	4	8	12	16	20	24	28	32	36
Δt_i 内故障数	39	18	8	9	2	4	2	2	1

试估计 t = 0h、4h、8h、12h、16h、20h、24h、28h、32h 时的下列可靠性函数值,并画出对应曲线。

(1) 可靠度;
(2) 累积故障分布函数;
(3) 故障密度;
(4) 故障率。

7. 试举例说明故障率 λ = 15fit,2000fit 的含义。

8. 设某产品的故障率函数为

$$\lambda(t) = \frac{1}{\sigma} e^{\frac{t-\mu}{\sigma}} \quad (-\infty < t < \infty, \sigma > 0)$$

试求此产品的可靠度函数 $R(t)$ 和故障分布函数 $F(t)$。

9. 设某产品的累积故障分布函数为

$$F(t) = 1 - e^{\left(-\frac{t}{\eta}\right)^m} \quad (t \geq 0, \eta > 0)$$

试求该产品的可靠度函数和故障率函数。

10. 设产品的故障率函数为

$$\lambda(t) = ct \quad (t \geq 0)$$

这里 c 为常数,试求其可靠度函数 $R(t)$ 和故障密度函数 $f(t)$。

11. 设某产品的寿命服从 μ = 20000h,σ = 2000h 的正态分布,试求 t = 1900h 的产品可靠度和故障率。

12. 设某产品的寿命服从 m = 2,η = 2000h,γ = 0 的威布尔分布,试求 t = 1000h 的产品可靠度和故障率。

13. 寿命服从指数分布的继电器,MTBF = 10^6 次,其故障率是多少? 工作到 100 次时的可靠度是多少?

14. 有一寿命服从指数分布的产品,工作到 MTBF 时刻,还有百分之几的产品在可靠地工作着? 工作时间等于 MTBF 的 1/10 时的可靠度又是多少?

15. 观察某设备 7000h(7000h 为总工作时间,不计维修时间),共发生了 10 次故障。设其寿命服从指数分布,求该设备的平均寿命及工作 1000h 的可靠度?

16. 一种复杂装备的平均寿命为 3000h,其连续工作 3000h 和 9000h 的可靠度是多少? 要达到 r = 0.9 的可靠寿命是多少? 其中位寿命是多少?

17. 一个重要的部件有 2 个设计方案,方案 A 生产的部件每只价格 1200 元,其寿命服从 η = 100 $\sqrt{10}$ h,m = 2 的威布尔分布;方案 B 生产的部件每只价格 1500 元,其寿命服从

$\eta = 100\text{h}$，$m = 3$ 的威布尔分布，问：

(1) 若工作时间为 10h，根据可靠度尽量大的原则，厂方应选择哪一个方案组织生产？
(2) 根据同样的原则，假如工作时间为 15h，厂方又应选用什么方案？
(3) 根据可靠度/价格的比值最大为原则，上述两种情况又怎样决策。

18. 某电子设备的平均寿命为 200h，其连续工作 200h、20h、10h 的可靠度各是多少？

19. 假设某雷达线路由 10^4 个电子元器件串联组成，且其寿命服从同一指数分布，要求工作 3 年可靠度为 0.75，试求元器件的平均故障率？

20. 对于由 1000 个元件构成的串联系统，它们的故障率相同且为常数。为了保持 10h 工作的可靠度为 99.9% 以上，各元件的故障率必须控制在多少菲特以下。

21. 试按下列情况比较用两个故障率为 10^{-2}h^{-1} 的装置所组成的并联系统与单个装置的可靠度。

(1) 工作时间为 1h；
(2) 工作时间为 10h；
(3) 工作时间为 50h。

22. 一个电子系统包括 1 部雷达、1 台计算机和 1 个辅助设备三部分，设其寿命服从指数分布，已知它们的 MTBF 分别为 100h、200h 及 500h。求该系统的 MTBF 及工作 5h 的可靠度。

23. 一个运货公司有一个卡车队，其轮胎的故障率为 $4 \times 10^{-6}\text{km}^{-1}$。使用两种卡车，一种有 4 个轮胎，另一种有 6 个轮胎(后轮轴每边各装两个)。两种卡车均使用同样的轮胎。在轮胎相同承载情况下试画出每种卡车轮胎的可靠性框图，并计算在 10000km 的行驶过程中每种卡车由于轮胎失效而不能完成送货任务的概率。

24. 试比较下列 6 种由 4 个元件组成的系统的可靠度，设各元件具有相同的故障率 $\lambda = 0.001\text{h}^{-1}$，$t = 10\text{h}$。

(1) 4 个元件所构成的串联系统；
(2) 4 个元件所构成的并联系统；
(3) 4 中取 3 的表决系统；
(4) 并串联系统；
(5) 串并联系统；
(6) 冷储备系统。

25. 用故障率为 0.01h^{-1} 的 4 个元件构成冷储备系统，试求在 100h 的工作时间内系统的可靠度。

26. 飞机有 3 台发动机，至少需 2 台发动机正常才能安全飞行和起落，假定飞机事故仅由发动机引起，并假定发动机故障率为常数（MTBF = 200h），求飞机飞行 10h 和 2h 的可靠度。

27. 火炮运动系统采用某型号轮胎 4 个，其中一个失效则运动系统失效。已知该轮胎的寿命服从参数为 λ 的指数分布，其 MTBF = 10000km。每年筹措备件一次，求保证运动系统在 1 年运行可靠度 $R_S = 0.95$ 时的备件筹措量（系统每年平均运行 1000km，轮胎工作故障率为 4λ）。

28. 一个系统由 n 个部件组成，只要有一个部件故障系统就故障，各个部件工作是独立

的,假如每个部件的寿命具有下列累积故障分布函数
$$F(t) = 1 - e^{-\lambda t} \quad (\lambda > 0, t \geq 0)$$
试求这个系统的累积故障分布函数、可靠度函数和故障率函数。

29. 一个系统由 n 个部件组成,只要有一个部件正常系统就正常,各个部件工作是独立的,假如每个部件的寿命具有下列累积故障分布函数
$$F(t) = 1 - e^{-\lambda t} \quad (\lambda > 0, t \geq 0)$$
试求这个系统的累积故障分布函数、可靠度函数和故障率函数。

30. 试比较软件与硬件可靠性有何异同。

第三章
可靠性技术

可靠性设计是实现产品可靠性的关键,它基本确定了产品的固有可靠性。本章主要讲述可靠性建模、可靠性分配、可靠性预计、故障模式影响及危害性分析(FMECA)、故障树分析(FTA)及常用的可靠性设计方法等内容,这些均是从事可靠性工作的基础。

3.1 可靠性建模

3.1.1 概述

可靠性模型是指为分配、预计、分析或估算产品的可靠性所建立的模型。它包括可靠性框图和数学模型。建立可靠性模型是可靠性工程的主要工作项目之一。一般地说,在装备的可靠性分析与设计中,都要建立可靠性模型。第二章详细介绍了典型的系统可靠性模型,本节仅介绍建模工作。

3.1.2 目的与作用

建模工作的目的就是为具体产品(装备)建立可靠性模型,模型可用于以下几个方面:
(1) 进行可靠性分配,把系统级的可靠性要求,分配给系统级以下各个层次,以便进行产品设计;
(2) 进行可靠性预计和评定,估计或确定设计及设计方案可达到的可靠性水平,为可靠性设计与装备保障决策提供依据;
(3) 当设计变更时,进行灵敏度分析,确定系统内的某个参数发生变化时对系统可靠性、费用和可用性的影响;
(4) 作为装备使用中评价其可靠性的工具。

3.1.3 一般程序与方法

可靠性模型可分为后勤(基本)可靠性模型和任务可靠性模型。就建立基本可靠性模型而言,产品的定义很简单,即构成系统或产品的所有单元(包括冗余单元和代替工作的单元)建立串联模型。然而,就建立任务可靠性来说,则首先应有明确的任务剖面、任务时间、故障判据以及执行任务过程中所遇到的环境条件和工作应力。

3.1.3.1 产品定义

1. 确定任务及任务剖面

一个复杂的系统往往有多种功能,其基本可靠性模型是唯一的,而任务可靠性模型则因任务不同而不同。既可以建立包括所有功能的任务可靠性模型,也可以根据不同的任务和任务剖面,建立其相应的可靠性模型。比如,歼击机完成攻击任务的任务可靠性框图中必定包括火控和军械系统,而在完成其他非攻击任务时则不应包括它们;对其燃油系统来说,在完成航行任务时需带副油箱,此时任务可靠性框图中必须包括副油箱及其附件,而在做起落训练时,则不必带副油箱,当然其任务可靠性框图也不必包括它们。

2. 确定是否有代替的工作模式

当系统能以多种方法完成某一特定功能时,它就具有代替的工作模式。如通常用甚高频发射机发射的信息,可以用超高频发射机来代替发射,这就是一种代替的工作模式。虽然在硬件上超高频发射机不是甚高频发射机的储备单元,但两者都具有同样的发射信息功能,因此在任务可靠性框图中它们应画为旁联模型。

3. 确定故障判据

任务可靠性只考虑影响产品任务完成的故障,应该找出导致任务不成功的条件和影响任务不成功的性能参数及参数的界限值。如完成某项任务的一个条件是要求发射机输出功率至少为200kW,那么导致输出功率低于200kW的单一或综合的硬件或软件故障就构成任务故障。

4. 确定任务时间模型

该模型说明与系统特定的使用情况有关的事件和条件,如飞机上的起落架只在起飞、着陆时才工作,而在整个飞行时间它是不工作的。因此,在建立数学模型时必须加以修正,为此可采用系统的占空因数。占空因数指的是分系统工作时间与系统工作时间之比。一般可按下述两种情况进行修正。

(1) 分系统(寿命服从指数分布)不工作时的故障率可以忽略不计的情况,即

$$R_{分}(t) = \exp(-\lambda_{分} td)$$

式中:$R_{分}(t)$为分系统的可靠度;$\lambda_{分}$为分系统的故障率;t为系统的工作时间;d为占空因数,是分系统工作时间与系统工作时间的比值。

(2) 分系统(寿命服从指数分布)不工作时的故障率与工作时不同的情况,有

$$R_{分}(t) = R_{分1}(t)R_{分2}(t) = e^{-[\lambda_1 td + \lambda_2 t(1-d)]}$$

式中:λ_1、$R_{分1}(t)$为分系统工作时的故障率和可靠度;λ_2、$R_{分2}(t)$为分系统不工作时的故障率和可靠度。

5. 确定环境条件

一个系统或产品往往可以在不同的环境条件下使用。如某特定产品既可用于汽车,也可用于坦克,其环境条件大不相同。某特定任务可能由几个工作阶段组成,每个阶段有其相应的特定主导环境条件。如对卫星来说,发射、沿轨道运行、返回大气层、回收,就是卫星为完成其任务所经历的不同工作阶段,各工作阶段环境条件是不同的。建立任务可靠性模型

时可按下述方法来考虑环境条件的影响：

（1）同一个产品用于多个环境条件下的情况。此时该产品的任务可靠性框图不变，仅用不同的环境因子去修正其故障率。

（2）当产品为完成某个特定任务需分为几个工作阶段，而各工作阶段环境条件均不相同时，可按每个工作阶段建立任务可靠性模型，然后将结果综合到一个总的任务可靠性模型中。例如对于卫星，可分别建立发射、沿轨道运行、返回大气层、回收4个工作阶段的任务可靠性模型，并分别计算其任务可靠度，最后算出卫星总的任务可靠度。

3.1.3.2 建立任务可靠性框图

可靠性框图表示完成任务时所参与的单元及其关系。每一个方框代表着单元的功能及可靠性值，在计算系统可靠性时，每一方框都必须计算进去。系统可靠性框图中每个方框应加标志。

3.1.3.3 建立相应的数学模型

用数学式表达各单元的可靠性与系统可靠性之间的函数关系（详见第二章），以此来求解系统的可靠性值。

3.1.3.4 运用和不断修正模型

随着产品设计阶段向前推移，诸如产品环境条件、设计结构、应力水平等信息越来越多，产品定义也应该不断修改和充实，从而保证可靠性模型的精确程度不断提高。

可靠性模型的建立应在初步设计阶段进行，并为系统可靠性分配及拟定改进措施提供依据。随着产品工作的进展，可靠性框图应不断修改完善，并逐级展开，越画越细，数学模型也更加准确。

3.2 可靠性分配

可靠性分配就是为了把产品的可靠性定量要求按照给定的准则分配给各组成部分而进行的工作。它是一个由整体到局部、由大到小、由上到下的分解过程。可靠性分配的本质是一个工程决策过程，是一个综合权衡优化的问题，关系到人力、物力的调度问题，因此，要做到技术上可行，经济上合算，效果好。

3.2.1 目的与作用

可靠性分配的目的就是将系统可靠性指标分配到各产品层次各部分，以便使各层次产品设计人员明确其可靠性设计要求。其具体作用是：

（1）为系统或设备的各部分（各个低层次产品）研制者提供可靠性设计指标，以保证系统或设备最终符合规定的可靠性要求。

（2）通过可靠性分配，明确各转承制方或供应方产品的可靠性指标，以便于系统或设备承制方对其实施管理。

可靠性分配是一项必不可少的、费用效益高的工作。因为任何设计总是从明确的目标或指标开始的,只有合理分配指标,才能避免设计的盲目性。而可靠性分配主要是早期"纸上谈兵"的分析、论证性工作,所需要的费用和人力消耗不大,但却在很大程度上决定着产品设计。合理的指标分配方案,可以使系统经济而有效地达到规定的可靠性目标。

系统可靠性预计和分配是可靠性定量设计的重要任务,两者是相辅相成的,它们在系统设计各阶段均要反复进行多次,其工作流程如图3-1所示。

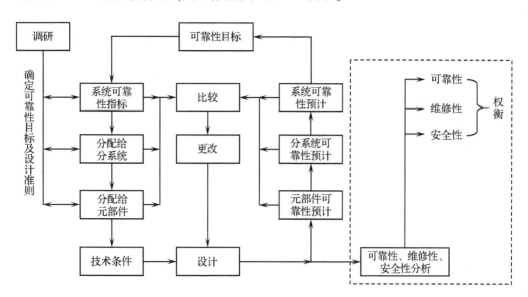

图3-1 可靠性预计和分配流程图

3.2.2 方法

3.2.2.1 可靠性分配合理性和可行性的一般准则

系统可靠性分配在于求解下面的基本关系式:

$$R_s[R_1^*(t), R_2^*(t), \cdots, R_i^*(t), \cdots, R_n^*(t)] \geq R_s^*(t) \tag{3-1}$$

$$g_s[R_1^*(t), R_2^*(t), \cdots, R_i^*(t), \cdots, R_n^*(t)] \leq g_s^*(t) \tag{3-2}$$

式中: $R_s^*(t)$ 为要求系统达到的可靠性指标; $g_s^*(t)$ 为对系统设计的综合约束条件,包括费用、质量、体积、功耗等因素,它是一个向量函数关系; $R_i^*(t)$ 为分配给第 i 个单元的可靠性指标 $(i = 1, 2, \cdots, n)$。

对于简单串联系统而言,式(3-1)就成为

$$\prod_{i=1}^{n} R_i^*(t) \geq R_s^*(t) \tag{3-3}$$

如果对分配没有约束,则式(3-3)可以有无数个解。因此,可靠性分配的关键在于要确定一定准则及相应的方法,通过它能得到全部的可靠性分配值或有限数量解。考虑到可靠

性的特点,为提高分配结果的合理性和可行性,可以选择故障率、可靠度等参数进行可靠性分配。在进行可靠性分配时需遵循以下一般准则:

(1) 对于复杂程度高的分系统、设备等,应分配较低的可靠性指标,因为产品越复杂,要达到高可靠性就越困难并且更为费钱。

(2) 对于技术上不够成熟的新产品,可分配较低的可靠性指标。对于这种产品提出高可靠性要求会延长研制时间,增加研制费用。

(3) 对于处于恶劣环境条件下工作的产品,可应分配较低的可靠性指标,因为恶劣的环境会增加产品的故障率。

(4) 当把可靠度作为分配参数时,对于需要长期工作的产品,应分配较低的可靠性指标,因为产品的可靠度随着工作时间的增加在降低。

(5) 对于重要度高的产品,应分配较高的可靠性指标,因为重要度高的产品发生故障会影响人身安全或任务的完成。

另外,分配时还可以结合实际,确定适合的准则。

3.2.2.2 等分配法

这是在设计初期,当产品定义并不十分清晰时或各组成单元大体相似时所采用的最简单的分配方法。

设系统由 n 个分系统串联组成,若给定系统可靠度指标为 $R_s^*(t)$,按等分配法取 $R_1^*(t) = \cdots = R_n^*(t)$ 即各分系统的可靠度指标相等,于是分配给各分系统的可靠度指标为

$$R_i^*(t) = \sqrt[n]{R_s^*(t)} \tag{3-4}$$

例 3-1 某火炮由炮身、炮闩、反后坐装置、三机、炮架、瞄准装置和运动体 7 个部分组成。若要求该炮的可靠度指标为 $R_s^*(t) = 0.9$,试用等分配法确定火炮各部分的可靠度指标。

解:按式(3-4),各部分的可靠度指标为

$$R_i^*(t) = \sqrt[7]{R_s^*(t)} = \sqrt[7]{0.9} = 0.985$$

从这个例子可以看出,这种分配方法虽然简单,但并不合理。因为实际上,有些元器件、零部件的可靠度比另一些元器件、零部件高,而且所需的费用也不大,因而对这类元器件、零部件,其可靠度指标应当分配得高一些。

3.2.2.3 比例分配法

如果一个新设计的系统与老的系统非常相似,也就是组成系统的各分系统类型相同(例如,如果新、老飞机都是由机体和动力装置、燃油、液压、导航等相似的分系统组成),对这个新系统只是根据新的情况提出新的可靠性要求。那么,就可以采用比例组合法根据老系统中各分系统的故障率,按新系统可靠性的要求,给新系统的各分系统分配故障率。其数学表达式为

$$\lambda_i^* = \lambda_s^* \frac{\lambda_i}{\lambda_s} \tag{3-5}$$

式中:λ_s^* 为新系统的故障率指标;λ_i^* 为分配给新系统中第 i 个分系统的故障率;λ_s 为老系

统的故障率；λ_i 为老系统中第 i 个分系统的故障率。

这种方法的基本出发点是：考虑到原有系统的结构、原理相似，各组成部分的可靠性比例基本上反映了新系统的情况，可把新的可靠性指标按其原有能力成比例地进行调整。

这种方法只适用于新、老系统设计相似，而且有老系统统计数据或者在已有各组成单元预计数据基础上进行分配的情况。

例 3-2 有一个液压动力系统，其故障率 $\lambda_s = 256 \times 10^{-6} \text{h}^{-1}$，各分系统故障率如表3-1所列。现要设计一个新的液压动力系统，其组成部分与老的完全一样，只是要求提高新系统的可靠性，即 $\lambda_s^* = 200 \times 10^{-6} \text{h}^{-1}$，试把这个指标分配给各分系统。

表 3-1 某液压动力系统各分系统的故障率

序号	分系统名称	$\lambda_i / 10^{-6} \text{h}^{-1}$	$\lambda_i^* / 10^{-6} \text{h}^{-1}$
1	油箱	3	2.30
2	拉紧装置	1	0.78
3	油泵	75	59.00
4	电动机	46	36.00
5	止回阀	30	23.00
6	安全阀	26	20.00
7	油滤	4	3.10
8	联轴节	1	0.78
9	导管	3	2.30
10	启动器	67	52.00
总计（系统）		256	199.26

解： 可按下述步骤进行：

(1) 已知：$\lambda_s^* = 200 \times 10^{-6} (\text{h}^{-1})$；$\lambda_s = 256 \times 10^{-6} (\text{h}^{-1})$

(2) 计算：$\lambda_s^*/\lambda_s = 200 \times 10^{-6}/256 \times 10^{-6} = 0.78125$

(3) 计算分配给各分系统的故障率（表3-1第4列）：

$$\lambda_1^* = 3 \times 10^{-6} \times 0.78125 \approx 2.3 \times 10^{-6}(\text{h}^{-1})$$

$$\lambda_2^* = 1 \times 10^{-6} \times 0.78125 \approx 0.78 \times 10^{-6}(\text{h}^{-1})$$

$$\cdots$$

$$\lambda_{10}^* = 67 \times 10^{-6} \times 0.78125 \approx 52 \times 10^{-6}(\text{h}^{-1})$$

一般指标计算后，通常要归整一下作为正式指标，如果没有进行归整就不必要做步骤(4)。

(4) 验证：新系统 $\lambda_s = \sum_{i=1}^{10} \lambda_i^* = 199.26 \times 10^{-6}(\text{h}^{-1}) < \lambda_s^*$。

如果我们有老系统中各分系统故障数占系统故障数百分比 K_i 的统计资料，而且新、老系统又极相似，那么可以按式(3-6)进行分配：

$$\lambda_i^* = K_i \lambda_s^* \tag{3-6}$$

式中：K_i 为第 i 个分系统故障数占系统故障数的百分比。

例 3-3 要求设计一种飞机,在 5h 的飞行任务时间内 $R_s^* = 0.9$。我们有这种类型飞机各分系统故障百分比的统计资料,如表 3-2 中第 3 列所列,试把可靠度指标分配给各分系统。

表 3-2 统计资料及可靠性分配值

序号	分系统名称	按历史资料分系统占飞机故障数的百分比 K_i	新飞机分系统分配的故障率 $\lambda_i^*/\text{h}^{-1}$	分配给分系统的可靠度指标 R_i^*
1	机身与货舱	12	0.002529	0.9874
2	起落架	7	0.001475	0.9927
3	操纵系统	5	0.001054	0.9947
4	动力装置	26	0.005479	0.9730
5	辅助动力装置	2	0.000421	0.9978
6	螺旋桨	17	0.003582	0.9822
7	高空设备	7	0.001475	0.9927
8	电子系统	4	0.000843	0.9957
9	液压系统	5	0.001045	0.9947
10	燃油系统	2	0.000421	0.9978
11	仪表	1	0.000211	0.9989
12	自动驾驶仪	2	0.000421	0.9978
13	通信、导航	5	0.001054	0.9947
14	其他各项	5	0.001054	0.9947
	总 计	100	0.021072	≈0.9

解: 可按下述步骤进行:

(1) 已知:$R_s^* = 0.9$,则

$$\lambda_s^* = \frac{\ln R_s^*}{t} = \frac{\ln 0.9}{5} = 0.021072(\text{h}^{-1})$$

(2) 按照式(3-6)计算分配给各分系统的故障率 λ_i^*(表 3-2 第 4 列):

$$\lambda_1^* = \lambda_1^* K_1 = 0.021072 \times 0.12 = 0.002529(\text{h}^{-1})$$

...

$$\lambda_{14}^* = 0.021072 \times 0.05 = 0.001054(\text{h}^{-1})$$

$$R_s^* = \prod_{i=1}^{14} R_i^* = 0.9874 \times \cdots \times 0.9947 \approx 0.9$$

如果系统中某些分系统(或设备)属已定型的产品,即该分系统(或设备)的可靠性值已确定,那么可以按式(3-7)分配其他各单元的指标:

$$\lambda_i^* = \frac{\lambda_s^* - \lambda_c}{\lambda_s - \lambda_c} \lambda_i \tag{3-7}$$

式中:λ_i^* 为分配给新系统中第 i 个分系统的故障率;λ_s^* 为新系统的故障率指标;λ_c 为已定型产品的故障率;λ_s 为老系统的故障率;λ_i 为老系统中第 i 个分系统的故障率。

例 3-4 在例 3-2 中,如果考虑油泵故障对液压动力系统的影响太大,而改用可靠性更高的外购产品,其 MTBF=30000h。则 $\lambda_c=33.3\times10^{-6}h^{-1}$,其他各分系统的指标按式(3-7)计算。新的分配结果如表 3-3 所列。

表 3-3 某液压动力系统各分系统的故障率

序号	分系统名称	$\lambda_i/10^{-6}h^{-1}$	$\lambda_i^*/10^{-6}h^{-1}$
1	油箱	3	2.76
2	拉紧装置	1	0.92
3	油泵	75	33.30
4	电动机	46	42.37
5	止回阀	30	27.63
6	安全阀	26	23.95
7	油滤	4	3.68
8	联轴节	1	0.92
9	导管	3	2.76
10	启动器	67	61.71
	总计	256	200.00
	总计—定型产品	181	166.7

3.2.2.4 考虑重要度和复杂度的分配方法

1. 按重要度分配

一个系统可以按分系统级、设备级、部件级……逐级展开。一般情况系统是由各分系统串联组成,而分系统则由设备用串联、并联等方式组成。因此,各个部件(单元)故障不一定能引起系统故障。我们用一个定量的指标来表示各分系统(或设备)的故障对系统故障的影响,这就是重要度 $\omega_{i(j)}$:

$$\omega_{i(j)} = \frac{N_{i(j)}}{r_{i(j)}} \tag{3-8}$$

式中:$r_{i(j)}$ 为第 i 个分系统第 j 个设备的故障次数;$N_{i(j)}$ 为由于第 i 个分系统第 j 个设备的故障引起系统故障的次数。

注意:当分系统没有冗余时,下标 $i(j)$ 就是指的第 i 个分系统。此时可按式(3-9)进行可靠性分配

$$\theta_{i(j)} = \frac{n\omega_{i(j)}t_{i(j)}}{-\ln R_s^*(T)} \tag{3-9}$$

式中:n 为分系统数;$\theta_{i(j)}$ 为第 i 个分系统第 j 个设备的平均故障间隔时间,$\theta_{i(j)}=\dfrac{1}{\lambda_{i(j)}}$;$t_{i(j)}$ 为第 i 个分系统第 j 个设备的工作时间;T 为系统规定的工作时间;$R_s^*(T)$ 为系统规定的可靠度指标。

这种分配方法的实质在于使 $\theta_{i(j)}$ 与 $\omega_{i(j)}$ 成正比,即第 i 个分系统第 j 个设备越重要,其

可靠性指标($\theta_{i(j)}$)也应当成比例地加大。在初步设计阶段,当许多约束条件还未提出来时,用这种分配方法比较简单。

2. 按复杂度分配

复杂度 C_i 可以简单地用该分系统(设备)的基本构成部件数的比例来表示,即

$$C_i = \frac{n_i}{N} = \frac{n_i}{\sum_{i=1}^{n} n_i}$$

式中:n_i 为第 i 个分系统的基本构成部件数;N 为系统的基本构成部件总数;n 为分系统数。即某个分系统中基本构成部件数所占的百分比越大就越复杂。

在分配时假设这些基本构成部件对整个串联系统可靠度的贡献是相同的,因此

$$R_i^*(T) = \left\{[R_s^*(T)]^{\frac{1}{N}}\right\}^{n_i} = [R_s^*(T)]^{\frac{n_i}{N}} \tag{3-10}$$

其中符号含义同式(3-9)。

这种分配方法的实质是:复杂的分系统比较容易出故障,因此可靠度就分配得低一些。

3. 综合考虑分系统(设备)重要度和复杂度分配

由式(3-9)知,当仅考虑分系统(设备)重要度时,按各分系统可靠性指标相等得到

$$R_i^*(T) \approx e^{-\omega_{i(j)} t_{i(j)}/\theta_{i(j)}} = \sqrt[n]{R_s^*(T)}$$

如果我们不是按照等分配,而是按照分系统的复杂度进行分配,则

$$R_i^*(T) \approx e^{-\omega_{i(j)} t_{i(j)}/\theta_{i(j)}} = \left\{[R_s^*(T)]^{1/N}\right\}^{n_i}$$

$$= [R_s^*(T)]^{n_i/N} - \omega_{i(j)} t_{i(j)}/\theta_{i(j)} = \frac{n_i}{N} \ln R_s^*(T)$$

即

$$\theta_{i(j)} = \frac{N \omega_{i(j)} t_{i(j)}}{n_i [-\ln R_s^*(T)]} \tag{3-11}$$

从式(3-11)可以看出,分配给第 i 个分系统第 j 个设备的可靠性指标 $\theta_{i(j)}$ 与该分系统的重要度成正比,与它的复杂度成反比。

当按式(3-11)求出分配给各分系统(设备)的 $\theta_{i(j)}$ 之后,即可求出系统的可靠度 $R_s(T)$,它必须满足规定的系统可靠度值 $R_s^*(T)$。

例 3-5 某电子设备要求工作 12h 的可靠度 $R_s^*(12)=0.923$,这台设备的各分系统(装置)的有关数据见表 3-4,试对各分系统(装置)进行可靠度分配。

表 3-4 例 3-5 的有关数据

序号	分系统(装置)名称	分系统构成部件数 n_i	工作时间 $t_{i(j)}$/h	重要度 $\omega_{i(j)}$
1	发射机	102	12	1.0
2	接收机	91	12	1.0
3	自动装置	95	3	0.3
4	控制设备	242	12	1.0
5	电源	40	12	1.0
	共计	570		

解:(1)已知 $R_s^*(12)=0.923$ 及表 3-4 的数据。

(2) 按式(3-11)计算分配给各分系统(装置)的 $\theta_{i(j)}$：

$$\theta_1 = \frac{-570 \times 1.0 \times 12}{102 \times \ln 0.923} \approx 837\text{h} \qquad \theta_2 = \frac{-570 \times 1.0 \times 12}{91 \times \ln 0.923} \approx 938\text{h}$$

$$\theta_3 = \frac{-570 \times 0.3 \times 3}{95 \times \ln 0.923} \approx 67\text{h} \qquad \theta_4 = \frac{-570 \times 1.0 \times 12}{242 \times \ln 0.923} \approx 353\text{h}$$

$$\theta_5 = \frac{-570 \times 1.0 \times 12}{40 \times \ln 0.923} \approx 2134\text{h}$$

(3) 求分配给各分系统(装置)的可靠度 R_i：

$R_1(12) = e^{-12/837} \approx 0.9858 \qquad R_2(12) = e^{-12/938} \approx 0.9678$

$R_3(3) = e^{-3/67} \approx 0.9562 \qquad R_4(12) = e^{-12/353} \approx 0.9666$

$R_5(12) = e^{-12/2134} \approx 0.9944$

(4) 验算系统可靠度：$R_s(12) = \prod_{i=1}^{5} R_i(t_{i(j)}) = 0.9232 > R_s^*(12)$

满足了规定的要求。

对于余度系统及带有约束的系统可靠性分配方法较复杂，这里不再讨论。

3.3 可靠性预计

可靠性预计是为了估计产品在给定工作条件下的可靠性而进行的工作。它根据组成系统的元件、部件和分系统可靠性来推测系统的可靠性。这是一个由局部到整体、由小到大、由下到上的过程，是一个综合的过程。

3.3.1 目的与作用

3.3.1.1 目的

用以估计系统、分系统或设备的任务可靠性和基本可靠性，并确定所提出的设计是否达到可靠性要求。

3.3.1.2 作用

可靠性预计可以作为设计手段，为设计决策提供依据。不同阶段的具体作用不同，一般地说，通过可靠性预计可以：

(1) 将预计结果与要求的可靠性指标相比较，审查合同或任务书中提出的可靠性指标是否能达到；

(2) 在方案阶段，利用预计结果进行方案比较，作为选择最优方案的一个依据；

(3) 在设计过程，通过预计，发现设计中的薄弱环节，加以改进；

(4) 为可靠性增长试验、验证试验及费用核算等方面的研究提供依据；

(5) 在研制早期，通过预计为可靠性分配奠定基础。

3.3.2 方法

3.3.2.1 性能参数法

性能参数法的特点是统计大量相似系统的性能与可靠性参数，在此基础上进行回归分析，得出一些经验公式及系数，以便在方案论证及初步设计阶段，能根据初步确定的系统性能及结构参数预计系统可靠性。

例如，通过统计分析发现，雷达可靠性与研制年代、战术技术指标有关，可建立以下回归方程：

$$T_{BF} = \ln(\alpha_1 + \alpha_2 D_Y + \alpha_3 M + \alpha_4 D_R + \alpha_5 P + \alpha_6 H + \alpha_7 MD_R + \alpha_8 D_R R) \quad (3-12)$$

式中：D_Y 为设计年代，如 1997；M 为多目标分辨率(m)；D_R 为探测距离(km)；P 为脉冲宽度(μs)；H 为半功率波速宽度(°)；R 为接收机动态范围(dB)。

如果得到了 α_1、α_2、α_3、α_4、α_5、α_6、α_7 和 α_8 的值，则可预计给定指标雷达的可靠性。

3.3.2.2 相似产品法

相似产品法是利用成熟的相似产品所得到的经验数据来估计新产品的可靠性。成熟产品的可靠性数据来自现场使用评价和实验室的试验结果。这种方法在研制初期广泛应用，在研制的任何阶段也都适用。成熟产品的详细故障记录越全，比较的基础越好，预计的准确度就越高，当然准确度也取决于产品的相似程度。

预计的基本公式：

$$\lambda_s = \sum_{i=1}^{n} \lambda_i \text{ 或 } \frac{1}{T_{BF_s}} = \sum_{i=1}^{n} \frac{1}{T_{BF_i}} \quad (3-13)$$

式中：T_{BF_s} 为系统的 MTBF 预计值；T_{BF_i} 为相似系统中第 i 个分系统的 MTBF。

例 3-6 某种供氧抗荷系统包括氧气瓶、氧气开关、氧气减压器、氧气示流器、氧气调节器、氧气面罩、跳伞氧气调节器、氧气余压指示器、抗荷分系统等。试用相似产品法预计该供氧抗荷系统的平均故障间隔飞行时间(MFHBF)。

解：收集到的同类机件供氧抗荷系统的可靠性数据及预计值见表 3-5。

表 3-5 可靠性数据及预计值

产品名称	单机配套数	老产品的 MFHBF/h	预计的 MFHBF/h	备注
氧气开关	3	1192.80	3000.0	选用新型号，可靠性大大提高
氧气减压器	2	6262.00	6262.0	选用老产品
氧气示流器	2	2087.30	2087.3	选用老产品
氧气调节器	2	863.70	863.7	选用老产品
氧气面罩	2	6000.00	6500.0	在老产品的基础上局部改进
氧气瓶	4	15530.00	15530.0	选用老产品
跳伞氧气调节器	2	6520.00	7000.0	在老产品的基础上局部改进

续表

产品名称	单机配套数	老产品的MFHBF/h	预计的MFHBF/h	备注
氧气余压指示器	2	3578.20	4500.0	选用新型号,可靠性大大提高
抗荷分系统	2	3400.00	3400.0	选用老产品
整个供氧抗荷系统	—	122.65	154.5	—

3.3.2.3 专家评分法

这种方法是依靠有经验的工程技术人员的工程经验,按照几种因素进行评分。按评分结果,由已知的某单元故障率,根据评分系数,计算出其余单元的故障率。

(1) 评分考虑的因素可按产品特点而定。这里介绍常用的4种评分因素,每种因素的分数在1~10之间。

① 复杂度。它是根据组成分系统的元部件数量以及它们组装的难易程度来评定,最简单的评1分,最复杂的评10分。

② 技术发展水平。根据分系统目前的技术水平和成熟程度来评定,水平最低的评10分,水平最高的评1分。

③ 工作时间。根据分系统工作时间来确定。系统工作时,分系统一直工作的评10分,工作时间最短的评1分。

④ 环境条件。根据分系统所处的环境来评定,分系统工作过程会经受极其恶劣和严酷的环境条件的评10分,环境条件最好的评1分。

(2) "专家评分"的实施。已知某系统的故障率为 λ^*,算出的其他分系统故障率 λ_i 为

$$\lambda_i = \lambda^* C_i \quad (i = 1, 2, \cdots, n) \tag{3-14}$$

式中: n 为分系统数;C_i 为第 i 个分系统的评分系数,$C_i = \dfrac{\omega_i}{\omega^*}$;$\omega_i$ 为第 i 个分系统评分数,$\omega_i = \prod\limits_{j=1}^{4} r_{ij}$;$\omega^*$ 为系统的评分数,$\omega^* = \sum\limits_{i=1}^{n} \omega_i$;$r_{ij}$ 为第 i 个分系统、第 j 个因素的评分数,

$$j = \begin{cases} 1 \text{ 代表复杂度} \\ 2 \text{ 代表技术发展水平} \\ 3 \text{ 代表工作时间} \\ 4 \text{ 代表环境条件} \end{cases}$$

例 3-7 某飞行器由动力装置、武器等6个分系统组成(见表3-6)。已知制导装置的故障率为 $284.5 \times 10^{-6} \mathrm{h}^{-1}$,即 $\lambda^* = 284.5 \times 10^{-6} \mathrm{h}^{-1}$,试用评分法求得其他分系统的故障率。

解:一般计算可用表格进行,见表3-6。

表3-6 某飞行器的故障率计算

序号	分系统名称	复杂度 r_{i1}	技术水平 r_{i2}	工作时间 r_{i3}	环境条件 r_{i4}	分系统评分数 ω_i	分系统评分系数 $C_i = \dfrac{\omega_i}{\omega^*}$	各分系统的故障率 $\lambda_i = \lambda^* C_i/(10^{-6}\mathrm{h}^{-1})$
1	动力装置	5	6	5	5	750	0.300	85.4

续表

序号	分系统名称	复杂度 r_{i1}	技术水平 r_{i2}	工作时间 r_{i3}	环境条件 r_{i4}	分系统评分数 ω_i	分系统评分系数 $C_i = \dfrac{\omega_i}{\omega^*}$	各分系统的故障率 $\lambda_i = \lambda^* C_i/(10^{-6}\mathrm{h}^{-1})$
2	武器	7	6	10	2	840	0.336	95.6
3	制导装置	10	10	5	5	(ω^*) 2500	1	λ^* 284.5
4	飞行控制装置	8	8	5	7	2240	0.896	254.9
5	机体	4	2	10	8	640	0.256	72.8
6	辅助动力装置	6	5	5	5	750	0.3	85.4

表 3-6 中第 9 列即预计的各分系统故障率,把该列数值相加,可得总故障率 $878.6 \times 10^{-6}\mathrm{h}^{-1}$。

3.3.2.4 上、下限法

上、下限法又称边值法。其基本思想是将复杂的系统先简单地看成某些单元的串联系统,求出系统可靠度的上限值和下限值。然后逐步考虑系统的复杂情况,逐次求系统可靠度的愈来愈精确的上、下限值,达到一定要求后,再将上、下限值进行简单的数学处理,而得到满足实际精度要求的可靠度预计值。

上、下限法的优点对复杂系统特别适用。它不要求单元之间是相互独立的,适用于热储备系统和冷储备系统,也适用于多种目的和阶段工作的系统。美国已将此方法用在像阿波罗飞船这样复杂系统的可靠性预计上,它的精确度已被实践所证明。下面分别讨论上限值、下限值的计算方法及上、下限值综合处理的方法。

1. 上限值的计算

对于规定的时间 t,在 t 时刻系统的可靠度可以用下式计算(为书写方便略去 t):

$$R_s = 1 - P\{\text{恰有 1 个单元故障,系统故障}\} - P\{\text{恰有 2 个单元故障,系统故障}\} - P\{\text{恰有 3 个单元故障,系统故障}\} - \cdots \tag{3-15}$$

记:$R_{\text{上}i} = 1 - \sum_{j=1}^{i} p\{\text{恰有 } j \text{ 个单元故障,系统故障}\}$ [$i = (1,2\cdots)$ 为系统第 i 步上限值]。

显然 $\quad R_{\text{上}1} \geqslant R_{\text{上}2} \geqslant R_{\text{上}3} \geqslant \cdots \geqslant$ 系统真实的可靠度值

下面以图 3-2 为例说明计算方法。

由于 $\{\text{恰有 1 个单元故障,系统故障}\} = \bar{A}BCDEFGH + A\bar{B}CDEFGH$

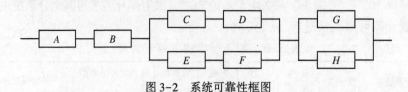

图 3-2 系统可靠性框图

所以 $\quad R_{\text{上}1} = 1 - F_A R_B R_C R_D R_E R_F R_G R_H - R_A F_B R_C R_D R_E R_F R_G R_H$

又 {恰有2个单元故障,系统故障} = $ABCDEF\bar{G}\bar{H} + AB\bar{C}D\bar{E}FGH + AB\bar{C}DE\bar{F}GH$
$\qquad\qquad\qquad\qquad\qquad\qquad + ABC\bar{D}\bar{E}FGH + ABC\bar{D}E\bar{F}GH$

由于 A、B 只要有1个故障就引起系统故障,因此

$$R_{\pm 2} = R_{\pm 1} - R_A R_B (R_C R_D R_E R_F F_G F_H + F_C R_D F_E R_F R_G R_H + F_C R_D R_E F_F R_G R_H +$$
$$R_C F_D E_E R_F R_G R_H + R_C F_D R_E F_F R_G R_H)$$

$$= R_{\pm 1} - R_A R_B R_C R_D R_E R_F R_G R_H \left(\frac{F_G}{R_G} \frac{F_H}{R_H} + \frac{F_C}{R_C} \frac{F_E}{R_E} + \frac{F_C}{R_C} \frac{F_F}{R_F} + \frac{F_D}{R_D} \frac{F_E}{R_E} + \frac{F_D}{R_D} \frac{F_F}{R_F} \right)$$

…

2. 下限值的计算

对于规定的时间 t,在 t 时刻系统的可靠度还可用下式计算(为书写简单略去 t):

$$R_s = P\{\text{全部单元正常,系统正常}\} + P\{\text{恰有1个单元故障,系统正常}\} +$$
$$P\{\text{恰有2个单元故障,系统正常}\} + \cdots \qquad (3-16)$$

记 $R_{\text{下}i} = P\{\text{全部单元正常,系统正常}\} + \sum_{j=1}^{i} P\{\text{恰有 }j\text{ 个单元故障,系统正常}\}$

[$(i = 1,2\cdots)$ 为系统第 i 步下限值],显然 $R_{\text{下}1} \le R_{\text{下}2} \le \cdots \le$ 系统真实的可靠度值。

还以图3-2为例,可得到

$P\{\text{全部单元正常,系统正常}\} = R_A R_B R_C R_D R_E R_F R_G R_H$

$P\{\text{恰有1个单元故障,系统正常}\} = R_A R_B R_C R_D R_E R_F R_G R_H \left(\frac{F_C}{R_C} + \frac{F_D}{R_D} + \frac{F_E}{R_E} + \frac{F_F}{R_F} + \frac{F_G}{R_G} + \frac{F_H}{R_H} \right)$

所以

$$R_{\text{下}1} = R_A R_B R_C R_D R_E R_F R_G R_H \left(1 + \frac{F_C}{R_C} + \frac{F_D}{R_D} + \frac{F_E}{R_E} + \frac{F_F}{R_F} + \frac{F_G}{R_G} + \frac{F_H}{R_H} \right)$$

…

3. 上、下限值的综合计算

有了系统可靠度的第 i 步上、下限值 $R_{\pm i}$、$R_{\text{下}i}$,要综合起来得到系统的 R_s 的单一预计值,最简单的方法是求两个极限值的算术平均,但这种方法误差较大,较精确的计算公式是

$$R_s = 1 - \sqrt{(1 - R_{\pm i})(1 - R_{\text{下}i})} \qquad (3-17)$$

在使用该式时,应注意上、下限值须求到同一步,即两者都是第 i 步的上限值和下限值。

要使两个极限值愈加接近,需要考虑的情况就愈多,从而使问题复杂化,失去了这个方法的优点。其实,两个比较粗略的极限值综合起来所得的系统可靠度预计值,与两个精确极限值综合所得的系统可靠度预计值一般相差不会太大,这就是边值法的优点之一。根据经验,当 $R_{\pm i} - R_{\text{下}i}$ 近似地等于 $1 - R_{\pm i}$ 时,逐步求上限值、下限值的工作就可以结束,即可用 $R_{\pm i}$ 和 $R_{\text{下}i}$ 综合计算 R_s。

3.3.2.5 电子、电气设备特殊的可靠性预计方法

1. 电子、电气设备可靠性预计的特点

(1) 电子、电气设备最大的特点是寿命服从指数分布,即故障率是常数。所以,对串联

系统(基本可靠性)通常可采用公式 $\lambda_s = \sum_{i=1}^{n} \lambda_i$ 预计其可靠性指标。

(2) 电子、电气设备均是由电阻、电容、二极管、三极管、集成电路等标准化程度很高的电子元器件组成,而对于标准元器件现已积累了大量的试验、统计故障率数据,建立了有效的数据库,且有成熟的预计标准和手册。对于国产电子元器件、设备,可按国军标 GJB/Z 299《电子设备可靠性预计手册》进行预计;而对于进口电子元器件及设备,则可采用美国军标 MIL-HDBK-217E《电子设备可靠性预计》进行预计。

2. 元器件计数法

这种方法适用于电子设备方案论证及初步设计阶段。它的计算步骤是:先计算设备中各种型号和各种类型的元器件数目,然后再乘以相应型号或相应类型元器件的基本故障率,最后把各乘积累加起来,即可得到部件、系统的故障率。这种方法的优点是,只使用现有的工程信息,不需要详尽地了解每个元器件的应力及它们之间的逻辑关系就可以迅速地估算出该系统的故障率。其通用公式为

$$\lambda_s = \sum_{i=1}^{n} N_i \lambda_{Gi} \pi_{Qi} \tag{3-18}$$

式中:λ_s 为系统总的故障率;N_i 为第 i 种元器件的数量;λ_{Gi} 为第 i 种元器件的通用故障率;π_{Qi} 为第 i 种元器件的通用质量系数;n 为设备所有元器件的种类数目。

上述表达式(3-18)适用于在同一环境类别使用的设备。如果设备所包含的 n 个单元是在不同环境中工作(如机载设备有的单元应用于座舱,有的单元应用于无人舱),则表达式(3-18)就应该分别按不同环境考虑,然后,将这些"环境—单元"故障率相加即为设备的总故障率。

元器件故障率 λ_G 及质量等级 π_Q 可以查 GJB/Z 299。

例 3-8 用元件计数法预计某地面搜索雷达的 MTBF 及工作 100h 的可靠度。该雷达使用的元器件类型、数量及故障率($\lambda_G \pi_Q$,π_Q 值可查 GJB/Z 299)见表 3-7。

解:按式(3-18)计算各类元器件的总故障率之和,为 $3926.57 \times 10^6 \cdot h^{-1}$(见表 3-7)。

$$T_{BF} = \frac{10^6}{3926.57} = 255(h)$$

工作 100h 的可靠度为 $R(100) = e^{-100/255} = 0.676$

表 3-7 某雷达使用的元器件及其故障率

元器件类型	使用数量	故障率/$10^{-6} \cdot h^{-1}$	总故障率/$10^{-6} \cdot h^{-1}$	元器件类型	使用数量	故障率/$10^{-6} \cdot h^{-1}$	总故障率/$10^{-6} \cdot h^{-1}$
电子管,接收管	96	6.00	576.00	功率变压器和滤液变压器	31	0.0625	1.49
电子管,发射管(功率四极管)	12	40.00	480.00	可变合成电阻器	38	7.00	266.00
				可变线绕电阻器	12	3.50	42.00
电子管,磁控管	1	200.00	200.00	同轴连接器	17	13.31	226.47
电子管,阴极射线管	1	15.00	15.00	电感器	42	0.938	39.40
晶体二极管	7	2.98	20.86	电气仪表	1	1.36	1.36
高 K 陶瓷固定电容器	59	0.18	10.62	鼓风机	3	630.00	1890.00

续表

元器件类型	使用数量	故障率/$10^{-6} \cdot h^{-1}$	总故障率/$10^{-6} \cdot h^{-1}$	元器件类型	使用数量	故障率/$10^{-6} \cdot h^{-1}$	总故障率/$10^{-6} \cdot h^{-1}$
钽箔固定电容器	2	0.45	0.90	同步电动机	13	0.80	10.40
云母膜制电容器	89	0.018	1.60	晶体壳继电器	4	21.28	85.12
固定纸介电容器	108	0.01	1.08	接触器	14	1.01	14.14
碳合成固定电容器	467	0.0207	9.67	拨动开关	24	0.57	13.66
功率型薄膜固定电容器	2	1.60	3.20	旋转开关	5	1.75	8.75
固定线绕电阻器	22	0.39	8.58	总和	—	—	3926.57

3. 元器件应力分析法

适用于电子设备详细设计阶段,已具备了详细的元器件清单、电应力比、环境温度等信息。这种方法预计的可靠性比计数法的结果要准确些。因为元器件的故障率与其承受的应力水平及工作环境有极大的关系,考虑上述应力的预计方法也已规范化,但具体计算也较繁琐,如晶体管和二极管的失效率计算模型见式(3-19),不同的元器件有不同的计算故障率模型:

$$\lambda_P = \lambda_b (\pi_E \pi_Q \pi_A \pi_R \pi_{S_2} \pi_C) \tag{3-19}$$

式中:λ_P 为元器件工作故障率;λ_b 为元器件基本故障率;π_E 为环境系数;π_Q 为质量系数;π_A 为应用系数;π_R 为电流额定值系数;π_{S_2} 为电压应力系数;π_C 为配置系数。

π 系数按照影响元器件可靠性的应用环境类别及其参数对基本故障率进行修正,这些系数均可查阅 GJB/Z 299。把各种元器件的工作故障率计算出来后,就可求得系统的故障率:

$$\lambda_s = \sum_{i=1}^{N} N_i \lambda_{pi} \tag{3-20}$$

式中:λ_{pi} 为第 i 种元器件的故障率;N_i 为第 i 种元器件的数量;N 为系统中元器件种类数。

系统的 MTBF 为 $T_{BF} = \dfrac{1}{\lambda_s}$。

3.3.2.6 机械产品特殊的可靠性预计方法

1. 机械产品可靠性预计的特点

对机械类产品而言,它具有一些不同于电子类产品的特点,诸如:

(1)许多机械零部件是为特定用途单独设计的,通用性不强,标准化程度不高。

(2)机械部件的故障率通常不是常值,其设备的故障往往是由于耗损、疲劳和其他与应力有关的故障机理造成。

(3)机械产品的可靠性与电子产品可靠性相比对载荷、使用方式和利用率更敏感。

2. 机械产品可靠性预计方法

基于上述特点,对看起来很相似的机械部件,其故障率往往是非常分散的。这样,用数据库中已有的统计数据来预计可靠性,其精度是无法保证的。因此,目前预计机械产品可靠性尚没有相当于电子产品那样通用、可接受的方法。

1) 修正系数法

其预计的基本思路是：既然机械产品的"个性"较强，难以建立产品级的可靠性预计模型，但若将它们分解到零件级，则有许多基础零件是通用的。如密封件，既可用于阀门，也可用于作动器或汽缸等。通常将机械产品分成密封、弹簧、电磁铁、阀门、轴承、齿轮和花键、作动器、泵、过滤器、制动器和离合器等10类。这样，对诸多零件进行故障模式及影响分析，找出其主要故障模式及影响这些模式的主要设计、使用参数，通过数据收集、处理及回归分析，可以建立各零部件故障率与上述参数的数学函数关系（即故障率模型或可靠性预计模型）。实践结果表明，具有耗损特征的机械产品，在其耗损期到来之前，在一定的使用期限内，某些机械产品寿命近似按指数分布处理仍不失其工程特色。例如，《机械设备可靠性预计程序手册》中介绍的齿轮故障率模型表达式为

$$\lambda_{GE} = C_{GS}C_{GP}C_{GA}C_{GL}C_{GN}C_{GT}C_{GV}\lambda_{GE \cdot B} \tag{3-21}$$

式中：λ_{GE} 为在特定使用情况下齿轮故障率（次/10^6r）；C_{GS} 为速度偏差（相对于设计）的修正系数；C_{GP} 为扭矩偏差（相对于设计）的修正系数；C_{GA} 为不同轴性的修正系数；C_{GL} 为润滑偏差（相对于设计）的修正系数；C_{GN} 为污染环境的修正系数；C_{GT} 为温度的修正系数；C_{GV} 为振动和冲动的修正系数；$\lambda_{GE \cdot B}$ 为制造商规定的基本故障率（次/10^6r）。

计算齿轮系统故障率的最好途径是利用各齿轮制造商的技术规范规定的基本故障率，并根据实际使用情况及设计的差异来修正其故障率。

2) 相似产品类比法

其基本思想是根据仿制或改型的类似产品已知的故障率，分析两者在组成结构、使用环境、原材料、元器件水平、制造工艺水平等方面的差异，通过专家评分给出各修正系数，综合权衡后得出一个故障率综合修正因子：

$$D = K_1 K_2 K_3 K_4 \tag{3-22}$$

$$\lambda_{新} = D\lambda_{旧}$$

式中：K_1 为新产品设计与类似产品差距的修正系数；K_2 为新产品（包括热处理、表面处理、铸造质量控制等方面）与类似产品差距的修正系数；K_3 为新产品工艺水平与类似产品差距的修正系数；K_4 为新产品设计、生产等方面的经验与类似产品差距的修正系数。

式(3-22)在应用中可根据实际情况对修正系数进行增补删减。下面举一个工程实例来说明。

例3-9 某型电源系统是参照国外某公司的产品研制的，已知该系统的 MTBF = 4000h，试对比分析国产某型电源系统的 MTBF。

解：因为国产电源系统是在国外产品基础上研制的，且已知原型产品的 MTBF，故采用相似产品类比论证法，即以国外电源系统的故障率为基本故障率，在此基础上考虑综合修正因子 D，该因子 D 应包括原材料、元器件、基础工业、工艺水平、技术水平、产品结构（即产品相似性）、使用环境等诸因素。通过专家评分可得出下式中的各修正系数。

$$D = K_1 K_2 K_3 K_4 K_5$$

其中：$K_1 = 1.2$，$K_2 = 1.2$，$K_3 = 1.2$，$K_4 = 1.5$；K_5 为另一个新的修正系数，表示国产某型电源与国外产品在结构等方面的差异。国产某型电源系统是双排泵—电机结构，而国外产品是单排结构；国产某型电源系统工作温度正常情况在150℃，而国外产品一般工作温度在

125℃左右,综合分析得 $K_5 = 1.2$。

因此,综合修正因子为

$$D = 1.2 \times 1.2 \times 1.2 \times 1.5 \times 1.2 = 3.11$$

所以,国产某型电源系统的故障率

$$\lambda_{新} = D\lambda_{旧} = 3.11 \times \frac{1}{4000} = 7.776 \times 10^{-4}(\text{h}^{-1})$$

$$T_{\text{BF}新} = \frac{1}{\lambda_{新}} = 1286.0(\text{h})$$

3.4 故障模式、影响与危害性分析

3.4.1 概述

可靠性分析的目的决不仅仅是评价系统及其组成单元的可靠性水平,更重要的是找出提高其可靠性的途径、措施。因此,必须对系统及其组成单元的故障进行详细的分析。故障分析成为可靠性分析的一项重要内容。所谓故障分析主要是对发生或可能发生故障的系统及其组成单元进行分析,鉴别其故障模式、故障原因以及故障机理,估计该故障模式对系统可能发生何种影响,以便采取措施,提高系统的可靠性。最常用的故障分析方法是故障模式、影响及危害性分析和故障树分析(3.5 节)。

故障模式、影响分析(failure mode, effect analysis, FMEA)是指分析产品中每一个可能的故障模式并确定其对该产品及上层产品所产生的影响,以及把每一个故障模式按其影响的严重程度予以分类的一种分析技术。而故障模式、影响与危害性分析(failure mode, effect and criticality analysis, FMECA)是同时考虑故障发生概率与故障危害程度的故障模式与影响分析,是在 FMEA 的基础上再增加一层任务,即判断每种故障模式影响的危害程度有多大,使分析量化。因此,FMECA 可以看作是 FMEA 的一种扩展与深化。

以往,人们是依靠自己的经验和知识来判断元器件、零部件故障对系统所产生的影响,这种判断依赖于人的知识水平和工作经验,一般只有等到产品使用后,收集到故障信息,才进行设计改善。这样做,反馈周期过长,不仅在经济上造成损失,而且还可能造成更为严重的人身伤亡。因此,人们力求在设计阶段就进行可能的故障模式及其影响的分析,一旦发现某种设计方案有可能造成不能允许的后果,便立即进行研究,做出相应的设计上的更改。为了摆脱对人为因素的过分依赖,需要找到一种系统的、全面的、规范化的分析方法来正确作出判断,力图将导致严重后果的单点故障模式消灭在设计阶段。这就逐渐形成了 FMEA 技术。

由于 FMEA 主要是一种定性分析方法,不需要什么高深的数学理论,易于掌握,很有实用价值,受到工程部门的普遍重视。它比依赖于基础数据的定量分析方法更接近于工程实际情况,是因为它不必为了量化处理的需要而将实际问题过分简化。FMEA 在许多重要的领域,被明确规定为设计人员必须掌握的技术,FMEA 有关资料被规定为不可缺少的设计文件。FMEA 是找出设计潜在缺陷的手段,是设计审查中必须重视的资料之一。实施 FMEA 是设计者和承制者必须完成的任务。

3.4.2 目的与作用

进行 FME(C)A 的目的在于查明一切可能出现的故障模式(可能存在的隐患),而重点在于查明一切灾难性、(致命性)严重的故障模式,以便通过修改设计或采用其他补救措施尽早予以消除或减轻其后果的危害性。最终目的是改进设计,提高系统的可靠性以及维修性。其具体作用可能包括以下方面:

(1) 能帮助设计者和决策者从各种方案中选择满足可靠性要求的最佳方案;
(2) 保证所有元器件的各种故障模式及影响都经过周密考虑,找出对系统故障有重大影响的元器件和故障模式,并分析其影响程度;
(3) 有助于在设计评审中对有关措施(如冗余措施)、检测设备等作出客观的评价;
(4) 能为进一步定量分析提供基础;
(5) 能为进一步更改产品设计提供资料;
(6) FMEA 还可为维修性设计、装备备件及其他维修保障决策提供基础。

3.4.3 FMEA 方法与程序

3.4.3.1 几个术语

(1) 故障模式(failure mode),即故障的表现形式。如短路、开路、断裂等。
(2) 故障影响(failure effect)或称故障后果,是故障模式对产品的使用、功能或状态所导致的结果。故障影响一般分为三级:局部的、高一层次的和最终的。
(3) 危害性(criticality),是对产品中每个故障模式发生的概率及其危害程度的综合度量。
(4) 约定层次。根据分析的需要,可按产品的相对复杂程度或功能关系来划分产品的层次,称为约定层次。将要进行 FMEA 总的、完整的产品所在的约定层次中的最高层次,称为初始约定层次,它是 FME(C)A 最终影响的对象。

3.4.3.2 分析方法

FMEA 有两种基本方法:硬件法和功能法。工作中采用哪一种方法进行分析,取决于设计的复杂程度和可利用信息的多少。对复杂系统进行分析时,可以综合采用硬件法和功能法。

(1) 硬件法。这种方法根据产品的功能对每个故障模式进行评价,用表格列出各个产品,对其可能发生的故障模式及其影响进行分析。各产品的故障影响与分系统及系统功能有关。当产品可按设计图纸及其他工程设计资料明确确定时,一般采用硬件法。这种分析方法适用于从零件级开始分析再扩展到系统级,即自下而上进行分析。然而也可以从任一层次开始向上或向下进行分析。采用这种方法进行 FMEA 是较为严格的。

(2) 功能法。这种方法认为每个产品可以完成若干功能,而功能可以按输出分类。使用这种方法时,将输出一一列出,并对它们的故障模式进行分析。当产品构成不能明确确定时(如在产品研制初期,各个部件的设计尚未完成,得不到详细的部件清单、产品原理及产品装配图),或当产品的复杂程度要求从初始约定层次开始向下分析,即自上而下分析时,一般采用功能法。然而也可以在产品的任一层次开始向任一方向进行。这种方法比硬件法简单,但可能忽略某些模式。

以下介绍的 FMEA,采用的是硬件法。

3.4.3.3 进行 FME(C)A 必须掌握的资料

进行 FME(C)A 必须熟悉整个要分析系统的情况,包括系统结构方面的、系统使用维护方面的以及系统所处环境等方面的资料。具体来说,应获得并熟悉以下信息:

(1) 技术规范与研制方案;
(2) 设计图样及有关资料;
(3) 可靠性设计分析及试验;
(4) 过去的经验、相似产品的信息。

3.4.3.4 进行 FMEA 工作程序

FMEA 工作程序分为定义系统和分析与填写表格两大步。

1. 定义系统

定义系统包括系统在每项任务、每一任务阶段以及各种工作方式下的功能描述。对系统进行功能描述时,应包括对主要和次要任务项的说明,并针对每一任务阶段和工作方式,预期的任务持续时间和产品使用情况,每一产品的功能和输出以及故障判据和环境条件等,对系统和部件加以说明。

(1) 任务功能和工作方式。包括按照功能对每项任务的说明,确定应完成的工作及其相应的功能模式;应说明被分析系统各约定层次的任务功能和工作方式;当完成某一特定功能不止一种方式时,应明确替换的工作方式。还应规定需要使用不同设备(或设备组合)的多种功能,并应以功能—输出清单(或说明)的形式列出每一约定层次产品的功能和输出。

(2) 环境剖面。应规定系统的环境剖面,用以描述每一任务和任务阶段所预期的环境条件。如果系统不仅在一种环境条件下工作,还应对每种不同的环境剖面加以规定。应采用不同的环境阶段来确定应力—时间关系及故障检测方法和补偿措施的可行性。

(3) 任务时间。为了确定任务时间,应对系统的功能—时间要求作定量说明,并对在任务不同阶段中以不同工作方式工作的产品和只有在要求时才执行功能的产品明确功能—时间要求。

(4) 框图。为了描述系统各功能单元的工作情况、相互影响及相互依赖关系,以便可以逐层分析故障模式产生的影响,需要建立框图。这些框图应标明产品的所有输入及输出,每一方框应有统一的标号,以反映系统功能分级顺序。框图包括功能框图及可靠性框图。绘制框图可以与定义系统同时进行,也可以在定义系统完成之后进行。对于替换的工作方式,一般需要一个以上的框图表示。

① 功能框图。功能框图表示系统及系统各功能单元的工作情况、相互关系以及系统和每个约定层次的功能逻辑顺序。

② 可靠性框图。把系统分割成具有独立功能的分系统之后,就可以利用可靠性框图来

研究系统可靠性与各分系统可靠性之间的关系。

2. 分析与填写表格

FMEA 常采用填写表格进行,一种典型的 FMEA 如表3-8所列。它给出了 FMEA 的基本内容,可根据分析的需要对其进行增补。

第1栏(代码)。为了使每一故障模式及其相应的方框图内标志的系统功能关系一目了然,在 FMEA 表的第1栏填写被分析产品的代码。

第2栏(产品或功能标志)。在分析表中记入被分析产品或系统功能的名称、原理图中的符号或设计图纸的编号可作为产品或功能的标志。

第3栏(功能)。简要填写产品所需完成的功能,包括零、部件的功能及其与接口设备的相互关系。

表 3-8 故障模式、影响分析表

初始约定层次	任务	审核	第 页.共 页
约定层次	分析人员	批准	填表日期

代码	产品或功能标志	功能	故障模式	故障原因	任务阶段与工作方式	故障影响			严酷度类别	故障检测方法	设计改进措施	使用补偿措施	备注
						局部影响	高一层次影响	最终影响					
对每个产品采用一种编码体系进行标识	记录被分析产品或功能的名称与标志	准确描述产品所具有的功能,并填写1、2、3等顺序加以排序	对产品的每一个功能分析并填写每个故障模式可能的故障模式,并按A、B、C等顺序加以编码	分析并恰当填写每个故障模式可能的故障原因,并用1、2、3等顺序加以排序	根据任务剖面依次填写发生故障时的任务阶段与该阶段内产品的工作方式	分析并填写每一个故障模式的局部、高一层次和最终影响,并分别填入对应栏			分析并确定每个故障模式的严酷度类别	依据故障模式、原因和影响等分析结果,分析并填写故障检测方法	分析并填写可能的设计改进措施及使用补偿措施,并分别填入对应栏		简要记录对其他栏的必要注释和简要说明

第4栏(故障模式)。分析人员应确定并说明各产品约定层次中所有可预测的故障模式,并通过分析相应框图中给定的功能输出来确定可能的故障模式。不能完成规定功能就是故障,所以应根据系统定义中的功能描述及故障判断数据中规定的要求,假定出各产品功能的故障模式,进行全面的分析。典型的故障模式,如运行提前或自行运行;在规定的应工作时刻不工作;工作间断;在规定的不应工作时刻工作;工作中输出消失或故障;输出或工作能力下降;在系统特性及工作要求或限制条件方面的其他故障状态。

第5栏(故障原因)。确定并说明分析的故障模式有关的各种原因,包括直接导致故障或引起使产品缺陷发展为故障的物理或化学过程、设计缺陷、零件使用不当等。还应考虑相邻约定层次的故障原因。一般地说,上层次分析的故障原因就是下层次分析的故障模式。

第6栏(任务阶段与工作方式)。简要说明发生故障的阶段与工作方式。当任务阶段可以进一步划分时,则应记录更详细的时间。

第7栏(故障影响)。故障影响系指所分析的故障模式对产品使用、功能或状态所导致的后果。除被分析的产品层次外,所分析的故障还可能影响到几个约定层次。因此,应该评价每一故障模式对局部的、高一层次的和最终的影响。这些影响应从任务目标、维修要求、人员及装备安全来考虑。

(1) 局部影响系指所分析的故障模式对当前所分析约定层次产品的使用、功能或状态的影响。确定局部影响的目的在于为评价补偿措施及提出改进措施提供依据。局部影响有可能就是所分析的故障模式本身。

(2) 高一层次影响系指所分析的故障模式对当前所分析约定层次高一层次产品使用、功能或状态的影响。

(3) 最终影响系指所假设的故障模式对最高约定层次产品的使用、功能或状态的总的影响。最终影响可能是双重故障导致的后果。例如,只有在一个安全装置及其所控制的主要功能都发生了故障的情况下,该安全装置的故障才会造成灾难性的最终影响。这些由双重故障造成的最终影响应该记入 FMEA 表格中。

第8栏(严酷度类别)。根据故障影响确定每一故障模式及产品的严酷度类别。

第9栏(故障检测方法)。操作人员或维修人员用以检测故障模式发生的方法应记入分析表中。故障检测方法应指明是目视检查或音响报警装置、自动传感装置、传感器或其他独特的显示手段,还是无任何检测方法。

第10栏(设计改进措施和使用补偿措施)。分析人员应指出并评价那些能够用来消除或减轻故障影响的补偿措施。它们可以是设计上的改进措施,也可以是操作人员使用的补偿措施或应急补救措施。

设计改进措施包括:
(1) 在发生故障的情况下能继续安全工作的冗余设备;
(2) 安全或保险装置,如能有效工作或控制系统不致发生损坏的监控及报警装置;
(3) 可替换的工作方式,如备用或辅助设备。

为了说明为消除或减轻故障影响而需操作人员采取的补救措施,有必要对接口设备进行分析,以确定应采取的最恰当的补救措施。此外,还要考虑操作人员按照异常指示采取的不正确动作而可能造成的后果,并记录其影响。

第11栏(备注)。这一栏主要记录与其他栏有关的注释及说明,如对改进设计的建议,异常状态的说明及冗余设备的故障影响等。

为了给维修性设计与分析提供信息,FMEA 中还应针对故障模式、原因提出相应的基本维修措施。

3.4.3.5 严酷度类别划分

严酷度类别是产品故障模式造成的最坏可能后果的量度表示。可以将每一故障模式和每一被分析的产品按损失程度进行分类。严酷度一般分为下述 4 类。

(1) Ⅰ类(灾难的)——这是一种会引起人员伤亡或装备毁坏或重大环境损害的故障。
(2) Ⅱ类(致命的)——这种故障会引起人员的严重伤害或重大经济损失或导致任务失败、装备严重损坏或严重环境损害。
(3) Ⅲ类(中等的)——这种故障会引起人员的中等程度伤害或中等程度的经济损失

或导致任务延迟或降级、装备中等程度的损坏或中等程度的环境损害。

（4）Ⅳ类（轻度的）——这是一种不足以导致人员伤害、会导致轻度的经济损失或装备的轻度损坏或轻度环境损害的故障，但它会导致非计划维护或修理。

确定严酷度类别的目的在于为安排改进措施提供依据。最优先考虑的是消除Ⅰ类和Ⅱ类故障模式。

3.4.4 CA方法与程序

3.4.4.1 分析方法

危害性分析（criticality analysis，CA）就是对产品中的每个故障模式发生的概率及其危害程度所产生的综合影响进行分析，以全面评价各种可能出现的故障模式的影响。CA是FMEA的补充和扩展，没有进行FMEA，就不能进行CA。

危害性分析有定性分析和定量分析。究竟选择哪种方法，应根据具体情况决定。在不能获得产品技术状态数据或故障率数据的情况下，可选择定性的分析方法。若可以获得产品的这些数据，则应以定量的方法计算并分析危害度。

（1）定性分析法。在得不到产品技术状态数据或故障率数据的情况下，可以按故障模式发生的概率来评价 FMEA 中确定的故障模式。此时，将各故障模式的发生概率按一定的规定分成不同的等级。故障模式的发生概率等级按如下规定：

A级（经常发生）——在产品工作期间内某一故障模式的发生概率大于产品在该期间内总的故障概率的20%。

B级（有时发生）——在产品工作期间内某一故障模式的发生概率大于产品在该期间内总的故障概率的10%，但小于20%。

C级（偶然发生）——在产品工作期间内某一故障模式的发生概率大于产品在该期间内总的故障概率的1%，但小于10%。

D级（很少发生）——在产品工作期间内某一故障模式的发生概率大于产品在该期间内总的故障概率的0.1%，但小于1%。

E级（极少发生）——在产品工作期间内某一故障模式的发生概率小于产品在该期间内总的故障概率的0.1%。

（2）定量分析方法。在具备产品的技术状态数据和故障率数据的情况下，采用定量的方法，可以得到更为有效的分析结果。用定量的方法进行危害性分析时，所用的故障率数据源应与进行其他可靠性维修性分析时所用的故障率数据源相同。

3.4.4.2 CA工作程序

危害性分析分为填写危害性分析表格和绘制危害性矩阵两大步骤。

1. CA表格

危害性分析表的示例如表3-9所列，表中各栏应按如下规定填写。

表 3-9 危害性分析表

初始约定层次　　　　　　　任　务　　　　　　　审核　　　　第　页共　页
约定层次　　　　　　　　　分析人员　　　　　　批准　　　　填表日期

代码	产品或功能标志	功能	故障模式	故障原因	任务阶段与工作方式	严酷度类别	故障模式概率等级或故障率数据源	故障率 λ_p	故障模式频数比 α_j	故障影响概率 β_j	工作时间 t	故障模式危害度 C_{mj}	产品危害度 $C_r = C_{mj}$	备注

第1栏~第7栏。诸栏内容与FMEA表格中对应栏的内容相同,可把FMEA表格中对应栏的内容直接填入危害性分析表中。

第8栏(故障模式概率等级或故障率数据源)。当进行定性分析时,即以故障模式发生概率来评价故障模式时,应列出故障模式发生概率的等级;如果使用故障率数据来计算危害度,则应列出计算时所使用的故障率数据的来源。当做定性分析时,则不考虑其余各栏内容,可直接绘制危害性矩阵。

第9栏(故障率 λ_p)。λ_p 可通过可靠性预计得到。如果是从有关手册或其他参考资料查到的产品的基本故障率(λ_b),则可以根据需要,应用系数(π_A)、环境系数(π_E)、质量系数(π_Q),以及其他系数来修正工作应力的差异,即

$$\lambda_p = \lambda_b(\pi_A \pi_E \pi_Q) \tag{3-23}$$

应列出计算 λ_p 时所用到的各修正系数。

第10栏(故障模式频数比 α_j)。α_j 表示产品将以故障模式 j 发生的百分比。如果列出某产品所有(N个)故障模式,则这些故障模式所对应的各 α_j($j=1,2,3,\cdots,N$)值的总和将等于1。各故障模式频数比可根据故障率原始数据或试验及使用数据推出。如果没有可利用的故障模式数据,则 α_j 值可由分析人员根据产品功能分析判断得到。

第11栏(故障影响概率 β_j)。β_j 是分析人员根据经验判断得到的,它是产品以故障模式 j 发生故障而导致系统任务丧失的条件概率。β_j 通常可按表3-10的规定进行定量估计。

表 3-10 故障影响概率确定示例

故障影响	β_j
功能实际丧失	$\beta_j = 1$
功能很可能丧失	$0.1 < \beta_j < 1$
功能有可能丧失	$0 < \beta_j \leq 0.1$
功能无影响	$\beta_j = 0$

第12栏(工作时间 t)。工作时间 t 可以从系统定义导出,通常以产品每次任务的工作

小时数或工作循环次数表示。

第13栏(故障模式危害度 C_{mj})。C_{mj} 是产品危害度的一部分。对给定的严酷度类别和任务阶段而言,产品的第 j 个故障模式危害度为

$$C_{mj} = \lambda_p \alpha_j \beta_j t \tag{3-24}$$

第14栏(产品危害度 C_r)。一个产品的危害度 C_r 系指预计将由该产品的故障模式造成的某一特定类型(以产品故障模式的严酷度类别表示)的产品故障数。就某一特定的严酷度类别和任务阶段而言,产品的危害度 C_r 是该产品在这一严酷度类别下的各故障模式危害度 C_{mj} 的总和:

$$C_r = \sum_{j=1}^{n} C_{mj} = \sum_{j=1}^{n} \lambda_p \alpha_j \beta_j t \tag{3-25}$$

式中:n 为该产品在相应严酷度类别下的故障模式数。

第15栏(备注)。该栏记入与各栏有关的补充和说明。有关改进产品质量与可靠性的建议等。

2. 危害性矩阵

(1) 危害性矩阵用来确定和比较每一故障模式的危害程度,进而为确定改进措施的先后顺序提供依据。

(2) 危害性矩阵图的横坐标用严酷度类别表示,纵坐标用产品危害度 C_r 或故障模式发生概率等级表示,其示例如图3-3所示。

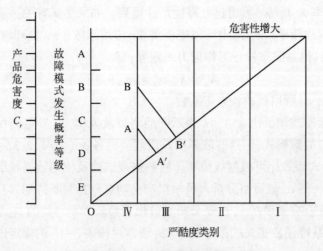

图3-3 危害性矩阵示例

(3) 将产品或故障模式编码参照其严酷度类别及故障模式发生概率或产品的危害度标在矩阵的相应位置,这样绘制的矩阵图可以表明产品各故障模式危害性的分布情况。如图3-3所示,所记录的故障模式分布点在对角线上的投影点距离原点越远,其危害性越大,越需尽快采取改进措施。如图中故障模式B的投影距离OB'比故障模式A的投影距离OA'长,所以故障模式B的危害性大。绘制好的危害性矩阵图应作为FMECA报告的一部分。

3.5 故障树分析

3.5.1 概述

故障树分析(fault tree analysis,FTA)就是通过对可能造成产品故障的硬件、软件、环境、人为因素等进行分析,画出故障树,从而确定产品故障原因的各种可能组合方式和(或)其发生概率的一种分析技术。

FTA 是 1961 年由美国贝尔实验室的华生(H. A. Watson)和汉塞尔(D. F. Hansl)首先提出的,并用于"民兵"导弹的发射系统控制,取得了良好的效果,1965 年在波音公司安全年会上首次发表,引起学术界的重视。此后,许多人对故障树分析的理论与应用进行了研究。1974 年,美国原子能管理委员会发表了主要采用故障树分析商用原子反应堆安全性的报告,进一步推动了故障树分析技术的研究与应用。目前,FTA 是公认的对复杂系统进行安全性、可靠性分析的一种好方法,在航空、航天、核能、化工等领域得到了广泛的应用。

FTA 的步骤通常因评价对象、分析目的、精细程度等而不同,但一般按如下步骤进行:
(1) 故障树的建造;
(2) 建立故障树的数学模型;
(3) 定性分析;
(4) 定量计算。

3.5.2 目的与作用

3.5.2.1 目的

FTA 的目的是通过 FTA 过程透彻了解系统故障与各部分故障之间逻辑关系,找出薄弱环节,以便改进系统设计、运行和维修,从而提高系统的可靠性、维修性和安全性。

3.5.2.2 作用

(1) 全面分析系统故障状态的原因。FTA 具有很大的灵活性,即不是局限于对系统可靠性作一般的分析,而是可以分析系统的各种故障状态。不仅可以分析某些元器件、零部件故障对系统的影响,还可以对导致这些部件故障的特殊原因(例如环境的、甚至人为的原因)进行分析,予以统一考虑。

(2) 表达系统内在联系,并指出元器件、零部件故障与系统故障之间的逻辑关系,找出系统的薄弱环节。

(3) 弄清各种潜在因素对故障发生影响的途径和程度,因而许多问题在分析的过程中就能被发现和解决,从而提高了系统的可靠性。

(4) 通过故障树可以定量地计算复杂系统的故障概率及其他可靠性参数,为改善和评估系统可靠性提供定量数据。

(5) 故障树建成后,它可以清晰地反映系统故障与单元故障的关系,为检测、隔离及排除故障提供指导。对不曾参与系统设计的管理和维修人员来说，故障树相当于一个形象的管理、维修指南，因此对培训使用系统的人员更有意义。

FTA在系统寿命周期的任何阶段都可采用，然而，在以下3种阶段采用时最为有效：

（1）设计早期阶段。这时进行FTA的目的是判明故障模式，并在设计中进行改进。

（2）详细设计和样机生产后、批生产前的阶段。这时进行FTA的目的是要证明所要制造的系统是否满足可靠性和安全性的要求。

（3）使用阶段。分析、研究和改进故障检测、隔离及修复措施和软硬件时。

3.5.3 故障树的建立

3.5.3.1 建树的一般步骤和方法

故障树的建造是FTA法的关键，故障树建造的完善程度将直接影响定性分析和定量计算结果的准确性。复杂系统的建树工作一般十分庞大繁杂，机理交错多变，所以要求建树者必须仔细，并广泛地掌握设计、使用维护等各方面的经验和知识。建树时最好能有各方面的技术人员参与。

建树一般可按以下步骤进行：

（1）广泛收集并分析有关技术资料。包括熟悉设计说明书、原理图、结构图、运行及维修规程等有关资料，辨明人为因素和软件对系统的影响；辨识系统可能采取的各种状态模式以及它们和各单元状态的对应关系，识别这些模式之间的相互转换。

（2）选择顶事件。顶事件是指人们不希望发生的显著影响系统技术性能、经济性、可靠性和安全性的故障事件。一个系统可能不止一个这样的事件。在充分熟悉系统及其资料的基础上，做到既不遗漏又分清主次地将全部重大故障事件一一列举，必要时可应用FMEA，然后再根据分析的目的和故障判据确定出本次分析的顶事件。

（3）建树。一般建树方法可分为两大类：演绎法和计算机辅助建树的合成法或决策表法。演绎法的建树方法为：将已确定的顶事件写在顶部矩形框内，将引起顶事件的全部必要而又充分的直接原因事件（包括硬件故障、软件故障、环境因素、人为因素等）置于相应原因事件符号中，画出第2排，再根据实际系统中它们的逻辑关系，用适当的逻辑门连接事件和这些直接原因事件。如此，遵循建树规则逐级向下发展，直到所有最底一层原因事件都是底事件为止。

这样，就建立了一棵以给定顶事件为"根"、中间事件为"节"、底事件为"叶"的倒置的n级故障树。

（4）故障树的简化。建树前应根据分析目的，明确定义所分析的系统和其他系统（包括人和环境）的接口，同时给定一些必要的合理假设（如对一些设备故障做出偏安全的保守假设，暂不考虑人为故障等），从而由真实系统图得到一个主要逻辑关系等效的简化系统图。

3.5.3.2 故障树中使用的符号

故障树中使用的符号通常分为事件符号及逻辑门符号两类，下面仅介绍几种常用的符号。

1. 事件符号

（1）矩形符号，如图 3-4(a) 所示。它表示故障事件，在矩形内注明故障事件的定义。它下面与逻辑门连接，表明该故障事件是此逻辑门的一个输出。它适用于 FT 中除底事件之外的所有中间事件及顶事件。

（2）圆形符号，如图 3-4(b) 所示。它表示底事件，或称基本事件，是元器件、零部件在设计的运行条件下所发生的故障事件。一般说，它的故障分布是已知的，只能作为逻辑门的输入而不能作为输出。为进一步区分故障性质，又分为实线圆（表示部件本身故障）和虚线圆（表示由人为错误引起的故障）。

（3）菱形符号，如图 3-4(c) 所示。它表示省略事件，一般用以表示那些可能发生，但概率值较小，或者对此系统而言不需要再进一步分析的故障事件。这些故障事件在定性、定量分析中一般都可以忽略不计。

（4）三角形符号，如图 3-4(d)、(e) 所示。它表示故障事件的转移。在 FT 中经常出现条件完全相同或者同一个故障事件在不同位置出现，为了减少重复工作量并简化树，用转移符号，加上相应标志的标号（如图 3-4(d)、(e) 中的 A），分别表示从某处转入，或转到某处，也用于树的移页。

(a) 矩形符号　(b) 圆形符号　(c) 菱形符号　(d) 三角形符号　(e) 三角形符号

图 3-4　事件符号

2. 逻辑门符号

（1）逻辑"与门"，如图 3-5(a) 所示。设 B_i（$i=1,2,\cdots,n$）为门的输入事件，A 为门的输出事件。B_i 同时发生时，A 必然发生，这种逻辑关系称为事件交。相应的逻辑代数表达式为

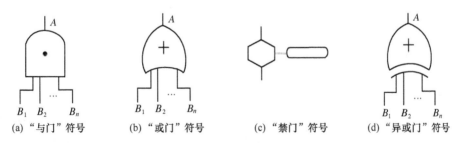

(a) "与门"符号　(b) "或门"符号　(c) "禁门"符号　(d) "异或门"符号

图 3-5　逻辑门符号

$$A = B_1 \cap B_2 \cap B_3 \cap \cdots \cap B_n$$

（2）逻辑"或门"，如图 3-5(b) 所示。当输入事件 B_i 中至少有一个发生时，则输出事件 A 发生，这种关系称为事件并。相应的逻辑代数表达式为

$$A = B_1 \cup B_2 \cup B_3 \cup \cdots \cup B_n$$

(3) 逻辑"禁门",如图3-5(c)所示。当给定条件满足时,则输入事件直接引起输出事件的发生,否则输出事件不发生。图3-5(c)中长椭圆形是修正符号,其内注明限制条件。

(4) 逻辑"异或门",如图3-5(d)所示。输入事件 B_1,B_2 中任何一个发生都可引起输出事件 A 发生,但 B_1,B_2 不能同时发生。相应的逻辑代数表达式为

$$A = (B_1 \cap \overline{B_2}) \cup (\overline{B_1} \cap B_2)$$

3.5.3.3 建树时注意事项

故障树要反映出系统故障的内在联系,同时应能使人一目了然,形象地掌握这种联系并按此进行正确的分析。因此,在建树时应注意以下几点:

(1) 建树者必须对系统有深刻的了解,故障的定义要正确且明确。

(2) 选好顶事件。若顶事件选择不当就有可能无法分析和计算。在确定顶事件时,有些是借鉴其他类似系统发生过的故障事件选出来的。一般则是在初步故障分析基础上找出系统可能发生的所有故障状态,结合 FME(C)A 进行。然后,从这些故障状态中筛选出不希望发生的故障状态作为顶事件。

(3) 合理确定系统的边界以建立逻辑关系等效的简化故障树。

(4) 从上向下逐级建树。建树应从上向下逐级进行,在同一逻辑门的全部必要而又充分的直接输入未列出之前,不得进一步发展其中的任一个输入。

(5) 建树时不允许门—门直接相连。不允许不经结果事件而将门—门直接相连。每一个门的输出事件都应清楚定义。

(6) 用直接事件逐步取代间接事件。为了使故障树向下发展,必须用等价的、比较具体的直接事件逐步取代比较抽象的间接事件,这样在建树时也可能形成不经任何逻辑门的事件—事件串。

(7) 正确处理共因事件。共同的故障原因会引起不同的部件故障甚至不同的系统故障。共同原因的若干故障事件称为共因事件。由于共因事件对系统故障发生概率影响很大,建树时必须妥善处理共因事件。若某个故障事件是共因事件,则对故障树不同分支中出现的该事件必须使用同一事件符号,若该共因事件不是底事件,必须使用相同的转移符号简化表示。

(8) 对系统中各事件的逻辑关系及条件必须分析清楚,不能有逻辑上的紊乱及条件矛盾。

例3-10 研究内燃机的可靠性,包括因人为的疏忽而造成故障。我们选择"电机不能发动"作为顶事件。显然,不能发动并不一定意味着机械失效,也可能是由于人为的原因造成的。"电机不能发动"由下列3个失效事件之一引起:缺油;活塞不能压缩;火花塞不发火。对于每一个这种次级事件还可以进一步分解。如"缺油"由下面3个事件之一引起:油箱空;汽化器失效;油管堵。这里"油箱空"并不是部件的一个失效状态,而是人为的疏忽所造成的,它是一个基本事件。而"汽化器失效"是我们不准备进一步分析下去的一个事件。根据同样的方法,把各个次级事件逐一分解,最终得到故障树(图3-6)。图3-6中各事件的出现概率标记在事件符号下方。

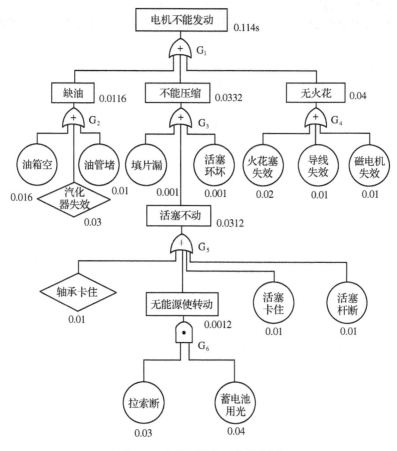

图 3-6 电机不能发动的故障树

例 3-11 考察一个自动充气系统(图 3-7)。其工作过程为:当泵启动 10min 使容器注满,预先设定好的定时器便打开触点,使泵停止;经过 50min,容器内气体用尽,定时器使触点闭合,泵重新启动;过程循环下去。灌注过程中若定时器不能把触点打开,则报警器在 10min 时发出警报,操作者就过来打开开关,使泵停止,从而避免因加注过量而引起容器破裂。

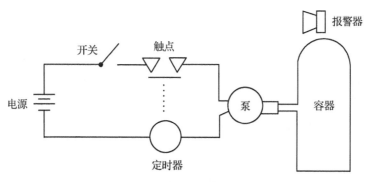

图 3-7 自动充气系统示意图

我们选取容器破裂作为顶事件,它的发生由下面两个原因之一造成:一是容器本身由于设计制造等缺陷造成的破裂;二是由于灌注过量引起过压造成的破裂。这两个事件由或门与顶事件相联系,过压这个事件是由于泵工作过长,亦即线路闭合时间太长造成的。线路闭合时间过长则由如下两个事件同时发生引起:一是开关闭合时间过长;二是触点闭合时间过长,它们与上一级用与门相联系。循此下去可得图 3-8 的故障树。

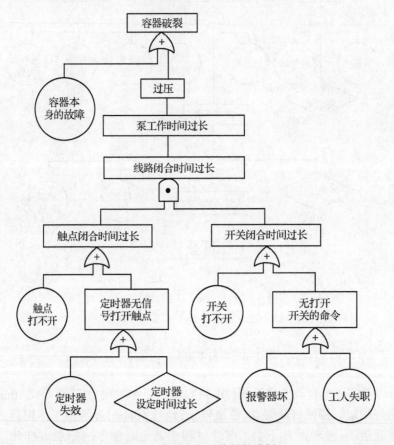

图 3-8 自动充气系统的故障树

3.5.3.4 故障树的数学描述

为了使问题简化,我们假设所研究的元器件、零部件和系统只有正常或故障两种状态,且各元器件、零部件的故障是相互独立的。现在研究一个由 n 个相互独立的底事件构成的故障树。

设 x_i 表示底事件 i 的状态变量,x_i 仅取 0 或 1 两种状态。Φ 表示顶事件的状态变量,Φ 也仅取 0 或 1 两种状态,则有如下定义:

$$x_i = \begin{cases} 1 & \text{底事件 } i \text{ 发生(即元部件故障)} (i=1,2,\cdots,n) \\ 0 & \text{底事件 } i \text{ 不发生(即元部件正常)} (i=1,2,\cdots,n) \end{cases}$$

$$\Phi = \begin{cases} 1 & \text{顶事件发生(即系统故障)} \\ 0 & \text{顶事件不发生(即系统正常)} \end{cases}$$

FT 顶事件是系统所不希望发生的故障状态,相当于 $\Phi = 1$。与此状态相应的底事件状态为元器件、零部件故障状态,相当于 $x_i = 1$。这就是说,顶事件状态 Φ 完全由 FT 中底事件状态向量 X 所决定,即

$$\Phi = \Phi(X)$$

式中:$X = (x_1, x_2, \cdots, x_n)$ 为底事件状态向量;$\Phi(X)$ 为 FT 的结构函数。结构函数是表示系统状态的布尔函数,其自变量为该系统组成单元的状态。

记 n 为底事件数,则

(1) 与门的结构函数

$$\Phi(X) = \bigcap_{i=1}^{n} x_i = \prod_{i=1}^{n} x_i$$

(2) 或门的结构函数

$$\Phi(X) = \bigcup_{i=1}^{n} x_i = 1 - \prod_{i=1}^{n} (1 - x_i)$$

(3) 系统的结构函数。某系统的故障树如图 3-9 所示。对各门逐个分析,可建立其结构函数为

$$\Phi(X) = \{x_4 \cap [x_3 \cup (x_2 \cap x_5)]\} \cup \{x_1 \cap [x_5 \cup (x_3 \cap x_2)]\}$$

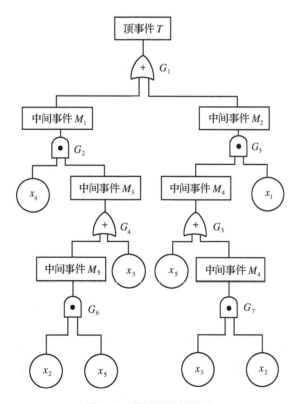

图 3-9 某系统的故障树

一般情况下,当 FT 画出后,就可以直接写出其结构函数。但是对于复杂系统来说,其结构函数是相当冗长繁杂的。这样既不便于定性分析,也不易于进行定量计算。后面我们

将引入最小割(路)集的概念,以便把上式这样的一般结构函数改写为特殊的结构函数,以利于 FT 的定性分析和定量计算。

3.5.4 故障树的定性分析

故障树定性分析的目的在于寻找导致顶事件发生的原因和原因组合,识别导致顶事件发生的所有故障模式,它可以帮助判明潜在的故障,以便改进设计;可以用于指导故障诊断,改进运行和维修方案。

3.5.4.1 割集和最小割集

所谓割集指的是:故障树中一些底事件的集合,当这些底事件同时发生时,顶事件必然发生。若某割集中所含的底事件任意去掉一个就不再成为割集了,这个割集就是最小割集。用图 3-10 来说明割集和最小割集的意义。这是一个由 3 个部件组成的串并联系统,共有 3 个底事件:x_1, x_2, x_3。它的 5 个割集是:

$$\{x_1\}, \{x_2, x_3\}, \{x_1, x_2, x_3\}, \{x_1, x_2\}, \{x_1, x_3\}$$

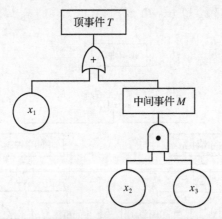

图 3-10 故障树示例

当各割集中底事件同时发生时,顶事件必然发生。它的两个最小割集是:$\{x_1\}, \{x_2, x_3\}$。因为在这两个割集中任意去掉一个底事件就不再成为割集了。

这棵故障树的结构函数为

$$\Phi(X) = x_1 \cup (x_2 \cap x_3)$$

也可以写成

$$\Phi(X) = 1 - (1 - x_1)(1 - x_2 x_3)$$

故障树定性分析的任务就是要寻找故障树的全部最小割集。

3.5.4.2 求最小割集的方法

求系统故障树最小割集的方法很多,常用的有下行法与上行法两种。

1. 下行法

这个算法的特点是根据故障树的实际结构,从顶事件开始,逐级向下寻查,找出割集。

因为只就上下相邻两级来看，与门只增加割集阶数（割集所含底事件数目），不增加割集个数；或门只增加割集个数，不增加割集阶数。所以规定在下行过程中，顺次将逻辑门的输出事件置换为输入事件。遇到与门就将其输入事件排在同一行（取输入事件的交（布尔积）），遇到或门就将其输入事件各自排成一行（取输入事件的并（布尔和）），直到全换成底事件为止，这样得到割集再通过两两比较，划去那些非最小割集，剩下即为故障树的全部最小割集。

以图 3-11 故障树为例，求割集与最小割集，其过程见表 3-11。这里从步骤 1 到步骤 2 时，因 M_1 下面是或门，所以在步骤 2 中 M_1 的位置换之以 M_2、M_3，且竖向串列。从步骤 2 到步骤 3 时，因 M_2 下面是与门，所以 M_4、M_5 横向并列，由此下去直到第 6 步，共得 9 个割集：

$$\{x_1\},\{x_4,x_6\},\{x_4,x_7\},\{x_5,x_6\},\{x_5,x_7\},\{x_3\},\{x_6\},\{x_8\},\{x_2\}$$

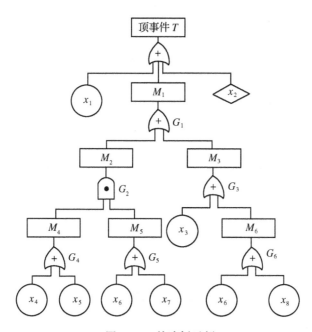

图 3-11 故障树示例

表 3-11 求割集与最小割集的过程

步骤	1	2	3	4	5	6
过程	x_1	x_1	x_1	x_1	x_1	x_1
	M_1	M_2	M_4,M_5	M_4,M_5	x_4,M_5	x_4,x_6
	x_2	M_3	M_3	x_3	x_5,M_5	x_4,x_7
		x_2	x_2	M_6	x_3	x_5,x_6
				x_2	M_6	x_5,x_7
					x_2	x_3
						x_6
						x_8
						x_2

把割集通过集合运算规则加以简化、吸收，得到相应的全部最小割集。上述 9 个割集，

因为 $x_6 \cup x_4x_6 = x_6$，$x_6 \cup x_5x_6 = x_6$，所以 x_4x_6 和 x_5x_6 被吸收，得到全部最小割集：

$$\{x_1\},\{x_4,x_7\},\{x_5,x_7\},\{x_3\},\{x_6\},\{x_8\},\{x_2\}$$

2. 上行法

上行法是从底事件开始，自下而上、逐步地进行事件集合运算，将或门输出事件表示为输入事件的并（布尔和），将与门输出事件表示为输入事件的交（布尔积）。这样向上层层代入，在逐步代入过程中或者最后，按照布尔代数吸收律和等幂律来化简，将顶事件表示成底事件积之和的最简式。其中每一积项对应于故障树的一个最小割集，全部积项即是故障树的所有最小割集。

仍以图 3-11 中的故障树为例，故障树的最下一级为

$$M_4 = x_4 \cup x_5, M_5 = x_6 \cup x_7, M_6 = x_6 \cup x_8$$

往上一级为

$$M_2 = M_4 \cap M_5 = (x_4 \cup x_5) \cap (x_6 \cup x_7), M_3 = x_3 \cup M_6 = x_3 \cup x_6 \cup x_8$$

再往上一级为

$$\begin{aligned}M_1 &= M_2 \cup M_3 = [(x_4 \cup x_5) \cap (x_6 \cup x_7)] \cup (x_3 \cup x_6 \cup x_8) \\ &= (x_4 \cap x_7) \cup (x_5 \cap x_7) \cup x_3 \cup x_6 \cup x_8\end{aligned}$$

最后一级为

$$T = x_1 \cup x_2 \cup M_1 = x_1 \cup x_2 \cup (x_4 \cap x_7) \cup (x_5 \cap x_7) \cup x_3 \cup x_6 \cup x_8$$

得到 7 个最小割集：

$$\{x_1\},\{x_2\},\{x_3\},\{x_6\},\{x_8\},\{x_4,x_7\},\{x_5,x_7\}$$

其结果与第 1 种方法相同。要注意的是：只有在每一步都利用集合运算规则进行简化、吸收，得出的结果才是最小割集。

3. 最小割集的定性比较

在求得全部最小割集后，如果有足够的数据，能够对故障树中各个底事件发生概率作出推断，则可进一步作定量分析。数据不足时，可按以下原则进行定性比较：

（1）阶数越小的最小割集越重要；
（2）在低阶最小割集中出现的底事件比高阶最小割集中的底事件重要；
（3）在同一最小割集阶数的条件下，在不同最小割集中重复出现的次数越多的底事件越重要。

为节省分析工作量，在工程上可略去阶数大于指定值的所有最小割集来进行近似分析。

3.5.5 故障树的定量计算

故障树定量计算的任务就是要计算或估计顶事件发生的概率等。在故障树的定量计算时，可以通过底事件发生的概率直接求顶事件发生的概率；也可通过最小割集求顶事件发生的概率，此时又分为精确解法与近似解法。

3.5.5.1 通过底事件发生的概率直接求顶事件发生的概率

故障树分析中经常用布尔变量来表示底事件的状态，如底事件 i 的布尔变量是：

$$x_i(t) = \begin{cases} 1 & \text{在 } t \text{ 时刻 } i \text{ 事件发生} \\ 0 & \text{在 } t \text{ 时刻 } i \text{ 事件不发生} \end{cases}$$

如果 i 事件发生表示第 i 个部件故障,那么 $x_i(t)=1$,表示第 i 个部件在 t 时刻故障,计算事件 i 发生的概率,也就是计算随机变量 $x_i(t)$ 的期望值:

$$E[x_i(t)] = \sum x_i(t) P[x_i(t)] = 0 \times P[x_i(t)=0] + 1 \times P[x_i(t)=1] = P[x_i(t)=1] = F_i(t)$$

$F_i(t)$ 的物理意义是:在 $[0,t]$ 时间内事件 i 发生的概率(即第 i 个部件的不可靠度)。

如果由 n 个底事件组成的故障树,其结构函数为

$$\Phi(X) = \Phi(x_1, x_2, \cdots, x_n)$$

顶事件发生的概率,也就是系统的不可靠度 $F_s(t)$,其数学表达式为

$$P(\text{顶事件}) = F_s(t) = E[\Phi(X)] = \Phi[F(t)]$$

式中

$$F(t) = [F_1(t), F_2(t), \cdots, F_n(t)]$$

下面介绍各种结构的寿命分布函数。

1) 与门结构

$$\Phi(X) = \prod_{i=1}^{n} x_i$$

$$F_s(t) = E[\Phi(X)] = E\left[\prod_{i=1}^{n} x_i(t)\right] = \prod_{i=1}^{n} E[x_i(t)] = \prod_{i=1}^{n} F_i(t)$$

2) 或门结构

$$\Phi(X) = 1 - \prod_{i=1}^{n}(1 - x_i)$$

$$F_s(t) = E[\Phi(X)] = E\left\{1 - \prod_{i=1}^{n}[1 - x_i(t)]\right\}$$

$$= 1 - \prod_{i=1}^{n} E[1 - x_i(t)] = 1 - \prod_{i=1}^{n}[1 - F_i(t)]$$

3.5.5.2 通过最小割集求顶事件发生的概率

我们按最小割集之间不相交与相交两种情况处理。

1. 最小割集之间不相交的情况

假定已求出了故障树的全部最小割集 $K_1, K_2, \cdots, K_{N_k}$,并且假定在一个很短的时间间隔内不考虑同时发生两个或两个以上最小割集的概率,且各最小割集中没有重复出现的底事件,也就是假定最小割集之间是不相交的。所以

$$T = \Phi(X) = \bigcup_{j=1}^{N_k} K_j(t), \quad P[K_j(t)] = \prod_{i \in K_j} F_i(t)$$

式中: $P[K_j(t)]$ 为在时刻 t 第 j 个最小割集存在的概率; $F_i(t)$ 为在时刻 t 第 j 个最小割集中第 i 个部件故障的概率; N_k 为最小割集数。

则

$$P(T) = F_s(t) = P[\Phi(X)] = \sum_{j=1}^{N_k}\left[\prod_{i \in K_j} F_i(t)\right] \tag{3-26}$$

2. 最小割集之间相交的情况

用式(3-26)精确计算任意一棵故障树顶事件发生的概率时,要求假设在各最小割集中没有重复出现的底事件,也就是最小割集之间是完全不相交的。但在大多数情况下,底事件可以在几个最小割集中重复出现,也就是说最小割集之间是相交的。这样精确计算顶事件发生的概率就必须用相容事件的概率公式:

$$P(T) = P(K_1 \cup K_2 \cup \cdots \cup K_{N_k})$$

$$= \sum_{i=1}^{N_k} P(K_i) - \sum_{i<j=2}^{N_k} P(K_i K_j) + \sum_{i<j<k=3}^{N_k} P(K_i K_j K_k) + \cdots +$$

$$(-1)^{N_k-1} P(K_1 K_2 \cdots K_{N_k}) \tag{3-27}$$

式中:K_i, K_j, K_k 为第 i,j,k 个最小割集;N_k 为最小割集数。

由式(3-27)可看出它共有 $(2^{N_k}-1)$ 项。当最小割集数 N_k 足够大时,就会发生项数巨大而计算困难问题,即"组合爆炸"问题。如某故障树有 40 个最小割集,则计算 $P(T)$ 的式(3-27)共有 $2^{40}-1 \approx 1.1 \times 10^{12}$ 项,每一项又是许多数的连乘积,即使大型计算机也难以胜任。

解决的办法,就是化相交和为不交和,再求顶事件发生概率的精确解。

在许多实际工程问题应用中,往往取式(3-25)的首项或前两项来近似:

$$P(T) \approx S_1 = \sum_{i=1}^{N_k} P(K_i) \tag{3-28}$$

或

$$P(T) \approx S_1 - S_2 = \sum_{i=1}^{N_k} P(K_i) - \sum_{i<j=2}^{N_k} P(K_i K_j) \tag{3-29}$$

例 3-12 以图 3-12 故障树为例,试用式(3-28)、式(3-29)来求该树顶事件发生概率的近似解,其中 $F_A = F_B = 0.2, F_C = F_D = 0.3, F_E = 0.36$。

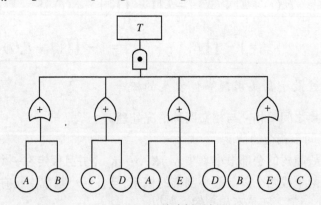

图 3-12 故障树示例

解: 该故障树的最小割集为

$$K_1 = \{A, C\}, \ K_2 = \{B, D\}, \ K_3 = \{A, D, E\}, \ K_4 = \{B, C, E\}$$

按式(3-28)可知

$$P(T) \approx \sum_{i=1}^{N_k} P(K_i) = P(K_1) + P(K_2) + P(K_3) + P(K_4)$$

$$= P(A)P(C) + P(B)P(D) + P(A)P(D)P(E) + P(B)P(C)P(E)$$
$$= 2 \times 0.3 \times 0.2 + 2 \times 0.2 \times 0.3 \times 0.36 = 0.1632$$

顶事件发生概率的精确值为 0.140592,其相对误差

$$\varepsilon_1 = \frac{0.140592 - 0.1632}{0.140592} = -16.1\%$$

按式(3-29)可知

$$S_2 = \sum_{i<j=2}^{N_k} P(K_i K_j)$$
$$= P(K_1 K_2) + P(K_1 K_3) + P(K_1 K_4) + P(K_2 K_3) + P(K_2 K_4) + P(K_3 K_4)$$
$$= P(A)P(C)P(B)P(D) + P(A)P(C)P(D)P(E) + P(A)P(B)P(C)P(E) +$$
$$P(B)P(D)P(A)P(E) + P(B)P(D)P(C)P(E) +$$
$$P(A)P(D)P(B)P(C)P(E) = 0.026496$$
$$P(T) \approx S_1 - S_2 P(T) = 0.1632 - 0.026496 = 0.136704$$

其相对误差

$$\varepsilon_2 = \frac{0.140592 - 0.136704}{0.140592} = 2.76\%$$

该故障树的底事件故障概率是相当高的,按式(3-28)、式(3-29)所得的误差尚且不大,当底事件故障概率降低后,相对误差会大大地减小。一般都能满足工程应用的要求。

3.6 可靠性设计准则

3.6.1 概述

可靠性设计是为了在设计过程中挖掘和确定可靠性方面的隐患(和薄弱环节),并采取设计预防和设计改进措施有效地消除隐患(和薄弱环节)。定量计算和定性分析(例如FMEA、FTA)等主要是评价产品现有的可靠性水平或找出薄弱环节,而要提高产品的固有可靠性,只有通过各种具体的可靠性设计措施。

随着武器装备的发展,装备的自动化、智能化、电子化水平的不断提高,系统工作环境更趋复杂和恶劣,因而带来一系列新的问题。例如,由于存在"潜在通路"而引起系统功能异常或抑制正常功能,因此要进行潜在通路的分析;由于系统、设备工作后产生的热量积累,使它们周围环境温度急骤上升而导致元器件故障率的增大,从而降低了它们的可靠性,这就需要进行热设计;武器装备上装了许多完成不同功能的计算机,如果它们的软件发生故障,计算机就无法完成其规定的功能,这就需要进行软件可靠性的研究等;此外,除了研究产品工作状态的可靠性问题外,对于非工作状态对产品可靠性的影响亦应进行研究并采取措施。

产品可靠性设计通常用设计准则来规定和表达。

3.6.1.1 含义

可靠性设计准则是指在产品设计中为提高可靠性而应遵循的细则。它是根据在产品设

计、生产、使用中积累起来的行之有效的经验和方法编制的。

可靠性设计准则一般都是针对某个型号或产品的,建立设计准则是工程项目可靠性工作的重要而有效的工作项目。除型号的设计准则外,有一些某种类型的可靠性设计准则,例如,军用飞机可靠性设计准则、民用飞机可靠性设计准则、直升机可靠性设计准则、机载设备可靠性通用准则等。但是,这些共性的可靠性设计准则不能代替工程项目的设计准则,应将其剪裁、增补成为各型号或产品专用的可靠性设计准则。

3.6.1.2 意义和作用

1. 可靠性设计准则是进行可靠性设计的重要依据

在可靠性设计工作中,当产品的可靠性要求难于规定定量要求时,就应该规定定性的可靠性设计要求,为了满足定性要求,必须采取一系列的可靠性设计措施,而制定和贯彻可靠性设计准则是一项重要内容。例如,由于元器件是系统的基本组成单元,因此,在设计中最关键的一个环节是选择、规定和控制用于该系统的元器件,这就需要制定元器件选择和控制的规范、准则以及优选元器件清单。

2. 贯彻设计准则可以提高产品的固有可靠性

产品的固有可靠性是设计和制造赋予产品的内在可靠性,是产品的固有属性;而设计准则为设计人员在可靠性设计中必须遵循的原则。按此准则设计,就可以避免一些不该发生的故障,从而提高产品的可靠性。如,采用余度可提高任务可靠性。

3. 可靠性设计准则是使可靠性设计和性能设计相结合的有效办法

在设计过程中,设计人员只要认真贯彻设计准则,就能把可靠性设计到产品中去,从而提高产品的可靠性。如,简化设计准则是指在达到产品功能要求的前提下,把产品尽可能设计得简单,这样也可减少故障的发生,同时又有利于实现成本、质量、尺寸等其他性能指标要求。

4. 工程实用价值高,费效比高

可靠性设计准则主要是经验的积累,不需要花费金钱去做试验或进行复杂的数学运算。但贯彻了设计准则,避免不少故障的发生,取得的效益是很大的,因此它的费用比较低。而且,贯彻设计准则,设计人员不需要深厚的数学基础和对可靠性理论的深刻理解,简单易懂,只要按设计准则逐条贯彻即可,因而它受到工程技术人员的欢迎。

5. 可靠性设计准则是设计评审、审查的重要依据

利用可靠性设计准则来检查、评价产品,发现设计缺陷,采取纠正措施,提高产品的可靠性,确保设计质量。

3.6.1.3 制定可靠性设计准则的依据及主要内容

1. 依据

编制可靠性设计准则的主要依据,一般有以下方面:

(1) 合同规定的可靠性定性、定量要求;
(2) 合同规定引用的有关规范、标准、手册等提出的可靠性设计要求或准则;
(3) 同类型产品的可靠性设计经验以及可供参考采用的通用可靠性设计准则;
(4) 产品的类型、重要程度及使用特点等。

2. 可靠性设计准则的主要内容

可靠性设计准则的内容很多,主要包括以下方面:

(1) 制定元器件大纲;
(2) 降额设计;
(3) 简化设计;
(4) 余度设计;
(5) 热设计;
(6) 防腐蚀、老化设计;
(7) 其他。

下面仅对几个主要问题进行介绍。

3.6.2 制定元器件大纲

为了达到和保持设备的固有可靠性,减少元器件、零部件品种,降低保障费用和系统寿命周期费用,必须控制标准元器件和非标准元器件的选择和使用。

元器件一般指的是电子、电气系统的基础产品,如,半导体、集成电路、电阻、电容、变压器、继电器、电缆、光导纤维等。而零部件一般指的是机械系统的基础产品,如,螺栓、螺母、轴承、销子、弹簧、软管、齿轮、密封件等。装备(如1台电子设备、1颗卫星、1架飞机、1艘潜艇等)就是由各种基础产品即由各种元器件、零部件构成的。由于其数量、品种众多,所以它们的性能、可靠性、费用等参数对整个系统性能、可靠性、寿命周期费用等影响极大。如果承制方在研制早期就开始对元器件、零部件的应用、选择、控制予以重视,并贯彻于系统寿命周期,就能大大提高系统的优化程度。一个有效的元器件(及零部件)大纲所需要的投资,可以从降低系统寿命周期费用,提高系统效能得到补偿。比如使用标准件可以提高产品的固有可靠性和互换性,消除使用非标准件所需的设计、制造和试验费用,从而降低产品的成本。

元器件大纲的主要内容包括:元器件控制大纲、元器件的标准化、元器件应用指南、元器件的筛选等。

制定元器件大纲应考虑装备任务的关键性、元器件的重要性、生产的数量、装备的维修方案、元器件的供应、所占新元器件的百分比、元器件的标准化状况等。

元器件大纲中的各项工作与其他分析有关,如与安全性、质量控制、维修性和耐久性等分析有关。上述任何一种分析都可能提出对不同元器件、零部件的要求。在某些情况下,为了满足系统的要求,需要质量更高的新设计的元器件。而在另一种情况下,为了减少系统寿命周期费用和保证供应,则需要采用标准件。因而元器件大纲的制定和执行必须充分体现权衡分析的精神。

3.6.3 降额设计

降额设计就是使元器件或设备工作时承受的工作应力适当低于元器件或设备规定的额定值,从而达到降低故障率、提高使用可靠性的目的。电子产品和机械产品都应做适当的降额设计,因电子产品的可靠性对其电应力和温度应力敏感,故而降额设计技术对电子产品则显得尤为重要,成为可靠性设计中必不可少的组成部分。

对于各类电子元器件,都有其最佳的降额范围,在此范围内工作应力的变化对其失效率有较明显的影响,在设计上也较容易实现,并且不会在设备体积、重量和成本方面付出过大的代价。过度的降额并无益处,会使元器件的特性发生变化或导致元器件数量不必要的增加或无法找到适合的元器件,反而对设备的正常工作和可靠性不利。

3.6.4 简化设计

简化设计就是在保证产品性能要求的前提下,尽可能使产品设计简单化。简化设计可以同时提高产品的固有可靠性和基本可靠性。例如,作为替代 F-4、A-T 的美国 F/A-18A 战斗机在设计中,对雷达、发动机和液压系统采用了简化设计,取得了高可靠性的成效。F/A-18A 的发动机 F-404 只有 14300 个元件,而 F-4 的发动机 J-79 有 22000 个元件,也就是说 F-404 所有元件数为 J-79 的 2/3,但两者推力几乎相等,而 F-404 的可靠性却比 J-79 提高了 4 倍。

为了实现简化设计,可采取以下措施。

(1) 尽可能减少产品组成部分的数量及其相互间的连接。例如,可利用先进的数控加工及精密铸造工艺,把过去要求很多零部组件装配成的复杂部件实行整体加工及整体铸造,成为一个部件。

(2) 尽可能实现零部件、组件的标准化、系列化与通用化,控制非标准零部件、组件的比率;尽可能减少标准件的规格、品种数;争取用较少的零部件、组件实现多种功能。

(3) 尽可能采用经过考验的可靠性有保证的零部件、组件以至整机。

(4) 尽可能采用模块化设计。

3.6.5 余度设计

余度技术是系统或设备获得高可靠性、高安全性和高生存能力的设计方法之一,特别是当元器件或零部件质量与可靠性水平比较低,采用一般设计已经无法满足设备的可靠性要求时,余度技术就具有重要的应用价值。

"余度"就是指系统或设备具有一套以上完成给定功能的单元,只有当规定的几套单元都发生故障时,系统或设备才会丧失功能,这就使系统或设备的任务可靠性得到提高。各种余度系统可靠性模型已在第二章介绍。但是余度使系统或设备的复杂性、重量和体积增加,使系统或设备的基本可靠性降低。系统或设备是否采用余度技术,需从可靠性、安全性指标要求的高低,元器件和成品的可靠性水平,非余度和余度方案的技术可行性,研制周期和费用,使用、维护和保障条件,质量、体积和功耗的限制等方面进行权衡分析后确定。

为提高系统或设备的可靠性而采用余度技术时,需与其他传统工程设计相结合。因为不是各种余度技术在各类系统和设备上都可以实现,因此应根据需要与可能来确定。可以较全面地采用,也可以局部地采用,不过一般在系统的较低层次单元中采用余度技术,针对系统中的可靠性关键环节采用余度技术时对提高系统可靠性、减少系统的复杂性更有效。同时需注意,采用某些余度技术时会增加若干故障检测和余度通道切换装置,它们的不可靠度应保证低于受控部分的50%,否则采用余度布局所获得的可靠性增长将会被它们的故障所抵消。此外,余度技术也不能用来解决设备超负荷之类的问题。

余度设计的任务包括以下方面:

(1) 确定余度等级(根据任务可靠性和安全性要求,确定余度系统抗故障工作的能力);

(2) 选定余度类型(根据产品类型及约束条件和采用余度的目的来确定);

(3) 确定余度配置方案;

(4) 确定余度管理方案。

3.6.6 热设计

3.6.6.1 概述

制造电子器件时所使用的材料有一定的温度极限,当超过这个极限时,物理性能就会发生变化,器件就不能发挥它预期的作用。器件还可能在额定温度上由于持续工作的时间过长而发生故障,故障率的统计数据表明电子器件的故障与其工作温度有密切关系。由图3-13可看出温度对电子设备的可靠性有着重要的影响。由经验也得知,在高温或低温条件下器件或电路容易发生故障。大量使用的半导体器件和微电路是对温度最为敏感的器件。半导体器件故障率随温度的增加而呈指数地上升,其电性能参数,如耐压值、漏电流、放大倍数、允许功率等均是温度的函数。一般地说,其他器件的性能参数也都受温度的影响。

热设计就是要考虑温度对产品的影响问题,重点是通过器件的选择、电路设计(包括容差与漂移设计和降额设计等)及结构设计来减少温度变化对产品性能的影响,使产品能在较宽的温度范围内可靠地工作。其中结构设计主要是加快散热,其措施包括以下方面。

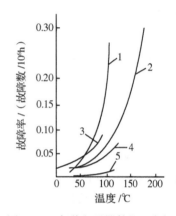

图3-13 各种电子器件的温度与故障率的关系曲线

1—微电子器件(MOS器件);2—微电子器件(双极数字电路);3—晶体管(硅NPN50%);4—可变电阻;5—电阻。

(1) 加快传导。在固体材料中,热流是由分子之间相互作用产生的,这就是传导。加快传导散热的措施有:

① 选用导热系数大的材料制造传导零件;

② 加大与导热零件的接触面积;

③ 尽量缩短热传导的路径,在传导路径中不应有绝热或隔热元件。

(2) 加快对流。对流是固体表面与流体表面的热流动,有自然对流和强迫对流之分。在电子设备中流体通常指的是空气。对流散热的措施有:

① 加大温差,即降低周围对流介质的温度;

② 加大流体与固体间的接触面积,如把散热器做成肋片、直尾形、叉指形等;

③ 加大周围介质的流动速度,使它带走更多的热量。

(3) 加快辐射。热由物体沿直线向外射出去是辐射。加快辐射散热的措施有：
① 在发热体表面涂上散热的涂层；
② 加大辐射体与周围环境的温差,亦即周围温度愈低愈好；
③ 加大辐射体的表面面积。

3.6.6.2 热设计的主要内容

电子设备冷却方法的选择要考虑的因素是：电子元器件(设备)的热耗散密度(即热耗散量与设备组装外壳体积之比)、元器件工作状态、设备的复杂积蓄、设备用途、使用环境条件(如海拔高度、气温等)以及经济性等。通常主要考虑电子设备的热耗散密度。

(1) 元器件的热设计。主要是减小元器件的发热量,合理地散发元器件的热量,避免热量蓄积和过热,降低元器件的温升。

(2) 印制板的热设计。主要任务是有效地把印制板上的热引导到外部(散热器的大气中)。

(3) 机箱的热设计。主要任务是在保证设备承受外部各种环境、机械应力的前提下,充分保证对流换热、传导、辐射,最大限度地的把设备产生的热散发出去。

3.7 可靠性试验

可靠性试验是为了了解、评价、分析和提高产品可靠性而进行的试验的总称。产品的可靠性是设计、制造和管理出来的,但应通过试验予以考核、检验。因此可靠性试验是可靠性工程中的一个重要环节。本节介绍可靠性试验的常用类型,重点讲述寿命分布为指数时的统计试验方案和参数的估计。

3.7.1 概述

3.7.1.1 可靠性试验的目的

不同试验有不同的目的,可靠性试验的一般目的如下：

(1) 发现产品在设计、元器件、零部件、原材料和工艺方面的各种缺陷,为改善装备的可靠性提供信息；

(2) 确认产品是否符合可靠性定量要求；

(3) 验证可靠性设计及改进措施的合理性,如可靠性预计的合理性,冗余设计的合理性,选用元器件、原材料及加工工艺的合理性等；

(4) 了解有关元器件、原材料、整机乃至系统的可靠性水平,为设计新产品的可靠性提供依据。

3.7.1.2 可靠性试验的分类

可靠性试验有多种分类方法,下面介绍按试验目的分类方法。

按试验目的可将可靠性试验分为两大类,4个工作项目,如图3-14所示。

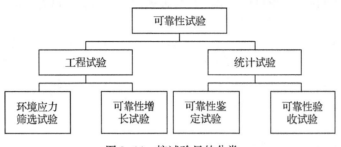

图3-14 按试验目的分类

1. 工程试验

工程试验的目的在于暴露产品的可靠性缺陷,以便采取纠正措施加以排除(或使其出现率低于容许水平)。这种试验由承制方进行,以研制样机为受试产品。在试验过程中,如产品出现可靠性缺陷(故障),一般即时拆换故障件,修复后继续进行试验,然后对故障原因进行分析,采取有效的针对性措施予以纠正,提高产品的可靠性。工程试验可分为环境应力筛选试验和可靠性增长试验。

(1) 环境应力筛选试验(environmental stress screening test, ESST)。筛选是一种通过检验剔除不合格或可能有早期失效产品的方法。检验包括在规定环境条件下的目视检查,实体尺寸测量和功能测量等。某些功能测量是在强应力下进行的。应力筛选是一种特定的筛选,是将机械应力、电应力和(或)热应力施加到产品上,以使元器件和工艺方面的潜在缺陷以早期故障的形式析出的过程。环境应力筛选是一种应力筛选,是为发现和排除不良零部件、元器件、工艺缺陷和防止早期失效的出现在环境应力下所做的一系列试验。典型应力为随机振动、温度循环及电应力。

环境应力筛选的机理是利用加剧的应力,在短时间内将产品内部一些潜在缺陷加速扩大,使其变成故障,以便尽早剔除不合格或可能有早期失效产品的过程。通过ESS可以提高系统整机的可靠性。

(2) 可靠性增长试验(reliability growth test)。为暴露产品的可靠性薄弱环节,并证明改进措施能防止可靠性薄弱环节再现(或使其出现率低于容许水平)而进行的一系列可靠性试验,称为可靠性增长试验。

由于产品复杂性的增加和新技术的应用,产品设计需要有一个不断深化认识、逐步改进完善的过程。研制或初始生产的产品,可能存在某些设计和工艺方面的缺陷,从而导致在试验和初始使用中故障和问题较多。需要通过有计划地采取纠正措施,根除故障产生的原因,从而提高产品的可靠性,逐步达到规定的可靠性要求。可靠性增长就是一个通过逐步改正产品设计和制造中的缺陷,不断提高产品可靠性的过程,它贯穿于产品的整个寿命周期。可靠性增长试验是有计划控制和实现可靠性增长的一种特殊的试验。此外,还有更广义的可靠性研制试验等。

2. 统计试验

统计试验的目的是检验产品是否达到了规定的可靠性要求,而主要不是暴露产品存在的缺陷。可分为可靠性鉴定试验和可靠性验收试验。

(1) 可靠性鉴定试验(reliability qualification test)是为验证产品设计是否达到规定的可靠性要求,由订购方认可的单位按选定的抽样方案,抽取有代表性的产品在规定的条件下所进行的试验,并以此作为批准定型的依据。

(2) 可靠性验收试验(reliability acceptance test)是为验证批生产产品是否达到规定的可靠性要求,在规定条件下所进行的试验,其目的是确定产品是否符合规定的可靠性要求。

此外,还有了解产品可靠性水平的可靠性测定试验也是属于统计试验。

以下着重讨论统计试验及参数估计。

3.7.2 统计试验方案的制定

按产品寿命分布特点来分类,试验方案可以分为两大类,即连续型和成败型。

3.7.2.1 连续型

当产品的寿命为指数、威布尔、正态或对数正态等分布时,可采用连续型统计试验方案。实践证明,很多电子产品的寿命服从指数分布。从理论上说,一个产品由很多部分组成,不论这些组成部分的寿命是什么分布,只要产品的任一部分出了故障,即予修复再投入使用,则较长时间之后,产品的寿命基本上服从指数分布。因此,目前国内外颁发的标准试验方案都属于指数分布。本书仅介绍指数分布的试验方案,它可以分为全数试验、定时截尾试验、定数截尾试验、序贯截尾试验等几种。

(1) 全数试验:是指对生产的每台产品都做试验。该试验仅在极特殊情况(如出于安全或完成任务的需要)时才采用。

(2) 定时截尾试验:是指事先规定试验截尾时间 t_0,利用试验数据评估产品的可靠性特征量。按试验过程中对发生故障的产品所采取的措施,又可分为无替换和有替换两种方案。前者指产品发生故障就撤去,在整个试验过程中,随着故障产品的增加,样本随之减少。而后者则是当试验中某产品发生故障,立即用一个新产品代替,在整个试验过程中保持样本数不变。

定时截尾试验方案的优点是,由于事先已确定了最大的累积试验时间,便于计划管理并能对产品 MTBF 的真值作估计,所以得到广泛的应用。但其主要缺点是为了做出判断,质量很好的或很差的产品都要经历很长的累积试验时间。

(3) 定数截尾试验:是指事先规定试验截尾的故障数,利用试验数据评估产品的可靠性特征量。同样也可以分为有替换或无替换两种方案。由于事先不易估计所需的试验时间,所以实际应用较少。

(4) 序贯截尾试验:是按事先拟定的接收、拒收及截尾时间线,在试验期间,对受试产品进行连续地观测,并将累积的相关试验时间和故障数与规定的接收、拒收或继续试验的判据进行比较做出决策的一种试验。如图 3-15 所示。这种方案的主要优点是一般情况下做出判断所要求的平均故障数和平均累积试验时间最小。因此常用于可靠性验收试验。但其缺点是随着产品质量不同,其总的试验时间差别很大,尤其对某些产品,由于不易做出接收或拒收的判断,因而最大累积试验时间和故障数可能会超过相应的定时截尾试验方案。

指数分布的统计试验方案中共有 5 个参数:

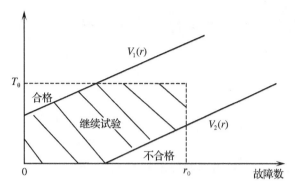

图 3-15 序贯截尾寿命试验

(1) MTBF 检验值的上限值 θ_0。它是可以接收的 MTBF 值。当受试产品的 MTBF 真值接近 θ_0 时,标准试验方案以高概率接收该产品。要求受试产品的可靠性预计值 $\theta_p > \theta_0$,才能进行试验。

(2) MTBF 检验值的下限值 θ_1。它是不可接收的 MTBF 值。当受试产品的 MTBF 真值接近 θ_1 时,标准试验方案以高概率拒绝该产品。按照 GJB 450 的规定,电子产品 θ_1 应等于最低可接收的 MTBF 值。

(3) 鉴别比 $d = \dfrac{\theta_0}{\theta_1}$。$d$ 越小,则做出判断所需的试验时间越长,所获得的试验信息也越多,一般取 1.5、2 或 3。

(4) 生产方风险 α。当产品的 MTBF 真值等于 θ_0 时被拒收的概率,即本来是合格的产品被判为不合格而拒收,使生产方受损失的概率。

(5) 使用方风险 β。当产品的 MTBF 真值等于 θ_1 时被接收的概率,即本来是不合格的产品被判为合格而接收,使用方受损失的概率。

α、β 一般在 0.1~0.3 范围内。

1. 寿命指数分布的定时截尾试验方案

随机抽取一个样本量为 n 的样本,进行可靠性寿命试验。试验进行到累积寿命达预定值 T^* 时截止。设在试验过程中共出现 r 次故障。如 $r \leq A_c$(接收数),认为这批产品可靠性合格,可接收;如 $r \geq R_e$(拒收数),认为这批产品可靠性不合格,拒收。

设产品的可靠度为 $R(t)$,不可靠度 $F(t) = 1 - R(t)$,由于产品的寿命是指数分布的,故 $R(t) = e^{-\lambda t}$,$F(t) = 1 - e^{-\lambda t}$,到时间 t 时,n 个产品中出现 r 个故障的概率为

$$\binom{n}{r} F^r(t) R^{n-r}(t)$$

故到时间 t 时,出故障的产品数 $r \leq A_c = c$ 从而被接收的概率为

$$L(\lambda) = \sum_{r=0}^{c} \binom{n}{r} F^r(t) R^{n-r}(t)$$

由于一般的 λ 值很低,故

$$R(t) = e^{-\lambda t} \approx 1 - \lambda t, \quad F(t) = 1 - e^{-\lambda t} \approx \lambda t$$

即接收概率
$$L(\lambda) = \sum_{r=0}^{c} \binom{n}{r} (\lambda t)^r (1-\lambda t)^{n-r}$$

在 $n\lambda t \leq 5, F(t) \leq 0.10$ 的条件下,二项概率可用泊松概率近似,即
$$L(\lambda) \approx \sum_{r=0}^{c} \frac{(n\lambda t)^r}{r!} e^{-n\lambda t}$$

一般情况下 n 都较小,故 $T^* \approx nt$,从而 $L(\lambda) \approx \sum_{r=0}^{c} \frac{(\lambda T^*)^r}{r!} e^{-\lambda T^*}$

对指数寿命的设备,$\lambda = \frac{1}{\theta}$,故接收概率亦是 θ 的函数:

$$L(\theta) \approx \sum_{r=0}^{c} \frac{\left(\frac{T^*}{\theta}\right)^r}{r!} e^{-\frac{T^*}{\theta}}$$

使用方要求设备平均寿命 θ 的极限质量为 θ_1,相应的使用方风险为 β;可接收质量 θ_0,相应的生产方风险为 α。于是应有

$$\begin{cases} L(\theta_0) \approx \sum_{r=0}^{c} \frac{\left(\frac{T^*}{\theta_0}\right)^r}{r!} e^{-\frac{T^*}{\theta}} = 1-\alpha \\ L(\theta_1) \approx \sum_{r=0}^{c} \frac{\left(\frac{T^*}{\theta_1}\right)^r}{r!} e^{-\frac{T^*}{\theta}} = \beta \end{cases}$$

解此联立方程就可得 T^* 及 c。一般 T^*,c 只能通过尝试法得到。

GJB 899 提供了标准型的定时试验方案。标准型试验方案采用正常的 α、β 为 10%~20%。MTBF 的可接收质量水平 θ_0 与最低可接收水平 θ_1 之比即鉴别比 $d=\frac{\theta_0}{\theta_1}$ 取 1.5、2.0、3.0。由于在方案中的接收数 $A_c=c$、拒收数 $R_e=c+1$ 都只可能是整数,因此 $P(\theta_0)$ 及 $P(\theta_1)$ 只能尽量分别接近原定的 $1-\alpha$ 与 β。原定的 α、β 值称为名义值,α、β 的实际值 α'、β' 见表 3-12。这些方案的试验时间以 θ_1 作为单位。

选用定时截尾试验方案的程序如下。

第 1 步:在合同中规定,而且通常是由订购方提出可靠性指标时就提出检验要求,包括 θ_0、θ_1、α 和 β 值,可得到鉴定比 $d=\frac{\theta_0}{\theta_1}$。

第 2 步:根据 θ_1、d、α、β 值查表,得相应的试验时间(θ_1 的倍数)、A_c 及 $R_e = A_c + 1$ 值。

第 3 步:根据使用方规定的 MTBF 的验证区间或置信区间 (θ_L, θ_U) 的置信度 γ(建议 $\gamma=1-2\beta$),由试验现场数据估出 (θ_L, θ_U) 和观测值(点估计值)$\hat{\theta}$。当试验结果做出接收判决时(该试验停止前出现的责任故障数一定小于或等于接收判决的故障数 A_c,试验必定是在达到规定的试验时间而停止的),此时根据定时截尾公式进行估计。试验过程中若故障数达到拒收的判决故障数 R_e 即可停止试验,并做出拒收判决(这实质上是根据预定的 R_e 的定数截尾判决),此时根据定数截尾公式进行估计。

表 3-12 标准型定时试验方案表(部分)

方案号	决策风险/(%)				鉴别比 $d=\dfrac{\theta_0}{\theta_1}$	试验时间 (θ_1 的倍数)	判决故障数	
	名义值		实际值				拒收数($\geq$) R_e	接收数($\leq$) A_c
	α	β	α'	β'				
9	10	10	12.0	9.9	1.5	45.0	37	36
10	10	20	10.9	21.4	1.5	29.9	26	25
11	20	20	19.7	19.6	1.5	21.5	18	17
12	10	10	9.6	10.6	2.0	18.8	14	13
13	10	20	9.8	20.9	2.0	12.4	10	9
14	20	20	19.9	21.0	2.0	7.8	6	5
15	10	10	9.4	9.9	3.0	9.3	6	5
16	10	20	10.9	21.3	3.0	5.4	4	3
17	20	20	17.5	19.7	3.0	4.3	3	2

例 3-13 设 $\theta_1=500\text{h}, d=2.0, \alpha=\beta=20\%$。试设计一个指数寿命设备的可靠性定时试验方案。

解:此时 $\theta_0=d\theta_1=2.0\times 500\text{h}=1000\text{h}$,令 $\alpha=\beta=20\%$,查方案表,方案号为 14。查得相应的试验时间为 7.8(单位:θ_1),故为 $7.8\times 500=3900\text{h}$,$A_c=5, R_e=6$。因此方案为:预定总试验时间 $T^*=3900$(台时)。如当试验停止时出现的故障数 $r\leq 5$,则认为该产品可靠性合格,接收;在试验累积时间未达 T^*,故障数 r 达 R_e 时,停止试验,认为该产品可靠性不合格,拒收。可根据试验结果用定时(接收时)或定数(拒收时)截尾公式作点估计及以规定的置信度 γ 作区间估计。

2. 寿命指数分布的定数截尾试验方案

从一批产品中任取 n 个样本,在事先规定的一个截尾的失效个数 r 下进行寿命试验。当 n 个样品中出现第 r 个失效时,试验停止。前面 r 个失效样品时间为

$$t_1 \leq t_2 \leq \cdots \leq t_r \quad (r\leq n)$$

由这些数据,可求出平均寿命 θ 的极大似然估计为

$$\hat{\theta}=\begin{cases}\dfrac{nt_r}{r} & \text{有替换时} \\ \dfrac{1}{r}\left[\sum_{i=1}^{r}t_i+(n-r)t_r\right] & \text{无替换时}\end{cases}$$

则平均寿命的检验规则为

$\hat{\theta}\geq c$,认为产品合格,接收这批产品;

$\hat{\theta}<c$,认为产品不合格,拒收这批产品。

所以对于定数截尾寿命试验抽样方案,在决定截尾失效个数 r 后,尚需确定抽验量 n 和合格判定数 c。在确定了 r、n、c 后,抽样方案的接收概率为

$$L(\theta) = P_\theta(\hat{\theta} \geq c) = P\left(\frac{2r\hat{\theta}}{\theta} \geq \frac{2rc}{\theta}\right)$$

由于 $\frac{2r\hat{\theta}}{\theta}$ 服从自由度为 $2r$ 的 χ^2 分布,所以接收概率 $L(\theta)$ 可由 χ^2 分布表查得,其抽样特性曲线见图 3-16,它是一条上升曲线。

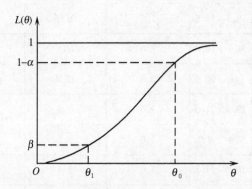

图 3-16 平均寿命抽验方案 OC 曲线

要制订一个定数截尾寿命试验的抽样方案,除了必须给出试验截尾数 r 和二类风险 α、β 外,尚需规定:

(1) 可接受的平均寿命 θ_0。当产品批平均寿命 $\theta \geq \theta_0$ 时,产品是符合要求的,应该以高概率接收,即要求 $L(\theta_0) = 1 - \alpha$;于是当 $\theta \geq \theta_0$ 时,$L(\theta) \geq L(\theta_0) = 1 - \alpha$。

(2) 极限平均寿命 θ_1。当产品批平均寿命 $\theta \leq \theta_1$ 时,产品是不符合要求的,应该以低概率接收,即要求 $L(\theta_1) = \beta$;于是当 $\theta \leq \theta_1$ 时,$L(\theta) \leq L(\theta_1)$。

α、β、θ_0、θ_1 通常根据使用方的要求及生产方的可能协商决定。标准型的定数截尾平均寿命抽样方案是在给定 α、β、θ_0、θ_1 下,由下列方程组确定 n、c、r:

$$\begin{cases} L(\theta_0) = P(\hat{\theta} \leq c; \theta_0) = 1 - \alpha \\ L(\theta_1) = P(\hat{\theta} \leq c; \theta_1) = \beta \end{cases}$$

对于常用的一些两类风险 α、β 及鉴别比 d,定数截尾平均寿命抽样方案见表 3-13。

表 3-13 定数截尾平均寿命抽样表(部分)

鉴别比 $d=\frac{\theta_0}{\theta_1}$	$\alpha=0.05,\beta=0.05$		$\alpha=0.05,\beta=0.10$		$\alpha=0.10,\beta=0.05$		$\alpha=0.10,\beta=0.10$	
	r	c/θ_1	r	c/θ_1	r	c/θ_1	r	c/θ_1
1.5	67	1.212	55	1.184	52	1.241	41	1.209
2	23	1.366	19	1.310	18	1.424	15	1.374
3	10	1.629	8	1.494	8	1.746	9	1.575
5	5	1.970	4	1.710	4	2.180	3	1.835
10	3	2.720	3	2.720	2	2.660	2	2.660

例 3-14 给定 $\alpha = 0.05, \beta = 0.10, \theta_0 = 10 \times 10^6 \text{h}, \theta_1 = 2 \times 10^6 \text{h}$，试制订一个定数截尾平均寿命抽样方案。

解： 由 θ_0、θ_1 计算鉴别比 d

$$d = \frac{\theta_0}{\theta_1} = \frac{10 \times 10^6}{2 \times 10^6} = 5$$

查表 3-14 中 $\alpha = 0.05, \beta = 0.10$ 所在列，$d = 5$ 所在行得

$$r = 4, \frac{c}{\theta_1} = 1.710, c = 1.710, \theta_1 = 1.710 \times 2 \times 10^6 (\text{h}) = 3.42 \times 10^6 (\text{h})$$

这样就得到一个试验方案。任取 n 个产品进行定数截尾寿命试验（无替换或有替换，若为无替换，n 要超过 4），试验到有 4 个产品失效停止。根据上述公式计算其平均寿命 $\hat{\theta}$。

若 $\hat{\theta} \geq 3.42 \times 10^6 \text{h}$，则此产品批通过；

若 $\hat{\theta} < 3.42 \times 10^6 \text{h}$，则此产品批不通过。

此方案与抽验量 n 无关，这就给了我们根据实际情况来挑选 n 的余地。假如要求试验时间短一些，那就要多选一些样品参加试验，因为投试样品数愈多，r 个失效产品就可提前发生。反之，假如投试样品不能很多，那么要在较长时间内才可能有 r 个产品失效。

在定数截尾寿命试验下，平均寿命抽样方案中，是用 n 个产品的总试验时间求出平均寿命 θ 的估计量 $\hat{\theta}$，与合格判定数 c 作比较后再对产品批做出判断，因而充分利用了截尾子样所提供的信息，从而可减少抽验量 n 或试验时间 t。但其最大缺点是试验时间无法控制，因为第 r 个失效何时发生是一个随机变量，难以预先估计，给科研和生产管理带来困难。所以在平均寿命的抽样检验中，更多的是用定时截尾寿命试验下的抽样方案。

3. 寿命指数型序贯试验方案

1）原理

在给定 θ_0、θ_1、α、β 后，要求得到指数型寿命产品的序贯寿命试验方案。

设产品的平均寿命为 θ，则"在试验时间 T 内出现了 r 次故障"结果的概率为

$$P(\theta) = \left(\frac{T}{\theta}\right)^r \frac{e^{-\frac{T}{\theta}}}{r!}$$

如果 $\theta = \theta_0$，则出现试验结果的概率为

$$P(\theta_0) = \left(\frac{T}{\theta_0}\right)^r \frac{e^{-\frac{T}{\theta_0}}}{r!}$$

如果 $\theta = \theta_1$，则出现试验结果的概率为

$$P(\theta_1) = \left(\frac{T}{\theta_1}\right)^r \frac{e^{-\frac{T}{\theta_1}}}{r!}$$

这两个概率之比为

$$\frac{P(\theta_1)}{P(\theta_0)} = \left(\frac{\theta_0}{\theta_1}\right)^r e^{-\left(\frac{1}{\theta_1} - \frac{1}{\theta_0}\right)T}$$

根据序贯检验的思想，选择 A、$B(A>B)$

如果 $\frac{P(\theta_1)}{P(\theta_0)} \leq B$，认为 $\theta = \theta_0$，接收；

如果 $\dfrac{P(\theta_1)}{P(\theta_0)} \geq A$，认为 $\theta = \theta_1$，拒收；

如果 $A > \dfrac{P(\theta_1)}{P(\theta_0)} > B$，继续试验。

据 Wald 的建议，取 $A \approx \dfrac{1-\beta}{\alpha}, B \approx \dfrac{\beta}{1-\alpha}$

于是继续试验的条件为 $A > \left(\dfrac{\theta_0}{\theta_1}\right)^r e^{-\left(\dfrac{1}{\theta_1}-\dfrac{1}{\theta_0}\right)T} > B$

两端取自然对数，得 $\ln A > r\ln\dfrac{\theta_0}{\theta_1} - \left(\dfrac{1}{\theta_1}-\dfrac{1}{\theta_0}\right)T > \ln B$，即

$$\dfrac{-\ln A + r\ln\dfrac{\theta_0}{\theta_1}}{\dfrac{1}{\theta_1}-\dfrac{1}{\theta_0}} < T < \dfrac{-\ln B + r\ln\dfrac{\theta_0}{\theta_1}}{\dfrac{1}{\theta_1}-\dfrac{1}{\theta_0}}$$

令

$$h_1 = \dfrac{\ln A}{\dfrac{1}{\theta_1}-\dfrac{1}{\theta_0}}, h_0 = \dfrac{-\ln B}{\dfrac{1}{\theta_1}-\dfrac{1}{\theta_0}}, s = \dfrac{-\ln\dfrac{\theta_0}{\theta_1}}{\dfrac{1}{\theta_1}-\dfrac{1}{\theta_0}}$$

则得继续试验的条件为 $-h_1 + sr < T < h_0 + sr$

注意到 $A > 1, B < 1$，故 $\ln A > 0, \ln B < 0$，从而 h_0, h_1 皆为正。

令 $V_1(r) = h_0 + sr, V_2(r) = -h_1 + sr$ 以 r 为横坐标，累积试验时间 T 为纵坐标，$V_1(r) = h_0 + sr$ 及 $V_2(r) = -h_1 + sr$ 是斜率为 s 的两条平行线，其截距分别为 $-h_1$ 及 h_0，如图 3-17(a) 所示。为使用方便，以时间轴为横轴，变成图 3-17(b)。

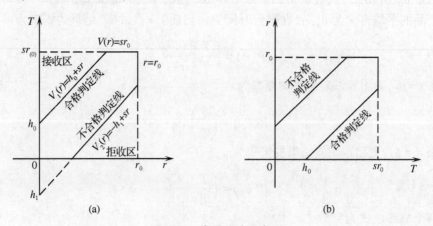

图 3-17 序贯试验示意图

如 $T \geq h_0 + sr$，相当于 $\dfrac{P(\theta_1)}{P(\theta_0)} \leq B$，故认为产品可靠性合格，接收此批产品。此时，点 (T,r) 将位于 $V_1(r) = h_0 + sr$ 的下方。故 $V_1(r) = h_0 + sr$ 称为"合格判定线"。

如 $T \leq -h_1 + sr$，相当于 $\frac{P(\theta_1)}{P(\theta_0)} \geq A$，故认为产品可靠性不合格，拒收此批产品。此时，点 (T,r) 将位于 $V_2(r) = -h_1 + sr$ 的上方。故 $V_2(r) = -h_1 + sr$ 称为"不合格判定线"。如 $-h_1 + sr < T < h_0 + sr$，相当于 $A > \frac{P(\theta_1)}{P(\theta_0)} > B$，需继续试验。此时点 (T,r) 位于合格判定线与不合格判定线之间。合格判定线以下称为"接收区"，不合格判定线以上称为"拒收区"。合格判定线与不合格判定线之间是"继续试验区"。

上述序贯试验有一个缺点，点 (T,r) 有可能一直滞留在继续试验区内，迟迟做不出判决。为此采用了下述强迫停止试验办法：取适当的截尾数 r_0。让直线 $r = r_0$ 与直线 $V(r) = sr_0$ 交于 (sr_0, r_0)。作直线 $V(r) = sr_0$ 平行于纵轴。$V(r) = sr_0$ 称为截尾合格判定线。如 (T,r) 穿越 $V(r) = sr_0$，就算进入接收区，接收。$r = r_0$ 称为截尾不合格判定线。如 (T,r) 穿越 $r = r_0$，就算进入拒收区，拒收。如图 3-17(a) 所示。

GJB 899(即 MIL-STD-781) 提供了标准型序贯试验方案 1~6。各方案的决策风险和鉴别比如表 3-14 所列。由于 A_c、R_e 取整数及截尾，使 α、β 的实际值与名义值有一些不同。

为了避免做图的麻烦(有时做图还不精确)，可事先计算出各方案对应于不同故障数的接收累积试验时间及拒收累积试验时间，用表格形式给出，以便查阅。表 3-15 给出了方案 4 的接收—拒收累积试验时间表。

表 3-14 标准型序贯试验方案简表

方案号	决策风险/(%)				鉴别比 $d = \frac{\theta_0}{\theta_1}$	判别标准
	名义值①		实际值			
	α	β	α'	β'		
1	10	10	11.1	12.0	1.5	略
2	20	20	22.7	23.2	1.5	略
3	10	10	12.8	12.8	2.0	略
4	20	20	22.3	22.5	2.0	见表 3-16
5	10	10	11.1	10.9	3.0	略
6	20	20	18.2	19.0	3.0	略

①名义值又叫标称值，用来称呼各方案的决策风险。

表 3-15 方案 4 的接收—拒收累积试验时间表①

故障数	累积总试验时间(单位：θ_1)②		故障数	累计总试验时间(单位：θ_1)	
	拒收($\leq$) T_{R_e}	接收($\geq$) T_{A_c}		拒收($\leq$) T_{R_e}	接收($\geq$) T_{A_c}
0	不适用	2.80	5	4.86	9.74
1	不适用	4.18	6	6.24	9.74
2	0.70	5.58	7	7.62	9.74
3	3.08	6.96	8	9.74	不适用
4	3.46	8.34			

①总试验时间是全部受试产品工作时间的总和；
②实际截止时间是表上的截止时间乘以试验的 MTBF 下限(θ_1)。

2) 检验程序

序贯试验的程序如下:

第1步:使用方及生产方协商确定 θ_0、θ_1、α、β。$d = \dfrac{\theta_0}{\theta_1}$ 取 1.5、2.0、3.0 之一,α、β 取 10%、20%(短时高风险试验方案30%)。

第2步:查出相应的方案号及相应的序贯试验判决表。判决表中的时间以 θ_1 为单位,使用时应将判决表中的时间乘以 θ_1 得到实际的判决时间 T_{A_c} 及 T_{R_e}(T_{A_c} 为接收判决时间,T_{R_e} 为拒收判决时间)。

第3步:进行序贯可靠性试验。如为可靠性验收试验,每批产品至少应有两台接受试验。样本量建议为批产品的10%,但最多不超过20台。进行试验时,将受试产品的实际总试验时间 T(台时)及故障数 r 逐次和相应的判决值 T_{A_c}、T_{R_e} 进行比较:

如果 $T \geqslant T_{A_c}$,判决接收,停止试验;

如果 $T \leqslant T_{R_e}$,判决拒收,停止试验;

如果 $T_{R_e} < T < T_{A_c}$,继续试验,到下一个判决值时再做比较,直到可以做出判决,停止试验时为止。

例3-15 使用方及生产方对飞机上用的黑盒子的可靠性验收试验协定为:$\theta_1 = 50$h,$\theta_0 = 100$h($d = \dfrac{\theta_0}{\theta_1} = 100\text{h}/50\text{h} = 2.0$)符合GJB 899的鉴别比值要求),$\alpha = \beta = 20\%$。试拟定它的序贯寿命试验方案。

解:第1步:已定 $\theta_1 = 50$h,$\theta_0 = 100$h;$\alpha = 20\%$,$\beta = 20\%$

第2步:查得应用方案4,其判决标准为表3-15。实际的 $\alpha = 22.3\%$,$\beta = 22.5\%$,与名义值 $\alpha = 20\%$,$\beta = 20\%$ 略有不同,相应的序贯判决表如表3-16所列,用 $\theta_1 = 50$h 转化为实际的判决时间。

表3-16 例3-15的序贯试验表

故障数	累积总试验时间/h		故障数	累积总试验时间/h	
	拒收($\leqslant$)T_{R_e}	接收($\geqslant$)T_{A_c}		拒收($\leqslant$)T_{R_e}	接收($\geqslant$)T_{A_c}
0	不适用	140	5	243	487
1	不适用	209	6	314	487
2	35	279	7	381	487
3	104	384	8	487	不适用
4	173	417			

第3步:进行序贯可靠性试验。样品台数至少两台,具体数量由双方协定。

例3-16 在例3-15的黑盒子试验中,到累积总试验487台时,共出现5个故障,出故障时的总累积试验时间为(单位:h):50,90,120,250,390,问如何判决?

解:根据例3-14的接收 T_{A_c} 及拒收 T_{R_e} 表:

第1个故障相应的累积总试验时间 $T_1 = 50$,50<209;

第2个故障相应的累积总试验时间 $T_2 = 90$,35<90<279;

第 3 个故障相应的累积总试验时间 $T_3 = 120, 104<120<348$；
第 4 个故障相应的累积总试验时间 $T_4 = 250, 173<250<417$；
第 5 个故障相应的累积总试验时间 $T_5 = 390, 243<390<487$。
都在继续试验区内，继续试下去到累积总试验时间 487h 仍只有 5 个故障，故予以接收。

3.7.2.2 成败型

对于以可靠度或成功率为指标的重复使用或一次使用的产品，可以选用成功率试验方案。成功率是指产品在规定的条件下使用（试验）成功的概率。成功率观测值可以定义为在试验结束时，成功的试验次数与总试验次数的比值。成功率试验方案是基于假设每次试验在统计意义上是独立的。因此对于重复使用的产品，在两次试验之间应按正常维护的要求进行合理的维护，以保证每次试验开始时的状况和性能都相同。

按照 GB 5080 规定，成功率试验方案有序贯截尾试验和定数截尾试验两种。

成功率试验方案共有 5 个参数：

(1) 可接收的成功率 R_0。当产品的成功率真值等于 R_0 时，以高概率接收。

(2) 不可接收的成功率 R_1。当产品的成功率真值等于 R_1 时，以高概率拒绝，试验方案中的 R_1 应等于合同中规定的最低可接收的可靠度（成功率）值。

(3) 鉴别比 $D_R = \dfrac{1-R_1}{1-R_0}$，一般取为 1.5、2、3。

(4) 生产方风险 α。

(5) 使用方风险 β。

α、β 一般在 0.1～0.3 范围内。

由以上 5 个参数，依据二项分布可确定出相应的一次统计试验方案 $(n|c)$，按此方案的统计试验步骤为：随机抽取 n 个样本进行试验，其中有 r 个失败，若 $r \leq c$，认为批产品的可靠性合格，可接收；若 $r \geq c+1$，认为批产品可靠性不合格，拒收。

3.7.3 指数寿命分布的参数估计

在许多情况下，人们不但要通过试验判别产品可靠性是否合格，而且希望估计其寿命。下面以无替换的定数截尾寿命试验为例介绍平均寿命的点估计、区间估计的极大似然法。

3.7.3.1 平均寿命的点估计

假设：

(1) $(t_1, \cdots, t_n)$ 为相互独立同分布的指数分布，$f(t) = \dfrac{1}{\theta} e^{-\frac{t}{\theta}}$；

(2) 按大小排序为 $t_{(1)} \leq t_{(2)} \leq \cdots \leq t_{(n)}$；

(3) 试验进行到 $t_{(r)}$ 时停止，也就是进行到第 r 个失效时为止，$t_{(1)} \leq t_{(2)} \leq \cdots \leq t_{(r)}$ $(0 < r \leq n)$。

在上述假设下，θ 的极大似然估计量为

$$\hat{\theta} = \frac{T^*}{r}$$

其中总试验时间 $$T^* = \sum_{i=1}^{r} t_{(i)} + (n-r)t_{(r)}$$

3.7.3.2 平均寿命的区间估计

定理：指数分布 $f(t) = \frac{1}{\theta}e^{-\frac{t}{\theta}}$ 的样本大小为 n 的前 r 个观测值 $t_{(1)} \leqslant t_{(2)} \leqslant \cdots \leqslant t_{(r)}$，其总试验时间 $T^* = \sum_{i=1}^{r} t_{(i)} + (n-r)t_{(r)}$，则有

$$\frac{2T^*}{\theta} \sim \chi^2(2r)$$

证明：$t_{(i)}(i=1,2,\cdots,r)$ 的联合概率密度函数为

$$f(t_{(1)},\cdots,t_{(r)}) = \frac{n!}{(n-r)!}\left[\prod_{i=1}^{r}\frac{1}{\theta}e^{-\frac{t_{(i)}}{\theta}}\right]\left[e^{-\frac{t_{(r)}}{\theta}}\right] = \frac{n!}{(n-r)!}\frac{1}{\theta^r}e^{-\frac{T^*}{\theta}}$$

做变换：$W_1 = nt_{(1)}, W_i = (n-i+1)[t_{(i)} - t_{(i-1)}]$ $(i=2,\cdots,r)$
即 W_i 为第 $i-1$ 次失效与第 i 次失效之间的总试验时间。显然

$$T^* = \sum_{i=1}^{r} W_i, \text{而 } t_{(i)} = \sum_{j=1}^{i}\frac{W_j}{n-j+1} \quad (i=2,\cdots,r)$$

则变换的雅可比行列式为

$$\frac{\partial(t_{(1)},\cdots,t_{(r)})}{\partial(W_1,\cdots,W_r)} = \begin{vmatrix} \frac{1}{n} & & & & \\ \frac{1}{n} & \frac{1}{n-1} & & 0 & \\ \frac{1}{n} & \frac{1}{n-1} & \frac{1}{n-2} & & \\ \vdots & \vdots & \vdots & \ddots & \\ \frac{1}{n} & \frac{1}{n-1} & \frac{1}{n-2} & \cdots & \frac{1}{n-r+1} \end{vmatrix} = \frac{(n-r)!}{n!}$$

故 $W_i(i=1,\cdots,r)$ 的联合概率密度函数为

$$g(W_1,\cdots,W_r) = f(t_{(1)},\cdots,t_{(r)})\left|\frac{\partial(t_{(1)},\cdots,t_{(r)})}{\partial(W_1,\cdots,W_r)}\right| = \frac{1}{\theta^r}\exp\left(\frac{1}{\theta}\sum_{i=1}^{r}W_i\right)$$

则 $W_i \sim \frac{1}{\theta}e^{-\frac{W_i}{\theta}}(i=1,2,\cdots,r)$ 相互独立，即 $2\frac{W_i}{\theta} \sim \chi^2(2)(i=1,2,\cdots,r)$ 相互独立，

故 $$2\frac{T^*}{\theta} = 2\frac{1}{\theta}\sum_{i=1}^{r}W_i \sim \chi^2(2r)$$

证毕。

利用上面结果可以得到

（1）θ 以 $1-\alpha$ 为置信度的双边置信区间为

$$\theta \in \left[\frac{2T^*}{\chi^2_{\frac{\alpha}{2}}(2r)}, \frac{2T^*}{\chi^2_{1-\frac{\alpha}{2}}(2r)}\right]$$

(2) θ 以 $1-\alpha$ 为置信度的单侧下限为

$$\theta \leq \frac{2T^*}{\chi_\alpha^2(2r)}$$

例 3-17 有一批晶体管,已知其寿命服从指数分布,现从该批产品中随机抽取 10 只,进行无替换的定数截尾(规定失效数 $r=5$)寿命试验,其 5 只产品失效的时间为

$$t_1 = 50\text{h}, t_2 = 75\text{h}, t_3 = 125\text{h}, t_4 = 250\text{h}, t_5 = 300\text{h}$$

试求该批晶体管的平均寿命的双边置信区间($\alpha=0.10$)。

解:$T^* = 50 + 75 + 125 + 250 + 300 + (10-5) \times 300 = 2300\text{h}$

$$r = 5, \frac{\alpha}{2} = 0.05, 1-\frac{\alpha}{2} = 0.95, \chi_{0.05}^2(10) = 18.307, \chi_{0.95}^2(10) = 7.261$$

$$\frac{2T^*}{\chi_{0.05}^2(10)} = \frac{2 \times 2300}{18.307} = 251.2\text{h}, \frac{2T^*}{\chi_{0.95}^2(10)} = \frac{2 \times 2300}{7.261} = 1167.5\text{h}$$

所以置信度为 0.9 时 θ 的置信区间为 [251.2h, 1167.5h]。

3.7.4 加速寿命试验

寿命试验(包括截尾寿命试验)方法是基本的可靠性试验方法。在正常工作条件下,常常采用寿命试验方法去估计产品的各种可靠性特征。但是这种方法对寿命特别长的产品来说,就不是一种合适的方法。因为它需要花费很长的试验时间,甚至来不及做完寿命试验,新的产品又设计出来,老产品就要被淘汰了。所以这种方法与产品的迅速发展是不相适应的。经过人们的不断研究,在寿命试验的基础上,找到了加大应力、缩短时间的加速寿命试验方法。

加速寿命试验是用加大试验应力(诸如热应力、电应力、机械应力等)的方法,加快产品失效,缩短试验周期,运用加速寿命模型,估计出产品在正常工作应力下的可靠性特征。

下面就加速寿命试验的思路、分类、参数估计方法及试验组织方法做一简单介绍。

3.7.4.1 问题

高可靠的元器件或者整机其寿命相当长,尤其是一些大规模集成电路,在长达数百万小时以上无故障。要得到此类产品的可靠性数量特征,一般意义下的截尾寿命试验便无能为力。解决此问题的方法,目前有以下几种。

1. 故障数 $r=0$ 的可靠性评定方法

如指数分布产品的定时截尾试验

$$\theta_L = \frac{2S(t_0)}{\chi_\alpha^2(2)}$$

式中:$2S(t_0)$ 为总试验时间。α 为风险,$\alpha=0.1$ 时,$\chi_{0.1}^2(2) = 4.605 \approx 4.6$;当 $\alpha=0.05$ 时,$\chi_{0.05}^2(2) = 5.991 \approx 6$。

2. 加速寿命试验方法

如半导体器件在理论上其寿命是无限长的,但由于工艺水平及生产条件的限制,其寿命

不可能无限长。在正常应力水平 S_0 条件下,其寿命还是相当长的,有的高达几十万甚至数百万小时以上。这样的产品在正常应力水平 S_0 条件下,是无法进行寿命试验的,有时进行数千小时的寿命试验,只有个别半导体器件发生失效,有时还会遇到没有一只失效的情况,这样就无法估计出此种半导体器件的各种可靠性特征。因此选一些比正常应力水平 S_0 高的应力水平 $S_1, S_2, \cdots, S_k$,在这些应力下进行寿命试验,使产品尽快出现故障。

3. 故障机理分析方法

研究产品的理、化、生微观缺陷,研究缺陷的发展规律,从而预测产品的故障及可靠性特征量。

3.7.4.2 加速寿命试验的思路

产品故障的应力—强度模型如图 3-18 所示。

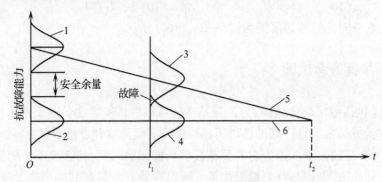

图 3-18 应力—强度模型
1,3—强度分布;2,4—应力分布;5—强度曲线;6—应力曲线。

当应力小于强度时产品是可靠的,即 $R(t) = P\{应力 < 强度\}$;当应力大于等于强度时产品会发生故障,即 $F(t) = P\{应力 \geq 强度\}$。如果应力与强度均为确定型(如图中曲线 5,6),产品在 t_2 时刻故障;如果应力与强度均为概率型(如图中分布 1~4),产品在 t_1 时刻会以一定概率发生故障。

由此可知,要使产品早一点出现故障,要么加大应力,要么减少强度。因当产品一经加工形成后,其强度也就基本固定了,所以可行的办法是提高应力,以缩短寿命试验周期。

3.7.4.3 加速寿命试验的分类

加速寿命试验通常分为以下三种:

(1) 恒定应力加速寿命试验(目前常用)。它是将一定数量的样品分为几组,每组固定在一定的应力水平下进行寿命试验,要求选取各应力水平都高于正常工作条件下的应力水平。试验做到各组样品均有一定数量的产品发生失效为止,如图 3-19 所示。

(2) 步进应力加速寿命试验。它是先选定一组应力水平,譬如是 $S_1, S_2, \cdots, S_k$,它们都高于正常工作条件下的应力水平 S_0。试验开始时把一定数量的样品在应力水平 S_1 下进行试验,经过一段时间,如 t_1 后,把应力水平提高到 S_2,未失效的产品在 S_2 应力水平下继续进行试验,如此继续下去,直到一定数量的产品发生失效为止,如图 3-20 所示。

（3）序进应力加速寿命试验。产品不分组，应力不分挡，应力等速升高，直到一定数量的故障发生为止。它所施加的应力水平将随时间等速上升，如图3-21所示。这种试验需要有专门的设备。

在上述三种加速寿命试验中，以恒定应力加速寿命试验更为成熟。尽管这种试验所需时间不是最短，但比一般的寿命试验的试验时间还是缩短了不少。因此它还是经常被采用的试验方法。目前国内外许多单位已采用恒定应力加速寿命试验方法来估计产品的各种可靠性特征，并有了一批成功的实例。下面主要介绍如何组织恒定应力加速寿命试验及其统计分析方法，包括图估计法和数值估计方法。

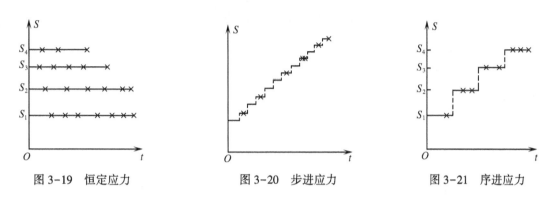

图3-19 恒定应力　　　　图3-20 步进应力　　　　图3-21 序进应力

3.7.4.4 恒定应力加速寿命试验的参数估计

产品不同的寿命分布应有不同的参数估计方法，下面以威布尔寿命分布的产品为例说明，其他寿命分布的估计问题可参考有关文献。

1. 基本假定

在恒定应力加速寿命试验停止后，得到了全部或部分样品的失效时间，接着就要进行统计分析。一定的统计分析方法都是根据产品的寿命分布和产品的失效机理而制定的。因此一个统计分析方法成为可行就必须要有几项共同的基本假定。违反了这几项基本假定，统计分析的结果就不可靠，也得不到合理的解释。因为这几项基本假定是从不少产品能够满足的条件中抽象出来的，所以这几项基本假定对大多数产品来说不是一种约束，只要在安排恒定应力加速寿命试验时注意到这几项基本假定，它们就可以被满足。

（1）设产品的正常应力水平为S_0，加速应力水平确定为$S_1,S_2,\cdots,S_k$，则在任何水平S_i下，产品的寿命都服从或近似服从威布尔分布，其间差别仅在参数上。

这一点可在威布尔概率纸上得到验证。

其分布函数为

$$F_{T_i}(t_i) = 1 - \exp\left(-\frac{t_i}{\eta_i}\right)^{m_i} \quad (t_i \geq 0; i = 0,1,2,\cdots,k)$$

（2）在加速应力$S_1,S_2,\cdots,S_k$下产品的故障机理与正常应力水平S_0下的产品故障机理是相同的。

因为威布尔分布的形状参数m的变化反映了产品的故障机理的变化，故有$m_0 = m_1 = $

$m_2 = \cdots = m_k$。

这一点可在威布尔概率纸上得到验证。若不同档次的加速应力所得试验数据在威布尔概率纸上基本上是一组平行直线,则假定(2)就满足了。

(3) 产品的特征寿命 η 与所加应力 S 有如下关系:

$$\ln\eta = a + b\varphi(S)$$

式中:a, b 为待估参数;$\varphi(S)$ 为应力 S 的某一已知函数。

上式通常称为加速寿命方程。

此假定是根据阿伦尼斯方程和逆幂律模型抽象出来的:

因为 $\eta = \beta e^{\frac{E}{KT}}$,所以 $\ln\eta = \ln\beta + \frac{E}{K}\left[\frac{1}{T}\right]$

令 $a = \ln\beta, b = \dfrac{E}{K}$,则有 $\ln\eta = a + b\varphi(T)$

又 因为 $\eta = \dfrac{1}{dV^c}$

所以 $\ln\eta = -\ln d - c\ln V$

令 $a = -\ln d, b = -c$

则 $\ln\eta = a + b\varphi(V)$

国内外大量试验数据表明,不少产品是可以满足上述 3 项基本假定的,也就是说对不少产品是可以进行恒定应力加速寿命试验的。

2. 图估计法

威布尔分布条件下的图估计法步骤:

(1) 分别绘制在不同加速应力下的寿命分布所对应的直线。

(2) 利用威布尔概率纸上的每条直线,估计出相应加速应力下的形状参数 m_i 和特征寿命 η_i。

(3) 由"基本假定"中假定(2)取 k 个 m_i 的加权平均,作为正常应力 S_0 的形状参数 m_0 的估计值,即

$$\hat{m}_0 = \frac{n_1\hat{m}_1 + n_2\hat{m}_2 + \cdots + n_k\hat{m}_k}{n_1 + n_2 + \cdots + n_k}$$

诸 n_i 为第 i 个分组中投试的样品数。

(4) 由"基本假定"中假定(3),在以 $\varphi(S)$ 为横坐标,以 $\ln\eta$ 为纵坐标的坐标平面上描点,根据 k 个点 $(\varphi(S_1), \ln\eta_1), (\varphi(S_2), \ln\eta_2), \cdots, (\varphi(S_k), \ln\eta_k)$ 配置一条直线,并利用这条直线,读出正常应力 S_0 下所对应的特征寿命的对数值 $\ln\hat{\eta}_0$,取其反对数,即得 η_0 的估计值 $\hat{\eta}_0$。

(5) 在威布尔概率纸上做一直线 L_0,其参数分别为 $\hat{m}_0$ 和 $\hat{\eta}_0$。

(6) 利用直线 L_0,在威布尔概率纸上对产品的各种可靠性特征量进行估计。

3.7.4.5 恒定应力加速寿命试验的组织

当我们随机地从一批产品中任取 n 个样品,分成 k 组,在 k 个应力水平下进行恒加试验时,必须事前做周密考虑,慎重仔细地做好试验设计、安排、组织工作,因为恒加试验要花费

较多的人力、物力、时间,事先考虑周到才能得到预期效果。在组织工作和实施过程中应注意以下几个方面。

1. 加速应力 S 的选择

因为产品的失效是由其失效机理决定的,因此就要研究什么应力会产生什么样的失效机理,什么样的应力加大时能加快产品的失效,根据这些研究来选择什么应力可以作为加速应力。通常在加速寿命试验中所指的应力不外乎是机械应力(如压力、振动、撞击等),热应力(温度),电应力(如电压、电流、功率等)。在遇到多种失效机理的情况下,就应当选择那种对产品失效机理起促进作用最大的应力作为加速应力。如温度对电子元件的加速作用,可用"阿伦尼斯方程"描述,即寿命为

$$t = \beta e^{\frac{E}{kT}}$$

式中:β 为正常数,$\beta>0$;k 为玻耳兹曼常数,$k=0.8617\times10^{-4}\mathrm{eV/K}$;$T$ 为热力学温度;E 为激活能(eV)。

直流电压对电容器等的加速作用,可用逆幂率描述,即寿命为

$$t = \frac{1}{dV^c}$$

式中:d,c 为正常数,$d>0,c>0$。

经验数据为 $c=5$。经验还表明,灯泡与电子管灯丝的寿命大约与电压的 13 次方成反比。

值得注意的是,对于电子元器件"温度+振动"这种组合应力,更能加速其故障的出现,只是在统计处理上要困难一些。

2. 加速应力水平 $S_1,S_2,\cdots,S_k$ 的确定

在恒加试验中,安排多少组应力为宜呢?k 取得越大,即水平数越多,则求加速方程中两个系数的估计越精确。但水平数越多,投入试验样品数就要增加,试验设备、试验费用也要增加,这是一对矛盾。在单应力恒加试验中一般要求应力水平数不得少于4,在双应力恒加试验情况下,水平数应适当再增加。

确定加速应力水平 $S_1 < S_2 < \cdots < S_k$ 的一个重要原则,就是在诸应力水平 S_i 下产品的失效机理与在正常应力水平 S_0 下产品的失效机理是相同的。因为进行加速寿命试验的目的就是为了在高应力水平下进行寿命试验,较快获得失效数据,估计出可靠性指标,再利用加速方程外推正常工作应力 S_0 下产品的可靠性指标。假如在加速应力水平 $S_1,S_2,\cdots,S_k$ 和正常应力水平 S_0 下产品的失效机理有本质不同,那么外推将有困难,所以在确定应力水平 $S_1,S_2,\cdots,S_k$ 时,违背这条原则将会导致加速寿命试验的失败。

最低应力水平 S_1 的选取,应尽量靠近正常工作应力 S_0,这样可以提高外推的精度,但是 S_1 又不能太接近 S_0,否则达不到缩短试验时间的目的。最高应力水平 S_k 应尽量选得大一些,但是应注意不能改变失效机理,特别不能超过产品允许的极限应力值。如要估计晶体管常温下的储存寿命,提高储存温度是一个方法,在常温储存时,管芯表面的化学变化是导致晶体管故障的故障机理,温度升高,肯定加速其变化。但当温度升得过高时,会引起焊锡灰化、内引线脱落开路等新的故障机理,于是温度便不能选得过高。合理地确定 S_1 和 S_k 需有丰富的工程经验与专业知识,也可以先做一些试验后再确定 S_1 和 S_k。确定了 S_1 和 S_k

后,中间的应力水平 $S_2,\cdots,S_{k-1}$ 应适当分散,使得相邻应力水平的间隔比较合理。一般有下列 3 种取法。

(1) k 个应力水平按等间隔取值;

(2) 温度按倒数成等间隔取值:

$$\Delta = \left(\frac{1}{T_1} - \frac{1}{T_k}\right)/(k-1), \frac{1}{T_j} - \frac{1}{T_1} = (j-1)\Delta \quad (j = 2,3,\cdots,k-1)$$

(3) 电压 V 按对数等间隔取值:

$$\Delta = (\ln V_k - \ln V_1)/(k-1), \ln V_j = \ln V_1 + (j-1)\Delta \quad (j = 2,3,\cdots,k-1)$$

3. 试验样品的选取与分组

整个恒加试验由 k 组寿命试验组成,每个寿命试验都要有自己的试验样品,假如在应力水平 S_i 下,投入 n_i 个试验样品($i=1,2,\cdots,k$),那么恒加试验所需要的样品数 $n = \sum_{i=1}^{k} n_i$。这 n 个样品应在同一批产品中随机抽取,切忌有人为因素参与作用,将 n 个产品随机地分成 k 组,注意同一组的样品不能都在某一部分抽取。

每一应力水平下,样品数 n_i 可以相等,也可以不等。由于高应力下产品容易失效,低应力下产品不易失效,所以在低应力下应多安排一些样品,高应力水平可以少安排一些样品,但一般每个应力水平下样品数均不宜少于 5 个。

4. 明确失效判据,测定失效时间

受试样品是否失效应根据产品技术规范确定的失效标准判断,失效判据一定要明确,如有自动监测设备,应尽量记录每个失效样品的准确失效时间。

假如没有办法测出失效产品的准确失效时间,可以采用定周期测试方法,即预先确定若干个测试时间

$$0 = \tau_0 < \tau_1 < \tau_2 < \cdots < \tau_l$$

当 n_i 个样品在应力 S_i 下进行寿命试验到 τ_j 时,对受试样品逐个检查其有关指标,判定其是否失效,这样可以得到在测试周期 $(\tau_{j-1},\tau_j]$ 内样品失效数 l_j,而这 l_j 个失效产品的准确失效时间是无法获得的,这种情况称为定周期测试,在这种试验情况下给我们提出了两个问题:①测试时间 $\tau_1,\tau_2,\cdots,\tau_l$ 如何确定比较合理;②在定出诸 τ_j,且知在 $(\tau_{j-1},\tau_j]$ 内失效 l_j 个样品,如何估算出这 l_j 个失效样品的失效时间,下面分别加以讨论。

(1) 测试时间的确定。大家知道,测试时间不能定得太密,否则会增加测试工作量,但是定得太疏,又给统计分析增加困难。要注意测试时间的确定与产品的失效规律和失效机理有关,在可能有较多失效的时间间隔内应测得密一些;而在不大可能失效的时间间隔内可少测几次,尽量使每一测试周期内都有产品发生失效,不应使失效产品过于集中在少数几个测试周期内,如估计产品失效规律是递减型,则测试周期安排时,可先密后疏,如基本上用对数等间隔,取 τ_j 为 1,2,5,10,20,50,100,200,500,1000,2000,$\cdots$或 3,10,30,100,300,1000,3000,$\cdots$。

如估计产品失效是递增型,则测试周期安排时,应先疏后密。

(2) 失效时间的估算。已知在 $(\tau_{j-1},\tau_j]$ 时间内有 l_j 个样品失效,可以用等间隔方式估计此 l_j 个失效样品的失效时间,即在 $(\tau_{j-1},\tau_j]$ 内第 h 个失效时间可用下式计算:

$$\tau_{jh} = \tau_{j-1} + \frac{\tau_j - \tau_{j-1}}{l_j + 1}h \quad (h = 1,2,\cdots,l_j)$$

有时也可以使 h 个失效时间的对数均匀地分布在 $(\ln\tau_{j-1}, \ln\tau_j]$ 内，即在 $(\tau_{j-1}, \tau_j]$ 内第 h 个失效时间用下式计算：

$$\ln\tau_{jh} = \ln\tau_{j-1} + \frac{\ln\tau_j - \ln\tau_{j-1}}{l_j + 1}h \quad (h = 1,2,\cdots,l_j)$$

5. 试验的停止时间

最好能做到所有试验样品都失效，这样统计分析的精度高，但是对不少产品，要做到全部失效将会导致试验时间太长，此时可采用定数截尾或定时截尾寿命试验，但要求每一应力水平下有50%以上样品失效。如果确实有困难，至少也要有30%以上失效。如一个应力水平下只有5个受试样品，则至少要有3个以上失效，否则统计分析的精度较差。

习　题

1. 什么是可靠性分配？常用方法有哪些？
2. 什么是可靠性预计？常用方法有哪些？
3. 某电子系统采用5类元器件，数量及失效率如下表，要求预计系统工作50h时的可靠度。

元器件种类	A	B	C	D	E
数量	1	16	200	300	50
失效率/($10^{-6} \cdot h^{-1}$)	100	5	20	15	1

4. 同上题，如要求工作50h的可靠度为0.9，试进行可靠性分配。
5. 试解释故障模式、故障原因和故障后果及其区别与联系，并举例说明。
6. 试述FMECA的中文含义及定义，并说明它的目的是什么？
7. 对你自己所熟悉的一种装备或部件作FMEA（首先要写出系统的定义，画出系统功能框图和可靠性框图）。
8. 什么叫故障树与故障树分析？
9. FTA的目的、特点、用途有哪些？
10. 某雷达的可靠性框图见图3-22，其中 A 为发射机，B_1，B_2 为天线，C 为接收机，试画出相应的故障树，并求出系统的最小割集。

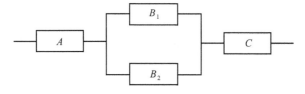

图 3-22　某雷达系统可靠性框图

11. 某装备中的电动机启动电路示意图如图3-23所示。不考虑连线故障，初始条件 S_1，S_2 开关闭合，电动机转动。试建立以电动机不转动为顶事件的故障树。

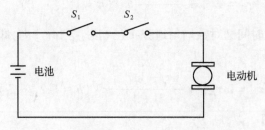

图 3-23 简单电气系统

12. 故障树如图 3-24 所示,试求：
(1) 用上行法求最小割集。
(2) 用下行法求最小割集。
(3) 设备事件发生的概率为 $q_A = 0.01, q_B = 0.02, q_C = 0.03, q_D = 0.04, q_E = 0.05, q_F = 0.06$，试求顶事件发生的概率。

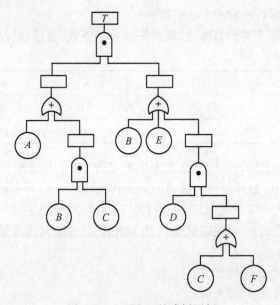

图 3-24 习题 12 故障树图例

13. 用上下限法预计图 3-25 的可靠性。已知：$R_A = R_D = 0.85, R_E = 0.7, R_B = R_C = 0.8, R_F = 0.9$。

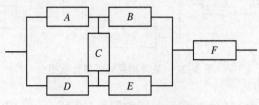

图 3-25 习题 13 可靠性框图

14. 100 只开关管在 300℃ 条件下进行高温贮存试验,贮存时间为 80h,在此期间共有 74 只失效,失效时间如下:

失效时间(h)　　1　　3　　6　　13　　22　　41　　73

失效数(只)　　　5　　4　　14　　23　　11　　13　　4

若此种开关管寿命服从指数分布,试求在 300℃ 下的平均贮存寿命 θ 的估计值。

15. 装备上用的某种电子管共 39 个,进行可靠性试验,每次出现故障便进行更换,更换后使试验继续进行,直到出现 9 次故障为止,其故障时间为(单位:h)

　　　　　　423,1090,2396,3029,3652,3925,8967,10957,11358

假定此种电子管的寿命服从指数分布,求平均寿命 MTBF 的极大似然估计值。

16. 某批元件的寿命分布是指数分布,从该批中随机抽取 20 只进行 500h 的无替换寿命试验,在 500h 以前有 6 只元件失效,该 6 只失效前时间的总和为 956h,要求以 95% 的置信度对 θ 给出单、双侧置信区间。

17. 设某元件寿命服从指数分布。抽其中 50 个元件进行 500h 的寿命试验。在试验期内,在 $t_1 = 110h, t_2 = 180h, t_3 = 300h, t_4 = 410h, t_5 = 480h$ 时各发生一个失效,失效元件不予替换。试确定置信水平为 0.90 的平均寿命 θ 的单侧置信下限。

18. 设某产品的寿命服从指数分布,抽其中 20 个产品进行无替换定时截尾寿命试验。在 500h 内已观察到二次失效,第 1 次在 $t_1 = 200h$,第 2 次在 $t_2 = 450h$,在置信水平为 0.90 下,为满足平均寿命的单侧置信下限为 2000h,还需要继续进行无失效试验多少小时?

第四章
维修性基础

维修性及维修性工程的含义在本书绪论中已有过介绍,本章将对有关概念做进一步的讨论,并对维修性要求和模型做详细介绍。

4.1 维修性的意义

4.1.1 维修性的定义

维修性是装备的一种质量特性,即由设计赋予的使装备维修简便、迅速、经济的固有属性。它同"维修方便"这类传统的要求似乎很接近,但维修性与传统要求有着质的区别,它有其明确的定义。即维修性是产品在规定的条件下和规定的时间内,按规定的程序和方法进行维修时,保持或恢复到规定状态的能力。其中"规定条件"主要指维修的机构和场所,以及相应的人员与设备、设施、工具、备件、技术资料等资源。"规定程序和方法"是指按技术文件规定的维修工作类型(工作内容)、步骤、方法。"规定的时间"是指规定维修时间。在这些约束条件下完成维修即保持或恢复产品规定状态的能力(或可能性)就是维修性。

产品在规定约束条件下能否完成维修,取决于产品的设计和制造,比如维修部位是否容易达到、零部件能否互换、检测是否容易等。所以,维修性是产品的质量特性。这种质量特性可以用一些定性的特征来表达,也可以用一些定量的参数来表达(详见4.3节)。

维修性表现在产品的维修过程中。这里的维修包括预防性维修、修复性维修、战场损伤修复和保养,更全面地说还包含改进性维修以及软件的维护。因此,各种军用装备、民用设备都需要具有维修性。飞机、舰船、车辆、火炮、雷达等装备,平时、战时都要维修,维修性问题自然很重要。像导弹、弹药这类长期储存、一次性使用的装备,尽管发射、飞行过程不会维修,但在储存乃至发射前都要维修,故同样需要维修性。对这类产品更强调的是不工作状态的维修性。可见,各种装备都需要维修性,但可能有不同的侧重点。

除硬件的维修性外,计算机软件也有维修性问题,习惯称为软件可维护性。

装备的测试是维修过程的重要环节。产品是否能够及时地确定其状态并将其内部故障隔离到需要修理的位置,本来就是维修性的重要内容。随着装备的发展,特别是电子系统和设备的普遍应用,测试问题越来越重要、越来越突出。在某些场合,人们把测试性能作为一种单独的特性进行研究。但一般地说,维修性仍然包含测试性。

要使装备的维修性进入设计领域,在研制过程进行设计、分析、验证,必须有明确、具体的维修性指标、要求;否则,就不会有系统的维修性工作。这些指标、要求有定性的和定量的,它们是由维修性工程总目标确定的,是由具体装备的作战需求转化来的。4.2节与4.3节分别介绍定性和定量要求。

4.1.2 固有维修性与使用维修性

维修性是一种设计特性,但这种特性在使用阶段又会受多方面的影响。主要是:

(1) 维修组织、制度、工艺、资源(人力、物力)等对装备使用维修性水平的影响。在装备设计确定的情况下,其固有维修性不变,但使用维修性水平却可能因维修的组织、制度和工艺是否合理,资源保证是否充分而发生变化。

(2) 使用维修可能影响固有维修性的保持。固有维修性取决于设计的技术状态,但不良的维修措施或工艺可能破坏零部件的互换性、可修复性、识别标志乃至维修的安全性,给以后的维修带来困难。

(3) 通过改进性维修可望提高装备的维修性。装备在使用维修中暴露的维修性问题,提供的数据,为维修性的改进提供了依据。结合维修,特别是结合在基地级维修中进行装备改进,可能提高其维修性。

与可靠性相似,维修性也可分为固有维修性和使用维修性。固有维修性也称设计维修性,是在理想的保障条件下表现出来的维修性,它完全取决于设计与制造。然而,使用部门、部队最关心的是使用中的维修性,同时使用阶段也要开展维修性工作。

使用维修性是在实际使用中表现出来的维修性。它不但包括产品设计、生产质量的影响,而且包括安装和使用环境、维修策略、保障延误等因素的综合影响。使用维修性不能直接用设计参数表示,而要用使用参数表示,例如可用平均停机时间(MDT)、使用可用度(A_0)等表示。这些参数通常不能作为合同要求,但却更直接地反映了作战使用需求。在使用阶段考核维修性时,最终还是要看使用维修性。

由于使用阶段的活动对装备维修性有相当大的影响,所以,在使用中要通过多方面的活动,采取措施保持甚至提高装备的维修性,并为新装备研制提供信息。使用阶段的维修性工作与可靠性相似,不再累述。

4.2 维修性定性要求

定性要求是维修简便、迅速、经济的具体化。定性要求有两个方面的作用:一是实现定量指标的具体技术途径或措施,按照这些要求去设计以实现定量指标;二是定量指标的补充,即有些无法用定量指标反映出来的要求,可以定性描述。对不同的装备,维修性定性要求应当有所区别和侧重。以下仅就共同性要求做概括性的介绍。

4.2.1 简化装备设计与维修

"简化"本来是产品设计的一般原则。装备构造复杂,带来使用、维修复杂,随之而来的是对人员技能、设备、技术资料、备件器材等要求提高,以致造成人力、时间及其他各种保障资源消耗的增加,维修费用的增长,同时降低了装备的可用性。因此,简化装备设计、简化维修是最重要的维修性要求。为此,可从以下方面着手。

(1) 简化功能。简化功能就是消除产品不必要乃至次要的功能。通过逐层分析每一产品功能,找出并消除某个或某些不必要或次要的功能,就可能省掉某个或某些零部件甚至装置、分系统,使构造简化。如果某项产品价值很低(功能弱、费用高,或能用装备上的其他产品完成该工作),则宜去掉该功能、该产品。简化功能,不仅适用于主装备,也适用于保障资源(尤其是检测设备、操纵台、运输设施等),特别适用于直觉上需要新的保障资源,而实际上现有的资源(或稍加改进)即可适用于新装备的情况。

(2) 合并功能。合并功能就是把相同或相似的功能结合在一起来执行。显然,这可以简化功能的执行过程,从而简化构造与操作。为了合并功能,需要对各组成单元要执行的各种功能和完成规定任务所需的产品类型进行分析,从简化操作或硬件来达到简化维修、节省资源的目的。合并功能最明显的办法就是把执行相似功能的硬件适当地集中在一起,以便于使用人员操作,"一次办几件事"。

(3) 减少元器件、零部件的品种与数量。减少元器件、零部件的品种与数量,不仅利于减少维修而且可使维修操作简单、方便,降低维修技能的要求,减少备件、工具和设备等保障资源。但是,从增加功能及其他工程学科的要求出发,常常又要增加元器件、零部件的品种与数量。为此,必须进行综合权衡,分析某种零部件、元器件的增减对维修性及其他质量特性,包括对系统效能与费用的影响,以决定其取舍。

(4) 改善产品检测、维修的可达性。可达性取决于产品的设计构型,是影响维修性的主要因素。关于可达性的详细讨论见 4.2.2 节。

(5) 装备与其维修工作协调设计。装备的设计应当与维修保障方案相适应。设计时要合理确定现(外)场可更换单元(LRU)、车间可更换单元(SRU),以便在规定的维修级别的条件下方便地更换。根据装备的使用与构造特点,将装备或其中的某些单元设计成在使用或储存期间无须进行维修的产品,即按"无维修设计"准则进行设计。采用简单、成熟的设计和惯例。良好的设计,可以简化到由产品的简图就可以想到如何拆装,好像"由用户买回自行装配的成套零件"一样。

4.2.2 具有良好的维修可达性

可达性是指产品维修或使用时,接近各个部位的相对难易程度的度量。可达性好,能够迅速方便地达到维修的部位并能操作自如。通俗地说,也就是维修部位能够"看得见、够得着"或者很容易"看得见、够得着",而不需过多拆装、搬动。显然,良好的可达性,能够提高维修的效率,减少差错,降低维修工时和费用。

实现产品的可达性主要措施有两个方面:一是合理地设置各部分的位置,并要有适当的维修操作空间,包括工具的使用空间;二是要提供便于观察、检测、维护和修理的通道。

为实现产品的良好可达性,应满足如下具体要求:

(1) 产品各部分的配置应根据其故障率的高低、维修的难易、尺寸和质量大小以及安装特点等统筹安排。凡需要检查、维护、分解或修理的零部件,都应具有良好的可达性;对故障率高而又经常维修的部位,如电器设备中的保险管、电池及应急开关、通道口,应提供最佳的可达性。产品各系统的检查点、测试点、检查窗、润滑点及燃油、液压、气动等系统的维护点、添加点,都应布局在便于接近的位置上。

(2)为避免各部分维修时交叉作业(特别是机械、电气、液气系统维修中的互相交叉)与干扰,可用专舱、专柜或其他类似形式布局。

(3)尽量做到在检查或维修任一部分时,不拆卸、不移动或少拆卸、少移动其他部分。产品各部分(特别是易损件和常拆件)的拆装要简便,拆装时零部件出进的路线最好是直线或平缓的曲线。要求快速拆装的部件,应采用快速解脱紧固件连接。

(4)需要维修和拆装的机件,其周围要有足够的空间,以便使用测试接头或工具。

(5)合理地设置维修通道。如我国某新型飞机,检修时可打开的舱盖和窗口、通孔有300余处,实现了维修方便、迅速。维修通道口或舱口的设计应使维修操作尽可能简单方便;需要物件出入的通道口应尽量采用拉罩式、卡锁式和铰链式等快速开启的结构。

(6)维修时一般应能看见内部的操作。其通道除了能容纳维修人员的手或臂外,还应留有适当的间隙,可供观察。在不降低产品性能的条件下,可采用无遮盖的观察孔;需遮盖的观察孔应用透明窗或快速开启的盖板。

4.2.3 提高标准化程度和互换性

实现标准化有利于产品的设计与制造,有利于零部件的供应、储备和调剂,从而使产品的维修更为简便,特别是便于装备在战场快速抢修中采用换件和拆拼修理。例如美军坦克由于统一了接头、紧固件的规格等,使维修工具由 M60 坦克的 201 件减为 79 件,这就大大减轻了后勤负担,同时也有利于维修力量的机动。

标准化的主要形式是系列化、通用化、组合化。系列化是对同类的一组产品同时进行标准化的一种形式。即对同类产品通过分析、研究,将主要参数、式样、尺寸、基本结构等做出合理规划与安排,协调同类产品和配套产品之间的关系。通用化是指同类型或不同类型的产品中,部分零部件相同,彼此可以通用。通用化的实质,就是零部件在不同产品上的互换。组合化又称模块化设计,是实现部件互换通用、快速更换修理的有效途径。模块是指能从产品中单独分离出来,具有相对独立功能的结构整体。电子产品更适合采用模块化,例如一些新型雷达采用模块化设计,可按功能划分为若干个各自能完成某项功能的模块,出现故障时则能单独显示故障部位,更换有故障的模块后即可开机使用。

互换性是指在功能和物理特性上相同的产品在使用或维修过程中能够彼此互相替换的能力。当两个产品在实体上、功能上相同,能用一个去代替另一个而不需改变产品或母体的性能时,则称该产品具有互换性;如果两个产品仅具有相同的功能,那就称之为具有功能互换性或替换性的产品。互换性使产品中的零部件能够互相替换,便于换件修理,并减少了零部件的品种规格,简化和节约了备品供应及采购费用。

有关标准化、互换性、通用化和模块化设计的要求如下:

(1)优先选用标准件。设计产品时应优先选用标准化的设备、工具、元器件和零部件,并尽量减少其品种、规格。

(2)提高互换性和通用化程度。在不同产品中最大限度地采用通用的零部件,并尽量减少其品种。军用装备的零部件及其附件、工具应尽量选用能满足使用要求的民用产品。设计产品时,必须使故障率高、容易损坏、关键性的零部件具有良好的互换性。能互换安装的项目,必须能功能互换。当需要互换的项目仅能功能互换时,可采用连接装置来实现安装互换。不同工厂生产的相同型号的成品件、附件必须具有互换性。产品需作某些更改或改进时,要尽量做到新老产品之间能够互换使用。

(3) 尽量采用模块化设计。产品应按照功能设计成若干个能够进行完全互换的模块,其数量应根据实际需要而定。需要在战地或现场更换的部件更应重视模块化,以提高维修效率。模块从产品上卸下来以后,应便于单独进行测试。模块在更换后一般应不需进行调整;若必须调整时,应能单独进行。成本低的器件可制成弃件式的模块,其内部各件的预期寿命应设计得大致相等,并加标志。应明确规定弃件式模块判明报废所用的测试方法、报废标准。

4.2.4 具有完善的防差错措施及识别标记

产品在维修中,常常会发生漏装、错装或其他操作差错,轻则延误时间,影响使用;重则危及安全。因此,应采取措施防止维修差错。著名的墨菲定律(Murphy's Law)指出:"如果某一事件存在着搞错的可能性,就肯定会有人搞错。"实践证明,产品的维修也不例外,由于产品设计原因存在发生维修差错的可能性而造成重大事故者屡见不鲜。如某型飞机的燃油箱盖,由于其结构存在着发生油滤未放平、卡圈未装好、口盖未拧紧等维修差错而不易发现的可能性,曾因此而发生过数起机毁人亡的事故。因此,防止维修差错主要是从设计上采取措施,保证关键性的维修作业"错不了""不会错""不怕错"。所谓"错不了",就是产品设计使维修作业不可能发生差错,比如零件装错了就装不进去,漏装、漏检或漏掉某个关键步骤就不能继续操作,发生差错立即能发现。从而从根本上消除这些人为差错的可能。"不会错"就是产品设计应保证按照一般习惯操作不会出错,比如螺纹或类似连接向右旋为紧,左旋为松。"不怕错"就是设计时采取种种容错技术,使某些安装差错、调整不当等不至于造成严重的事故。

除产品设计上采取措施防差错外,设置识别标志,也是防差错的辅助手段。识别标记,就是在维修的零部件、备品、专用工具、测试器材等上面做出识别记号,以便于区别辨认,防止混乱,避免因差错而发生事故,同时也可以提高工效。

4.2.5 保证维修安全

维修安全性是指能避免维修人员伤亡或产品损坏的一种设计特性。维修性中所说的安全是指维修活动的安全。它比使用时的安全更复杂,涉及的问题更多。维修安全与一般操作安全既有联系又有区别。因为维修中要启动、操作装备,维修安全必须操作安全。但操作安全并不一定能保证维修安全,这是由于维修时产品往往要处于部分分解状态而又可能带有一定的故障,有时还需要在这种状态下作部分的运转或通电,以便诊断和排除故障。设计应保证维修人员在这种情况下工作,不会引起电击以及有害气体泄漏、燃烧、爆炸、碰伤或危害环境等事故。因此,维修安全性要求是产品设计中必须考虑的一个重要问题。

为了保证维修安全,有以下一般要求。

(1) 设计产品时,不但应确保使用安全,而且应保证储存、运输和维修时的安全。要把维修安全作为系统安全性的内容。要根据类似产品的使用维修经验和产品的结构特点,采用事故树等手段进行分析,并在结构上采取相应措施,从根本上防止储存、运输和维修中的事故和对环境的危害。

(2) 设计装备时,应使装备在故障状态或分解状态进行维修是安全的。

(3) 在可能发生危险的部位上,应提供醒目的标记、警告灯、声响警告等辅助预防手段。

(4) 严重危及安全的部分特别对核、生、化学以及高辐射、高电压等危害应有自动防护措施。不要将损坏后容易发生严重后果的部分布局在易被损坏的(例如,外表)位置。

(5) 凡与安装、操作、维修安全有关的地方,都应在技术文件资料中提出注意事项。

(6) 对于盛装高压气体、弹簧、带有高电压等储有很大能量且维修时需要拆卸的装置,应设有备用释放能量的结构和安全可靠的拆装设备、工具,保证拆装安全。

4.2.6　测试准确、快速、简便

产品测试是否准确、快速、简便,对维修有重大影响,这些将在第六章进行专题讨论。

4.2.7　要重视贵重件的可修复性

可修复性(repairability)是当产品的零部件磨损、变形、耗损或其他的形式失效后,可以对原件进行修复,使之恢复原有功能的特性。实践证明,贵重件的修复不仅可节省维修资源和费用,而且对提高装备可用性有着重要的作用。因此,装备设计中要重视贵重件的可修复性。

为使贵重件便于修复,应使其可调、可拆、可焊、可矫,满足如下要求。

(1) 装备的各部分应尽量设计成能够通过简便、可靠的调整装置,消除因磨损或漂移等原因引起的常见故障。

(2) 对容易发生局部耗损的贵重件,应设计成可拆卸的组合件,例如将易损部位制成衬套、衬板,以便于局部修复或更换。

(3) 需加工修复的零件应设计成能保持其工艺基准不受工作负荷的影响而磨损或损坏。必要时可设计专门的修复基准。

(4) 采用热加工修理的零件应有足够的刚度,防止修复时变形。需焊接及堆焊修复的零件,其所用材料应有良好的可焊性。

(5) 对需要原件修复的零件尽量选用易于修理并满足供应的材料。若采用新材料或新工艺时,应充分考虑零部件的可修复性。

除一般修复外,零部件还可以通过再制造技术批量处理,恢复甚至提高其性能。零部件,特别是贵重件设计应当使其具有再制造的特性。

4.2.8　要符合维修中人机环工程的要求

人机环工程又称人的因素工程(human factors engineering),主要研究如何达到人与机器

有效的结合及对环境的适应和人对机器的有效利用。维修的人机环工程是研究在维修中人的各种因素,包括生理因素、心理因素和人体的几何尺寸与装备和环境的关系,以提高维修工作效率、质量和减轻人员疲劳等方面的问题。其基本要求如下。

(1) 设计装备时应按照使用和维修时人员所处的位置、姿势与使用工具的状态,并根据对人体的测量,提供适当的操作空间,使维修人员有个比较合理的维修姿态,尽量避免以跪、卧、蹲、趴等容易疲劳或致伤的姿势进行操作。操作空间和通道要有足够尺寸,允许穿着冬装及防护服的人员进行操作或出入。

(2) 辐射、噪声不允许超过规定标准,如难避免,对维修人员应有保护措施。

(3) 对维修部位应提供适度的自然或人工的照明条件。

(4) 应采取积极措施,减少装备振动,避免维修人员在超过国家规定标准的振动条件下工作。

(5) 设计时,应考虑维修操作中举起、推拉、提起及转动物体时人的体力限度;用力超过限度,应增设机械或自动装置。

(6) 设计时,应考虑使维修人员的工作负荷和难度适当,以保证维修人员的持续工作能力、维修质量和效率。

国家军用标准 GJB/Z 91《维修性设计技术手册》对这些要求及实现途径、措施有详细的规定。

4.3 维修性定量要求

对于装备的维修性设计来说,仅有定性要求是不够的,还必须将其定量化,以便进行计算、验证和评估,并能与其他质量特性进行权衡。描述维修性的量称为维修性参数,而对维修性参数要求的量值称为维修性指标。为说明维修性参数概念,先介绍有关维修性的概率度量——维修性函数。

4.3.1 维修性函数

维修性主要反映在维修时间上。但由于完成每次维修的时间 T 是一个随机变量,所以必须用概率论的方法,从维修性函数出发来研究维修时间的各种统计量。下面介绍几种维修性函数及其对时间的分布。

4.3.1.1 维修度 $M(t)$

维修性用概率来表示,就是维修度 $M(t)$,即产品在规定的条件下和规定的时间内,按规定的程序和方法进行维修时,保持或恢复到规定状态的概率。可表示为

$$M(t) = P\{T \leq t\} \tag{4-1}$$

式(4-1)表示维修度是在一定条件下,完成维修的时间 T 小于或等于规定维修时间 t 的概率。显然 $M(t)$ 是一个概率分布函数。对于不可修复系统 $M(t) = 0$。对于可修复系统,$M(t)$ 是规定维修时间 t 的递增函数

$$\lim_{t \to 0} M(t) = 0$$
$$\lim_{t \to \infty} M(t) = 1$$

维修度可以根据理论分析求得,也可按照统计定义通过试验数据求得。根据维修度定义

$$M(t) = \lim_{N \to \infty} \frac{n(t)}{N} \tag{4-2}$$

式中:N 为维修的产品总(次)数;$n(t)$ 为 t 时间内完成维修的产品(次)数。

在工程实践中,试验或统计现场数据 N 为有限值,用估计量 $\hat{M}(t)$ 来近似表示 $M(t)$,则

$$\hat{M}(t) = \frac{n(t)}{N} \tag{4-3}$$

4.3.1.2 维修时间密度函数 $m(t)$

既然维修度 $M(t)$ 是时间 t 内完成维修的概率,那么它有概率密度函数,即维修时间密度函数可表达为

$$m(t) = \frac{\mathrm{d}M(t)}{\mathrm{d}t} = \lim_{\Delta t \to 0} \frac{M(t + \Delta t) - M(t)}{\Delta t} \tag{4-4}$$

维修时间密度函数的估计量 $\hat{m}(t)$,可由式(4-2)得

$$\hat{m}(t) = \frac{n(t + \Delta t) - n(t)}{N \Delta t} = \frac{\Delta n(t)}{N \Delta t} \tag{4-5}$$

式中:$\Delta n(t)$ 为从 t 到 $t+\Delta t$ 时间内完成维修的产品(次)数。

维修时间密度函数表示单位时间内修复数与送修总数之比,即单位时间内产品预期被修复的概率。

4.3.1.3 修复率 $\mu(t)$

修复率或称修复速率 $\mu(t)$ 是在 t 时刻未能修复的产品,在 t 时刻后单位时间内被修复的概率。可表示为

$$\mu(t) = \lim_{\substack{\Delta t \to 0 \\ N \to \infty}} \frac{n(t + \Delta t) - n(t)}{[N - n(t)] \Delta t} = \lim_{\substack{\Delta t \to 0 \\ N \to \infty}} \frac{\Delta n(t)}{N_s \Delta t} \tag{4-6}$$

其估计量

$$\hat{\mu}(t) = \frac{\Delta n(t)}{N_s \Delta t} \tag{4-7}$$

式中:N_s 为 t 时刻尚未修复数(正在维修数)。

在工程实践中常用平均修复率或取常数修复率 μ,即单位时间内完成维修的次数,可用规定条件下和规定时间内,完成维修的总次数与维修总时间之比表示。

由式(4-7)可知

$$\hat{\mu}(t) = \frac{\Delta n(t)}{N_s \Delta t} = \frac{\Delta n(t)}{N[1 - \hat{M}(t)] \Delta t} = \frac{\hat{m}(t)}{1 - \hat{M}(t)}$$

取极限得

$$\mu(t) = \frac{m(t)}{1 - M(t)} \tag{4-8}$$

修复率 $\mu(t)$ 与维修度 $M(t)$ 的关系,可由式(4-8)导出

$$\mu(t) = \frac{m(t)}{1 - M(t)} = \frac{\mathrm{d}M(t)}{\mathrm{d}t} \cdot \frac{1}{1 - M(t)}$$

上式整理后两边积分

$$-\int_0^t \frac{\mathrm{d}[1 - M(t)]}{1 - M(t)} = \int_0^t \mu(t)\mathrm{d}t$$

即

$$\ln[1 - M(t)] = -\int_0^t \mu(t)\mathrm{d}t$$

取反对数得

$$M(t) = 1 - \exp\left[-\int_0^t \mu(t)\mathrm{d}t\right] \tag{4-9}$$

4.3.2 维修时间的统计分布

实践证明,某一或某型装备的维修时间可用某种统计分布来描述。产品不同,其维修时间分布也不同,究竟是何种分布,要取维修试验数据进行分布检验。常用的维修时间分布,有指数分布、正态分布和对数正态分布。

4.3.2.1 指数分布

指数分布的维修性函数为

$$M(t) = 1 - \mathrm{e}^{-\mu t} \tag{4-10}$$

$$m(t) = \mu \mathrm{e}^{-\mu t} \tag{4-11}$$

$$\mu(t) = \mu \tag{4-12}$$

此种分布显著的特征是,修复速率 $\mu(t) = \mu$ 为常数,表示在相同时间间隔内,产品被修复的机会(条件概率)也相同。

维修时间分布的特征量是数学期望 $E(T)$,即 $\overline{M}$。由均值定义

$$\overline{M} = E(t) = \int_0^\infty tm(t)\mathrm{d}t = \int_0^\infty t\mu\mathrm{e}^{-\mu t}\mathrm{d}t = \frac{1}{\mu} \tag{4-13}$$

可见指数分布下,修复率的倒数就是平均维修时间 $\overline{M}$。对应于维修度 $M(t)$ 的维修时间 t 可由式(4-10)求得。例如,当取 $M(t) = 0.95$ 时,对应的维修时间为 $3/\mu = 3\overline{M}$。

指数分布适用于经短时间调整或迅速换件即可修复的装备,如有的电子产品。同时,它是维修时间分布中最简单的分布,只要一个参数 μ 就可确定。由于它计算简便,易于数学处理,故在很多产品的系统分析中,常把维修时间近似看成是指数分布。

4.3.2.2 正态分布

维修时间用正态分布描述时,即以某个维修时间为中心,大多数维修时间在其左右对称分布,时间特长和特短的较少。正态分布的维修性函数为

$$m(t) = \frac{1}{d\sqrt{2\pi}}\exp\left[-\frac{1}{2}\left(\frac{t-\overline{M}}{d}\right)^2\right] \tag{4-14}$$

$$M(t) = \frac{1}{d\sqrt{2\pi}}\int_0^t \exp\left[-\frac{1}{2}\left(\frac{t-\overline{M}}{d}\right)^2\right]dt \tag{4-15}$$

式中：$\overline{M}$ 为维修时间的均值，即数学期望 $E(T)$，通常取观测值；$\overline{M} = \frac{1}{n_r}\sum_{i=1}^{n_r} t_i$，其中，$t_i$ 为第 i 次维修的时间；n_r 为维修次数；d 为维修时间标准差。

方差 $d^2 = E[T - E(T)]^2$，其观测值

$$\hat{d}^2 = \frac{\sum_{i=1}^{n_r}(t_i - \overline{M})^2}{n_r - 1}$$

正态分布可用于描述单项维修活动或简单的维修作业的维修时间分布，但这种分布不适合描述较复杂的整机产品的维修时间分布。

例 4-1 已知某产品的维修时间为正态分布，平均修复时间 $\overline{M}_{ct} = 3\min$，$d^2 = 0.6$，求维修度为 95% 的修复时间 t。

解：由标准正态分布表查得：$\Phi(1.65) = 0.95$
即 $\qquad M(t) = M(3 + 1.65d) = 0.95$
故维修度为 95% 的修复时间 $\quad t = 3 + 1.65\sqrt{0.6} = 4.28\min$

此时间仅为均值的 1.43 倍，而在指数分布条件下却是 3 倍。显然，这是由于正态分布是一种对称的分布所形成的。

4.3.2.3 对数正态分布

若维修时间的对数 $\ln t = Y$，遵从 $N(\theta, \sigma^2)$ 的正态分布，则称维修时间 t（随机变量）符合具有对数均值 θ 和对数方差 σ^2 的对数正态分布，其维修性函数为

$$m(t) = \frac{1}{t\sigma\sqrt{2\pi}}\exp\left[-\frac{1}{2}\left(\frac{\ln t - \theta}{\sigma}\right)^2\right] \tag{4-16}$$

$$M(t) = \frac{1}{\sigma\sqrt{2\pi}}\int_0^t \frac{1}{t}\exp\left[-\frac{1}{2}\left(\frac{\ln t - \theta}{\sigma}\right)^2\right]dt \tag{4-17}$$

式中：θ 为维修时间对数的均值，其统计量用 $\overline{Y}$ 表示，即 $\overline{Y} = \frac{1}{n_r}\sum_{i=1}^{n_r}\ln t_i$；$\sigma$ 为维修时间对数的标准差，其统计量用 S 表示，即

$$S = \sqrt{\frac{1}{n_r - 1}\sum_{i=1}^{n_r}(\ln t_i - \overline{Y})^2}$$

对数正态分布时维修时间 t 的均值

$$\overline{M} = e^{\theta + \frac{1}{2}\sigma^2} \tag{4-18}$$

对数正态分布的维修时间中值

$$\widetilde{M} = e^{\theta} \tag{4-19}$$

修复时间最频值 M_m，即 $m(t)$ 最大时的时间，用求极值的方法可得

$$M_m = e^{\theta - \sigma^2} \tag{4-20}$$

对数正态分布的对数方差

$$D(T) = E(T^2) - E^2(T) = e^{2\theta + \sigma^2}(e^{\sigma^2} - 1) \tag{4-21}$$

对数正态分布的维修度函数，可以通过对时间取对数按正态分布计算，再取反对数。

对数正态分布是一种不对称分布，其特点是：修复时间特短的很少，大多数项目都能在平均修复时间内完成，只有少数项目维修时间拖得很长。各种较复杂的装备，修复性维修时间分布遵从对数正态分布。一些国际标准和我国的国家标准、国家军用标准在产品的维修性试验与评定中一般都按对数正态分布处理。

例 4-2 已知某装备的修复时间列于下表中，设其服从对数正态分布，试求下列各参数值：

修复时间 t_j/h	0.2	0.3	0.5	0.6	0.7	0.8	1.0	1.1	1.3	1.5	2.0
观察次数 n_j	1	1	4	2	3	2	4	1	1	4	2
修复时间 t_j/h	2.2	2.5	2.7	3.0	3.3	4.0	4.5	4.7	5.0	5.4	5.5
观察次数 n_j	1	1	1	2	2	2	1	1	1	1	1
修复时间 t_j/h	7.0	7.5	8.8	9.0	10.3	22.0	24.5				
观察次数 n_j	1	1	1	1	1	1	1				

(1) 概率密度函数 $m(t)$；
(2) 装备的平均修复时间 $\overline{M}_{ct}$；
(3) 装备修复时间中值 $\widetilde{M}$；
(4) 维修度函数 $\Phi(Z)$；
(5) 20h 的维修度 $M(t)$；
(6) 完成 90% 和 95% 维修活动的时间；
(7) 20h 的修复速率 $\mu(t)$。

解：(1) 概率密度函数 $m(t)$。

首先求出维修时间对数的均值和标准差：

$$\theta = \overline{Y} = \frac{\sum_{j=1}^{29} n_j \ln t_j}{\sum_{j=1}^{29} n_j} = \frac{30.30439}{46} = 0.65879$$

$$\sigma = S = \sqrt{\frac{\sum_{j=1}^{29}[(n_j \ln t_j)^2 - N \cdot (\ln t_j)^2]}{N-1}} =$$

$$\sqrt{\frac{75.84371 - 46 \times 0.65879^2}{46 - 1}} = 1.11435$$

所以密度函数

$$m(t) = \frac{1}{t\sigma\sqrt{2\pi}} e^{-\frac{1}{2}\left(\frac{\ln t - \theta}{\sigma}\right)^2} = \frac{1}{\sqrt{2\pi} \cdot 1.11435 t} e^{-\frac{1}{2}\left(\frac{\ln t - 0.65879}{1.11435}\right)^2}$$

（2）平均修复时间。

$$\overline{M}_{ct} = e^{\theta + \frac{1}{2}\sigma^2} = e^{0.65879 + \frac{1}{2} \times 1.11435^2} = 3.595 \text{h}$$

（3）修复时间中值。

$$\widetilde{M} = e^{\theta} = e^{0.65879} = 1.932 \text{h}$$

（4）维修度。

$$M(t) = \int_0^t \frac{1}{t \cdot \sigma \sqrt{2\pi}} e^{-\frac{(\ln t - \theta)^2}{2\sigma^2}} dt = \int_0^t \frac{1}{\sqrt{2\pi}\sigma} e^{-\frac{(\ln t - \theta)^2}{2\sigma^2}} d(\ln t)$$

令

$$Z = \frac{\ln t - \theta}{\sigma}$$

则

$$M(t) = \int_{-\infty}^t \frac{1}{\sqrt{2\pi}} e^{-\frac{Z^2}{2}} dZ = \Phi(Z)$$

$\Phi(Z)$ 可以查标准正态分布表

在本例中：$Z = \dfrac{\ln t - 0.65879}{1.11435}$

（5）20h 的维修度。

$$M(t) = M(20) = \Phi\left(\frac{\ln 20 - 0.65879}{1.11435}\right) = \Phi(2.0972)$$

查表得
$$M(20) = \Phi(20972) = 98.2\%$$

（6）完成 90% 和 95% 维修活动的时间。

因为
$$M(t) = \Phi\left(\frac{\ln t - \theta}{\sigma}\right)$$

当 $M(t) = 90\%$ 时，查表得

$$\frac{\ln t - \theta}{\sigma} = 1.282$$

所以
$$t_{0.9} = e^{[\theta + \sigma \times 1.282]} = e^{0.65879 + 1.11435 \times 1.282} = 8.06 \text{h}$$

当 $M(t) = 90\%$ 时，查表得

$$\frac{\ln t - \theta}{\sigma} = 1.645$$

所以
$$t_{0.95} = 12.08 \text{h}$$

（7）20h 时的修复速率 $\mu(t)$。

$$\mu(20) = \frac{m(20)}{1 - M(20)} = \frac{0.00199}{1 - 0.982} = 0.11/\text{h}$$

4.3.3 维修性参数

4.3.3.1 维修延续时间参数

缩短维修延续时间,是装备维修性中最主要的目标,即维修迅速性的表征。它直接影响装备的可用性、战备完好性,又与维修保障费用有关。由于装备的功能、使用条件不同,因此,可选用不同的延续时间参数。

1. 平均修复时间 $\overline{M}_{ct}$

平均修复时间(mean time to repair,MTTR)即排除故障所需实际修复时间平均值。其度量方法为:在一给定期间内,修复时间的总和与修复次数 N 之比

$$\overline{M}_{ct} = \frac{\sum_{i=1}^{N} t_i}{N} \tag{4-22}$$

当装备由 n 个可修复项目(分系统、组件或元器件等)组成时,平均修复时间为

$$\overline{M}_{ct} = \frac{\sum_{i=1}^{n} \lambda_i \overline{M}_{cti}}{\sum_{i=1}^{n} \lambda_i} \tag{4-23}$$

式中:λ_i 为第 i 项目的故障率;$\overline{M}_{cti}$ 为第 i 项目故障时的平均修复时间。

应当注意的是:

(1) $\overline{M}_{ct}$ 所考虑的只是实际修理时间,包括准备时间、故障检测诊断时间、拆卸时间、修复(更换)失效部分的时间、重装时间、调校时间、检验时间、清理和启动时间等,而不计及供应和行政管理延误时间。

(2) 不同的维修级别(或不同的维修条件),同一装备也会有不同的平均修复时间。在使用此参数时,应说明其维修级别(或维修条件)。

(3) 平均修复时间是使用最广泛的基本的维修性量度,其中的修复包括对装备寿命剖面各种故障的修复,而不限于某些部分或任务阶段。

2. 恢复功能的任务时间(mission time to restore function,MTTRF)

排除致命性故障所需实际时间的平均值。其量度方法为:在规定的任务剖面中,产品致命性故障总的修复时间与致命性故障总次数之比。它反映装备对任务成功性的要求,是任务维修性的一种量度。

MTTRF 的计算公式与 MTTR 相似,只是它仅计及任务过程中的致命性故障及其排除时间。

3. 最大修复时间 M_{maxct}

在许多场合,尤其是使用部门更关心绝大多数装备能在多长时间内完成维修,这时,则可用最大修复时间。最大修复时间是装备达到规定维修度所需的修复时间,也即预期完成全部修复工作的某个规定百分数(通常为 95% 或 90%)所需的时间。亦可记为

$M_{max}(0.95)$,括号中数字即规定的百分数。各种常用分布最大修复时间的计算见 4.3.2。当取规定百分数为 50% 时,即为修复时间中值。

与 MTTR 相同,最大修复时间不计及供应和行政管理延误时间。在使用此参数时,应说明其维修级别。

4. 预防性维修时间 M_{pt}

预防性维修同样有均值、中值和最大值,含义及计算方法与修复时间相似,只是用预防性维修频率代替故障率,用预防性维修时间代替修复时间。

平均预防性维修时间是装备每次预防性维修所需时间的平均值。平均预防性维修时间

$$\overline{M}_{pt} = \frac{\sum_{j=1}^{m} f_{pj} \overline{M}_{ptj}}{\sum_{j=1}^{m} f_{pj}} \qquad (4-24)$$

式中:f_{pj} 为第 j 项预防性维修作业的频率,通常以装备每工作小时分担的 j 项维修作业数计;$\overline{M}_{ptj}$ 为第 j 项预防性维修作业所需的平均时间;m 为预防性维修作业的项目数。

预防性维修时间不包括装备在工作的同时进行的维修作业时间,也不包含供应和行政管理延误的时间。

5. 平均维修时间 $\overline{M}$

平均维修时间是产品(装备)每次维修所需时间的平均值。此处的维修是把两类维修结合在一起来考虑,即既包含修复性维修,又包含预防性维修。其度量方法为:在规定的条件下和规定的期间内产品修复性维修和预防性维修总时间与该产品维修总次数之比。平均维修时间 $\overline{M}$ 可用下式表达:

$$\overline{M} = \frac{\lambda \overline{M}_{ct} + f_p \overline{M}_{pt}}{\lambda + f_p} \qquad (4-25)$$

式中:λ 为装备的故障率,$\lambda = \sum_{i=1}^{n} \lambda_i$;$f_p$ 为装备预防性维修的频率(f_p 和 λ 应取相同的单位),$f_p = \sum_{j=1}^{m} f_{pj}$。

6. 维修停机时间率 M_{DT} 和 MTUT

维修停机时间率是产品每工作小时维修停机时间的平均值。此处的维修包括修复性维修和预防性维修

$$M_{DT} = \sum_{i=1}^{n} \lambda_i \overline{M}_{cti} + \sum_{j=1}^{m} f_{pj} \overline{M}_{ptj} \qquad (4-26)$$

式(4-26)中的第一项是修复性维修停机时间率,可作为一个单独的参数,叫"每工作小时平均修理时间"(mean CM time to dupport a unit hour of operating time),用 MTUT 表示,是保证装备单位工作时间所需的修复时间平均值。其量度方法为:在规定条件下和规定期间内,装备修复性维修时间之和与总工作时间之比。

MTUT 反映了装备单位工作时间的维修负担,即对维修人力和保障费用的需求。它实质上是可用性参数,不仅与维修性有关,也与可靠性有关。

7. 重构时间 M_{rt}（reconfiguration time）

系统故障或损伤后,重新构成能完成其功能的系统所需时间。对于有余度的系统,是其发生故障时,使系统转入新的工作结构(用冗余部件替换损坏部件)所需的时间。

4.3.3.2 维修工时参数

维修工时参数反映维修的人力、机时消耗,直接关系到维修力量配置和维修费用,因而也是重要的维修性参数。常用的工时参数是维修性指数 M_I。维修性指数是每工作小时的平均维修工时,又称维修工时率。

$$M_I = \frac{M_{MH}}{T_{OH}} \tag{4-27}$$

式中:M_{MH} 为装备在规定的使用期间内的维修工时数;T_{OH} 为装备在规定的使用期间内的工作小时数。

减少维修工时,节省维修人力费用,是维修性要求的目标之一。因此,维修性指数也是衡量维修性的重要指标。对于各种飞机,T_{OH} 为飞行小时数。国外先进歼击机的维修性指数已由 20 世纪 60 年代的 35~50 减少到目前的每小时只需 10 个维修工时,这表明维修人力、物力消耗已大为减少。需要注意的是,M_I 不仅与维修性有关,而且与可靠性也有关。提高可靠性,减少维修次数与内容也可使 M_I 减少。因此,M_I 是维修性、可靠性的综合参数。

4.3.3.3 维修费用参数

维修费用参数常用年平均维修费用描述,即装备在规定使用期间内的平均维修费用与平均工作年数的比值。根据需要也可用每工作小时的平均维修费用描述。这种参数实际上是维修性、可靠性的综合参数。为单独反映维修性,可用每次维修拆除更换的零部件费用及其他费用,计算出每次维修的平均费用作为装备的维修费用参数。

4.3.3.4 测试性参数

测试性参数反映了产品是否便于测试(或自身就能完成某些测试功能)和隔离其内部故障。随着装备的现代化和复杂化,装备的测试时间已成为影响维修时间的重要因素。因此,测试性参数是一类重要的参数。常用故障检测率、故障隔离率和虚警率及测试时间描述,详见 6.2 节。

4.4 维修性模型

4.4.1 维修性模型的作用

维修性模型是指为分配、预计、分析或估算产品的维修性所建立的模型。与可靠性模型相似,维修性模型是维修性分析与评定的重要基础和手段。维修性模型用于:

(1) 进行维修性分配,把系统级的维修性要求,分配给系统级以下各个层次;

（2）评价各种设计和设计方案，比较各个备选的设计构型，为维修性设计决策提供依据；

（3）当设计变更时，进行灵敏度分析，确定系统内的某个参数发生变化时，对系统维修性、可用性和费用的影响。

维修性模型还可用于分析和评定系统的维修性指标，并为保障性分析提供输入数据。

4.4.2 维修性模型的分类

维修性模型按其反映的内容，有狭义和广义的模型；狭义的维修性模型是指表达系统维修性与各组成单元维修性关系的模型和产品维修性与设计特征关系的模型。它们主要用于维修性分配、预计和评价。广义的维修性模型是指那些包含维修性的模型，除狭义的模型外，还包括诸如可用度、战备完好性、系统效能、寿命周期费用等高层次模型以及有关维修的RCM（以可靠性为中心的维修）、RLA（修理级别分析）等模型。这些模型主要用于设计或设计方案的评价、选择和权衡，或为维修性设计提供基础。本节主要介绍狭义的维修性模型。与维修性有关的其他模型在第七章介绍。

按建模的目的不同，维修性模型可分为以下几种。

（1）分配预计模型：用于维修性分配、预计的模型，是最基本的模型；

（2）设计评价模型：通过对影响产品维修性的各个因素进行综合分析，评价有关的设计方案，为设计决策提供依据；

（3）综合权衡模型：以可用度最大为目标，寿命周期费用为约束，或以寿命周期费用最小为目标，可用度为约束，优化系统的可靠性与维修性等参数，确定合理的指标；

（4）试验验证模型：用于维修性试验与评定，将在5.4节介绍。

由于一些模型可能用于不同的目的，这种区分并不是很严格。

按模型的形式不同，维修性模型可分为以下几种。

（1）框图模型：主要是采用维修职能流程图、包含维修的功能层次框图等形式，标示出各项维修活动间的顺序或产品层次、维修的部位和工作，判明其相互影响，以便于分配、评估产品的维修性并及时采取纠正措施。

（2）数学模型：主要是为进行维修性分析、评估与综合权衡建立的各种数学表达式。

（3）计算机仿真模型：由于维修作业的发生和持续时间的随机性，难以用一般数学模型描述，可建立系统维修性的仿真模型，通过仿真求解系统维修时间。

（4）实体模型：用于维修性核查、演示、验证的实物模型，比如产品或设计方案的木质模型或金属模型、样机等。

本节主要讨论框图模型和数学模型。

4.4.3 维修性的系统框图模型

4.4.3.1 维修职能流程图

为了进行维修性分析、评估以及分配，往往需要掌握维修的实施过程及各项维修活动之间的关系。用框图形式描述维修职能正是这个目的。维修职能是一个统称,它可以指实施装备维修的级别划分,如基层级维修、基地级维修等;也可以指在某一具体级别上实施维修的各项活动,这些活动是按时间顺序排列出来的。

维修职能流程图是提出维修的要点并找出各项职能之间相互联系的一种流程图。对某一个维修级别来说,则是从产品进入维修时起直到完成最后一项维修职能,使产品恢复到或保持其规定状态所进行活动的流程框图。

维修职能流程图随装备的层次、维修的级别不同而不同。图 4-1 是某装备系统最高层次的维修职能流程图,它表明该系统在使用期间要由操作人员进行维护。由维修机构实施的预防性维修或排除故障维修可分为不同的级别,如基层级、中继级和基地级。装备一般是在某一机构维修,完成维修后再转回使用。

图 4-2 是装备中继级维修的一般流程图,它是图 4-1 中 4.0 的展开图。它表示出从接收该待修装备到修完返回使用单位(或供应部门)的一系列维修活动,包括准备活动、诊断活动和更换活动等。

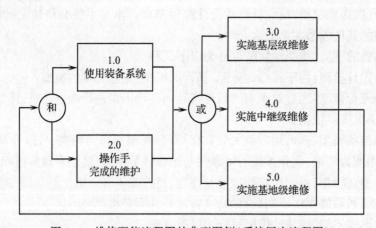

图 4-1 维修职能流程图的典型图例(系统层次流程图)

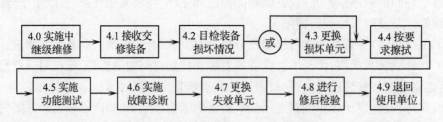

图 4-2 中继级维修的一般职能流程图

维修职能流程图是一种非常有效的维修性分析手段,它把装备维修活动的先后顺序整理出来,形成非常直观的流程图。如果把有关的维修时间和故障率的数值标在图上,就可以很方便地进行维修性的分配和预计以及其他分析。

4.4.3.2 系统功能(包含维修)层次框图

维修职能流程图是从纵向按时序表达各项维修工作、活动的关系;而包含维修的系统功能层次框图则是从横向按组成表达系统与各部分维修工作、活动的关系,以便掌握系统与单元的维修性的关系。系统功能层次框图是表示从系统到可更换单元的各个层次所需的维修措施和维修特征的系统框图。它可以进一步说明维修职能流程图中有关装备和维修职能的细节。

系统功能层次的分解是按其结构(工作单元)自上而下进行的,一般从系统级开始,分解到能够做到故障定位,更换故障件,进行维修或调整的层次为止。分解时应结合维修方案,在各个产品上标明与该层次有关的重要维修措施(如弃件式维修,调整或修复等),为了简化这些维修措施可用符号表示,如图4-3所示。

图4-3中的各符号意义如下:
(1)圆圈:在该圈内的项目故障后采用换件修理,即为可更换单元。
(2)方框:框内的项目要继续向下分解。
(3)含有"L"的三角形:标明该项目不用辅助的保障设备即可故障定位。
(4)含有"I"的三角形:需要使用机内或辅助设备才能故障定位(隔离)。
(5)含有"A"的三角形:标在方框旁边表明换件前需调整或校正;标在圆圈旁边表明换件后需调整或校正。
(6)含有"C"的三角形:项目需要功能检测。

如果把有关的维修时间指标和故障率或预防性维修频率与框图联系在一起,就可以进行维修性预计、分配或进行灵敏度分析和权衡研究。

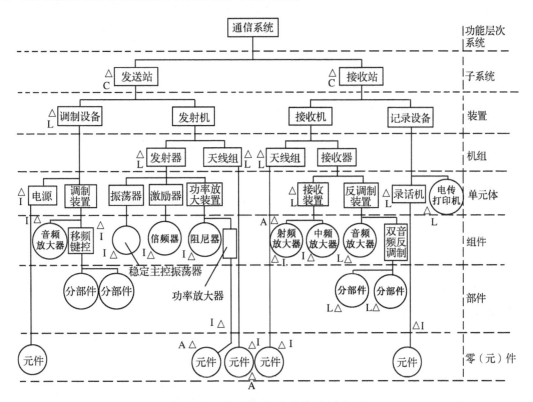

图4-3 系统功能(包含维修)层次框图

4.4.4 维修性数学模型

如前所述,维修性的参数很多,而维修时间是最基本的,通常由它可以导出其他的参数。维修时间的计算是维修性分配、预计及试验数据分析等活动的基础。因此,维修性的数学模型,主要是计算维修时间的模型。这里的维修时间是一个统称,它可以是指修复性维修时间,也可以是指预防性维修时间,为了方便我们统称为维修时间。

由于维修时间是随机变量,它通常可以某一统计分布形式来近似表达。所以,维修时间的计算模型可分为两类:一是分布计算模型,通过分析、计算得出维修时间的分布规律;二是特征值计算模型,用于计算维修时间的特征值,如平均值、中值、最大值等。这里仅介绍常见的维修时间模型。

4.4.4.1 串行作业模型(累加模型)

串行作业是指一系列作业首尾相连,前一作业完成时后一作业开始,既不重叠又不间断。在维修工作中,一次维修事件是由若干维修活动组成的,而各项维修活动是由若干项基本维修作业组成的。如果只有一个维修人员或维修组,不能同时进行几项活动或作业,就是串行作业。在这种情况下,完成一次维修或一项维修活动的时间就等于各项活动或各基本维修作业时间的累加值。

假设某项维修事件(活动)的时间为 T,完成该项维修事件(活动)需要 n 个活动(基本维修作业),每项活动(基本维修作业)的时间为 $T_i(i=1,2,\cdots,n)$,它们相互独立,则

$$T = T_1 + T_2 + \cdots + T_n = \sum_{i=1}^{n} T_i \tag{4-28}$$

如果已知每项活动(基本维修作业)时间的分布函数,则可求得总时间 T 的分布。

例 4-3 某设备的电源发生故障后,其修理流程如下:

拆卸盖板 → 更换电源 → 安装盖板

已知每项活动的时间均服从正态分布,其分布参数如下:

拆卸盖板:$\theta_1 = 15\text{min}, \sigma_1 = 3\text{min}$

更换电源:$\theta_2 = 20\text{min}, \sigma_2 = 5\text{min}$

安装盖板:$\theta_3 = 18\text{min}, \sigma_3 = 4\text{min}$

求:修理电源的时间分布。

解:由于每项修理活动时间均服从正态分布,则总的时间分布也是正态分布。在每个 T_i 的均值和方差确定的情况下,T 的均值和方差可直接用以下公式确定:

$$\theta = \theta_1 + \theta_2 + \theta_3 = 53\text{min}$$

$$\sigma = \sqrt{\sigma_1^2 + \sigma_2^2 + \sigma_3^3} = 7.07\text{min}$$

对于一般的分布,可以考虑用卷积公式和数字仿真方法求解。

(1)卷积计算:独立随机变量和的密度函数等于各随机变量的密度函数的卷积。假设两项维修活动(基本维修作业)时间是相互独立的随机变量 T_1、T_2,其密度函数为 $m_1(t)$、

$m_2(t)$,则 T 的密度函数

$$m(t) = m_1(t) * m_2(t) = \int_{-\infty}^{+\infty} m_1(t) m_2(z-t) \mathrm{d}z \quad (4-29)$$

当随机变量超过两个时,其卷积可分步两两计算。

(2) 模拟法求解:其基本思想是利用计算机产生的(0,1)随机数,分别反求出相应的 t_1、t_2、…,则 $T = t_1 + t_2 + \cdots$,这样反复模拟上千次或上万次,得到大量的修理时间数据,然后把这些数据排序分组,计算其密度函数或分布函数的估算值。

4.4.4.2 均值计算模型

均值是维修时间的重要特征量,也是确定维修性参数时的首选特征量,在维修性分析中,经常估算产品维修时间均值。其模型如式(4-22)、式(4-23)(以平均修复时间为例)所列。

例 4-4 某装备由 3 个可修部件组成,其部件平均故障间隔时间 T_{bfi} 及平均修复时间 $\overline{M}_{cti}$ 如下:

部件 1: $T_{bf1} = 1000\mathrm{h}, \overline{M}_{ct1} = 1\mathrm{h}$

部件 2: $T_{bf2} = 500\mathrm{h}, \overline{M}_{ct2} = 0.5\mathrm{h}$

部件 3: $T_{bf3} = 500\mathrm{h}, \overline{M}_{ct3} = 1\mathrm{h}$

求:装备的平均修复时间。

解: 各部件的平均故障率

$$\lambda_1 = \frac{1}{T_{bf1}} = 0.001/\mathrm{h}$$

$$\lambda_2 = \frac{1}{T_{bf2}} = 0.002/\mathrm{h}$$

$$\lambda_3 = \frac{1}{T_{bf3}} = 0.002/\mathrm{h}$$

则

$$\overline{M}_{ct} = \frac{\Sigma \lambda_i \overline{M}_{cti}}{\Sigma \lambda_i} = 0.8\mathrm{h}$$

4.4.4.3 并行作业模型

组成维修事件(活动)的各项维修活动(基本维修作业)同时开始,则为并行作业。在大型装备中常常是多人或多组同时进行维修,以缩短维修持续时间。如果各项活动或作业是同时开始,那就应当使用并行作业模型。

显然,并行作业的维修持续时间等于各项活动(基本维修作业)时间的最大值

$$T = \max(T_1, T_2, \cdots, T_n) \quad (4-30)$$

而其维修度为

$$M(t) = P(T \leq t) = P\{\max(T_1, T_2, \cdots, T_n) \leq t\}$$

$$= P\{T_1 \leq t, T_2 \leq t, \cdots, T_n \leq t\} = \prod_{i=1}^{n} M_i(t) \quad (4-31)$$

即为各项活动(基本维修作业)维修度的乘积。

4.4.4.4 网络作业模型

如果组成维修事件(活动)的各项活动(基本维修作业)既不是串行又不是并行关系,则可用网络模型来描述,采用网络计划技术计算维修时间。它适用于装备大修时间分析,以及有交叉作业的其他维修时间计算。其具体方法可参考运筹学等有关书籍。

4.4.4.5 维修性参数回归分析模型

维修性参数与多种设计特征有关。这种关系往往难以直接推导出简单的函数式,而通过试验或收集现场维修数据进行回归分析,建立回归模型是一种有益的方法。

例如,影响电子设备维修时间的因素甚多,经验表明,其中最重要的是设备的复杂程度,即所包含的可更换单元数 u_2 和发生一次故障所需更换的单元数 u_1。根据我国的统计数据,它们近似于线性关系,即可用线性回归模型。雷达平均修复时间(用小时计)为

$$\overline{M}_{ct} = 0.15u_1 + 0.0025u_2 \tag{4-32}$$

军械工程学院电子系在对现装备地面雷达、指挥仪试验的基础上,用回归分析建立这类装备基层级维修的平均修复时间 $\overline{M}_{ct}$ (以分钟计)模型为

$$\overline{M}_{ct} = \exp(6.897 - 0.35x_1 - 0.15x_2 - 0.20x_3 - 0.10x_4 - 0.15x_5)$$

这是一个非线性回归模型。其中 $x_1 \sim x_5$ 分别为检测快速性、模件化、可达性、标记、配套因子,由差到好取 1~4 分。

除上述外,在维修性分配、预计、验证的方法和标准中往往都规定或介绍有适用的模型。在工程项目研制中,主要是选择适当的模型,并作必要的修改或补充。

4.5 软件可维护性

4.5.1 软件维护

随着计算机在各种武器系统和自动化信息系统(AIS)中的广泛应用,计算机软件已经成为装备中不可分割甚至不可或缺的部分。装备维修必须考虑和包含软件维修。

软件(software)即计算机软件,其含义是"计算机程序及其有关文档"。这里所指的是武器系统和自动化信息系统即装备中的计算机软件。

软件维修(software maintenance)在计算机软件行业中习惯称为软件维护。国际电气与电子工程师协会(IEEE)定义的软件维护是"软件产品交付后的修改,以排除故障、改进性能或其他属性、或使产品适应改变的环境"。

软件维修与硬件维修虽然都是在产品交付使用后进行的活动,其目的都是排除故障、改进性能以便使武器系统能够正常运行发挥其效能,但软件维护实际上都是针对软件缺陷、环境改变或需求变化的软件更改(重新设计),而不是像硬件那样主要是保持、恢复规定的状态(只有改进性维修才要改变其原有状态)。这是因为对于硬件来说,随着其使用、储存,零部件、元器件会磨损、腐蚀、老化或由其他偶然因素造成技术状态改变,从而导致单元、系统

故障。因此，维修的主要任务是恢复、保持其规定状态。而软件没有磨损、腐蚀、老化等问题，它本身不会随时间变化。但是，软件作为一种高科技、知识密集型产品，其开发过程总会有不足，即软件会有各种缺陷，在一定的使用运行条件下，就可能形成故障；同时，随着使用时间增长，应用软件所处的硬件、软件环境可能变化，原来的软件将不能适应变化了的环境等，这些都要求对软件进行修改，即维护。此外，为了提高装备性能可能也需要更改软件。国外总结武器装备中使用的软件有 8 种更改的具体原因：纠正设计缺陷；敌对威胁改变；作战条令或战术改变；安全保密要求；提高软件或装备互用性的要求；硬件更改；引进新的技术；软件或装备功能改变等。所有这些原因都需要改变某些数据甚至程序。由于这样，装备中的软件维护工作将是大量的。

多年以来，外军对装备中的软件维护问题非常重视。特别是在 20 世纪 90 年代初的海湾战争中，软件维护成为美军武器装备保障的重要内容和克敌制胜必不可少的环节，发挥了应有的作用。美军在战争中对"爱国者"导弹武器系统软件进行了 5 项更改；而对情报与指挥系统进行了多达 30 余项软件更改。其经验表明，对于任何一种具体的战场系统，特别是威胁敏感的系统，软件更改可能以每月几次的速率出现。据预测，2000 年以后，美国陆军在任何时刻都有 40 个或更多的武器系统处于软件维护中。随着我军装备的发展，特别是各种信息化装备的广泛使用，软件维护将越来越重要，并在装备维修中占据更大的份额。

软件维护可分以下几类：改正性维护或纠错性维护（corrective maintenance），是为了改正软件系统中的错误使其能够满足预期要求而进行的维护；适应性维护（adaptive maintenance），是为使软件产品在改变了的环境下仍能使用而进行的维护；完善性维护（perfective maintenance），是为了增加功能或满足用户提出的新要求而进行的维护；预防性维护（preventive maintenance），是指为防止问题发生而进行的事先维护。预防性维护对于安全性要求高的系统很重要。

4.5.2 软件可维护性概念

与硬件相似，既然软件需要维修或维护，就必然有软件是否能够和便于维护的问题，即软件可维护性问题。这就是说，系统或设备的维修性不但应包含硬件的维修性，而且应当包含软件可维护性。

软件可维护性（maintainability）是软件产品的一种质量特性。可维护性是指与对软件进行维护的容易程度的一组特性。从概念上说，软件可维护性与硬件维修性是一致的；但由于软件维护与硬件维修的原因、达到的具体目标和途径有区别，作为产品质量特性的软件可维护性与硬件维修性还是有所区别。首先，对于硬件维修性的要求主要是便于保持、恢复规定状态，而对软件维护性却要求便于更改软件。同时，软件可维护性的研究比较滞后，硬件维修性可以比较方便地采用概率、计算修复时间等方式进行量化，而软件可维护性用这些方式进行量化处理则比较困难，至今它主要还是采用定性方法处理的概念。

软件可维护性通常包括以下各个方面。

（1）可分析性（analyzability）。便于诊断软件缺陷或故障原因或定位需要修改部分的特性。对软件进行维护，不论是哪一种维护，都要首先确定修改的部分，或者是找出缺陷、故障原因，或者是确定需要更改的部分，从分系统、子程序、模块、原代码行直至每一个代码以及有关的文档。确定需要更改的部分,是一个细致地分析软件的过程。而要做到这一点,从软件设计和实现上,就要求它本身具有可分析性。例如,软件文档齐全、系统,思路清晰,软件结构简单化、模块化,可读性好等,都是可分析性的体现。

(2) 易修改性(changeability)。便于修改、排除故障或适应环境变化的特性。软件结构简单、模块独立性、留有余量等都是提高易修改性的措施。

(3) 稳定性(stability)。减少软件修改带来的不期望风险的特性。软件修改过程可能范围是有限的,但这部分修改可能影响其他部分以及整个系统的运行和性能,有潜在的风险。这种影响,在修改时和其后的测试中可能难以发现并加以纠正。因此,要求软件具有稳定性。软件文档质量、采用结构化设计、模块化等都影响软件的稳定性。

(4) 测试性(testability)。便于验证修改后的软件是否符合要求的特性。即软件产品能够及时而准确地确定其状态并隔离其内部故障及导致故障的缺陷的一种设计特性。测试性同样与软件设计和文档质量有关,并可望用一些参数表达。

4.5.3 软件可维护性要求

与维修性相似,软件可维护性要求同样可以用定性和定量形式表达。

软件可维护性的定性要求实际上是上述 4 种特性的具体化。对此,各种软件要求有所区别。一般地说,可包含以下方面:

(1) 采用结构化的分析、设计方法和程序设计;
(2) 标准化、模块化设计;
(3) 简化设计;
(4) 余度设计;
(5) 提高可读性的注释;
(6) 防差错设计;
(7) 可扩展性设计;
(8) 故障自监系统。

软件可维护性还要求软件文档具有全面性、跟踪性和组织性。全面性是指文档应该包含有关需求、假设、约束、输入/输出、处理、组成及其相互关系、外部接口、修订状态等有用信息。跟踪性是指文档中的信息应当在文档相互之间及文档与程序清单之间的可跟踪特性。组织性是指文档中的特殊信息可以很方便快捷地被查找的特性。

软件可维护性的定量要求同样可采用一些参数指标来表达。例如,以系统或设备维修性中最常用的平均修复时间 MTTR 作为可维护性的指标,用故障检测率、故障隔离率和虚警率作为测试性指标等。这些参数的概念与系统和设备维修性中的定义相似。国外要求民用软件的 MTTR 对在线系统应小于 2 天,对一般系统小于 1 天。但是,对于武器装备中的软件,由于软件维护具体维护方案不尽相同,不能像硬件那样主要依靠部队维修人员维修,而主要依靠原设计、生产单位维护,MTTR 指标要求的确定需要具体研究,特别是要从实践收集有关数据。从海湾战争美军对 E-3 预警机雷达软件和 2003 年伊拉克战争中对 F-16 飞机投弹系统软件进行应急维护的实践看,其时间都在几天或数十小时。

习 题

1. 什么叫维修性？维修性与可靠性有什么异同？
2. 什么叫维修度？$M(0.5h) = 0.9$ 的含义是什么？
3. 修复(速)率与维修度有什么关系？
4. 已知：某装备的修复(速)率 $\mu = 0.03\min$，求其修复时间 $t = 3\min$ 的维修度 $M(t) = ?$
5. 某装备的平均修复时间 $t = 30\min$，方差 $\sigma^2 = 0.6$，维修时间服从正态分布，求维修度为95%的修复时间。
6. 已知：某装备平均修复时间为 0.5h，维修时间服从对数正态分布，其对数方差 $\sigma^2 = 0.6$，求：修理时间中值 $\widetilde{M}$、最频值 M_m 和 $M(t) = 0.95$ 的修复时间 t。
7. 已知：某装备的寿命与修复时间均服从指数分布，其中位寿命为 168h，$M(t) = 0.95$ 的最大修复时间为 30h，求：该装备的 MTUT。
8. 维修性的常用参数有哪些？
9. 什么是维修性模型，常用模型有哪些种类？
10. 试绘制所学装备或其部分(自选)的系统功能层次框图。
11. 什么是软件维护，软件维护有些什么类型？
12. 软件可维护性的内容和要求有哪些？

第五章
维修性技术

维修性设计是实现产品维修性的关键,它基本确定了产品的固有维修性。本章主要讲述维修性分配、维修性预计、维修性分析、维修性试验与评定方法等内容,这些都是从事维修性工作的基础。

5.1 维修性分配

5.1.1 维修性分配的目的、指标和产品层次

5.1.1.1 维修性分配的目的

维修性分配是为了把产品的维修性定量要求按照给定的准则分配给各组成部分而进行的工作。在装备研制或改进中,有了系统总的维修性指标,还要把它分配到各功能层次的各部分,以便明确各部分的维修性指标。维修性分配的目的是:

(1) 为系统或设备的各部分(各个低层次产品)研制者提供维修性设计指标,以保证系统或装备最终符合规定的维修性要求;

(2) 通过维修性分配,明确各转承制方或供应方的产品维修性指标,以便于系统承制方对其实施管理。

维修性分配是装备研制与改进中一项必不可少的维修性工作。因为任何设计总是从明确的目标或指标开始的,不仅系统级如此,低层次产品也应如此。只有合理分配指标,才能避免设计的盲目性。合理的指标分配方案,可以使系统经济而有效地达到规定的维修性目标。

5.1.1.2 维修性分配的指标及产品层次

维修性分配的指标应当是关系全局的系统维修性的主要指标,它们通常是在合同或任务书中规定的。最常见的指标是:

(1) 平均修复时间 $\overline{M}_{ct}$(MTTR);

(2) 平均预防性维修时间 $\overline{M}_{pt}$(MPMT);

(3) 维修工时率 M_I。

原则上说,维修性分配的产品层次和范围,是指那些影响系统维修性的部分。对于具体产品要根据系统级的要求、维修方案等因素而定,而且随着设计的深入,分配的层次也是逐步展开的。如果装备维修性指标只规定了基层级的维修时间(工时),而对中继级、基地级没有要求,那么指标只需分配到基层级的可更换单元。如果指标是中继级维修时间(工时),则应分配到中继级可更换单元。显然,它比基层级时分得更细、更深。

5.1.2 维修性分配的程序

1. 系统维修职能分析

维修职能分析是根据产品的维修方案规定的维修级别划分,确定各级别的维修职能,以及在各级别上维修的工作流程,并用框图的形式描述这种工作流程,图 4-1 和图 4-2 是框图的示例。

2. 系统功能层次分析

在一般系统功能分析和维修职能分析的基础上,对系统各功能层次各组成部分,逐个确定其维修措施和要素,并用一个包含维修的系统功能层次图来表示。包含维修的系统功能层次框图示例见图 4-3。

3. 确定各层次各产品的维修频率

给各产品分配维修性指标,要以其维修频率为基础。故应确定各层次各产品的维修频率,包括修复性维修和预防性维修的频率。显然,各产品修复性维修的频率等于其故障率,由可靠性分配或预计得到。预防性维修的内容与频率,可根据故障模式与影响分析,采用"以可靠性为中心的维修分析"(RCMA)等方法确定。在研制早期,可参照类似产品的数据,确定各产品的维修频率。

4. 分配维修性指标

将给定的系统维修性指标自高向低逐层分配到各产品,其具体准则及方法详见 5.1.3 节。

5. 研究分配方案的可行性,必要时进行调整

分析各个产品实现分配指标的可行性,要综合考虑技术、费用、保障资源等因素,以确定分配方案是否合理、可行,如果某些产品的指标不尽可行,可以采取以下措施:

(1) 修正分配方案,即在保证满足系统维修性指标的前提下,局部调整产品指标。

(2) 调整维修任务,即对维修功能层次框图中安排的维修措施或设计特征作局部调整,使系统及各产品的维修性指标都可望实现。但这种局部调整,不能违背维修方案总的约束,并应符合提高效能减少费用的总目标。

如果这些措施仍难奏效,则应考虑更大范围的权衡与协调。

5.1.3 维修性分配的方法

如前所述,系统(上层次产品)与其各部分(下层次产品,以下称单元)的维修性参数 $\overline{M}_{ct}$、$\overline{M}_{pt}$、M_{maxct}、M_I 等大都为加权和的形式,如平均修复时间为

$$\overline{M}_{ct} = \frac{\sum_{i=1}^{n} \lambda_i \overline{M}_{cti}}{\sum_{i=1}^{n} \lambda_i} \tag{5-1}$$

其他参数的表达式也类似,以下均用 $\overline{M}_{ct}$ 来讨论。式(5-1)是指标分配必须满足的基本公式。但是,满足此式的解集 $\{\overline{M}_{cti}\}$ 是多值的,需要根据维修性分配的条件及准则来确定所需的解。这样,就有各种不同的分配方法。

5.1.3.1 等值分配法

取各单元的指标相等,即

$$\overline{M}_{ct1} = \overline{M}_{ct2} = \cdots = \overline{M}_{ctn} = \overline{M}_{ct} \tag{5-2}$$

这是一种最简单的分配方法,其适用的条件是:系统中各单元的复杂程度、故障率及预想的维修难易程度大致相同。也可用在缺少可靠性、维修性信息时,作初步的分配。

5.1.3.2 按故障率分配法

取各单元的平均修复时间 $\overline{M}_{cti}$ 与其故障率成反比,即

$$\lambda_1 \overline{M}_{ct1} = \lambda_1 \overline{M}_{ct2} = \cdots = \lambda_n \overline{M}_{ctn}$$

代入式(5-1),得

$$\overline{M}_{ct} = \frac{n \lambda_i \overline{M}_{cti}}{\sum \lambda_i}$$

$$\overline{M}_{cti} = \frac{\overline{M}_{ct} \sum \lambda_i}{n \lambda_i} \tag{5-3}$$

当各单元故障率 λ_i 已知时,可求得各单元的指标 $\overline{M}_{cti}$。显然,单元的故障率越高,分配的修复时间则越短;反之则长。这样,可以比较有效地达到规定可用性和战备完好目标。

5.1.3.3 按相对复杂性分配

在分配指标时,要考虑其实现的可能性,通常是考虑各单元的复杂性。一般地说,产品结构越简单,其可靠性越好,维修也越简便迅速,可用性好;反之,结构越复杂,可用性则难满足要求。因此,可先按相对复杂程度分配各单元可用度。即取一个复杂性因子 K_i,定义为预计第 i 单元的元件数与系统(上层次)的元件总数的比值。则第 i 单元的可用度分配值为

$$A_i = A_S^{K_i} \tag{5-4}$$

式中:A_S 为系统的可用度值

$$A_S = \prod A_i$$

由式(5-4)计算出单元的可用度后,代入下式,计算出单元修复时间

$$\overline{M}_{cti} = \frac{1-A_i}{\lambda_i A_i} = \frac{1}{\lambda_i}\left(\frac{1}{A_i} - 1\right)$$

或

$$\overline{M}_{cti} = \frac{1}{\lambda_i}(A_S^{-Ki} - 1) \tag{5-5}$$

例 5-1 某串联系统由 4 个单元组成,要求其系统可用度 $A_S = 0.95$,预计各单元的元件数和故障率如下表,试确定各单元的平均修复时间指标。

单元号	1	2	3	4	总计
元件数	1000	2500	4500	6000	14000
$\lambda_i(\text{h}^{-1})$	0.001	0.005	0.01	0.02	0.036

解:将表列各值代入式(5-4)可得各单元的可用度:

$$A_1 = 0.95^{1000/14000} = 0.9963$$

相似可得,$A_2 = 0.9909$,$A_3 = 0.9836$,$A_4 = 0.9783$,代入式(5-5),则可直接求出各单元平均修复时间

$$\overline{M}_{ct1} = \frac{1}{0.001} \times \left(\frac{1}{0.9963} - 1\right) = 3.6714(\text{h})$$

相似可得,$\overline{M}_{ct2} = 1.840\text{h}$,$\overline{M}_{ct3} = 1.662\text{h}$,$\overline{M}_{ct4} = 1.111\text{h}$,系统平均修复时间

$$\overline{M}_{ct} = \frac{1}{0.036} \times \left(\frac{1}{0.95} - 1\right) = 1.462(\text{h})$$

分配的结果可加归整,再用式(5-1)验算。

5.1.3.4 相似产品分配法

装备设计总是有继承性的,因此可借用已有的相似产品维修性信息,作为新研制或改进产品维修性分配的依据。

已知相似产品维修性数据,计算新(改进)产品的维修性指标,可表达如下:

$$\overline{M}_{cti} = \frac{\overline{M}'_{cti}}{\overline{M}'_{ct}}\overline{M}_{ct} \tag{5-6}$$

式中:$\overline{M}'_{ct}$ 和 $\overline{M}'_{cti}$ 分别为相似装备(系统)和它的第 i 单元的平均修复时间。

5.2 维修性预计

5.2.1 维修性预计的目的和参数

维修性预计是为了估计产品在给定工作条件下的维修性水平而进行的工作。

5.2.1.1 维修性预计的目的

在装备研制或改进过程中,进行了维修性设计,但是否能达到规定的要求,是否需要进行进一步的改进,这就要开展维修性预计。所以,预计的目的是,预先估计产品的维修性参数值,了解其是否满足规定的维修性指标以便对维修性工作实施监控。其具体作用是:

(1) 预计装备设计或设计方案可能达到的维修性水平,了解其是否能达到规定的指标,以便做出研制决策(选择设计方案或转入新的研制阶段或试验);

(2) 及时发现维修性设计及保障方面的缺陷,作为更改装备设计或保障安排的依据;

(3) 当研制过程更改设计或保障要素时,估计其对维修性的影响,以便采取适当对策。

此外,维修性预计的结果常常是用作维修性设计评审的一种依据。

预计是一种分析性的工作,它可以在装备试验之前、制造之前、乃至详细的设计完成之前,对其可能达到的维修性水平做出估计。尽管这种估计往往带有很大的误差,不是验证的依据,却为研制过程赢得了宝贵的时间,以便研制者早日做出决策,避免设计的盲目性。

5.2.1.2 维修性预计的参数

维修性预计的参数应同规定的维修性指标相一致。最经常预计的是平均修复时间。根据需要也可预计最大修复时间、工时率或预防性维修时间。

维修性预计的参数通常是系统或设备级的,以便与合同规定和使用要求相比较。而要预计出系统或设备的维修性参数,必须先求得其组成单元的维修时间或工时,以及维修频率。在此基础上,运用累加或加权和等模型,求得系统或设备的维修时间或工时均值、最大值。

5.2.2 维修性预计的程序

不同的维修性预计方法,其工作程序略有区别,但一般要遵循以下程序。

(1) 收集资料。预计是以产品设计或设计方案为依据的。因此,做维修性预计首先要收集并熟悉所预计产品设计或设计方案的资料,包括各种原理图、框图、可更换或可拆装单元清单,乃至线路图、草图直至产品图等。维修性预计又要以维修方案、保障方案为基础。因此,还要收集有关维修(含诊断)与保障方案及其尽可能细化的资料。此外,所预计产品的可靠性数据也是不可缺少的。这些数据可能是可靠性预计值或试验值。所要收集的第二类资料,是类似产品的维修性数据。

(2) 维修职能与功能分析。与维修性分配相似,在预计前要在分析上述资料基础上,进行系统维修职能与功能层次分析,建立框图模型。

(3) 确定设计特征与维修性参数值的关系。维修性预计要由产品设计或设计方案估计其维修性参数。这就必须了解维修性参数值与设计特征的关系。这种关系可以用图表、公式、计算机软件数据库等形式表示,在 GJB/Z 57《维修性分配与预计手册》中提供了一些图表和公式,可供选用。当数据不足时,需要从现有类似装备中找出设计特征与维修性参数值的关系,为预计做好准备。这实际上是建立有关的回归模型。

(4) 预计维修性参数值。选用适当的预计方法预计维修性参数值。具体方法见5.2.3节。

5.2.3 维修性预计的方法

维修性预计的方法有多种,本节介绍的是适用范围较广的一些方法。

5.2.3.1 推断法

推断法是广泛应用的现代预测技术。其中最常用的就是回归预测,即利用类似 4.4.4.5 节介绍的维修性参数回归分析模型,预计维修性参数值。显然这种推断方法是一种粗略的早期预计技术。因为不需要多少具体的产品信息,所以,在研制早期(例如战技指标论证或方案探索中)仍有一定应用价值。

5.2.3.2 单元对比法

任何装备的研制都会有某种程度的继承性,在组成系统或设备的单元中,总会有些是使用过的产品。因此,可以从研制的装备中找到一个可知其维修时间的单元,以此作基准,通过与基准单元对比,估计各单元的维修时间,进而确定系统或设备的维修时间。这就是单元对比法的思路。当一次预防性维修包含若干单元时,应按 4.4.4 节的模型和式(4-24)计算其时间。

1. 适用范围

由于单元对比法不需要更多的具体设计信息,它适用于各类产品方案阶段的早期预计。单元对比法既可预计修复性维修参数,又可预计预防性维修参数。预计的基本参数是平均修复时间 $\overline{M}_{ct}$、平均预防性维修时间 $\overline{M}_{pt}$ 和平均维修时间 $\overline{M}$。

2. 预计需要的资料

(1) 在规定维修级别可单独拆卸的可更换单元的清单;

(2) 各个可更换单元的相对复杂程度;

(3) 各个可更换单元各项维修作业时间的相对量值;

(4) 各个预防性维修单元的维修频率相对量值。

3. 预计模型

(1) 平均修复时间 $\overline{M}_{ct}$。

$$\overline{M}_{ct} = \overline{M}_{ct0} \frac{\sum_{i=1}^{n} h_{c_i} k_i}{\sum_{i=1}^{n} k_i} \tag{5-7}$$

式中:$\overline{M}_{ct0}$ 为基准可更换单元的平均修复时间;h_{c_i} 为第 i 个可更换单元相对修复时间系数;k_i 为第 i 个可更换单元相对故障率系数,即

$$k_i = \frac{\lambda_i}{\lambda_0} \tag{5-8}$$

式中:λ_i 与 λ_0 分别为第 i 单元和基准单元的故障率。在预计过程中,k_i 并不需由 λ_i 与 λ_0 计算,可由比较 i 单元与基准单元设计特性加以估计。

(2) 平均预防性维修时间 $\overline{M}_{pt}$。

$$\overline{M}_{pt} = \overline{M}_{pt0} \frac{\sum_{i=1}^{m} h_{p_i} l_i}{\sum_{i=1}^{m} l_i} \quad (5-9)$$

式中：$\overline{M}_{pt0}$ 为基准单元平均预防性维修时间；h_{p_i} 为第 i 个预防性维修单元相对维修时间系数；l_i 为第 i 个预防性维修单元相对于基准单元的预防性维修频率系数，即

$$l_i = \frac{f_i}{f_0} \quad (5-10)$$

同样，l_i 依据单元设计特性的比较进行估计。

(3) 平均维修时间 $\overline{M}$。

$$\overline{M} = \frac{\overline{M}_{ct0} \sum h_{c_i} k_i + f_0 \overline{M}_{pt0} \sum l_i h_{p_i} / \lambda_0}{\sum k_i + f_0 \sum l_i / \lambda_0} \quad (5-11)$$

(4) 相对维修时间系数 h_i。

第 i 单元的相对修复时间或预防性维修时间系数 h_{c_i} 或 h_{pi}（以下用 h_i 代表）是一个由比较得到的数值。为了便于比较，本程序把维修事件分为 4 项活动：故障定位隔离；拆卸组装；更换、安装可更换单元；调准检验。对每项活动分别比较，故 h_i 也分为 4 项：

$$h_i = h_{i1} + h_{i2} + h_{i3} + h_{i4} \quad (5-12)$$

h_{ij} 由第 i 单元第 j 项维修活动时间（t_{ij}）相对于基准单元相应时间（t_{0j}）之比确定：

$$h_{ij} = h_{0j} t_{ij} / t_{0j} \quad (5-13)$$

h_{0j} 是基准单元第 j 项维修活动时间所占其整个维修时间的比值。显然 $h_0 = h_{01} + h_{02} + h_{03} + h_{04} = 1$。

4. 预计程序

(1) 明确在规定维修级别上装备的各个可更换单元。若修复性维修与预防性维修的单元不同，应分别列出。

(2) 选择基准单元。基准单元应是维修性参数值已知或能够估测的，它与其他单元在故障率、维修性方面有明显可比性。修复性与预防性维修的基准单元，可以是同一单元，也可以分别选取。

(3) 估计各单元各项系数 k_i、h_i、l_i。

(4) 计算系统或设备的 $\overline{M}_{ct}$、$\overline{M}_{pt}$、$\overline{M}$。

5. 示例

设某装备设计与保障方案已知，在现场维修时，可划分为 12 个可更换单元（LRU），由类似装备数据得到：单元 1 为插接式模块，当其损坏时装备修复时间平均为 10min，其中检测隔离平均时间 4min，拆装其外的遮挡 3min，其更换只要 1min。更换后的调准约 2min，故障率预计 0.0005h^{-1}；单元 3 预防性维修频率为 0.0001h^{-1}。要求预计其平均维修时间是否不大于 20min。

因为设计与保障方案已知，且可更换单元也已明确，故只需从确定基准单元开始。显

然,取单元1为修复性维修基准单元,单元3为预防性维修基准单元为好。单元1作为基准,其故障率系数 $k_0=k_1=1$。由各项活动时间与总时间之比可得系数 $h_{01}=0.4$,$h_{02}=0.3$,$h_{03}=0.1$,$h_{04}=0.2$。该模块不需做预防性维修,$l_1=0$。

然后,确定各单元的各个系数,列于表5-1中:假定单元2是一个质量较大需用多个螺钉固定的模块,其外还有屏蔽,寿命较短。因此,其相对故障率系数高,取 $k_2=2.5$。检测隔离与基准单元相差不大,取 $h_{21}=0.5$;更换时需拆装外部屏蔽遮挡,比基准单元费时间,取 $h_{22}=1$;多个螺钉固定,更换费时,$h_{23}=2$;调准较费时,$h_{24}=0.6$。不需预防性维修,$l_2=0$。单元3假定是一个小型电机,依其设计、安装情况,与基准单元对比,估计出各系数如表中所示。因为它需要定期进行润滑、检修,故 l_3 不为零,作为预防性维修基准单元,$l_3=l_0=1$。其余各单元可照上面的办法估计各系数并列入表中。

按表5-1所示,计算各系数之和。再代入式(5-7)、式(5-9)、式(5-11)计算出装备的维修性参数预计值。由于各维修时间系数均是以单元1为基准的,故公式中的基准单元维修时间均应用单元1的10min计算。

$$\overline{M}_{ct} = 10 \times 49.95/17.38 = 28.74(\min)$$

$$\overline{M}_{pt} = 10 \times 12.925/5.04 = 25.64(\min)$$

$$\overline{M} = \frac{10 \times 49.95 + 0.0001 \times 10 \times 12.925/0.0005}{17.38 + 0.0001 \times 5.04/0.0005}$$

$$= \frac{499.5 + 25.85}{18.39} = 28.57(\min)$$

预计的平均维修时间 $\overline{M}=28.57\min$ 超过指标要求(20min),需要更改设计方案。由此式可见,其中预防性维修的影响较小,可暂不考虑。要减少修复时间,即应减少 $\sum k_i h_i$,在 $\overline{M}$ 式中若令 $\overline{M}=20\min$,则可得

$$\sum k_i h_i = [\overline{M}(\sum k_{ci} + f_0 \sum l_i/\lambda_0) - f_0 \overline{M}_{pt0} \sum l_i k_{pi}/\lambda_0]/\overline{M}_{ct0}$$
$$= (20 \times 18.39 - 25.85)/10 = 34.2$$

要将 $\sum k_i h_i$ 由49.95减至34.2,由表5-1可见,重点应放在减少2、9、4、6、11等单元修复时间。

表5-1 可更换单元系数表(示例)

可更换单元序号	k_i	h_{ij}				h_i $\sum h_{ij}$	$k_i h_i$	l_i	$l_i h_i$
		h_{i1}	h_{i2}	h_{i3}	h_{i4}				
1	1	0.4	0.3	0.1	0.2	1	1	0	0
2	2.5	0.5	1	2	0.6	4.1	10.25	0	0
3	0.7	1.8	0.3	0.5	0.7	3.3	2.31	1	3.3
4	1.5	2	1.2	0.8	0.5	4.5	6.75	0	0

续表

可更换单元序号	k_i	h_{ij}				h_i	$k_i h_i$	l_i	$l_i h_i$
		h_{i1}	h_{i2}	h_{i3}	h_{i4}	$\sum h_{ij}$			
5	0.5	1.2	0.5	0.3	2	4	2	0	0
6	2.8	0.4	1	0.25	0.5	2.15	6.02	2.5	5.375
7	0.8	1.3	0.7	1.2	0.8	4	3.2	0	0
8	2.2	0.2	0.5	0.4	0.3	1.4	3.08	0	0
9	3	0.6	0.8	0.6	0.5	2.5	7.5	1.5	3.75
10	0.08	5	2	2.5	3	12.5	1	0.04	0.5
11	0.9	1	2	0.8	1	4.8	4.32	0	0
12	1.4	0.6	0.3	0.4	0.5	1.8	2.52	0	0
合计	17.38						49.95	5.04	12.925

5.2.3.3 时间累计法

这种方法是一种比较细致的预计方法。它根据历史经验或现成的数据、图表,对照装备的设计或设计方案和维修保障条件,逐个确定每个维修项目、每项维修工作或维修活动乃至每项基本维修作业所需的时间或工时,然后综合累加或求均值,最后预计出装备的维修性参量。以下介绍一种典型的时间累计法(GJB/Z 57 的方法 206)。

1. 适用范围

用于预计各种(航空、地面及舰载)电子设备在各级维修的维修性参数,也可用于任何使用环境的其他各种设备的维修性预计。但该方法中所给出的维修作业时间标准主要是电子设备的,用于预计其他设备时,需要补充或校正。

平均修复时间 $\overline{M}_{ct}$ 是预计的基本参数。还可以预计:在 ϕ 百分位的最大修复时间 $M_{maxct}(\phi)$;故障隔离率 r_{FI};每次修理的平均工时 M_{MH}/R_P;工时率 $M_I(M_{MH}/O_H$ 或 M_{MH}/F_H, O_H 和 F_H 是设备工作小时或飞行小时)。

2. 预计需要的资料

(1) 主要可更换单元(RI)的目录及数量(实际的或估算的);

(2) 各个 RI 预计或估算的故障率;

(3) 每个 RI 故障检测隔离的基本方法(例如,机内自检、外部检测设备或人工隔离等);

(4) 故障隔离到一组 RI 时的更换方案(如全组更换,或者用交替更换继续隔离到更换层次);

(5) 封装特点;

(6) 估算的或要求的隔离能力,即故障隔离到单个 RI 的隔离率或者隔离到 RI 组的平均规模(平均由几个 RI 组成)。

3. 预计的基本原理和模型

面对一个系统或一台设备,要直接估计出其维修性参数值是不现实的。但可以把它分解开来,把每个单元出故障后的维修过程也分解开来,针对某个单元某项活动或作业,估计其时间或工时则比较现实。然后再对各项作业、各个单元的时间或工时进行综合,估计出系统或设备的参数值。这就是时间累计法的思路或过程,可用图 5-1 表示。

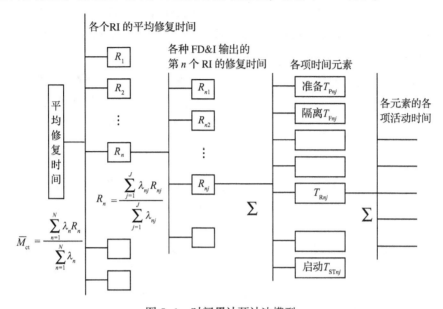

图 5-1 时间累计预计法模型

(1) 维修对象的分解。把系统或设备分解,直到规定维修级别的可更换单元(RI)。每个 RI 的故障率 λ_n 可由可靠性预计或历史资料得到。

(2) RI 的故障分析。一个 RI 发生故障,其故障模式可能有几种,故障检测与隔离(FD&I)的方式及其输出(即 FD&I 时得到的信号、迹象、仪表读数、打印输出等)也就不尽相同,FD&I 所需时间以及整个修复时间就会不一样。因此,要按 FD&I 输出将单元故障区分开,并确定每种 FD&I 输出下的故障率 λ_{nj} 及修复时间 R_{nj}(角注 n 代表第 n 单元,j 代表第 j 种 FD&I 输出)。

(3) 维修时间的分解。一次维修可能包含 8 种维修活动,其时间即是修复时间元素 T_m(角注 m 表示第 m 项活动时间)。

准备时间 T_p——在进行故障隔离之前完成的各项准备工作的时间;

故障隔离时间 T_{FI}——将故障隔离到着手进行修理的层次所需的时间;

分解时间 T_D——拆卸设备以便达到故障隔离所确定的 RI(或 RI 组)所需的时间;

更换时间 T_I——卸下并更换失效或怀疑失效的 RI 所需的时间;

重装时间 T_R——重新安装设备所需的时间;

调准时间 T_A——对设备(系统)进行校准、测试和调整所需的时间;

检验时间 T_c——检验故障是否排除、设备(系统)能否正常运行所需的时间;

启动时间 T_{ST}——确认故障已被排除后,使设备(系统)重新进入故障前的运行状态所需的时间。

(4) 维修活动的分解。一项维修活动可能是由若干个基本维修作业(动作)组成的。例如,更换一个晶体管,要包括拆焊(3 处)、取下、清理、安装、重焊(3 处)等几个动作。这些动作(基本维修作业)占用时间短且相对稳定(时间散布不大),常见动作种类数量有限。因此,可以选择常见的基本维修作业,通过试验或现场统计数据确定其时间(工时),作为维修性预计的依据。

维修性预计则是一个反向综合过程,从估计维修动作的时间(工时)开始,计算各项维修活动时间(工时)、各 RI 在各 FD&I 输出的修复时间(工时)、各 RI 的平均修复时间 R_n(工时),最后估算出设备(系统)的平均修复时间 $\overline{M}_{ct}$(工时)。

在上述过程中,运用的数学模型基本上是两类:累加模型和均值模型。累加模型用于串行作业,在不考虑并行作业的情况下由基本维修作业时间合成为维修活动时间 T_{mnj},维修活动时间合成为各 RI 在各 FD&I 输出下的平均修复时间 R_{nj}。均值模型用于求系统平均修复时间。

4. 预计程序

(1) 确定预计要求。首先要明确需要预计的维修性参数及其定义。其中包括修复时间中的时间元素,是否需要根据装备特点做调整。其次是确定预计程序和基本规则。再就是明确预计所依据的维修级别,了解其保障条件与能力。

(2) 确定更换方案。由于不同的更换方案,所需的维修时间和工时是不同的。所以,预计前要明确装备的维修方案,哪些是规定维修级别的可更换单元。可用包含维修职能的系统功能层次框图表示。还要进一步确定更换方案。比如,单独更换、成组更换与交替更换。

(3) 决定预计参数。在"2. 预计需要的资料"所列资料基础上,进一步确定预计用的基础数据。

(4) 选择预计的数学模型。应根据实际维修作业情况选择与修正预计数学模型。

(5) 计算维修性参数值。在以上分析与数据收集、处理的基础上,利用预计模型由下而上逐层计算,求得所需的维修时间或工时。在估算出系统或设备的平均修复时间 $\overline{M}_{ct}$ 后,若需估计最大修复时间 $\overline{M}_{maxct}$,须利用已知的分布假设计算。

5.3 维修性分析

5.3.1 维修性分析的意义及目的

维修性分析是一项非常重要、非常广泛的维修性工作。一般地说,它应当包含研制、生产、使用中涉及维修性的所有分析工作。从参数、指标的分析论证,指标的分配、预计,设计方案的分析权衡,到具体设计特征的分析检验,试验结果的分析等都可称为维修性分析。本节所说的维修性分析是狭义的,即将从承制方的各种研究报告和工程报告中得到的数据和从订购方得到的信息转化为具体的设计而进行的分析活动。这也就是 GJB 368《装备维修性通用大纲》中的维修性分析的概念。

维修性分析的目的可以归纳为以下几个方面:

1. 为制定维修性设计准则提供依据

有了维修性指标和定性要求并且分配到各层次的产品,要把它转化为设计,必须制定设计准则。装备的设计准则是指导设计的详细的技术文件,也是评审设计的依据。它包括系统及其各部分设计的具体要求、技术途径。而维修性分析是确定维修性设计准则的前提条件。只有对产品的维修性定量要求和设计约束进行分析,才能恰当地确定维修性设计准则。例如,分配到某产品的基层级平均修复时间不得大于 10min,根据这一要求,对于该产品满足功能要求可能的设计构型和基层级的修理能力进行分析,选择适用的设计准则。在这里,平均修复时间不大于 10min,意味着在基层级不允许有详细的较长时间的故障诊断和修复活动,这就要求与故障检测、隔离以及校准有关的设计特征或手段必须设计在装备内,并通过故障显示器直接进行故障隔离,然后由基层级的人员进行换件修理。为了满足 10min 的平均修复时间要求,产品的换件必须简便迅速,故对该产品的可更换单元适宜采用快速紧固件固定。经过这些分析可确定该产品的设计准则如下:

(1) 采用机内测试(BIT)装置进行故障定位、隔离及指示;

(2) 该产品的各功能单元应为可拆卸的模块;

(3) 各模块应采用快速解脱的紧固件固定。

2. 进行备选方案的权衡研究,为设计决策创造条件

有关维修性设计的权衡研究是维修性分析中经常进行的一项活动。当某一产品的维修性设计存在两种或两种以上设计方案时,就需对这些方案以满足平均修复时间或有关的维修性指标为约束条件,以寿命周期费用或其他决策变量为主要目标进行权衡研究,其目的是选择能满足维修性要求的费用-效能最佳的设计。

3. 评估并证实设计是否符合维修性设计要求

验证装备的维修性水平,当然要靠维修实践。但在研制过程中当装备实体还未形成时,就要估计维修性,以便做出设计决策。这就是维修性分析的另一个主要目的,即对设计满足定性和定量维修性要求的情况进行评估。定量的维修性要求一般是通过维修性预计来评估的。这里分析的侧重点是对定性要求的分析。比如:产品的互换性、标准化程度、各通道口的尺寸、可达范围、操作空间等,分析是以 FMEA 结果为基础对系统的图纸资料或电子样机进行评审而实施的。

4. 为确定维修策略和维修保障资源提供数据

装备的维修保障要从其维修性特征出发,制定维修保障计划和确定维修保障资源需要了解产品的维修性特征。这就要进行分析,并将其结果制成清单,它的内容是下一步进行保障性分析、确定维修保障计划和维修保障资源的重要输入信息。

5.3.2 维修性分析的内容

装备研制过程中,维修性分析的作用如图 5-2 所示。

从图 5-2 中可以看出,整个维修性分析工作的输入信息是来自订购方和承制方两方面的信息。来自订购方的信息主要是通过各种合同文件、战技指标、论证报告等提供的维修性要求和各种使用与维修保障方案要求的约束条件。这些信息是装备设计的出发点和依据。承制方的信息,来自于各项研究与工程活动的结果,特别是各项研究与工程报告。其中最为

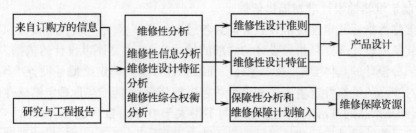

图 5-2 维修分析的地位与作用示意图

重要的是可靠性分析、人素工程研究、系统安全性分析、费用分析、前阶段的保障性分析等。这些信息往往提供了产品设计的约束或权衡、决策的依据。此外,产品的设计方案,特别是有关维修性(包含测试性)的设计特征,也是维修性分析的重要输入信息。

维修性分析的内容或对象很广泛,其中最主要的是维修性信息分析、有关维修性的权衡分析和设计特征的可视化分析。

5.3.2.1 维修性信息的分析

维修性信息的一个主要来源是 FMEA(包含损坏模式及影响分析 DMEA,详见第十章),它确定了装备故障和损伤及其影响,并提供如何维修的信息。在此基础上,结合装备的具体结构,可以确定产品维修的具体活动和作业。这些信息既可用于评估维修的难度、估计所需时间和所需的各种人财物力资源,对维修性做出评价;又可为保障性分析,确定维修保障计划和资源提供依据。

5.3.2.2 有关维修性的权衡分析

有关维修性的权衡分析内容很广泛。例如:

(1) 维修性指标分配中的权衡。这可使各部分维修性指标的分配合理可行。

(2) 维修性与可靠性、保障性等特性的权衡。这种权衡是同一产品几个特性指标之间的权衡。比如,实现规定的使用可用性指标,可以有不同的可靠性(MTBF)、维修性(MTTR)和保障性(MTLD)指标的组合。这就需要在其间进行权衡分析,这种分析可以使用可用度和保障资源为约束,以费用为目标进行(详见第七章)。

(3) 设计特性与保障资源的权衡。如,实现产品的维修性要求,可能采取改进维修性(可达性、识别标记、模块化、BIT 等)的途径,也可采用改进维修资源(如增加或改进专用工具或仪器甚至设施)。究竟采用哪种途径,需要进行分析权衡,既要考虑总的费用,又要考虑部队的机动能力和生存性等因素,做出合理的选择。

5.3.2.3 设计特征的维修性分析

维修性设计中的重要问题是关于人体、视力和工具是否可达到检测、维修部位并能方便地进行操作,包括单元、零部件的拆卸安装等。产品的结构、组装、连接、外形尺寸,测试点的设置,可更换单元的划分等设计特征是解决这些问题的关键。要从维修性以及相关的人素工程要求角度对这些设计特征进行分析、考察,决定其是否可行。分析中要考虑人及其肢体、工具所占的空间和活动范围,视力范围及遮挡关系,以及人的用力限度等多种因素;同时要考虑结构的可靠性、测试性和操作的安全性,特别是战损修复的方便性等。这种分析往往需要采用设计特征可视化的途径。

5.3.3 维修性分析的技术与方法

维修性分析采用定性与定量分析相结合的方法。分析的目的不同,项目不同,维修性分析所使用的技术和方法也不同。下面简要讨论维修性分析中常用到的技术与方法。应该说明的是这些方法并不都是维修性分析所特有的,它也可能用在其他工程专业中。

5.3.3.1 利用维修性模型

关于维修性模型在第四章中已有详细的介绍。在设计过程中特别是涉及有关维修性的分配、预计,维修性设计方案的权衡决策,维修性指标的优化时都需要使用维修性模型。通过维修性模型,可以把复杂的实际装备的维修和维修性问题简化为功能流程图、框图或数学关系式,从而简化分析的过程并进行定量分析。另外,通过把维修性模型同费用模型、系统战备完好性模型以及其他保障分析的模型结合起来,还可以确定某个维修性参数(如,平均修复时间、规定维修度的最大修复时间、故障检测率、故障隔离率等)的变化对整个系统的费用、维修性或维修保障带来的影响,从而为设计和保障决策提供依据。

5.3.3.2 设计特征可视化分析

在5.3.2.3节中所说的设计特征的维修性分析中,考查、评价产品设计和维修保障资源时,如果设计人员能够直观地看见产品构形和维修人员、工具以及维修作业的动作过程,而不是"凭空想象",必将提高分析效果和效益。这也就是"可视化"维修性分析的意义之所在。维修性设计特征的可视化,区别于在实体模型、样机上的演示或实际操作,它不过分依赖于实体模型或样机,而是利用计算机软、硬件平台建立产品的"电子样机"和人体模型,通过三维图形、图像以及动画技术来模拟维修操作或过程,并能根据需要进行各种活动的演示。实现维修性分析可视化,是推进维修性理论与技术在工程设计领域的进一步应用的迫切需要,也是多年来计算机辅助设计(CAD)技术、计算机辅助工程(CAE)技术、维修性技术和人体建模技术等新技术迅速发展和相互结合的产物。

图5-3是维修性设计特征可视化分析系统的示意图。

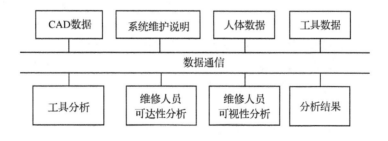

图5-3 维修性特征可视化分析系统示意图

进行设计特征可视化分析,需要做以下几项主要工作(图5-4)。

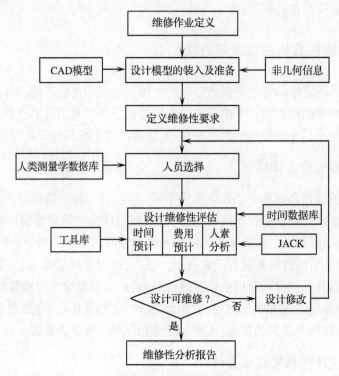

图5-4　设计特征可视化分析流程简图

(1) 要建立产品以及维修工具的三维模型,而且要能定义工具的运动方式与路径。现在的专业 CAD 软件基本都能实现这一要求。更高层次的研究工作是要建立适合于产品维修性分析的通用产品模型,即研究如何从产品的 CAD 数据中抽取维修性分析需要的数据,与当前的计算机集成制造系统(CIMS)、并行工程等研究热点结合在一起,形成一个功能更强大的系统,更好更快地完成这一工作。

(2) 建立(或选用已有的)人体模型,把人及其肢体简化,并能在计算机上进行动作的显示,所占的空间尺寸都要符合典型的人体尺寸。国外研究的 CrewChief 人体模型,人体有36个关节,可以有站、跪、坐、卧等12种姿势,10种人体的身高、眼高、坐高、手长、下肢长等多种尺寸及其组合,这些人体测量学数据可以根据需要选择和调整。更加完善的还有 JACK 模型。利用这些模型和软件可在计算机上把人体及其肢体静态和动态所占空间显示出来。我国也在开发相似的模型和软件系统。在工程实践中,只需选择和使用现有的模型,就可在其软件平台上运行人及其肢体的活动,显示所占的空间。

(3) 建立分析对象的维修活动(作业)程序,确定人体和工具以及产品的动作路线。显然,这是通过计算机上演示维修动作并进行分析评估的基础。这项工作主要依靠工程人员的实践经验来完成。有条件时,也可利用人工智能自动生成活动或作业程序。

(4) 在计算机上演示维修活动或作业,并进行分析评估。这就是说,以产品三维模型作为维修场景,将维修人员模型、工具模型以及所需器材作为其中的活动对象,按维修作业程序及设定的运动路径,检查是否无干涉、碰撞,肢体、工具和视力是否可达,并对维修时间乃至费用作出估计。进一步的发展还可估计维修动作所需的力量等。

军械工程学院等单位已开发基于虚拟现实(VR)技术的维修性设计分析平台,并应用于实际装备维修过程仿真中。

5.3.3.3 寿命周期费用分析

寿命周期费用(LCC)是系统论证、方案设计乃至整个研制过程中最主要的决策参数之一,也是最为敏感的决策参数,几乎任何一次研制过程中的决策都会对寿命周期费用产生影响,与该参数发生联系。装备的维修性设计既影响设计与制造费用,又影响维修保障费用。比如,提高产品的可达性和诊断能力,可能要开通道、加快开启的口盖、使用快速紧固件和BIT等,必然会增加设计和制造费用;但可减少维修时间、人力及保障设备,从而减少维修费用。此时决策的主要变量就是维修时间和寿命周期费用。所以,费用分析是维修性分析中用到的重要技术。需要建模求得费用值来完成的工作有:说明所分析项目对费用的影响;维修性分配;提出经济、有效的维修性设计和测试分系统设计;为保障性分析准备输入数据。

寿命周期费用分析方法在第七章中专门讨论。

5.3.3.4 综合权衡分析技术

如前所述,有关维修性的权衡分析内容很多,应当采用适宜的定量与定性的分析技术和方法(详见第七章)。

5.3.3.5 风险分析

在维修性分析中,需要估计分析与决策可能有的偏差会带来的结果(危害),并将其风险减小到最低限度。需要对分析与决策的风险作出估计。同时,权衡分析和设计决策中所使用的某些参数,如MTBF、故障率、价格等可能是通过预测和估计方法得到的。由于这些决策量的不确定性,使得分析的结果也可能出现不确定性。比如,通过权衡研究,认为某一设计方案是可行的,但由于分析过程中所使用的数据是不精确的,这种设计方案很可能在装备投入使用后出现意想不到的问题。有时即使分析时所用的数据是精确的,但由于设计或使用条件的更改,数据会发生变化,原有的分析结果和设计决策是否合理也会产生问题。为了搞清输入数据的变化对分析结果的影响,就需要进行风险分析。

在维修性分析中,估计风险,确定风险界限常用如下的手段。

(1) 灵敏度分析。通过灵敏度分析,可以研究各个输入参数在什么范围内变化可以不影响维修性分析的结果,超出这个范围后会出现什么样的结果,另外,通过这项分析还可以搞清增加一个或几个约束后,维修性分析的结果会发生什么样的变化。

(2) 置信区间分析。对维修性分析中所涉及的估计参数(如MTBF,故障率)应用统计学方法给出其置信区间,该区间表示所估计的参数以某种把握程度包含在该区间内。给出参数的区间估计比给出其点估计提供了更有效的信息,从而更容易确定使用该参数所带来的风险。

5.3.3.6 对比分析法

任何一种新的装备都是在原有装备的基础上发展起来的,它们之间会不同程度地存在着继承性和相似性。对比分析法就是利用新老装备之间或不同装备某些部分之间存在的相似性,用老装备或其他装备或其部分的维修性来对照、评价新装备维修性特征的一种方法。这种方法被广泛地应用于维修性分配、预计、设计特征的分析中。对比分析所选择的装备或部分最好是应用实际数据做过维修性分析、试验的相似装备或部分。

应用对比分析法时,既要考虑产品之间的相似性与继承性,又要考虑新产品的先进性,其可靠性与维修性水平会有一定的提高。因此,对相似装备的维修性值应加以修正。

5.4 维修性试验与评定

维修性试验与评定是装备研制、生产和使用阶段所进行的各种试验与评定工作的一部分,是极为重要的维修性工作。本节将介绍它的基本原理和方法。

5.4.1 维修性试验与评定的目的、作用及区分

5.4.1.1 维修性试验与评定的目的与作用

维修性试验与评定贯穿于装备全寿命过程,在各阶段其目的和作用显然有区别。但一般地说,维修性试验、评定的目的是考核、验证和发现缺陷。

(1) 考核、验证产品维修性。从根本上说,产品的维修性应当用实际使用中的维修实践来进行考核、评定,以确定产品维修性的实际水平。然而这种考核评定又不可能都在完全真实的使用条件下,通过整个寿命周期的维修实践来完成。这就要在研制过程、生产过程采用统计试验的方法,及时做出产品维修性是否符合要求的判定,使承制方对其产品维修性"胸中有数",使订购方决定是否接受该产品。事实上,维修性的考核、验证,对承制部门是一种"压力",没有验证就没有压力。

(2) 发现和鉴别维修性设计缺陷,提供改进的依据。在研制、生产和使用阶段的维修性试验中,将发现并鉴别设计在维修性方面的缺陷,为改进设计提供依据。特别是在研制过程中,通过各种形式的维修性核查,及早发现问题,提出改进意见,采取措施进行纠正,将使产品的维修性得到不断地增长,最终达到规定要求。所以,维修性试验评定是完善产品维修性的必要措施。

(3) 对有关维修保障要素进行评价。在维修性试验的同时,对维修保障要素(包括人员及其训练、维修技术文件、备件、工具、设备、设施和计算机资源等)也是一次考核,并可能发现这些要素存在的不足,为改进和完善保障要素提供实在的依据。

5.4.1.2 维修性试验与评定的时机和种类

为了提高试验的效率和节省试验经费,并确保试验结果的准确性,研制、生产中的维修性试验与评定一般应与功能试验及可靠性试验结合进行,必要时也可单独进行。

根据试验与评定的时机、目的和要求,通常将系统级维修性试验与评定分为核查、验证和评价。系统级以下层次产品维修性试验与评定如何划分,根据产品具体情况确定。

1. 维修性核查

维修性核查是研制过程中的工程试验,即承制方为实现装备的维修性要求,自签订装备研制合同之日起,贯穿于从零部件、元器件到组件、分系统、系统的整个研制过程中,不断进行的维修性试验与评定工作。

维修性核查的目的是检查与修正进行维修性分析与验证所用的模型及数据,鉴别设计缺陷,以便采取纠正措施,使维修性不断增长,保证满足规定的维修性要求和便于以后的验证。根据这样的目的和试验的时机,核查的方法比较灵活,应最大限度地利用在研制过程中各种试验(如功能、样机模型、合格鉴定和可靠性等试验)进行的维修作业所得到的数据,并采用较少的和置信度较低的(粗略的)维修性试验。在研制早期还可采用木质模型或金属模型进行演示、测算。应用这些数据、资料进行分析,找出维修性的薄弱环节,采取改进措施,提高维修性。

2. 维修性验证

维修性验证是一种正规的严格的检验性的试验评定,即为确定装备是否达到了规定的维修性要求,由指定的试验机构进行的或由订购方与承制方联合进行的试验与评定工作。维修性验证通常在设计定型、生产定型阶段进行。在生产阶段进行装备验收时,如有必要也要进行。

验证的目的是全面考核装备是否达到规定的维修性要求。维修性验证的结果应作为批准装备定型的依据。因此,验证试验的环境条件,应尽量与装备实际使用维修环境一致,或十分类似。试验中维修所使用的工具、保障设备、设施、备件、技术文件,应与正式使用时的保障计划规定一致,以保证验证结果可信。维修性验证的指定试验机构,一般是专门的装备试验基地或试验场(第三方),也可以是经订购方和承制方商定的具备条件的研究所、生产厂或其他合适的单位。参加验证试验的维修人员,应当是专门试验机构的或订购方的现场维修人员,或经验和技能与实际使用保障中的维修人员同等程度的人员。这些人员应经承制方适当训练,其数量和技术水平应符合规定的保障计划的要求。

3. 维修性评价

维修性评价是指使用部门(订购方)在承制方配合下,为确定装备在实际使用、维修及保障条件下的维修性所进行的试验与评定工作。通常在部队试用时或(和)在装备使用阶段进行。

维修性评价的目的是确定装备在部署以后的实际使用与维修保障条件下的维修性水平,观察实际维修保障条件对该装备维修性的影响,检查维修性验证中所暴露的维修性缺陷的纠正情况。除重点评价实际条件下基层级和中继级维修的维修性外,当有基地级维修要求时,还应评价基地级维修的维修性(装备在基地级维修的维修性在核查、验证阶段是不评定的)。评价的对象即所用的实体应为已部署的装备(硬件、软件)或与其等效的样机。需要考核的维修作业应是实际使用中遇到的维修工作,一般不需进行专门的故障模拟及维修。这就是说,维修性评价主要是靠统计实际维修数据,了解部队维修状况来进行的。

维修性评价是一项很重要的工作。我国海军曾对核潜艇、导弹等装备进行维修性评价,装甲兵结合维修改革对 59 式坦克进行维修性的评定都取得了较好的效果。其成果为现役装备的合理使用、维修,为新型装备的维修性指标的论证与确定,以及研制工作提供了基础。

5.4.2 维修性试验与评定的一般程序

维修性试验与评定按程序分为准备阶段和实施阶段。准备阶段的工作有：
(1) 制定试验计划；
(2) 选择试验方法；
(3) 确定受试品；
(4) 培训试验维修人员；
(5) 准备试验环境和试验设备及保障设备等资源。

实施阶段的工作有：
(1) 确定试验样本量；
(2) 选择与分配维修作业样本；
(3) 故障的模拟与排除，即进行修复性维修试验；
(4) 预防性维修试验；
(5) 收集、分析与处理维修试验数据和试验结果的评定；
(6) 编写试验与评定报告等。

下面仅介绍几个主要问题。

5.4.2.1 统计试验方法的选择

如前所述，维修性核查和评价中，主要是利用各种试验或现场数据，或采用某些演示方法等；而维修性定量指标的试验验证则属于统计试验，要用正规的统计试验方法。在国军标 GJB2072《维修性试验与评定》中规定了 11 种方法(表 5-2)可供选择。选择时，应根据合同中要求的维修性参数、风险率、维修时间分布假设以及试验经费和进度要求等因素综合考虑，在保证满足不超过订购方风险的条件下，尽量选择样本量小、试验费用省、试验时间短的方法。试验方法应由订购方和承制方商定，或由承制方提出经订购方同意。除上述国军标规定的 11 种方法外，也可以选用有关国标中规定的适用的方法，但都应经订购方同意。例如某新研装备合同要求平均修复时间的最低可接受值为 0.5h，订购方风险率 β 不大于 0.10。由于是新研装备，维修时间的分布及方差都是未知的。表 5-2 中的方法 9 维修时间平均值的检验正符合上述条件，且样本量为 30，相对别的方法较少。故可选择方法 9。

5.4.2.2 样本量的确定

维修性统计试验中要进行维修作业，每次维修算一个样本。只有足够的样本，才能反映总体的维修性水平。如果样本量过小，会失去统计意义，使订购方和承制方的风险都增大。样本量应按所选试验方法中的公式计算确定，也可参考表 5-2 中所推荐的样本量。某些试验方案(如表 5-2 中试验方法 1 维修时间平均值的试验)，在计算样本量时还应对维修时间分布的方差作出估计。表 5-2 对不同试验方法列有推荐的最小样本量，这是经验值。

表 5-2 试验方法汇总表

方法	检验参数	分布假设	样本量	推荐样本量	作业选择	需要规定的参量
1-A	维修时间平均值	对数正态，方差已知	见各试验方法的具体规定	≥30	自然或模拟故障	$\mu_0, \mu_1, \alpha, \beta$
1-B		分布未知，方差已知		≥30		
2	规定维修度的最大修复时间	对数正态，方差未知		≥30		T_0, T_1, α, β
3-A	规定时间维修度	对数正态				p_0, p_1, α, β
3-B		分布未知				
4	装备修复时间中值	对数正态		20		$\widetilde{M}_{ct}$
5	每次运行应计入的维修停机时间①	分布未知		50	自然故障	$A, T_{CMD}/N$, $T_{DD}/N, \alpha, \beta$
6	每飞行小时的维修工时(M_I)	分布未知				$M_1, \Delta M_1$,
7	地面电子系统工时率	分布未知		≥30	自然或模拟故障	μ_R, α
8	均值与最大修复时间的组合	对数正态			自然故障或随机(序贯)抽样	均值及M_{max}的组合
9	维修时间平均值和最大修复时间	分布未知		≥30	自然或模拟故障	$\overline{M}_{ct}, \overline{M}_{pt}, \beta$
10	最大维修时间和维修时间中值	分布未知		≥50		$\widetilde{M}_{ct}, \widetilde{M}_{pt}, \beta$
11	预防性维修时间	分布未知	全部任务完成			$\overline{M}_{pt}, M_{maxpt}$

①用于验证装备可用度 A 的一种间接试验方法。

5.4.2.3 选择与分配维修作业样本

1. 维修作业样本的选择

为保证试验所做的统计学决策(接受或拒绝)具有代表性,所选择的维修作业最好与实

际使用中所进行的维修作业一致。对于修复性维修的试验,可用两种方法产生的维修作业:

（1）自然故障所产生的维修作业。装备在功能试验、可靠性试验、环境试验或其他试验及使用中发生的故障,均称为自然故障。一般地说,这种自然故障发生的多少、影响的程度是符合实际的,最具代表性。因此,由自然故障产生的维修作业,如果次数足以满足所采用的试验方法中的样本量要求时,应优先作为维修性试验样本。如果对上述自然故障产生的维修作业在实施时是符合试验条件要求的,当时所记录的维修时间也可以作为维修性验证时的有效数据进行分析和判决。

（2）模拟故障产生的维修作业。当自然故障所进行的维修作业次数不足时,可以通过对模拟故障所进行的维修作业次数补足。为了缩短试验时间,经承制方和订购方商定也可采用全部由模拟故障所进行的维修作业作为样本。

预防性维修应按维修大纲规定的项目、工作类型及其间隔期确定试验样本。

2. 维修作业样本的分配方法

当采用自然故障所进行的维修作业次数满足规定的试验样本量时,显然不需要进行分配。当采用模拟故障时,在什么部位、排除什么故障,需合理地分配到各有关的零部件上,以保证能验证整机的维修性。

维修作业样本的分配以装备的复杂性、可靠性为基础。如果采用固定样本量试验法检验维修性指标,可运用按比例分层抽样法进行维修作业分配。如果采用可变样本量的序贯试验法进行检验,则应采用按故障分摊率的简单随机抽样法。所谓故障分摊率是指单元故障率与装备(产品)总故障率之比。用它乘以样本量 N 即为单元的维修作业样本数。

5.4.2.4　故障的模拟与排除

1. 故障的模拟

按分配的样本数随机抽取维修作业进行试验。一般采用人为方法进行故障的模拟。对不同类型装备可采用不同的模拟故障(或称注入故障)方法,应根据故障模式及其原因分析选择。常用的模拟故障的方法有:

（1）用故障件代替正常件,模拟零件的失效或损坏;

（2）接入附加的或拆除不易察觉的零、元件,模拟安装错误和零、元件丢失;

（3）故意造成零、元件失调变位。

模拟故障应尽可能真实、接近自然故障。基层级维修,以常见故障模式为主。可能危害人员和产品安全的故障不得模拟(必要时应经过批准,并采取有效的防护措施)。模拟故障过程中,参加试验的维修人员应当回避。

2. 故障的排除

由经过训练的维修人员排除故障,并专人记录维修时间。完成故障检测、隔离、拆卸、换件或修复原件、安装、调试及检验等一系列维修活动,称为完成一次维修作业。在排除的过程中必须注意:

（1）只能使用根据维修方案规定的维修级别所配备的备件、附件、工具、检测仪器和设备,不能使用超过规定的范围或使用上一维修级别所专有的设备。

（2）按照本级维修技术文件规定的修理程序和方法。

（3）人工或利用外部测试仪器查寻故障及其他作业所花费的时间均应计入维修时间中。

5.4.3 维修性验证方法

关于维修性验证在 5.4.1.2 节中已有介绍,本节仅讨论几种常用的验证方法。

5.4.3.1 维修时间平均值和最大修复时间的检验

这种方法是表 5-2 中的第 9 种统计试验方法。它以中心极限定理为依据,在大样本 ($n \geqslant 30$) 的基础上进行统计判决。

1. 使用条件

(1) 检验修复时间、预防性维修时间、维修时间的平均值时,其时间分布和方差都未知;检验最大修复时间时,假设维修时间服从对数正态分布,其方差未知。

(2) 维修时间定量指标的不可接受值 $\overline{M}_{ct}$、$\overline{M}_{mct}$、$\overline{M}_{pt}$、$\overline{M}_{p/c}$、$\overline{M}_{maxct}$ 应按合同规定,对 $\overline{M}_{maxct}$ 还应明确规定其百分位(维修度)p。

(3) 只控制订购方的风险 β,其值由合同规定。

2. 试验与统计计算

样本量最小为 30,实际样本量应根据受试品的种类,经订购部门同意后确定。验证预防性维修参数及指标时,需另加 30 个预防性维修作业样本。维修作业样本应根据本章 5.4.2.1 节的程序选择,试验并记录每一维修作业的持续时间,计算统计量:均值和方差。

(1) 检验修复时间时,取样本均值

$$\overline{X}_{ct} = \frac{\sum_{i=1}^{n_c} X_{cti}}{n_c} \tag{5-14}$$

修复时间样本方差

$$\hat{d}_{ct}^2 = \frac{1}{n_c - 1} \sum_{i=1}^{n_c} (\overline{X}_{cti} - \overline{X}_{ct})^2 \tag{5-15}$$

式中:$\overline{X}_{cti}$ 为第 i 次修复性维修时间;n_c 为修复性维修的样本量,即修复性维修作业次数。

(2) 检验预防性维修时间时,取样本均值

$$\overline{X}_{pt} = \frac{\sum_{i=1}^{n_p} X_{pti}}{n_p} \tag{5-16}$$

预防性维修时间样本方差

$$\hat{d}_{pt}^2 = \frac{1}{n_p - 1} \sum_{i=1}^{n_p} (\overline{X}_{pti} - \overline{X}_{pt})^2 \tag{5-17}$$

式中:$\overline{X}_{pti}$ 为第 i 次预防性维修时间;n_p 为预防性维修的样本量,即预防性维修作业次数。

(3) 检验维修时间时,取样本均值

$$\overline{X}_{p/c} = \frac{f_c \overline{X}_{ct} + f_p \overline{X}_{pt}}{f_c + f_p} \tag{5-18}$$

维修时间样本方差

$$\hat{d}_{p/c}^2 = \frac{n_p (f_c \hat{d}_{ct})^2 + n_c (f_p \hat{d}_{pt})^2}{n_p n_c (f_p + f_c)^2} \tag{5-19}$$

式中：f_c 为在规定的期间内发生的修复性维修作业预期数；f_p 为在规定的期间内发生的预防性维修作业预期数。

(4) 检验最大修复时间时，取样本值

$$X_{\text{maxct}} = \exp\left[\frac{\sum_{i=1}^{n_c} \ln X_{cti}}{n_c} + \psi \sqrt{\frac{\sum_{i=1}^{n_c} (\ln X_{cti})^2 - (\sum_{i=1}^{n_c} \ln X_{cti})^2/n_c}{n_c - 1}}\right] \tag{5-20}$$

式中：$\psi = Z_p - Z_\beta \sqrt{1/n_c + Z_p^2/2(n_c - 1)}$，当 n_c 很大时，$\Psi = Z_p$；Z_p 为对应下侧概率百分位 p 的正态分布分位数（表5-3）。

表5-3 标准正态分布分位数表

p	0.01	0.05	0.10	0.15	0.20	0.30	0.40	0.50	0.60	0.70	0.80	0.85	0.90	0.95	0.99
Z_p	-2.33	-1.65	-1.28	-1.04	-0.84	-0.52	-0.25	0	0.25	0.52	0.84	1.04	1.28	1.65	2.33

3. 判决规则

为了对产品维修性是否符合指标要求作出判决，需要建立判决规则。这就要运用假设检验的原理。以平均修复时间的检验来说，要求产品的修复时间均值不大于合同规定的指标 $\overline{M}_{ct}$。用假设检验描述为

原假设 H_0 $\mu_c < \overline{M}_{ct}$

备择假设 H_1 $\mu_c = \overline{M}_{ct}$

其中 μ_c 是修复时间的数学期望。在大样本的条件下，可用样本均值 $\overline{X}_{ct}$ 近似。

由中心极限定理，在 H_1 成立下有

$$\frac{\overline{X}_{ct} - \overline{M}_{ct}}{\hat{d}_{ct}/\sqrt{n_c}} \to N(0,1)$$

本方法只规定订购方风险 β，即受试品维修性指标的期望值大（劣）于或等于不可接受值而被接受的概率。故有

$$\Phi\left[\frac{\overline{X}_U - \overline{M}_{ct}}{\hat{d}_{ct}/\sqrt{n_c}}\right] = 1 - \beta$$

$$\frac{\overline{X}_U - \overline{M}_{ct}}{\hat{d}_{ct}/\sqrt{n_c}} = Z_{1-\beta}$$

式中：$\overline{X}_U$ 为均值可接受的上侧规格线；$Z_{1-\beta}$ 为 $\Phi = 1-\beta$ 时的正态分布分位数。

由此可得到平均修复时间的接受域为

$$\overline{X}_{ct} \leq \overline{M}_{ct} - Z_{1-\beta} \frac{\hat{d}_{ct}}{\sqrt{n_c}} \tag{5-21}$$

满足此条件,平均修复时间符合要求,应予接受,否则拒绝。与此类似,平均预防性维修时间或平均维修时间的接受域为

$$\overline{X}_{pt} \leq \overline{M}_{pt} - Z_{1-\beta} \frac{\hat{d}_{pt}}{\sqrt{n_p}} \tag{5-22}$$

$$\overline{X}_{p/c} \leq \overline{M}_{p/c} - Z_{1-\beta} \sqrt{\frac{n_p(f_c \hat{d}_{ct})^2 + n_c(f_p \hat{d}_{pt})^2}{n_c n_p (f_c + f_p)^2}} \tag{5-23}$$

对最大修复时间的可接受域为

$$X_{maxct} \leq M_{maxct} \tag{5-24}$$

例 5-2 某装备要求基层级平均修复时间 $\overline{M}_{ct} \leq 60\min$,同时要求 90 百分位的最大修复时间不大于 120min,订购方风险 $\beta = 0.10$,试制定维修性验证试验方案,判定该产品维修性是否符合要求。

解:本法要求样本量 n_c 为 30。按本章 5.4.2 节中验证试验实施的一般程序,分配维修作业和进行模拟故障维修试验。记录每次维修作业时间 X_{cti},假设为

$X_{cti}/\min$	30	15	10	20	25	32	30	18	42	50	48	65	80	100	8
	28	10	10	75	15	80	30	40	35	65	70	40	10	120	60

(1) 计算统计量 $\overline{X}_{ct}$、$\hat{d}_{ct}$ 和 X_{maxct}。

$$\overline{X}_{ct} = \frac{\sum_{i=1}^{n_c} X_{cti}}{n_c} = \frac{1261}{30} = 42$$

$$\hat{d}_{ct} = \sqrt{\frac{1}{n_c - 1} \sum_{i=1}^{n_c} (\overline{X}_{cti} - \overline{X}_{ct})^2} = 29.09$$

$$\frac{\sum_{i=1}^{n_c} \ln X_{cti}}{n_c} = 3.4810$$

$$\psi = Z_p - Z_\beta \sqrt{1/n_c + Z_p^2/2(n_c - 1)}$$
$$= 1.28 + 1.28\sqrt{1/30 + 1.28^2/(2 \times 29)}$$
$$= 1.28 + 0.248 = 1.528$$

$$\sqrt{\frac{\sum_{i=1}^{n_c} (\ln X_{cti})^2 - (\sum_{i=1}^{n_c} \ln X_{cti})^2/n_c}{n_c - 1}} = 0.76845$$

$$X_{maxct} = \exp[3.4810 + 1.528 \times 0.76845] = 105.1$$

(2) 判决。

订购方风险 $\beta = 0.10$,$Z_{1-\beta} = Z_{0.9} = 1.28$

先判定平均修复时间,计算式(5-21)右端:

$$\overline{M}_{ct} - Z_{1-\beta} \frac{\hat{d}_{ct}}{\sqrt{n_c}} = 60 - 1.28 \frac{29.09}{\sqrt{30}} = 53.20$$

按 $\overline{X}_{ct} \leq \overline{M}_{ct} - Z_{1-\beta}\dfrac{\hat{d}_{ct}}{\sqrt{n_c}}$ 检验 $42 < 53.20$

再按 $X_{maxct} \leq M_{maxct}$ 最大修复时间，检验 $105.1 < 120$。

两项判决均合格，该产品维修性符合要求。

5.4.3.2 维修时间平均值的检验

本试验法是表 5-2 中的第 1 种方法，用于维修性参数为平均修复时间、平均预防性维修时间、平均维修时间、恢复功能用的任务时间的检验，也可用于平均维修工时的检验。它与 5.4.3.1 节介绍的方法 9 的主要区别在于其指标要求规定维修时间平均值的可接受值 μ_0 和不可接受值 μ_1，同时控制承制方风险 α 和订购方风险 β。

1. 使用条件

（1）试验 A：维修时间服从对数正态分布，其对数方差 σ^2 已知，或能由以往资料得到其适当精度的估计值 $\hat{\sigma}^2$；试验 B：维修时间的分布未知，维修时间的方差 d^2 已知，或能由以往资料得到其适当精度的估计值 $\hat{d}^2$。

（2）维修时间平均值的可接受值 μ_0 和不可接受值 $\mu_1(\mu_0 < \mu_1)$ 按合同规定。

（3）同时控制承制方风险 α 和订购方风险 β，其值由合同规定。

检验指标 μ_0 和 μ_1，在工作实践中分别取为合同指标规定值和最低可接受值。

按上述使用条件，用假设检验描述为：

原假设 $H_0:\mu=\mu_0$，即当维修时间均值 μ 等于可接受值时，以 $1-\alpha$ 的高概率接受；

备择假设 $H_1:\mu=\mu_1$，即当维修时间均值 μ 等于不可接受值时，以 $1-\beta$ 的高概率拒绝（或以不超过 β 的低概率接受）。

2. 样本量 n 和可接受上限 $\overline{X}_U$ 的确定

平均值的假设检验是建立在大数定律基础之上的。只有在样本量足够大的条件下，样本或其对数值才能以很大的概率接近数学期望，且近似地服从正态分布，并达到订购方、承制方风险要求。因此，这就需要在试验前根据风险率等因素计算样本量 n，以确保检验的可靠。同时，还需计算相应的可接受上限 $\overline{X}_U$。如果计算的样本量 $n < 30$，应取 $n = 30$ 进行试验。

先讨论试验 B。设本试验的样本均值服从中心极限定理及渐近正态性，即样本 $X_1, X_2, \cdots, X_n$ 是独立同分布的随机变量，且 $X_i \sim N(\mu, d^2)$。

令 P_μ 表示均值为 μ 时的接受概率；$\overline{X}_U$ 表示均值可以接受的上侧规格线，则按检验假设有

$\mu = \mu_0$ 时 $\qquad P_{\mu_0}(X \leq \overline{X}_U) = 1 - \alpha$

$\mu = \mu_1$ 时 $\qquad P_{\mu_1}(X \leq \overline{X}_U) = \beta$

P_{μ_0} 可写为

$$P_{\mu_0}(X \leq \overline{X}_U) = P_{\mu_0}\left(\dfrac{X - \mu_0}{d/\sqrt{n}} \leq \dfrac{\overline{X}_U - \mu_0}{d/\sqrt{n}}\right) = 1 - \alpha$$

根据样本均值的中心极限定理可得

$$\left(\frac{\overline{X} - \mu}{d/\sqrt{n}}\right) \sim N(0,1)$$

所以
$$\Phi\left(\frac{\overline{X}_U - \mu_0}{d/\sqrt{n}}\right) = 1 - \alpha$$

而
$$\left(\frac{\overline{X}_U - \mu_0}{d/\sqrt{n}}\right) = Z_{1-\alpha}$$

于是
$$\overline{X}_U = \mu_0 + Z_{1-\alpha} d/\sqrt{n} \tag{5-25}$$

同理,由 P_{μ_1} 可导出

$$\overline{X}_U = \mu_1 - Z_{1-\beta} d/\sqrt{n} \tag{5-26}$$

由式(5-25)和式(5-26)两式联解得

$$n = \left(\frac{Z_{1-\alpha} + Z_{1-\beta}}{\mu_1 - \mu_0}\right)^2 d^2 \tag{5-27}$$

对于试验 A,因为假定维修时间服从对数正态分布,即时间的对数服从正态分布,$Y_i = \ln X_i \sim N(\theta, \sigma^2)$,其中 θ 和 σ^2 为时间对数的均值和方差。经过类似推导,可以得到样本量及可接受上限的公式:

$$n = \left(\frac{Z_{1-\alpha} + Z_{1-\beta}}{\ln\mu_1 - \ln\mu_0}\right)^2 \sigma^2 \tag{5-28}$$

$$\begin{aligned}\overline{Y}_U &= \theta_0 + Z_{1-\alpha} \sigma/\sqrt{n} \\ &= \ln\mu_0 - \frac{1}{2}\sigma^2 + Z_{1-\alpha}\sigma/\sqrt{n}\end{aligned} \tag{5-29}$$

在计算样本量 n 时,方差 d^2 或对数方差 σ^2 可用事前估计值 $\hat{d}^2$ 或 $\hat{\sigma}^2$ 代替。计算的 n 小于 30 时取其为 30。

3. 试验与统计计算

试验并记录其观测值 $X_1, X_2, \cdots, X_n$,并计算统计量。

试验 A:

维修时间对数样本均值
$$\overline{Y} = \frac{1}{n}\sum_{i=1}^{n}\ln X_i \tag{5-30}$$

维修时间对数样本方差
$$S^2 = \frac{1}{n-1}\sum_{i=1}^{n}(\ln X_i - \overline{Y})^2 \tag{5-31}$$

试验 B:

维修时间样本均值
$$\overline{X} = \frac{1}{n}\sum_{i=1}^{n}X_i \tag{5-32}$$

维修时间样本方差
$$\hat{d}^2 = \frac{1}{n-1}\sum_{i=1}^{n}(X_i - \overline{X})^2 \tag{5-33}$$

4. 判决规则

可接受上限的式(5-25)和式(5-29)可转变为检验判决公式。

试验 A：如果

$$\bar{Y} \leq \ln\mu_0 - \frac{1}{2}\sigma^2 + Z_{1-\alpha}\frac{\sigma}{\sqrt{n}} \tag{5-34}$$

则认为该装备符合维修性要求而接受，否则拒绝。

试验 B：如果

$$\bar{X} \leq \mu_0 + Z_{1-\alpha}\frac{d}{\sqrt{n}} \tag{5-35}$$

则认为该装备符合维修性要求而接受，否则拒绝。

当 σ、d 未知时，可分别以 S、$\hat{d}$ 代替进行判决。

例 5-3 某新研制产品要求基层级的平均修复时间可接受值 $\mu_0 = 30\text{min}$，不可接受值 $\mu_1 = 45\text{min}$，规定承制方和订购方风险率 $\alpha = \beta = 0.05$，现检验该产品的维修性是否符合要求。

解：因维修性指标是平均修复时间，且规定了 μ_0、μ_1、α、β 值，故选用试验方法 1。

经研究，认为该产品与某现役装备类似，维修时间服从对数正态分布。对数方差的事前估计值 $\hat{\sigma}^2 = 0.5$。查表 5-3 得，$Z_{1-\alpha} = Z_{1-\beta} = Z_{0.95} = 1.65$。因维修时间服从对数正态分布，故采用试验方法 1 中的试验 A，则试验次数（样本量）n 用式(5-28)计算。式中 σ^2 用现役装备的估计值 $\hat{\sigma}^2 = 0.5$ 作为新研制产品维修时间对数方差 $\hat{\sigma}^2$ 的估计值代入。

$$n = \left(\frac{1.65 + 1.65}{\ln 45 - \ln 30}\right)^2 \times 0.5 = 33.12 \approx 34$$

假设排除了作为样本的 34 个自然（或模拟）故障后，得到修复时间的观测值（单位 min）为

26　14　21　30　70　69　20　21　18　65　16　35　26　16　40　28　42
33　19　19　43　54　12　18　13　26　10　50　21　31　42　30　46　24

把观测值代入式(5-30)及式(5-31)得

$$\bar{Y} = \frac{1}{34}\sum_{i=1}^{34}\ln X_i = 3.30$$

$$S^2 = \frac{1}{33}\sum_{i=1}^{34}(\ln X_i - \bar{Y})^2 \approx 0.26$$

由式(5-34)右端得

$$\ln\mu_0 - \frac{1}{2}\sigma^2 + \frac{\sigma}{\sqrt{n}}Z_{1-\alpha} = \ln 30 - \frac{1}{2} \times 0.5 + 1.65 \times \frac{\sqrt{0.5}}{\sqrt{34}} \approx 3.35$$

因为 3.30<3.35，故该装备的平均修复时间符合要求，应予接受。

5.4.3.3 预防性维修时间的专门试验

这是表 5-2 中的试验方法 11，用于检验平均预防性维修时间 $\bar{M}_{\text{pt}}$ 和最大预防性维修时间 M_{maxpt} 以及要求完成全部预防性维修任务的一种特定方法。

1. 使用条件

本试验方法的使用条件,不考虑对维修时间分布的假设,只要规定了平均预防性维修时间的可接受值 $\overline{M}_{pt}$ 或最大预防性维修时间的百分位和可接受值 M_{maxpt},即可进行检验。因而应用范围广,只要能统计全部预防性维修任务的都可使用。

2. 维修作业的选择与统计计算

样本量应包括规定期限内的全部预防性维修作业。这个规定期限应专门定义,比如是一年或一个使用循环或一个大修间隔期,由订购方和承制方商定。在规定期限内的全部预防性维修作业,例如应包括其间的每次日维护、周维护、年预防性维修或其他种类预防性维修作业时间 X_{ptj} 以及每种维修作业的频数 f_{pj}。

(1) 计算平均预防性维修时间的样本均值。

$$X_{pt} = \frac{\sum_{j=1}^{m} f_{pj} X_{ptj}}{\sum_{j=1}^{m} f_{pj}} \tag{5-36}$$

式中: m 为全部预防性维修的种类数。

(2) 确定在规定百分位上的最大预防性维修时间 X_{maxpt}。

将已进行的 n 个预防性维修作业时间 X_{ptj} 按量值最短到最长的顺序排列。统计在规定的百分位上的 X_{maxpt}。例如规定百分位为 90%,当 $n=35$ 时,应选取排列在第 32 位(因为 $90\% \times 35 = 31.5 \approx 32$)上的维修时间作为 X_{maxpt}。

(3) 判决规则。

对 $\overline{M}_{pt}$,若

$$X_{pt} \leq \overline{M}_{pt} \tag{5-37}$$

则符合要求而接受,否则拒绝。

对 M_{maxpt},若

$$X_{maxpt} \leq M_{maxpt} \tag{5-38}$$

则符合要求而接受,否则拒绝。

习 题

1. 为什么要进行维修性分配与预计?
2. 某定时系统组成及各单元数据如图 5-5 所示。要求对其进行改进,使平均修复时间控制在 60min 以内,试分配各单元的指标。
3. 常用的维修性预计方法有哪些?各适用于什么类型装备?
4. 维修性分析的目的是什么?常用的分析方法有哪些?
5. 装备维修性试验与评定有哪些种类?
6. 如何选择维修性验证方法?
7. 某装备由 A、B、C 3 个部分组成,维修性试验为固定样本量 $n=38$ 次,各部分故障率为: $\lambda_A = 3.6 \times 10^{-4}$, $\lambda_B = 6.1 \times 10^{-4}$, $\lambda_C = 2.1 \times 10^{-4}$。求分配在各单元的模拟故障维修次数。
8. 某装备要求基层级平均修复时间不大于 40min,同时要求 95 百分位的最大修复时间

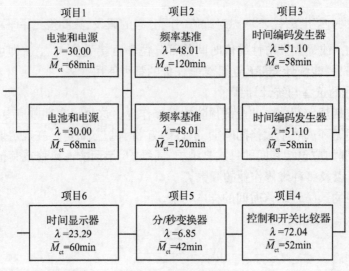

图 5-5 定时系统组成

不大于120min,订购方风险 $\beta=0.01$,其维修性试验数据如下,试判断产品维修性是否符合要求。

排除56个故障记下维修时间的观察值(单位:min)如下:

26 80 14 21 30 70 69 20 21 18 65 16 35 26 16 40 28 42
33 19 19 43 54 12 18 13 26 10 61 52 30 10 31 28 60 23 16
49 60 67 24 40 21 46 50 26 28 19 16 14 43 16 42 46 18 30

第六章
测试与测试性

测试是装备维修中的重要活动,测试性是维修性中特别重要的问题,随着武器装备的发展和现代战争的要求,它们变得越来越重要。本章将介绍测试与测试性的概念、要求和测试点与诊断程序确定等内容。

6.1 测试的基本概念及分类

6.1.1 测试、故障诊断与测试系统

测试(test)是一个非常广义的概念,笼统地说,凡是对产品进行的检查、测量、试验都可以称为测试。在产品研制、生产、使用(含储存)、维修乃至退役过程都有测试。例如,在研制和生产过程中,经常要对零部件、组件乃至成品的性能或几何、物理参数等进行检查、测量,以确定它们是否符合规定要求。在使用过程中,对装备要定期进行检查和测试,以便确定其状态,判断其是否可完成规定的功能,即发现故障存在的过程,称故障检测。如有工作不正常迹象,就要进一步找出发生故障的部位即隔离故障,以便排除故障恢复装备良好状态。故障检测与隔离合称为故障诊断。测试的目的也是多种多样的。例如,调试与校准,验证与评价,检测与隔离故障(以上3种在研制、生产、使用、维修中都有),产品验收,装备质量监控(使用阶段)等。就装备使用与保障以及可靠性维修性的范畴来说,重点是要通过测试掌握产品的状态并隔离故障。这种确定产品状态(可工作、不可工作或性能下降)并隔离其内部故障的活动就是产品的测试。

为了完成测试,需要有测试系统(对于武器系统而言,它是一个分系统)。其一般的功能应包括如下几项要素:

(1) 激励的产生和输入。产生必要的激励并将其施加到被测试单元(unit under test, UUT)上去,以便得到要测量的响应信号。必要时还要模拟产品运行环境,把 UUT 置于真实工作条件下。

(2) 测量、比较和判断。对 UUT 在激励输入作用下产生的响应信号进行观察和测量,与标准值比较,并按规定准则或判据判定 UUT 的状态乃至确定故障部位。

(3) 输出、显示和记录。将测试结果用仪表指示、显示器图文、音响和警告灯等显示方式输出,并可用各种存储器、磁带、打印机等记录。

(4) 程序控制。对测试过程中每一操作步骤的实施和顺序进行控制。最简单的情况下,程序控制器是操作者或维修人员,复杂的程序控制器是计算机及其接口装置。

要完成上述测试功能的基本要素,测试系统需有相应的组成部分,其组成如图 6-1 所示。

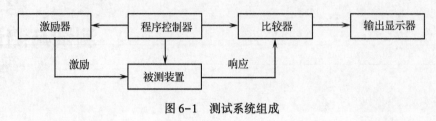

图 6-1　测试系统组成

6.1.2　测试的分类

采用不同的方法,可将测试分类如下:

(1) 系统测试与分部测试。这是按照测试对象 UUT 是整个系统还是它的组成部分(外场或现场可更换单元 LRU,车间可更换单元 SRU 或更小的单元 SSRU)来区分的。

(2) 静态测试与动态测试。这是按照输入激励的类型区分的,激励为常数的,则称为静态测试;激励为变量的,则称为动态测试。如枪、炮、导弹的尺寸、质量测量是静态测试;而发射过程测试、车辆行驶中测试是典型的动态测试。

(3) 开环测试与闭环测试。这是按照测试系统中有无反馈区分的,有反馈的是闭环测试;无反馈的是开环测试。

(4) 机内测试与外部测试。这是按照测试系统与装备任务系统的关系来区分的。

(5) 在线测试与离线测试。装备处于工作状态时进行的测试是在线测试;装备处于不工作状态时进行的测试是离线测试。

(6) 定量测试与定性测试。按测试的输出来分,可分为定量测试与定性测试。定性测试也称为通过或不通过测试。

(7) 自动测试、半自动测试、人工测试。这是按照测试控制的方式区分的。

6.1.3　机内测试

为了使测试简便、迅速,一条重要途径是在装备内部专门设置测试硬件和软件,或利用部分任务功能部件来检测和隔离故障、监测系统本身状况,使得装备自身能确定是否在正常工作,确定什么部分发生了故障。这就是机内测试。所以,机内测试(BIT)可定义为:系统或设备自身具有的检测和隔离故障的自动测试功能。完成 BIT 功能的可以识别的部分叫机内测试设备(BITE)。

有各种各样的 BIT。按启动和执行方式不同,BIT 可分为:

(1) 连续 BIT。连续地监测系统工作状况,发生故障时,给出信号或指示,不需要专门启动可自动工作。

（2）周期 BIT。以某一频率周期性地进行故障检测和隔离的一类 BIT,如在规定的处理器空闲时间执行 BIT 软件。它也是自动工作不需专门启动的。

（3）启动 BIT。仅在外部事件激励(如操作者接通开关等)后才能执行故障检测和隔离的一类 BIT。系统每一次接通电源时就运行一遍规定的检测程序,这样的 BIT 叫加电 BIT,它是启动 BIT 的特例。

按 BIT 运行的时机和目的可分为：

（1）任务前 BIT(飞行前、工作前 BIT)。主要是执行任务前用来检测装备是否可以进入正常工作,当性能下降超过阈值或发生故障时给出指示或告警(NO-GO),否则给出检查通过指示(GO)。

（2）任务中 BIT(飞行中、工作中 BIT)。系统执行任务过程中连续地或周期性地检测装备各组成部分的工作状况,特别是对安全和任务关键的部件,并存储故障数据,必要时给出指示或告警。

（3）维修 BIT。主要是在装备执行任务以后用来检查任务中故障情况,进行详细检测与隔离,或维修时对装备状况进行的全面检测。这种 BIT 应有方便的人—机接口,比前两种 BIT 有更强的故障诊断能力。

6.2 测试性及其要求

6.2.1 测试性概念

6.2.1.1 测试性

如前所述,随着装备的现代化、复杂化,其测试越来越困难,并消耗大量的时间和资源,甚至成为影响维修时间的主要因素。因此,必须从产品设计上研究解决测试问题,这就提出了测试性的要求。

测试性(testability)是指产品能及时并准确地确定其状态(可工作、不可工作或性能下降),并隔离其内部故障的能力。装备的测试性主要表现在：

（1）自检功能强。装备本身具有专用或兼用的自检硬件和软件,能自己监测工作状况,检测与隔离故障,而且检测隔离比例高,可指示故障、报警且虚假报警少。

（2）测试方便。测试设备或装置便于使用维修人员掌握,方便检查和测试,可自动记录存储故障信息,可查询,故障显示清晰明确、便于理解,可按需要检查系统各部分并隔离故障等。

（3）便于使用外部测试设备(ETE)进行检查测试。装备上有足够的测试点和检查通路,与自动测试设备(ATE)或通用仪器接口简单、兼容性好,专用测试设备少等。

总的说就是使装备便于测试和(或)其本身就能完成某些测试功能。提高装备测试性,主要是进行固有测试性设计和提高机内测试能力。

6.2.1.2 固有测试性

提高装备的测试性,首先要从装备功能硬件设计上考虑。例如,装备单元划分就是一个影响测试性的设计问题。如果装备按功能、结构合理地划分为不同等级的可更换单元,不但拆换修理方便,而且能分别检测其功能,便于隔离故障。又如装备上测试点的设置及其与外部测试设备接口等,都是影响测试性的设计因素。这些从装备硬件设计上考虑便于用内部和外部测试设备检测和隔离装备故障的特性就是固有测试性(inherent testability)。所以,固有测试性可定义为:仅依赖于硬件设计而不依赖于测试激励和响应数据的测试性量度。

6.2.1.3 综合诊断

在测试性工作中,要采用"综合诊断"来提高系统和设备的诊断能力。所谓综合诊断(integrated diagnostics)是指通过分析和综合各种诊断相关要素,以经济有效的方式使系统诊断能力达到最佳的一种设计和管理过程。诊断相关要素包括测试性、自动和人工测试、人员和培训、维修辅助手段和技术信息等。它包括设计、工程技术、测试性、可靠性、维修性、人机工程以及保障性分析之间的接口关系,其目标是有效地检测和准确隔离系统和设备的故障,以满足武器系统的任务要求。以下对测试性要求和设计分析工作做简要介绍。

6.2.2 定量要求

测试性定量要求是一系列的指标,而指标是测试性参数的要求值。常用的测试性参数在下面介绍。

6.2.2.1 故障检测率

测试性首先要求能把装备的故障尽可能都检测出来,能检测出来的比例越大越好。这就要用检测率的概念。故障检测率(r_{FD})是指用规定的方法正确检测到的故障数与故障总数之比,用百分数表示。

$$r_{FD} = \frac{N_D}{N_T} \times 100\% \tag{6-1}$$

式中:N_T 为在规定期间内发生的全部故障数;N_D 为在同一期间内,在规定条件下用规定方法正确检测出的故障数。

这里的"规定的方法"是指用 BIT、专用或通用外部测试设备、自动测试设备(ATE)、人工检查或几种方法的综合来完成故障检测,应根据具体被测对象而定。在规定故障检测率指标时应表述清楚。

对于电子系统和设备以及一些复杂装备,在进行测试性分析、预计时可取故障率(λ)为常数,式(6-1)变为

$$r_{FD} = \frac{\lambda_D}{\lambda} = \frac{\sum \lambda_{D_i}}{\sum \lambda_i} \times 100\% \tag{6-2}$$

式中:λ_i 为被测试项目中第 i 个部件或故障模式的故障率;λ_{D_i} 为其中可检测的故障率。

从式(6-2)中可以看出,设计时应优先考虑故障率高的部件或故障模式的检测问题。

6.2.2.2 故障隔离率

作为测试性的第2个要求是检测出的故障应尽量找出具体的故障部位,即隔离到损坏的单元。这就要用故障隔离率来量度。故障隔离率(r_{FI})是指用规定的方法将检测到的故障正确隔离到不大于规定模糊度的故障数与检测到的故障数之比,用百分数表示。

$$r_{FI} = \frac{N_L}{N_D} \times 100\% \tag{6-3}$$

式中:N_L 为在规定条件下用规定方法正确隔离到小于或等于 L 个可更换单元的故障数。

可更换单元根据维修方案而定,一般在基层级维修是 LRU,在中继级维修是 SRU,在基地级或制造厂测试时是指可更换的元、部件。当 $L=1$ 时是确定(非模糊)性隔离,要求直接将故障确定到需要更换以排除故障的那一个单元。$L>1$ 时为不确定(模糊)性隔离,即 BIT 或其他检测设备等只能将故障隔离到一个至 L 个单元,到底是哪个单元损坏还需要采用交替更换等方法来确定。所以,L 表示隔离的分辨能力,称为模糊度。

与故障检测率类似,分析和预计时可用数学模型

$$r_{FI} = \frac{\lambda_L}{\lambda_D} = \frac{\sum \lambda_{L_i}}{\sum \lambda_{D_i}} \times 100\% \tag{6-4}$$

式中:λ_{L_i} 为可隔离到小于或等于 L 个可更换单元的第 i 个故障模式或部件的故障率。

6.2.2.3 虚警率

BIT 或其他检测设备指示被测项目有故障,而实际该项目无故障的现象称为虚警(false alarm,FA)。虚警虽然不会造成装备或人员的损伤,但它会增加不必要的维修工作,降低装备的可用度,甚至延误任务。所以,要求测试设备或装置虚警越少越好。这就提出了虚警率的要求。虚警率(r_{FA})是指在规定的期间内发生的虚警数与同一期间内故障指示总数之比,用百分数表示。

$$r_{FA} = \frac{N_{FA}}{N_F + N_{FA}} \times 100\% \tag{6-5}$$

式中:N_{FA} 为虚警次数;N_F 为真实故障指示次数。

与检测率类似,在分析预计时可用数学模型

$$r_{FA} = \frac{\sum \delta_i}{\sum \lambda_{D_i} + \sum \delta_i} \times 100\% \tag{6-6}$$

式中:δ_i 为第 i 个导致虚警事件的频率,包括会导致虚警的 BITE 故障模式的故障率和未防止的其他因素、事件发生的频率等。

6.2.2.4 故障检测时间

从故障发生开始检测到检出故障并给出指示所经过的时间,这是反映检测快速性的指标。

6.2.2.5 故障隔离时间

从检出故障到完成隔离程序指出要更换的故障单元所经过的时间称为故障隔离时间,

这是隔离快速性的指标。

6.2.2.6 不能复现率

BIT 和其他检测装置指示被测项目有故障,在现场维修检测时故障不能重现的比例称为不能复现率(cannot duplicate,CND)。

6.2.2.7 重测合格率

在现场识别出有故障的项目,在中继级或基地级维修测试中是合格的比例称为重测合格率(retset OK,RTOK)。

虚警与 CND、RTOK 的区别在于:虚警主要是针对不存在故障的情况,用于工作中测试;而 CND 和 RTOK 还涉及故障未检出的情况,主要用于各级维修测试中。

在上述参数中经常选用的参数是故障检测率、故障隔离率和虚警率。目前要求和达到的一般水平是,系统、设备工作中和外场维修用 BIT 测试: $r_{FD}=90\%\sim98\%$; $r_{FI}=90\%\sim99\%$ (隔离到单个 LRU); $r_{FA}=1\%\sim5\%$。LRU 在中继级维修中用 BIT+ATE 测试: $r_{FI}=70\%\sim90\%$ (隔离到 1 个 SRU),$80\%\sim95\%$(隔离到 2 个 SRU),$90\%\sim100\%$(隔离到 3 个 SRU)。

除上述系统测试性参数外,机内测试设备、外部专用测试设备、自动测试设备自身还有可靠性、维修性、体积、重量和功耗等要求。这些要求与测试性有关,但不是系统测试性的要求。

6.2.3 定性要求

与维修性相似,测试性的定性要求既是定量要求的补充,又是落实定量要求的技术措施。测试性的定性要求一般包括以下内容:

(1) 产品划分的要求。把装备按照功能和结构合理地划分为 LRU、SRU 和可更换的组件等易于检测和更换的单元,以提高故障隔离能力。

(2) 测试点要求。在装备上,根据需要设置充分的内部和外部测试点,以便于在各级维修测试时使用,测试点应有明显标记。

(3) 性能监控要求。对装备使用安全和关键任务有影响的部件,应能进行性能监控和自动报警。

(4) 原位测试要求。无充分 BIT 测试能力的装备,应考虑采用机(车)载测试系统进行原位检测,及时在现地发现故障、隔离故障,以便尽快修复。

(5) 测试输出要求。故障指示、报告、记录(存储)要求。

(6) 兼容性要求。被测试项目与计划用的外部测试设备应具有兼容性,这涉及性能和物理上的接口问题。如果不能用 BITE,最好能用通用的外部测试设备。

(7) 综合测试能力要求。依据维修方案和维修人员水平,应考虑用 BIT、ATE 和人工测试或它们的组合,为各级维修提供完全的测试能力。应当在各种测试方式、测试设备之中进行权衡,取得最佳性能费用比。

对不同的装备,测试性要求的具体内容、侧重点有所不同,应根据其使用需求、装备类型等确定。

测试性要求的确定,与维修性要求确定的程序、方法大体一致。在此过程中,测试性的指标、要求要同其他维修性要求、可靠性要求进行权衡,使之协调一致,以较少的寿命周期费用达到装备所需的战备完好性、可用性要求。

6.3 测试性分配

同可靠性维修性相似,为了把测试性指标要求设计到装备中去,首先必须把装备系统级指标分配到各个分系统、LRU、SRU。测试性分配的目的、时机、程序等与维修性分配相似。分配的指标一般是故障检测率、故障隔离率,虚警率通常不分配,测试时间一般是在维修性分配中结合进行。以下介绍的都是检测率和隔离率的分配方法。

6.3.1 按故障率分配法

这种方法与维修性分配中的按故障率分配相似。在组成系统的各部件中,故障率高的部件应有较高的自动故障检测与隔离能力,以便减少维修时间提高装备的可用性。所以,设计早期阶段可按故障率高低来初步分配测试性指标。其步骤如下:

(1) 根据系统功能的划分情况,画出系统功能层次图。
(2) 取得各组成部分故障率数据 λ_i。
(3) 计算各组成部分分配值:

$$P_{ia} = P_{sr} \frac{\lambda_i \sum_{i=1}^{n} \lambda_i}{\sum_{i=1}^{n} \lambda_i^2} \tag{6-7}$$

式中:P_{sr} 为要求的系统测试性指标。

(4) 权衡、调整计算所得 P_{ia} 值。
(5) 验算分配结果,将各分配值代入下式计算系统指标,如 $P_s > P_{sr}$,则分配工作完成;否则重复(4)、(5)两步工作:

$$P_s = \frac{\sum_{i=1}^{n} \lambda_i P_{ia}}{\sum_{i=1}^{n} \lambda_i} \tag{6-8}$$

按故障率分配法比较简单,从确保可用度角度也是合理的。但当各 λ_i 值相差比较大时,计算的各 P_{ia} 值也相差比较大,从可行性考虑未必合适,需要的调整量大。

6.3.2 加权分配法

此方法与维修性分配中的加权分配方法相似。按故障率分配仅考虑一个因素,加权分配则是考虑多个因素,并给出相应的加权系数,用来计算分配指标。在测试性分配中,此处

考虑5个因素,取加权系数如下:

k_{i1}——故障率系数,即故障分摊率,为单元故障率与系统总故障率之比;

k_{i2}——故障影响系数(故障影响严重的单元取较大的值。可用各单元的1、2类故障数与系统总的1、2类故障数之比来表示);

k_{i3}——修复时间系数,单元分配的修复时间指标小的,系数应取较大的值;

k_{i4}——自动测试难易系数,实现BIT较容易而用人工测试比较困难的单元应取较大的值;

k_{i5}——成本系数,实现自动测试成本较低的,应取较大的值。

将5个系数相加可得到单元的加权系数

$$k_i = k_{i1} + k_{i2} + k_{i3} + k_{i4} + k_{i5} \tag{6-9}$$

单元测试性指标的分配值

$$P_s = P_{sr} \frac{k_i \sum_{i=1}^{n} \lambda_i n_i}{\sum_{i=1}^{n} n_i \lambda_i k_i} \tag{6-10}$$

式中:n_i为第i部分(可更换单元)的个数。

6.3.3 装备中有部分现成产品时的分配法

新研制装备往往选用部分已有的现成产品,其故障率和测试性指标为已知数据,只是新设计部分产品需要分配测试性指标,这时可按如下方法进行分配。

(1)计算新品部分总指标:

$$P_{SN} = \frac{P_{sr}\lambda_s - \sum_{j=1}^{n-k} \lambda_j P_j}{\sum_{i=1}^{k} \lambda_i} \tag{6-11}$$

式中:λ_s为装备总故障率;k为新设计产品数;λ_i为各新设计产品故障率;λ_j为各现成产品故障率;P_j为现成产品测试性指标。

(2) 按式(6-7)或式(6-10)将P_{SN}分配给各新设计产品。

6.4 测试性预计

同维修性预计相似,测试性预计的目的是根据设计方案或设计资料估计测试性设计参数是否达到了指标要求,及早发现设计薄弱环节,研究纠正措施。预计是按系统组成情况,由SRU到LRU,再到子系统,最后估计出系统的测试性参数值。

预计的指标主要是故障检测率、隔离率、虚警率、故障检测与隔离时间等,其中检测、隔离时间通常在维修性预计中与其他维修活动时间一并进行预计。

6.4.1 BIT 参数预计

BIT 参数预计在 BIT 设计基础上进行,预计 BIT 故障检测与隔离能力,分析防止虚警的可能措施。主要步骤如下:

(1) 准备测试性框图。结合系统功能分析和固有测试性设计结果绘制测试性框图,以表示出各组成单元之间的功能关系、信号流向、设置的测试点和 BITE 等,必要时给出各功能方框的描述和说明。

(2) BIT 方案分析。分析任务前 BIT、任务中 BIT 和维修 BIT 的工作原理、电路、检测的范围、起动和结束测试的条件、故障显示与记录等情况。

(3) BIT 算法分析。对所有的 BIT 算法、软件进行分析,以识别各种 BIT 模式可检测和隔离的功能单元、部件或故障模式。

(4) 故障模式分析。根据 FMECA 和可靠性预计结果,取得各功能单元(LRU、SRU)及元部件的故障模式、影响、故障率和故障模式发生频数比。

(5) 故障检测分析。根据前面所得数据和分析结果,识别每个功能单元和部件的各故障模式能否由 BIT 检测到,是哪一种 BIT 模式检测的,不能检测的故障模式又是哪些。

(6) 故障隔离分析。分析 BIT 检测出的故障模式能否用 BIT 隔离,可隔离到几个可更换单元(LRU 或 SRU)上。

(7) 虚警分析。根据 BIT 算法和有关电路分析结果,鉴别虚警防止措施的有效性;分析故障判据、测试容差(阈值)设置是否合理;可能导致虚警的那些因素、事件的频率;分析 BITE 的故障模式和影响,找出会导致虚警的那些故障模式的故障率。

(8) 填写 BIT 预计工作单。把以上所得有关数据和分析结果(各种 BIT 可检测和隔离的故障率等)填入 BIT 预计工作单中,见表 6-1。其中第④栏写明各部件的故障模式(FM)、故障模式频数比(α)及其故障率(λ_{FM}),后二者与部件故障率 λ_p 的关系是

$$\lambda_{FMi} = \alpha_i \lambda_p \quad \sum \alpha_i = 1 \quad \sum \lambda_{FMi} = \lambda_p$$

第⑤栏填写 BIT 可检测的故障模式的故障率 λ_D:PBIT 栏为任务中 BIT 可检测的故障率;IBIT 栏为任务前 BIT 可检测的故障率;MBIT 栏为任务后 BIT 可检测的故障率;UD 栏填写 BIT 不能检测的故障模式的故障率。第⑥栏填写 BIT 可隔离的故障模式的故障率,其中 1SRU(LRU)、2SRU(LRU)、3SRU 分别表示可隔离到 1 个 SRU(或 LRU)、2 个 SRU(或 LRU)、3 个 SRU。第⑦栏填写未防止的可导致虚警事件的频率,也包括 BITE 失效导致虚警的故障率。

(9) 计算预计结果。分析计算工作单上各栏的故障率总和,用式(6-2)、式(6-4)、式(6-6)计算 BIT 故障检测率、隔离率和虚警率。应当说明的是虚警率预计是很困难的,其结果是粗略的,但可用来检查虚警防止措施有效性。

(10) 综合系统 BIT 预计结果。

① 根据各 LRU 指标计算系统指标预计值(可用式(6-8));

② 比较预计值与要求值看是否满足要求;

③ 列出 BIT 不能检测和不能隔离的故障模式和功能单元,并分析它们的影响;

④ 必要时提出改进 BIT 建议。

表6-1 BIT预计工作单(示例)

① LRU(分系统):LRU_1　　　　　分析者:_____　　日期:_____

②项目		③组成部件	④故障率				⑤检测 λ_D				⑥隔离 λ_I					⑦虚警 δ	⑧测试编号	备注
序号	名称代号	编号	λ_P	FM	α	λ_{FM}	PBIT	IBIT	MBIT	UD	1SRU	2SRU	3SRU	1LRU	2LRU			
1	SRU_1	U_1	120	FM_{11}	0.3	36	36	36	36		36			36				
				FM_{12}	0.3	36	36	36	36			36		36				
				FM_{13}	0.4	48	48	48	48		48			48				
2	SRU_2	U_2	40	FM_{21}	0.6	24	24	24	24		24			24				
				FM_{22}	0.4	16	0	16	16		16			16				
3	SRU_3	U_3	28	FM_{31}	0.5	14	14	14	14			14		14				
				FM_{32}	0.5	14	0	0	0	14								
		故障总计				188	158	174	174	14	124	50		174				
		预计值/%					84.0	92.6	92.6	7.4	71.3	29.7		100				

6.4.2 系统测试性预计

系统和设备的测试性预计是根据系统设计来估计可达到的故障检测与隔离能力,所用的检测方法包括 BIT、操作者判断、维修人员的计划维修检测等。预计的主要工作及其工作单的格式和填写方法与 BIT 预计工作单类似,只是表中第⑤栏"检测 λ_D"不是按 BIT 分类填写,而是填写可测试故障模式的故障率,其中包括:

B——BIT 可检测的;

P——操作者、驾驶员可判断的;

M——维修时可检测出的;

UD——以上3种方法都检测不到的;

d——可检测系数,如肯定可检测到时 $d=1$,完全检测不到时 $d=0$,如某故障模式的检测不能完全肯定,还依赖其他条件和因素不容易判定(如有渗漏情况是否判为故障)时,可取 $d=0.5$。

λ_d——产品故障模式可检测的故障率,$\lambda_d = d\lambda_{FM}$。

对系统中的 LRU 和 SRU(特别是电子类的)也应进行测试性分析,一方面为系统级测试性预计打下基础,另一方面可评定检查 LRU 和 SRU 的设计特性能否满足测试性要求。即要根据 BIT 软硬件设计、内部和外部测试点(TP)、输入与输出(I/O)信息、连接器以及外部测试设备(ETE)等,分析故障检测和隔离能力,并填写相应的测试性预计工作单,方法与系统测试性预计类似。

6.5 测试点与诊断程序的确定

测试点和诊断程序是一个完整的测试系统不可缺少的部分。它们的确定是否合理,对"三率"、测试时间、工作量有明显的影响。测试点和诊断程序的确定,是测试性设计的重要内容。在使用阶段和装备改进中,有时也要对其进行优化。

6.5.1 测试点及其分类

测试点(test point,TP)是指测量 UUT 状态信息和特征量的位置。在电量测量中,测试点是测量或注入信号的电气连接点;对非电测量,有时是指需要用传感器把非电量变成电量,并将其引到方便测量的地点。无论采用 BIT、ATE 或人工测试,都需要引入激励和输出信息,故都需要测试点。所以,测试点通常包括:

(1) BIT 用 TP:用于完成 BIT 功能的测试点,一般设在产品内部或用工作连接插头传出故障信息。

(2) 外部 TP:用于引入、引出信息到 LRU 的外壳检测插座或工作插座上,与外部测试设备配合使用。

① 原位检测用 TP,在外场用于原位故障检测与隔离、调整校准或检验的 BIT,将信号引到检测插头上。

② 中间级检测用 TP,拆换下来的 LRU 在车间检修时用,可将信号引到工作插头或检测插头上,应能与 ATE 方便连接。

③ 内部 TP:是指 LRU 内部 SRU 上设置的 TP,用于对拆换下来的 SRU 进行检测,提供信号输入、输出路径,把故障隔离到元、部件上。

6.5.2 确定测试点的步骤

测试点的选择、确定,应在确定了产品设计方案、维修方案和测试方案后进行。其具体步骤如下。

6.5.2.1 分析被测对象的性能和特点

(1) 分析有关设计资料和使用要求,如系统构成和功能说明、原理图、FMEA、故障率数据,以及各级维修的测试要求等。分析从整体到局部逐步细化,明确各级的测试对象。

(2) 对每一级测试对象,分析其功能、性能特性参数及其极限值、特征数据、输入输出信号、故障影响和故障率等,这些都是测量参数的候选者和选择的依据。

(3) 确定各测试对象的每一种功能的故障定义及表示各个故障模式的特征量。

6.5.2.2 选择各级测试对象的测量参数

(1) 根据对系统、子系统或设备的分析结果选出Ⅰ级测量参数,含检测用参数(FD1)和隔离用参数(FI1)。Ⅰ级参数用于高层次产品测试。

(2) 根据对各 LRU 的分析结果选出相应的Ⅱ级测量参数,也包括检测用参数(FD2)和隔离用参数(FI2)。

(3) 根据对各 SRU 的分析结果选出相应的Ⅲ级测量参数,也包括检测用参数(FD3)和隔离用参数(FI3)。

这样逐级深化地分析和选择测量参数的方法,可减少工作量并避免重设测试点。

6.5.2.3 确定测试点的位置并优化

(1) 初定测试点。在一般情况下,把各功能单元的信号输出点定为测试点,系统总的输出是故障检测用测试点的候选对象,系统内各功能单元的输出是隔离用测试点候选对象。如某个参数测量很困难,可考虑用另外的测试点代替。

(2) 测试点的优化。按各单元输出点作为测试点,测试各单元的输出信号,进而判断其状态。但可能有些点是不必要的。所以,初定的测试点有进行优化的必要,以便用最少的测试点、最少的测试工作满足诊断要求。

6.5.3 测试点的优化方法

在初定测试点后,可利用故障信息表进行优化。

6.5.3.1 按初定测试点,编制故障信息表

(1) 将初定测试点标注在功能框图上。如上述,根据测量参数分析结果,选择初定测试点后,把它们标注在功能框图上,图 6-2 为一个 7 单元组成的系统及初定测试点。

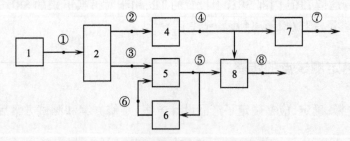

图 6-2 功能框图(①、②、…为测试点)

(2) 编制故障信息表。为分析方便,假设是单个故障的情况,或者在串联情况下某个可更换单元(RU)发生故障时至少其前面的 RU 未同时发生故障。逐个分析每个 RU 故障时对各测试点(TP)的影响,在某点上有反应,即故障对单元输出有影响表明可在该点检测到故障,用"1"表示;无反应用"0"表示。将故障信息标注在表上,对于图 6-2 所示系统的故障信息表如表 6-2 所列。各 f_i 表示第 i 单元故障,各行的"0-1"数码表明了各单元故障时在各测试点上所得到的故障信息,可作为测试点优化的基础。

(3) 简化故障信息表。由表 6-2 可见,可更换单元(RU)5 和 6 故障时即(f_5, f_6)对应的两行相同,测试点(TP)②和③对应的两列相同,⑤和⑥对应的两列也相同。这就

是说,测试点②和③或⑤和⑥所能检测、隔离的故障单元完全相同,故可去掉二者之一。这样,去掉冗余部分就可得到简化的故障信息表(表6-3)。按照简化后的信息表,测试点③(或②)和⑥(或⑤)可以省去,而单元5和6则由现有测试点和功能框图无法区别(隔离)开来。

表6-2 故障信息表(1)

RU	TP							
	1	2	3	4	5	6	7	8
f_1	1	1	1	1	1	1	1	1
f_2	0	1	1	1	1	1	1	1
f_4	0	0	0	1	0	0	1	1
f_5	0	0	0	0	1	1	0	1
f_6	0	0	0	0	1	1	0	1
f_7	0	0	0	0	0	0	1	0
f_8	0	0	0	0	0	0	0	1

表6-3 故障信息表(2)

RU	TP					
	1	2(3)	4	5(6)	7	8
f_1	1	1	1	1	1	1
f_2	0	1	1	1	1	1
f_4	0	0	1	0	1	1
f_5/f_6	0	0	0	1	0	1
f_7	0	0	0	0	1	0
f_8	0	0	0	0	0	1
W_{FDi}	1	2	3	3	4	5

6.5.3.2 确定故障检测用测试点

检测故障是要发现产品的故障。有了简化的故障信息表,就可以利用它来确定检测故障需要哪些测试点。显然,由表6-3可见,测试点应能检测出所有故障,同时数量又应当尽可能少。为此,需要比较各测试点对各单元故障反应的"敏感"程度,我们把它称为检测权值,表示为

$$W_{FDi} = \sum_{j=1}^{m} t_{ij} \qquad (6-12)$$

式中:t_{ij}为第i个测试点对第j个可更换单元故障的反应,即故障信息表中对应的数值;m为可更换单元数。

检测权值实际上就是故障信息表中各测试点那一栏数值的和,可将其记录在故障信息表下面一行,如表6-3所列。很明显,测试点检测权值越大,所能检测出的故障单元就越多。为了用尽量少的测试点获得尽可能高的检测能力,当有多个测试点时,应优先选用W_{FD}大的测试点。对于图6-2所示的例子,第⑧个TP的W_{FDi}最大,可检测到除单元7以外的所有RU的故障,而要检测单元7只有用测试点⑦。所以故障检测选用测试点⑧和⑦两点即可。

6.5.3.3 确定故障隔离用测试点

在检测出故障后,还要将其隔离到可更换单元。这可利用测试点对各单元故障反应的差别来完成。同样,在确定隔离用测试点时,应当使之尽可能能隔离所有单元故障,且所需测试点最少。从表6-3可见,利用6个测试点可以把1、2、4、7、8与5及6隔离开来,但是,其中5与6分不开,单元2的两个输出端分不开。所以,这样的几个测试点不是最好的选择。

为提高故障隔离分辨能力达到正确的隔离,应打开反馈回路和分析有多输出方框的具体组成结构。在表 6-2 上,测试点⑤和⑥所提供的故障信息相同,f_5 和 f_6 在各测试点上的故障反应也一样,不能区分是哪个故障,这是因为存在反馈回路所造成的。解决这个问题只需在隔离时打开反馈回路,比如在反馈电路中加一个开关即可。测试点②和③所提供的故障信息相同,这是因为图 6-2 上方框 2 有两个输出端所造成的,认为方框 2 故障时②和③点都同时有反应。但实际上有时并非如此,对有多输出的方框组成结构应进一步分析。若方框 2 是由两个并联部件组成可分开画出,这样,原来的系统变成为如图 6-3 所示。这时的故障信息表 6-4 中不再有相同的行和列,即各单元故障均可隔离开来。但是,这需要 8 个测试点,并不是最优解。

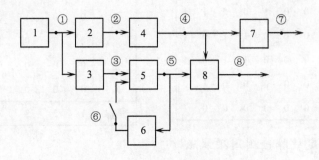

图 6-3 改进后的功能框图

为了能用最少的测试点达到故障隔离要求,引入隔离权值 W_{FI} 的概念。第 i 个测试点的隔离权值

$$W_{FIi} = \sum_{k=1}^{l} (N_{0i} \cdot N_{1i})_k \tag{6-13}$$

式中:N_{0i} 为故障信息表中第 i 个测试点对应列中"0"的个数;N_{1i} 为故障信息表中第 i 个测试点对应列中"1"的个数;l 为可更换单元(RU)分组数。

按式(6-13)计算出 8 个测试点的隔离权值列于表 6-4 的下面。在确定隔离用的测试点时,优先选用已选定的检测用测试点和隔离权值大的测试点。显然,测试点⑦是首先应当选取的,因为它是检测用测试点且权值最大(16)。对选用的测试点用"*"标出。按所选出的测试点的故障信息重新排列故障信息表:故障反应为"1"的为一组,为"0"的为一组,如表 6-5 所列。然后按上式重新计算各 TP 的权值并列在表中最下一行。选取权值最大的第⑤点为又一隔离点。再按第⑤点的反应值为"1"或"0"把各组一分为二,重新排列故障信息表(表 6-6),对每个测试点(除已定的隔离用测试点外)计算得到新的权值。4 组单元中单元 1 是单独的一组,即它已经可以隔离出来,但其他 3 组中各包含 2 个或 3 个可更换单元,故还要继续分组。由表 6-6 可以看到测试点⑧的权值最大,故选其为又一隔离用的测试点,并按其对各单元故障的反应再进行分组,得到表 6-7。此时,8 个单元已被分为 6 组,其中 1、7、6、8 各为一组,2 与 4、3 与 5 各为一组。从表 6-7 中可见,单元 2 与 4 可由测试点②来鉴别,单元 3 与 5 可由测试点③来鉴别。这样,选用 5 个测试点⑦、⑤、⑧、②、③就可以把 8 个单元的故障都隔离出来。

表 6-4 故障信息表(3)

RU	TP							
	1	2	3	4	5	6	7*	8
f_1	1	1	1	1	1	1	1	1
f_2	0	1	0	1	0	0	1	1
f_3	0	0	1	0	1	1	0	1
f_4	0	0	0	1	0	0	1	1
f_5	0	0	0	0	1	1	0	1
f_6	0	0	0	0	0	1	0	0
f_7	0	0	0	0	0	0	1	0
f_8	0	0	0	0	0	0	0	1
W_{FLi}	7	12	12	15	15	16	16	12

表 6-5 故障信息表(4)

RU	TP							
	⑦	1	2	3	4	5*	6	8
f_1	1	1	1	1	1	1	1	1
f_2	1	0	1	0	1	0	0	1
f_4	1	0	0	0	1	0	0	1
f_7	1	0	0	0	0	0	0	0
f_3	0	0	0	1	0	1	1	1
f_5	0	0	0	0	0	1	1	1
f_6	0	0	0	0	0	0	1	0
f_8	0	0	0	0	0	0	0	1
W_{FLi}		3	4	6	3	7	6	6

表 6-6 故障信息表(5)

RU	TP							
	⑦	⑤	1	2	3	4	6	8*
f_1	1	1	1	1	1	1	1	1
f_2	1	0	0	1	0	1	0	1
f_4	1	0	0	0	0	1	0	1
f_7	1	0	0	0	0	0	0	0
f_3	0	1	0	0	1	0	1	1
f_5	0	1	0	0	0	0	1	1
f_6	0	0	0	0	0	0	1	0
f_8	0	0	0	0	0	0	0	1
W_{FLi}	–	–	0	2	1	2	2	3

表 6-7 故障信息表(6)

RU	TP							
	⑦	⑤	⑧	1	2	3	4	6
f_1	1	1	1	1	1	1	1	1
f_2	1	0	1	0	1	0	1	0
f_4	1	0	1	0	0	0	1	0
f_7	1	0	0	0	0	0	0	0
f_3	0	1	1	0	0	1	0	1
f_5	0	1	1	0	0	0	0	1
f_6	0	0	0	0	0	0	0	1
f_8	0	0	1	0	0	0	0	0
W_{FLi}	–	–		0	1	1	0	0

6.5.4 故障诊断程序的确定

当确定了产品的测试点后,还需确定合理的测试程序,以便能正确而快速地检测和隔离出故障。

如前所述,诊断包括故障检测和隔离。从顺序上说,总是先检测故障再把故障隔离到可更换单元。

6.5.4.1 故障检测

在诊断中,首先要对检测用的测试点逐一进行检测,发现所有的故障。当产品有多个测试点时,就有一个合理确定检测顺序的问题。检测顺序可按不同的原则、方法确定:

(1) 按测试点检测权值 W_{FDi} 从大到小排列顺序。这就是 6.5.2.3 节中介绍的方法,先用检测权值大的测试点进行检测,然后依次把各个检测用的测试点都检测一遍。

(2) 按测试点所能检测故障的总故障率从大到小排列顺序。某个测试点所能检测的故障模式总故障率,实际上就是表 6-4 中检测用测试点(7 和 8)对应一列反应为"1"的各单元故障率之和。故障率大的应当先检测。

(3) 按测试点的可达性排序。各检测用的测试点中,可达性好的先检测;可达性差的后检测。

当有多个检测用的测试点时,不论用上述哪种方法排序,都要考虑便于序贯检测。就是说,原则上按上述各种方法排序均可,但排序后要做必要的调整,使操作能够有序地进行,而不必来回倒动位置。

在检测故障时,系统的反馈通路应当处于闭合状态。

6.5.4.2 故障隔离

故障隔离的顺序应当按照以上选定测试点的顺序,例如图 6-2 示例中除两个检测用测试点⑧和⑦,其余按⑤、②、③的顺序。在隔离故障时,常常需要打开反馈通路,以便能把故障隔离到有反馈通路的单元。

6.5.4.3 诊断树与故障字典

在确定了故障检测与隔离的程序后,为了制定诊断手册或编制诊断程序软件,可以采用故障诊断树或故障—测试代码表的形式,更加生动、形象地反映诊断过程。

1. 诊断树

诊断树实际上是一种反映故障诊断的逻辑过程的树形图(在一般管理学中称为"决策树")。它表示如何按照一定的路径,利用每个测试点输出信息(0,1),判断产品有无故障及故障单元在哪里。如图 6-4 是图 6-2 示例诊断过程的树形图。虚线左边是检测过程,利用⑧和⑦两个测试点判断系统有无故障以及单元 7 是否有故障。虚线右边为隔离过程,利用⑤、②、③3 个测试点进一步隔离故障到各单元,其中单元 6 与 8 要再次利用测试点⑧进行判断。

2. 故障—测试代码表

为了把测试点与所能检测、隔离的故障单元联系起来,可采用代码表或故障字典。这种故障—测试代码表,实际上就是前面确定测试点时采用的故障信息表,只不过它仅包含已确定的测试点的那些部分,并且按检测和隔离的顺序排列。表 6-8 是前面系统的故障—测试代码表,f_6 行中带括号的数码是隔离时的结果,也就是打开反馈环后的故障信息。

由表很容易看出,进行故障检测时,即反馈闭合的情况下,只要测试点⑧有故障反应,就表明单元 1~6 或 8 有故障;如果没有故障反应,就表明系统没有故障或是单元 7 有故障。再用测试点⑦的信息,就可判断是无故障(⑦无反应)或是单元 7 的故障。然后进入故障隔

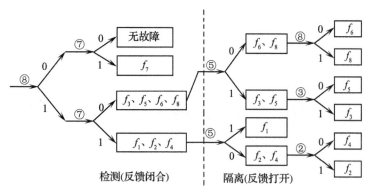

图 6-4 故障诊断树

离,将反馈打开,利用测试点⑤的信息,作进一步的判断。由表可见,当测试点⑧、⑦、⑤均有故障反应时,是单元 1 出故障。3 个测试点⑧、⑦、⑤的其他反应组合,把其他 6 个单元分为 3 组,各 2 个单元(2 与 4、3 与 5、6 与 8)为一组。再分别利用测试点②、③或⑧,就可将它们隔离开来。

故障—测试代码表的代码是二进制的,因此,很容易利用计算机软件或硬件来实现。在此基础上,设计出 BITE 或 ATE 诊断软件或电路。

表 6-8 故障—测试代码表

RU	PT				
	⑧	⑦	⑤	②	③
f_1	1	1	1	1	1
f_2	1	1	0	1	0
f_3	1	0	1	0	1
f_4	1	1	0	0	0
f_5	1	0	1	0	0
f_8	1	0	0	0	0
f_6	1(0)	0	1(0)	0	0
f_7	0	1	0	0	0

习 题

1. 试述测试与测试性、诊断与综合诊断的区别和联系。
2. 常用的测试性指标有哪些?
3. 已知图 6-2 所示系统各单元的故障率(单位:h^{-1})如下表,要求系统故障检测率、隔离率均不大于 0.95,试确定各单元的测试性指标。

单元号	1	2	4	5	6	7	8
故障率	0.001	0.005	0.002	0.003	0.003	0.001	0.001

第七章
维修工程分析及其系统分析方法

运用维修工程的基本理论、分析技术与方法,探讨并解决现代武器装备维修保障的规律,对于装备质量建设和及时形成、保持乃至提高部队战斗力具有重要作用。维修工程中的分析活动,实质上就是有关维修的保障性分析。为此,本章首先介绍保障性与保障性分析,在此基础上,对维修工程分析过程中用于权衡各种方案的几种常用的系统分析方法加以介绍。

7.1 保障性与保障性分析

7.1.1 保障性

7.1.1.1 保障性定义

装备的使用与维修保障看起来是部署使用后的工作,但是一种装备能否获得及时、经济和有效的保障,首先取决于其设计特性与资源要求。例如,某种装备操作使用技术难度很大,故障多样且排除故障需要多种复杂的设备与设施,使用和维修所用的油料、器材品种规格多且特殊等。那么,这种装备就难以获得良好的保障,保障部门及保障人员则难以实施有效的保障。所以,装备是否可保障、易保障,并能获得保障,是装备系统的一种固有特性——保障性。

保障性(supportability)是装备的设计特性和计划的保障资源满足平时战备完好性和战时利用率要求的能力。保障性的含义比较复杂,它不同于一般的设计特性(如可靠性、维修性等),主要表现在这种特性包括两个不同性质的内容,即设计特性和计划的保障资源。

保障性中的设计特性是指与装备保障有关的设计特性,如基本可靠性、维修性、运输性等有关的设计特性。这些设计特性都是通过设计途径赋予装备的硬件和软件。从保障性的角度看,良好的保障设计特性是使装备具有可保障的特征,或者说所设计的装备是可保障、易保障的。

保障性中计划的保障资源是指为保证装备实现平时战备完好性和战时利用率要求所规划的人力、物质和信息资源。要使计划的保障资源达到上述目的,必须使保障资源与装备的可保障特性协调一致,并有适量的资源满足被保障对象——装备的任务需求。从保障性的角度看,计划适量并与装备相匹配的保障资源说明装备是能够得到保障的。

装备具有可保障特性并能够得到保障才是具有完整的保障性。

7.1.1.2 保障性参数与要求

保障性参数与要求用于定性和定量描述装备的保障性。保障性的目标是多样的,难以用单一的参数来评价,同时某些保障资源参数很难用简单的术语进行表述。通常的做法是:通过对装备的使用任务进行分析,考虑现有装备保障方面存在的缺陷以及保障人力费用等约束条件,综合归纳为一整套保障性参数,有些参数还要采用与现装备对比的方式进行表述。

保障性参数与要求通常分为3类,根据装备和使用特点不同而选用。

1. 保障性综合参数

保障性综合参数是描述保障性目标的参数。保障性目标是满足平时战备完好性和战时的持续使用要求。战备完好性(operational readiness)是指装备在平时和战时使用条件下,能随时开始执行预定任务的能力。通常可用战备完好性目标值(readiness objective)来衡量。对不同类型装备可采用不同的参数,如战备完好率 P_{or}、使用可用度 A_o、任务准备时间 T_R、保障费用参数等。

(1) 战备完好率 P_{or}。战备完好率是指当接到作战(使用)命令时装备能够按计划实施作战(使用)的概率。它同装备的可靠性、维修性及保障性有关。

(2) 使用可用度 A_o。使用可用度是使用最广泛的一个参数(见7.2节)。在航空等装备中,也常用能执行任务率 P_{mc} 作为综合参数,它是指飞机(装备)在拥有的时间内至少能执行一项规定任务所占时间的百分比。

(3) 任务准备时间 T_R。装备由接到任务命令(或上次任务结束)进行任务准备所需要的时间。军用飞机常用再次出动准备时间(turn around time),即执行上次任务着陆后准备再次出动所需的时间。

(4) 保障费用参数。保障费用参数常用每工作小时的平均保障费用表示。

2. 有关保障性的设计参数

保障性设计参数是与保障有关的主装备设计参数,它也可以供确定保障资源时参考,如平均故障间隔时间 $\overline{T}_{bf}$、平均修复时间 $\overline{M}_{ct}$、维修工时率(每工作小时平均维修工时 M_{MH}/O_H,每次维修活动平均维修工时 M_{MH}/M_A)、测试性参数 r_{FD}、r_{FE} 以及运输性(transportability)要求(运输方式及限制)等。

3. 保障资源要求

保障资源要求的内容比较多,因装备实际保障要求而定,通常包括人员数量与技术水平,保障设备和工具的类型、数量,备件品种和数量,订货和装运时间,补给时间和补给率,以及设施利用率等。

保障资源要求往往利用与某一现有装备系统对比的方式加以描述。表7-1所列为美国陆军M1坦克保障性的部分定性与定量要求,其中有些指标就是与前一代坦克M60A1相比较来表达的。

表 7-1 M1 坦克保障性要求和参数指标

要素	序号	保障性要求和参数	指标	
			M1	M60A1
维修规划和维修性	1	计划维修间隔时间	半年一次	半年一次
	2	分队级(修理班或排)每2400km或半年计划维修时间、工时	16h 64工时	62h 96工时
	3	分队级(修理班或排)每2400km或半年非计划维修时间、工时(90%)	4h 8工时	32工时
	4	直接保障非计划维修时间、工时(90%)	12h 48工时	0.9h 3.4工时
	5	乘员每日检查和保养时间、工时	0.8h 3工时	
	6	由操作手或修理班或排检测和排除的一般故障的百分数	90%	
	7	维修时从坦克上拆下动力装置部件的要求	90%的发动机部件与动力装置可一同被取出	不能达到
工具	8	降低专用工具数量要求	133种,其中84种为新设计出来的	214种
	9	乘员维修均使用米制(供北约用)以求良好的互换性	米制	英制
资料	10	采用技术分析方式改进技术手册	51种	
训练设备	11	研制专为士兵用的扩大训练功能的训练装置		功能少
	12	研制模拟训练器	用于射击、驾驶和维修	无
测试设备	13	在使用试验前提供为班或排及野战维修研制的自动测试设备(ATE)	3种ATE	
	14	机内测试设备(BITE)	大量采用	无
人员	15	人员专业与现役坦克部队使用维修专业应配合一致	W/M1	
	16	人员的特殊技能训练要求最低		
供应	17	尽可能减轻对标准编制的部队供应保障系统的负担		
运输	18	在现有的拖车上可以运输,并适应列车运输		可以

7.1.2 保障性分析

7.1.2.1 保障性分析的任务

保障性分析(supportability analysis)过程用于两个方面:一是提出有关保障性的设计因素;二是确定保障资源要求。前者是根据装备的任务需求确定战备完好性与保障性目标,进而提出并确定可靠性、维修性、测试性、运输性等有关保障性的设计要求以影响装备的设计,使研制的装备具有可保障与易于保障的设计特性;后者是根据装备系统的战备完好性与保障性目标,确定保障要求和制定保障方案,进而制定保障计划和确定保障资源要求,确保建立经济有效的保障系统并使系统高效地运行。由此可以进一步明确实施保障性分析应完成的任务。

(1) 确定装备的保障性要求。保障性分析的首要任务是在装备研制早期,及时、合理地提出一套相互协调的保障性要求,它是进行与保障性有关的设计、验证与评估等一系列综合保障工作的前提条件。在论证、方案阶段,应根据新研装备的作战需求和部队使用保障的约束条件,确定装备的保障性要求,并将其写入《战术技术指标》或《研制任务书》,作为装备系统设计的输入影响装备设计。

(2) 制定和优化维修保障方案。维修保障方案是装备维修保障系统完整的系统级说明,是装备维修保障系统的总体设计方案。保障性分析的一个重要任务就是,按照所提出的保障性要求,制定并优化装备维修保障方案以影响装备设计,使新研装备与其维修保障系统得到最佳的匹配,使新研装备系统能在费用、进度、性能与保障性之间达到最佳的平衡。维修保障方案的制定是一个动态过程,自装备论证时提出初始保障方案,在方案阶段和工程研制阶段对不同备选保障方案进行权衡分析得到优化的保障方案,并在工程研制阶段的后期进一步完善。

(3) 确定和优化保障资源要求。实施保障性分析要确定并优化新研装备在使用环境中达到预期的战备完好性和保障性水平所需的保障资源要求,特别是新的、关键的保障资源要求。此外,还要分析新研装备投入使用后的保障问题并提出解决办法,以及制订停产后的保障计划。这项工作应在工程研制阶段完成,以便在装备生产以前有时间安排保障资源的研制、采购和供应等,保证装备部署时能同时提供所需的保障资源。在装备使用阶段,应根据有关维修保障数据对保障资源进行不断地优化与完善。

(4) 评估装备的保障性。在装备寿命周期的各个阶段,利用保障性试验,验证与评价保障性分析工作的完整性和维修保障的有效性,这是实现装备维修工程目标的有效控制手段。

(5) 建立保障性分析数据库。在实施保障性分析的过程中,应对保障性分析的大量数据进行收集,建立一个包括可靠性、维修性、测试性、运输性及各保障要素等信息在内的保障性分析数据库。该数据库可用于装备维修保障和保障性分析的决策,有关装备保障性的设计、研制、评估与改进,保障资源的研制、筹措与供应,协调可靠性、维修性等工程专业的分析,减少分析的重复性,还可以作为后续型号研制的历史数据。对这些信息的记录、处理和应用也是保障性分析工作的重要组成部分。

7.1.2.2 保障性分析的基本过程

保障性分析是一个贯穿于装备寿命周期各个阶段并与装备研制进展相适应的反复

有序的迭代分析过程。图 7-1 给出了装备寿命周期各阶段的保障性分析过程的目标及输出。

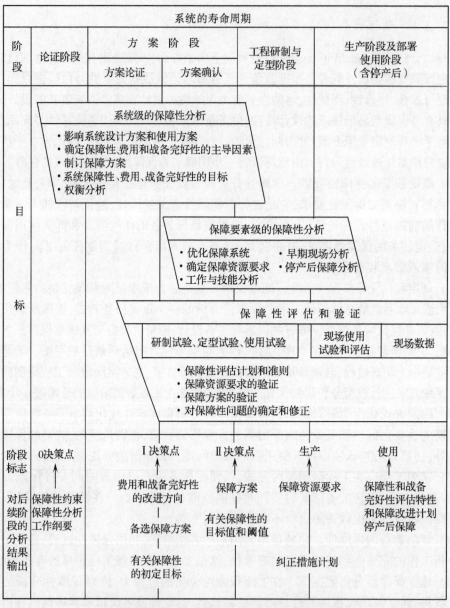

图 7-1 装备寿命周期各阶段的保障性分析过程的目标及输出

在装备研制的早期阶段,保障性分析的主要目标是通过设计接口影响装备的保障特性的设计。这种用以影响设计的分析,由系统级开始按硬件层次由上而下顺序延伸;在后期阶段,通过详细的维修规划,自下而上地详细标识全部保障资源。此外,在寿命周期各个阶段还要进行保障性的验证与评价工作。

1. 系统级的保障性分析

根据保障性分析的任务,主要进行以下两个方面的系统级保障性分析。

(1) 确定装备的作战使用特性和保障特性,制定保障性要求。系统级的保障性分析开始于装备使用研究,即从分析新研(改型)装备的任务要求和使用要求出发,根据装备的使用方案,提出与预期使用有关的保障性要求;在了解新研装备的设计特性、使用特性、保障特性的基础上,通过比较分析,确定保障性、费用和战备完好性的主导因素,明确新研装备及其维修保障系统的改进目标,确定保障性参数及预期指标;进行改进保障性技术途径的分析,分析采用新技术后使保障性可能提高的范围;进行新研装备的硬件、软件与维修保障系统的标准化分析,明确标准化的要求,确定标准化的设计约束;通过确定保障性和有关保障性设计因素的分析,确定新研装备的作战使用特性、保障特性,制定包括战备完好性、可靠性、维修性以及保障资源等参数指标的保障性指标要求;通过备选方案的评价和权衡分析进一步优化保障性指标要求。制定保障性要求的分析工作应在方案阶段完成。

(2) 确定最佳的维修保障方案。根据新装备的初始使用方案和保障性要求对确定的装备备选方案进行功能要求分析,分析装备每一个备选方案的任务剖面,并为每一备选方案确定在预期环境中所必须具备的使用、维修与保障功能;对满足功能要求的装备备选方案制订备选的保障方案和备选保障计划;在备选保障方案之间以及装备的备选设计方案、使用方案与保障方案之间进行评价与权衡分析,确定最能满足使用与保障要求的最佳保障方案,并影响装备设计。

2. 保障要素级的保障性分析

一旦系统级的权衡分析结束,保障性分析工作就要转入到较低层次,进行保障要素级的保障性分析。保障要素级分析的目的是确定新研装备的全部保障资源要求,并为制定各项保障文件提供原始资料。分析过程是:首先,利用故障模式影响及危害性分析(FMECA)、以可靠性为中心的维修分析(RCMA)与功能要求分析,分别确定新研装备的修复性维修、预防性维修、战场抢修及其他保障工作要求;然后,通过功能要求分析,确定所需的各种维修工作;最后,通过维修工作分析(MTA)详细地分析每项工作,确定全部保障资源要求,将结果记入保障性分析记录,并形成分析结果文件。

在这一分析过程中,还要进行早期现场分析,评估新研装备在使用现场对现有其他装备,特别是资源保障方面的影响,以及进行停产后保障分析,规划新研装备停产后的保障资源(特别是备件)的供应问题。

3. 保障性评估与验证

通过保障性评估和验证,可以考核所建立的维修保障系统在装备使用期间是否达到规定的保障性目标,判明偏离的原因,确定纠正措施以便有效地加以解决。保障性评估与验证贯穿于装备系统寿命周期的各个阶段。为确保评估与验证顺利而有效地进行,应在评估和验证之前制订评估与验证的计划,对评估的目的和原则、试验和评价的方案、评估的保障条件和环境要求、进度、人员、数据收集与处理等进行规划。保障性评估与验证的重点应放在保障性要求、费用和战备完好性主导因素以及重要的保障资源的基础上,但每个阶段应有所侧重。例如,在方案阶段应着重评估维修保障方案的有效性和可行性;工程研制阶段应重点评估基层级、中继级有关维修保障问题和保障性设计目标,保障资源的充分性及其有关维修保障的定量要求;生产阶段应重点评估在生产前未能充分试验的装备的硬件、软件及其维修保障项目,验证在使用环境下是否符合保障要求,必要时可提出对作战使用、维修训练要求与部队编制方案的调整;使用阶段应对保障系统做出全面的评估和验证。通过对装备的保障性水平和计划的保障资源的有效性与充分程度进行评估,不断地完善装备维修保障系统,使其低耗、高效地运行。

7.1.2.3 保障性分析主要工作项目及分析技术

为满足各类装备开展保障性分析工作的需要,我国已颁布国家军用标准 GJB 1371—1992《装备保障性分析》。该标准规范了装备寿命周期内实施保障性分析的要求、方法和程序。标准规定的保障性分析内容包括 5 个工作项目系列、15 个工作项目、81 个子项目,可以根据型号研制的类型、装备的规模、设计的自由度与技术状态、可用的时间与资源等情况,在寿命周期的不同阶段对这些工作项目进行适当的剪裁。该标准实质上是由特定含义和彼此相关的工程分析工作项目综合在一起,按照规定的分析程序实施分析,并与设计工程协调的分析过程。GJB 1371—1992 工作项目系列与工作项目的应用范围见表 7-2。

表 7-2 保障性分析工作项目应用

工作项目系列的名称与目的	工作项目名称	工作项目的目的	各阶段的应用			
			论证阶段	方案阶段	工程研制与定型阶段	生产及部署使用阶段
				方案论证	方案确认		
100 保障性分析工作的规划与控制 目的:提供正式的保障性分析工作的规划与控制活动	101 制订保障性分析工作纲要	制订保障性分析工作纲要,明确具有最佳费用效益的保障性分析工作项目及子项目	√	√	√	√	√
	102 制订保障性分析计划	制订保障性分析计划,以确定并统一协调各项保障性分析工作项目;确定各管理组织及其职责,并提出完成各项工作项目的途径	√	√	√	√	√
	103 有关保障性分析的评审	为承制方制订一项对有关保障性分析的设计资料进行正式评审和控制的要求,该要求应保证保障性分析工作的进度与合同规定的评审点相一致,以达到保障性和有关保障性的设计要求	√	√	√	√	√

续表

工作项目系列的名称与目的	工作项目名称	工作项目的目的	各阶段的应用				
			论证阶段	方案阶段		工程研制与定型阶段	生产及部署使用阶段
				方案论证	方案确认		
200 装备与保障系统的分析 目的：通过与现有系统的对比和保障性、费用、战备完好性主宰因素分析，确定保障性初定目标和有关保障性的设计目标值、阈值及约束	201 使用研究	确定与系统预定用途有关的保障性因素	√	√	√	√	×
	202 硬件、软件与保障系统的标准化	根据能在费用、人员数量与技术等级、战备完好性或保障政策等方面得到益处的现有和计划的保障资源，确定系统和设备的保障性及有关保障性的设计约束，给系统和设备的硬件及软件标准化工作提供保障性方面的输入信息	√	√	√	√	√
	203 比较分析	选定代表新研系统和设备特性的基准比较系统或比较系统，以便提出有关保障性的参数，判明其可行性，确定改进目标，以及确定系统和设备保障性、费用和战备完好性的主宰因素	√	√	√	√	×
	204 改进保障性的技术途径	确定与评价从设计上改进新研系统和设备保障性的技术途径	√	√	√	△	×
	205 确定保障性和有关保障性的设计因素	确定从备选设计方案与使用方案得出的保障性的定量特性；制订系统和设备的保障性及有关保障性设计的初定目标、目标值、阈值及约束	√	√	√	√	○
300 备选方案的制定与评价 目的：优化新研系统的保障系统并研制在费用、进度、性能和保障性之间达到最佳平衡的系统	301 确定功能要求	为系统和设备的每一备选方案确定在预期的环境中所必须具备的使用与维修保障功能，然后确定使用与维修所必须完成的各种工作	△	√	√	√	○
	302 确定保障系统的备选方案	制订可行的系统和设备保障系统备选方案，用于评价与权衡分析及确定最佳的保障系统	△	√	√	√	○
	303 备选方案的评价与权衡分析	为系统和设备的每一个备选方案确定优先的备选保障系统方案，并参与系统和设备备选方案的权衡分析，以便确定在费用、进度、性能、战备完好性和保障性之间达到最佳平衡所需的途径	△	√	√	√	○

续表

工作项目系列的名称与目的	工作项目名称	工作项目的目的	各阶段的应用				
			论证阶段	方案阶段		工程研制与定型阶段	生产及部署使用阶段
				方案论证	方案确认		
400 确定保障资源要求 目的：确定新研系统在使用环境中的保障资源要求并制订停产后的保障计划	401 使用与维修工作分析	分析系统和设备的使用与维修工作，以便：①确定每项工作的保障资源要求；②确定新的或关键的保障资源要求；③确定运输性要求；④确定超过目标值、阈值或约束的保障要求；⑤为制订备选设计方案提供保障方面的资料，以减少使用与保障费用，优化保障资源要求或提高战备完好性；⑥为制订综合保障文件提供原始资料	×	×	△	√	○
	402 早期现场分析	评估新研系统和设备对各种现有的或已计划的系统的影响；确定满足系统和设备要求的人员数量与技术等级；确定未获得必要的保障资源时对新研系统和设备的影响；以及确定作战环境下主要保障资源要求	×	×	×	√	○
	403 停产后保障分析	在关闭生产线之前，分析系统和设备寿命周期内的保障要求，以保证在系统和设备的剩余寿命期内有充足的保障资源	×	×	×	×	√
500 保障性评估 目的：保证达到规定的要求和改正不足之处	501 保障性试验、评价和验证	评估新研系统和设备是否达到规定的保障性要求；判明偏离预定要求的原因；确定纠正缺陷和提高系统战备完好性的方法	△	√	√	√	√

注：√—适用；△—根据需要选用；○—仅设计更改时适用；×—不适用。

以上介绍了维修工程的分析过程——保障性分析。在进行这一分析时还将应用到许多其他的分析技术和系统分析方法,如图7-2所示。主要的分析技术有:修理级别分析(LORA)、以可靠性为中心的维修分析(RCMA)、战场损伤评估与修复(BDAR)分析、维修工作分析(MTA)、故障模式影响和危害性分析(FMECA)以及损坏模式影响分析(DMEA)等。运用这些分析技术,可以确定或解决预防性维修、修复性维修与战场抢修中的维修工作内容,确定维修工作类型、进行维修的时机、维修的级别与任务、维修时所需资源等问题(这些分析技术分别在第三章、第九章、第十一章介绍)。

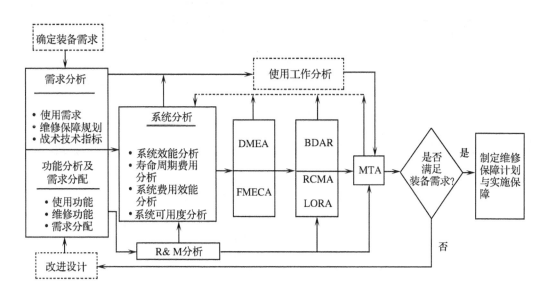

图7-2 维修工程分析中应用的技术与系统分析方法

在维修工程分析过程中,运用系统分析方法进行权衡分析贯穿于装备寿命周期全过程,其目的是:对各种方案、设计要求和工程专业要求进行优化、综合与权衡,为决策提供依据。权衡分析所涉及的因素很多,如战斗性能、可靠性、维修性、测试性、保障性、寿命周期费用,特别是系统的战备完好性和保障能力等。对于现代大型复杂的装备系统,除涉及上述可以定量的因素外,还可能会涉及政治、经济、文化等不易定量的诸多因素。即使对于各种备选方案而言,往往也是此长彼短,难以简单地作出谁优谁劣的决断。因此,在维修工程中,常常运用系统分析的方法进行权衡分析。例如,某型飞机在研制过程中,先后进行各种权衡分析约450次,为进行正确决策提供了有力的支持。而在部署使用后,涉及装备使用保障及完善保障系统方面仍有一系列决策问题,需要进行系统的综合权衡分析。

权衡分析的问题、分析的层次及复杂性不同,其决策的准则和目标可能有很大的不同,所涉及的范围、权衡分析的目的、权衡分析模型也可能不相同。例如,在装备系统层次,基本的重要参量有:费用—效能、寿命周期费用、系统效能、系统性能、系统可用度等等。此时,费用—效能准则则是评价系统的主要准则之一。图7-3给出了权衡分析中决策目标的大致层次。系统分析有多种方法,有定性的也有定量的。本章以下几节将分别介绍常用于系统级的几种主要权衡分析方法:系统可用度、系统效能、寿命周期费用和系统费用-效能分析方法。

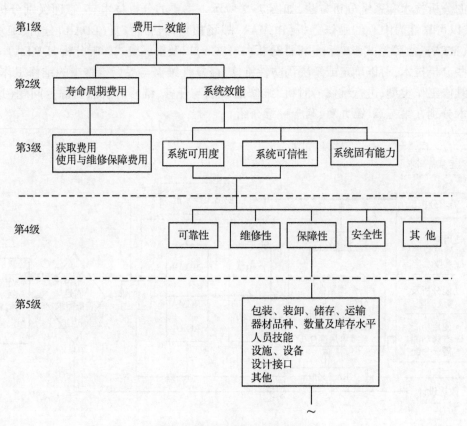

图7-3 权衡分析层次示意图

7.2 系统可用度分析

7.2.1 可用度概念

可用度(availability)是指产品在任一时刻需要和开始执行任务时,处于可工作或可使用状态的概率,它是产品可用性的概率度量。

可用度是装备使用部门最关心的重要参数之一,它是系统效能的重要因素。7.3节和7.5节对此将作进一步讨论。

由上述定义知,可用度与时间紧密相关,按时间划分可分为3种。

7.2.1.1 瞬时可用度 $A(t)$

对任一随机时刻 t,若令

$$X(t) = \begin{cases} 0 & (t\text{时刻装备处于可工作状态}) \\ 1 & (t\text{时刻装备处于不可工作状态}) \end{cases}$$

则装备在时刻 t 的可用度为

$$A(t) = P\{X(t) = 0\} \tag{7-1}$$

此即瞬时可用度 $A(t)$，它只涉及时刻 t 装备是否可工作，而与 t 时刻以前装备是否发生故障或是否经过修复无关。装备在时刻 t 的可靠性高，可用度自然会高。但是，即使可靠性不太高，出了故障能很快修复，可用度仍然会比较高。对于长期连续工作的装备，瞬时可用度不便于反映其可使用特性，通常采用平均可用度或稳态可用度来加以衡量。

7.2.1.2 平均可用度 $\overline{A}(t)$

装备在给定确定时间 $[0,t]$ 内的可用度的平均值，即

$$\overline{A}(t) = \frac{1}{t}\int_0^t A(t)\,\mathrm{d}t \tag{7-2}$$

7.2.1.3 稳态可用度 A

若极限

$$\lim_{t\to\infty} A(t) = A \tag{7-3}$$

存在，则称 A 为稳态可用度，$(0 \leqslant A \leqslant 1)$，它表示在长期运行过程中装备处于可工作状态的时间比例。

在实际使用中，稳态可用度可表示为某一给定时间内能工作时间 U 与能工作时间和不能工作时间 D 总和之比，即

$$A = \frac{U}{U + D} \tag{7-4}$$

对于连续工作的可修复系统的平均能工作时间 $\overline{U}$ 和平均不能工作时间 $\overline{D}$，分别是能工作时间和不能工作时间的数学期望。若已知装备能工作时间密度函数 $u(t)$ 和不能工作时间密度函数 $d(t)$，则

$$\overline{U} = \int_0^\infty tu(t)\,\mathrm{d}t$$

$$\overline{D} = \int_0^\infty td(t)\,\mathrm{d}t$$

用平均时间表示的可用度为

$$A = \frac{\overline{U}}{\overline{U} + \overline{D}} \tag{7-5}$$

装备系统不能工作涉及多种因素，图 7-4 给出了装备在编时间划分。

在工程实践中，根据不能工作时间包含的内容，常常使用如下 3 种稳态可用度。

1. 固有可用度（inherent availability）

装备由于故障而不能工作，此时需要进行修理，修复后又转入可用状态。若仅考虑修复性维修因素，那么，不能工作时间只是排除故障时间。此时，能工作时间密度函数即故障密度函数 $f(t)$；不能工作时间密度函数即维修时间密度函数 $m(t)$，则

$$\overline{U} = \int_0^\infty tf(t)\,\mathrm{d}t = \overline{T}_{\mathrm{bf}}$$

$$\overline{D} = \int_0^\infty tm(t)\,\mathrm{d}t = \overline{M}_{\mathrm{ct}}$$

此时的稳态可用度称为固有可用度,记为 A_i,可定义为

$$A_i = \frac{\overline{T}_{\mathrm{bf}}}{\overline{T}_{\mathrm{bf}} + \overline{M}_{\mathrm{ct}}} \tag{7-6}$$

式中:$\overline{T}_{\mathrm{bf}}$ 为平均故障间隔时间(MTBF);$\overline{M}_{\mathrm{ct}}$ 为平均修复时间(MTTR)。

由此可见,固有可用度取决于装备的固有可靠性和维修性。在评估装备时,尤其是在装备论证、研制过程中对可靠性和维修性进行权衡时经常使用。

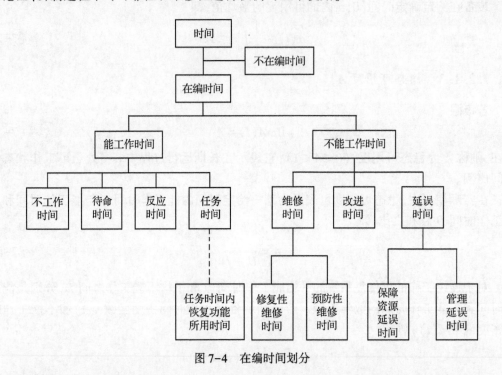

图 7-4 在编时间划分

2. 可达可用度(achieved availability)

装备不可用并非都是因为故障后修理而造成的,为了使装备处于完好状态,还必须进行预防性维修活动。若同时考虑修复性维修和预防性维修因素,不能工作时间则包括排除故障维修时间和预防性维修时间,此时的稳态可用度称为可达可用度,记为 A_a,可定义为

$$A_a = \frac{\overline{T}_{\mathrm{bm}}}{\overline{T}_{\mathrm{bm}} + \overline{M}} \tag{7-7}$$

式中:$\overline{T}_{\mathrm{bm}}$ 为平均维修间隔时间,它是预防性维修与修复性维修两类维修合在一起计算的平均间隔时间,$\overline{T}_{\mathrm{bm}} = 1/(\lambda + f_{\mathrm{p}})$;$\overline{M}$ 为平均维修时间。

由此可见,A_a 不仅与装备的固有可靠性和维修性有关,还与装备的预防性维修制度(工作类型、范围、频率等)有关。制定出一套合理的装备预防性维修大纲,可以使 A_a 得到提高。对于复杂装备系统,这并非是件十分容易的事情,不仅需要科学的理论,而且需要不断地在

实践中予以检验和完善,从而提高 A_a 使其达到规定要求。

3. 使用可用度(operational availability)

在装备使用过程中,不仅排除故障和预防性维修会造成装备不能工作,还有很多因素影响装备的能工作时间。若还考虑供应保障及行政管理延误等因素,即装备不能工作时间是除装备改进时间外的一切不能工作时间时,稳态可用度则称为使用(工作)可用度,记为 A_o,可定义为

$$A_o = \frac{\overline{T}_{bm}}{\overline{T}_{bm} + \overline{D}} \tag{7-8}$$

式中:$\overline{D}$ 为平均不能工作时间。

由 A_o 的表达式(7-8)可以看出,使用可用度不仅与设计、维修制度有关,而且与装备的保障系统直接相关,并受体制、管理水平和人员素质等影响。

由此可知,3 种稳态可用度,既相互联系又有所不同,它们从不同范围反映了装备的可用水平。由于考虑因素的增加,装备的能工作时间将缩短,不能工作时间将增长。因此,一般有 $A_i \geqslant A_a \geqslant A_o$。通过提高装备的保障性、制定合理的预防性维修制度以及装备管理、供应体制的不断优化,可以使 A_o 和 A_a 接近于 A_i,但却不可能高于 A_i。要提高 A_i,则应从装备设计入手,提高装备的可靠性和维修性。对用户来说,最关心的是 A_o,它反映了实际使用情况下装备的可用程度。但是,A_o 中涉及的管理与供应保障延误是研制、生产中难以控制和验证的因素,故在装备研制合同中,常常使用 A_i 作为指标,而 A_i 是由 A_o 转化而来的。

7.2.2 马尔可夫型可修复系统的可用度分析

对于实际的装备系统,多数属于可以修复的系统。对于可修复的装备系统,如果系统寿命及维修时间都服从指数分布,常常借助随机过程中的一类特殊过程——马尔可夫过程来描述;否则,应当用更一般的非马尔可夫过程来描述。在此只研究可修复的装备系统。

在利用马尔可夫过程方法建立系统可用度模型之前,做下述假设。

(1) 系统和部件只有正常和故障两种状态。

(2) 各部件的寿命和维修时间均服从指数分布,即故障率 $\lambda(t) = \lambda$,修复率 $\mu(t) = \mu$。

(3) 状态转移可在任意时刻进行,但在相当小的时间区间 Δt 内,发生两次或两次以上故障或修复的概率为零。

(4) 部件的故障和修复过程是相互独立的。

(5) 部件一经修复,如同新的一样。

7.2.2.1 单部件可修复系统

为了说明马尔可夫型可修复系统可用度计算的一般步骤和原理,我们从最简单的可修复系统——单部件可修复系统着手研究。

由假设(1),该系统只能在正常工作和故障两种状态之间交替转移。令系统状态变量为

$$X(t) = \begin{cases} 0 & (\text{若时刻 } t \text{ 系统工作}) \\ 1 & (\text{若时刻 } t \text{ 系统故障}) \end{cases}$$

$$p_0(t) = P\{X(t) = 0\}$$
$$p_1(t) = P\{X(t) = 1\}$$

由于指数分布的无记忆性,可以证明,这种系统的状态转移过程是一个齐次马尔可夫过程,系统从 t 到 $t+\Delta t$ 时刻的转移概率为

$$\begin{cases} p_{00}(\Delta t) = P\{X(t+\Delta t) = 0 \mid X(t) = 0\} = \mathrm{e}^{-\lambda \Delta t} = 1 - \lambda \Delta t + o(\Delta t) \\ p_{01}(\Delta t) = P\{X(t+\Delta t) = 1 \mid X(t) = 0\} = 1 - \mathrm{e}^{-\lambda \Delta t} = \lambda \Delta t + o(\Delta t) \\ p_{10}(\Delta t) = P\{X(t+\Delta t) = 0 \mid X(t) = 1\} = 1 - \mathrm{e}^{-\mu \Delta t} = \mu \Delta t + o(\Delta t) \\ p_{11}(\Delta t) = P\{X(t+\Delta t) = 1 \mid X(t) = 1\} = \mathrm{e}^{-\mu \Delta t} = 1 - \mu \Delta t + o(\Delta t) \end{cases}$$

式中:$o(\Delta t)$ 为高阶无穷小量。

在上述各公式中,若假设 Δt 是任意小量,使得所有二次及二次以上的转移概率都可以忽略不计。这样,系统状态转移图如图 7-5 所示。

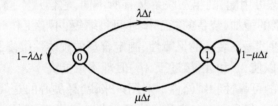

图 7-5 单部件可修复系统状态转移图

由全概率公式可得

$$p_0(t + \Delta t) = p_0(t)p_{00}(\Delta t) + p_1(t)p_{10}(\Delta t) = (1 - \lambda \Delta t)p_0(t) + \mu \Delta t p_1(t) \quad (7-9)$$
$$p_1(t + \Delta t) = p_0(t)p_{01}(\Delta t) + p_1(t)p_{11}(\Delta t) = \lambda \Delta t p_0(t) + (1 - \mu \Delta t)p_1(t) \quad (7-10)$$

将式(7-9)和式(7-10)合并写成矩阵形式:

$$\begin{bmatrix} p_0(t+\Delta t) \\ p_1(t+\Delta t) \end{bmatrix} = \begin{bmatrix} 1 - \lambda \Delta t & \mu \Delta t \\ \lambda \Delta t & 1 - \mu \Delta t \end{bmatrix} \begin{bmatrix} p_0(t) \\ p_1(t) \end{bmatrix} \quad (7-11)$$

将式(7-9)和式(7-10)移项并将两边都除以 Δt,当 $\Delta t \to 0$ 时,可得

$$\dot{p}_0(t) = -\lambda p_0(t) + \mu p_1(t) \quad (7-12)$$
$$\dot{p}_1(t) = \lambda p_0(t) - \mu p_1(t) \quad (7-13)$$

设开始时刻系统处于正常状态,即初始条件为

$$p_0(0) = 1, p_1(0) = 0$$

对式(7-12)、式(7-13)进行拉普拉斯变换,可得

$$sp_0(s) - p_0(0) = -\lambda p_0(s) + \mu p_1(s)$$
$$sp_1(s) - p_1(0) = \lambda p_0(s) - \mu p_1(s)$$

将式(7-14)代入初始条件,可得

$$p_0(s) = \frac{s + \mu}{s(s + \lambda + \mu)} = \frac{\mu}{s(\lambda + \mu)} + \frac{\lambda}{(\lambda + \mu)(s + \lambda + \mu)} \quad (7-14)$$

对式(7-15)进行拉普拉斯逆变换,可得

$$A(t) = p_0(t) = \frac{\mu}{\lambda + \mu} + \frac{\lambda}{\lambda + \mu} \mathrm{e}^{-(\lambda + \mu)t} \quad (7-15)$$

系统的稳态可用度为

$$A = p_0(\infty) = \frac{\mu}{\lambda + \mu}$$

可用度函数 $A(t)$ 变化曲线如图 7-6 所示。

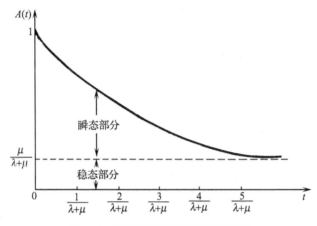

图 7-6　单部件系统可用度函数曲线

通过上述示例,可将建立和求解状态方程的步骤归结如下。

1. 画出系统状态空间图

系统状态空间图如图 7-7 所示。此图与状态转移图 7-5 不同,省略了 Δt,因为 Δt 已包含在导数矩阵内。

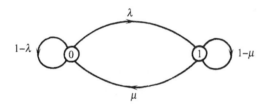

图 7-7　单部件可修复系统状态空间图

2. 确定状态转移概率矩阵 T

根据状态空间图,写出状态转移概率矩阵 T,即

$$T = \begin{matrix} 0 \\ 1 \end{matrix} \begin{bmatrix} 1-\lambda & \mu \\ \lambda & 1-\mu \end{bmatrix} \quad \begin{matrix} 0 & 1 \end{matrix} \tag{7-16}$$

注意,构造矩阵 T 的规则:列对应于系统的初状态,行对应于末状态。

3. 确定状态方程系数矩阵 A(或称转移率矩阵)

状态方程系数矩 A 可定义为

$$A = T - I = \begin{bmatrix} -\lambda & \mu \\ \lambda & -\mu \end{bmatrix} \tag{7-17}$$

式中:I 为 T 的同阶单位矩阵。

矩阵 A 具有如下规律:列之和等于零。这种规律和式(7-11)的写法有关,若式(7-11)写为

$$[p_0(t+\Delta t) \quad p_1(t+\Delta t)] = [p_0(t) \quad p_1(t)]\begin{bmatrix} 1-\lambda\Delta t & \lambda\Delta t \\ \mu\Delta t & 1-\mu\Delta t \end{bmatrix}$$

则 A 的行之和为零。

4. 写出状态方程

状态方程为

$$\begin{bmatrix} \dot{p}_0(t) \\ \dot{p}_1(t) \end{bmatrix} = \begin{bmatrix} -\lambda & \mu \\ \lambda & -\mu \end{bmatrix}\begin{bmatrix} p_0(t) \\ p_1(t) \end{bmatrix} \tag{7-18}$$

或

$$\dot{P} = A \cdot P$$

初始条件为

$$\begin{bmatrix} p_0(0) \\ p_1(0) \end{bmatrix} = \begin{bmatrix} 0 \\ 1 \end{bmatrix} \tag{7-19}$$

5. 解状态方程

若仅求稳态特征量,由于系统达到稳态,而这种稳态是一种平衡稳态,即单位时间内由其他状态转向 i 状态的概率等于 i 状态向其他状态转移的概率,即 $\dot{p}_i(\infty)=0$。因此,式(7-18)等号左端变为零矩阵,稳态方程求解更为简单。

7.2.2.2 n 个不同部件的串联系统

不少装备是串联若干单元(部件)构成的可修复系统。如某防空武器系统由目标搜索单元、数据计算单元、自动控制单元、发射单元等组成,任意单元故障则系统故障。各单元均可修复。分析这一类系统的稳态可用度是很有实际意义的。

设 n 个部件的故障率和修复率分别为 λ_i 和 $\mu_i (i=1,2,\cdots,n)$,各部件有正常和故障两种状态。根据 7.2.2 节中的假设(3),则系统有 $n+1$ 种状态,即

$$X(t) = \begin{cases} 0 & (若在时刻 t,n 个部件都正常) \\ 1 & (若在时刻 t,部件 1 故障,其余部件均正常) \\ \vdots \\ i & (若在时刻 t,部件 i 故障,其余部件均正常) \\ \vdots \\ n & (若在时刻 t,部件 n 故障,其余部件均正常) \end{cases}$$

(1) 画出系统状态空间图。如图 7-8 所示,由于状态 $1\sim n$ 都是某个部件故障其余部件正常的状态,因此它们不能互相转移。

(2) 确定状态转移概率矩阵:

$$T = \begin{bmatrix} 1-\sum_{i=1}^{n}\lambda_i & \mu_1 & \mu_2 & \cdots & \mu_n \\ \lambda_1 & 1-\mu_1 & 0 & \cdots & 0 \\ \lambda_2 & 0 & 1-\mu_2 & \cdots & 0 \\ \vdots & \vdots & \vdots & & \vdots \\ \lambda_n & 0 & 0 & \cdots & 1-\mu_n \end{bmatrix} \tag{7-20}$$

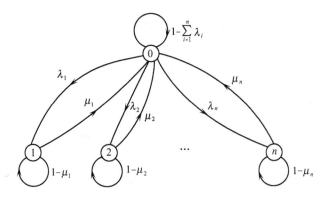

图 7-8　n 个不同部件的串联系统的状态空间图

(3) 确定状态方程系数矩阵：

$$A = T - I = \begin{bmatrix} -\sum_{i=1}^{n}\lambda_i & \mu_1 & \mu_2 & \cdots & \mu_n \\ \lambda_1 & -\mu_1 & 0 & \cdots & 0 \\ \lambda_2 & 0 & -\mu_2 & \cdots & 0 \\ \vdots & \vdots & \vdots & & \vdots \\ \lambda_n & 0 & 0 & \cdots & -\mu_n \end{bmatrix} \quad (7-21)$$

(4) 写出状态方程：

$$\begin{bmatrix} \dot{p}_0(t) \\ \dot{p}_1(t) \\ \vdots \\ \dot{p}_n(t) \end{bmatrix} = A \begin{bmatrix} p_0(t) \\ p_1(t) \\ \vdots \\ p_n(t) \end{bmatrix} \quad (7-22)$$

初始条件：

$$[p_0(0) \quad p_1(0) \quad \cdots \quad p_n(0)] = [1 \quad 0 \quad \cdots \quad 0] \quad (7-23)$$

(5) 解状态方程。展开式(7-22)可得

$$\begin{cases} \dot{p}_0(t) = -\sum_{i=1}^{n}\lambda_i p_0(t) + \sum_{i=1}^{n}\mu_i p_i(t) \\ \dot{p}_j(t) = \lambda_j p_0(t) - \mu_j p_j(t) \qquad (j = 1,2,\cdots,n) \end{cases} \quad (7-24)$$

将式(7-24)代入初始条件，并对式(7-24)进行拉普拉斯变换，可得

$$\begin{cases} sp_0(s) = 1 - \sum_{i=1}^{n}\lambda_i p_0(s) + \sum_{i=1}^{n}\mu_i p_i(s) \\ sp_j(s) = \lambda_j p_0(s) - \mu_j p_j(s) \qquad (j = 1,2,\cdots,n) \end{cases} \quad (7-25)$$

解式(7-25)可得

$$\begin{cases} p_0(s) = \left[s + s\sum_{i=1}^{n} \dfrac{\lambda_i}{s+\mu_i} \right]^{-1} \\ p_j(s) = \dfrac{\lambda_j}{s+\mu_j} p_0(s) \qquad (j=1,2,\cdots,n) \end{cases} \qquad (7-26)$$

应用终值定理求得稳态解:

$$\begin{cases} A = \lim_{t\to\infty} p_0(t) = \lim_{s\to 0} s p_0(s) = \left[1 + \sum_{i=1}^{n} \dfrac{\lambda_i}{\mu_i} \right]^{-1} \\ Q = 1 - A = \sum_{i=1}^{n} \dfrac{\lambda_i}{\mu_i} \left[1 + \sum_{i=1}^{n} \dfrac{\lambda_i}{\mu_i} \right]^{-1} \end{cases} \qquad (7-27)$$

求串联系统稳态解,用上述方法比较繁琐。因为在稳态 $t\to\infty$, $\dot{p}(\infty)=0$, 所以式(7-22)等号左端为 0。这样,就可容易地解出稳态结果,即

$$A \begin{bmatrix} p_0(\infty) \\ p_1(\infty) \\ \vdots \\ p_n(\infty) \end{bmatrix} = \mathbf{0} \qquad (7-28)$$

$$\sum_{i=1}^{n} p_i(\infty) = 1 \qquad (7-29)$$

解式(7-27),可得到 A、Q 与前面的方法实际上相同的结果。

如果把串联系统发生首次故障时刻看作是吸收状态,即看作是不可修的,那么很容易用类似的分析方法求出不可修系统的可靠度和平均首次故障前工作时间 $\overline{T}_{\rm tf}$,其结果为

$$R(t) = \exp\left(-\sum_{i=1}^{n} \lambda_i t \right) \qquad (7-30)$$

$$\overline{T}_{\rm tf} = \left(\sum_{i=1}^{n} \lambda_i \right)^{-1} \qquad (7-31)$$

系统的平均能工作时间 $\overline{U}$ 和平均不能工作时间 $\overline{D}$ 分别为

$$\begin{cases} \overline{U} = \overline{T}_{\rm bf} = \overline{T}_{\rm tf} = \left(\sum_{i=1}^{n} \lambda_i \right)^{-1} \\ \overline{D} = \sum_{i=1}^{n} \dfrac{\lambda_i}{\mu_i} \left[\sum_{i=1}^{n} \lambda_i \right]^{-1} \end{cases} \qquad (7-32)$$

例 7-1 统计某装备系统工作时间和修复时间见表 7-3,假设它们都服从指数分布,试求:

(1) 系统的固有可用度;

(2) 系统工作时间为 10h 的可用度 $A(10)$。

表 7-3 工作时间 t_i 和修复时间 t'_i

$i/\rm h$	1	2	3	4	5	6	7	8	9	10
$t_i/\rm h$	125	44	27	53	8	46	5	20	15	12
$t'_i/\rm h$	1	1	9.8	1	1.2	0.2	3	0.3	3	1.5

解:(1) 由表 7-3 中数据可得

$$\overline{T}_{bf} = \frac{1}{n}\sum_{i=1}^{n}t_i$$
$$= \frac{1}{10}[125 + 44 + 27 + 53 + 8 + 46 + 5 + 20 + 15 + 12]$$
$$= 33.5(\text{h})$$

$$\overline{M}_{ct} = \frac{1}{n}\sum_{i=1}^{n}t_i'$$
$$= \frac{1}{10}[1 + 1 + 9.8 + 1 + 1.2 + 0.2 + 3 + 0.3 + 3 + 1.5]$$
$$= 2.2(\text{h})$$

所以

$$A_i = \frac{\overline{T}_{bf}}{\overline{T}_{bf} + \overline{M}_{ct}} = 0.941645$$

$$\lambda = \frac{1}{\overline{T}_{bf}} = \frac{1}{35.5} = 0.028169(\text{h}^{-1})$$

$$\mu = \frac{1}{\overline{M}_{ct}} = \frac{1}{2.2} = 0.454546(\text{h}^{-1})$$

(2) 系统的瞬时可用度为

$$A(t) = \frac{\mu}{\mu + \lambda} + \frac{\lambda}{\mu + \lambda}e^{-(\mu+\lambda)t}$$

所以

$$A(10) = \frac{0.454546}{0.454546 + 0.028169} + \frac{0.028169}{0.454546 + 0.028169}e^{-(0.454546 + 0.028169)\times 10}$$
$$= 0.941645 + 0.000467 = 0.942112$$

例 7-2 设某雷达设备有工作、故障和被干扰 3 种状态,其寿命分布、维修时间分布、干扰和排除干扰的概率密度分布均为指数分布,试求其稳态可用度。

解: 由题意定义状态如下:

$$X(t) = \begin{cases} 0 & (\text{若时刻 } t \text{ 雷达设备正常工作}) \\ 1 & (\text{若时刻 } t \text{ 雷达设备被干扰}) \\ 2 & (\text{若时刻 } t \text{ 雷达设备故障}) \end{cases}$$

雷达在状态 0、1 都可能出故障,其故障率分别为 λ_0 和 λ_1;雷达在状态 0 的干扰率为 η_0;在状态 1 的干扰恢复率为 η_1;在状态 2 的修复率为 μ。

(1) 画出系统状态空间图,如图 7-9 所示。
(2) 确定状态转移概率矩阵:

$$\boldsymbol{T} = \begin{bmatrix} 1 - (\lambda_0 + \eta_0) & \eta_1 & \mu \\ \eta_0 & 1 - (\lambda_1 + \eta_1) & 0 \\ \lambda_0 & \lambda_1 & 1 - \mu \end{bmatrix}$$

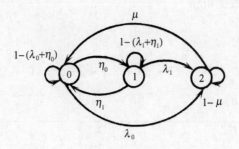

图 7-9 雷达状态空间图

(3) 确定状态方程系数矩阵：

$$A = T - I = \begin{bmatrix} -(\lambda_0 + \eta_0) & \eta_1 & \mu \\ \eta_0 & -(\lambda_1 + \eta_1) & 0 \\ \lambda_0 & \lambda_1 & -\mu \end{bmatrix}$$

(4) 写出状态方程：

$$\begin{bmatrix} \dot{p}_0(t) \\ \dot{p}_1(t) \\ \dot{p}_2(t) \end{bmatrix} = \begin{bmatrix} -(\lambda_0 + \eta_0) & \eta_1 & \mu \\ \eta_0 & -(\lambda_1 + \eta_1) & 0 \\ \lambda_0 & \lambda_1 & -\mu \end{bmatrix} \begin{bmatrix} p_0(t) \\ p_1(t) \\ p_2(t) \end{bmatrix}$$

初始条件为

$$\begin{bmatrix} p_0(0) \\ p_1(0) \\ p_2(0) \end{bmatrix} = \begin{bmatrix} 1 \\ 0 \\ 0 \end{bmatrix}$$

(5) 解状态方程。展开状态方程，并代入 $\dot{p}(\infty) = 0$，可得

$$\begin{cases} -(\lambda_0 + \eta_0)p_0 + \eta_1 p_1 + \mu_1 p_1 + \mu p_2 = 0 \\ \eta_0 p_0 - (\lambda_1 + \eta_1)p_1 = 0 \\ \lambda_0 p_0 + \lambda_1 p_1 - \mu p_2 = 0 \\ p_0 + p_1 + p_2 = 1 \end{cases}$$

解之得

$$A = p_0 = \frac{\mu(\lambda_1 + \eta_1)}{\lambda_0 \lambda_1 + \lambda_0 \eta_1 + \eta_0 \lambda_1 + \lambda_1 \mu + \eta_1 \mu + \eta_0 \mu} \tag{7-33}$$

若已知

$$\lambda_0 = \lambda_1 = 0.0125 \text{h}^{-1}, \mu = 0.5556 \text{h}^{-1}, \eta_0 = 0.2900 \text{h}^{-1}, \eta_1 = 0.7700 \text{h}^{-1}$$

将已知数值代入式(7-33)可得雷达设备的稳态可用度：

$$A = 0.7135$$

7.2.3 固有可用度分析

可靠性和维修性共同决定了装备系统的固有可用度,如式(7-6),即

$$A_\mathrm{i} = \frac{\overline{T}_\mathrm{bf}}{\overline{T}_\mathrm{bf} + \overline{M}_\mathrm{ct}}$$

或

$$A_\mathrm{i} = \frac{K}{1 + K}$$

式中:K 为维修比,$K = \overline{T}_\mathrm{bf}/\overline{M}_\mathrm{ct}$。

显然,在给定固有可用度条件下也就给定了维修比 K。同时成比例的扩大(缩小)$\overline{T}_\mathrm{bf}$ 和 $\overline{M}_\mathrm{ct}$ 保持 K 值不变,则固有可用度 A_i 值不变,即

$$K = \frac{A_\mathrm{i}}{1 - A_\mathrm{i}} \tag{7-34}$$

7.2.3.1 固有可用度分析的基本问题

固有可用度分析的基本问题是:在给定装备可用度要求时,综合权衡装备可靠性和维修性指标,以期使系统优化。

例如,有两种设计方案,均可使 A_i 满足同一个量值(如 $A_\mathrm{i} = 0.952$):

$$\begin{cases} 第\ \mathrm{I}\ 种方案: \overline{T}_\mathrm{bf1} = 2(\mathrm{h}), & \overline{M}_\mathrm{ct1} = 0.1(\mathrm{h}) \\ 第\ \mathrm{II}\ 种方案: \overline{T}_\mathrm{bf2} = 200(\mathrm{h}), & \overline{M}_\mathrm{ct2} = 10(\mathrm{h}) \end{cases}$$

问题是哪种方案最优? 在本例中,究竟哪个方案可行,是难以直接回答出来的。因为两种方案都能使系统可用度达到 0.952,从不同的角度,考虑不同的约束会得到不同的结论。

(1) 从故障后果考虑。如果故障后果具有安全性或任务性影响,则 $\overline{T}_\mathrm{bf1} = 2(\mathrm{h})$ 和 $\overline{M}_\mathrm{ct2} = 10(\mathrm{h})$ 可能都是不允许的。因为,$\overline{T}_\mathrm{bf1} = 2(\mathrm{h})$,故障发生的概率过高,超出了安全性故障后果所允许的范围;而 $\overline{M}_\mathrm{ct2} = 10(\mathrm{h})$,修复时间太长,影响任务的完成。如果这样,两种方案都不可行,需要进一步优化权衡。如果仅考虑安全性影响,不考虑任务性影响,也许第 II 种方案可行。

(2) 从设计实现的可能性方面考虑。现有的设计方法、工艺水平能否使 $\overline{T}_\mathrm{bf}$ 高到某一量值,或使 $\overline{M}_\mathrm{ct}$ 降低到某一量值是权衡时需考虑的另一种约束。对本例中的系统,若现有的设计水平只能使系统的 $\overline{M}_\mathrm{ct}$ 下限达到 0.5h,显然第 I 种方案是不可行的;如果 $\overline{T}_\mathrm{bf}$ 的上限值不能达到 100h,则第 II 种方案是不可行的。

(3) 从费用方面考虑。即考虑某一个设计方案所带来的费用是否满足要求,这里的费用是指装备的寿命周期费用。提高系统的可靠性和维修性水平,必然要增加研制费用,但会

使保障费用降低。在选取可靠性与维修性参数值时应考虑这些问题,选取寿命周期费用最低的方案。

综上所述,权衡不仅仅要考虑各系统的参数值,而且还要受战术、技术及经济条件的制约。

7.2.3.2 固有可用度分析的一般步骤

(1) 画可用度曲线。根据给定的 A_i,在图 7-10 所示的坐标系中画出可用度直线,该直线方程为

$$A_i = \overline{T}_{bf}/(\overline{T}_{bf} + \overline{M}_{ct})$$

斜率为 $1/K = \overline{M}_{ct}/\overline{T}_{bf}$。

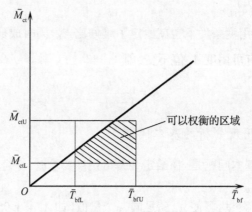

图 7-10 可靠性与维修性的综合权衡

(2) 确定可行域。根据实际的技术可能,确定出平均故障间隔时间 $\overline{T}_{bf}$ 的上限值 $\overline{T}_{bfU}$ 和平均修复时间 $\overline{M}_{ct}$ 的下限值 $\overline{M}_{ctL}$。一般情况下,系统的可靠性不可能太高,因为受现有的技术水平的限制,或费用太高以致现有的费用难以支持。同样 $\overline{M}_{ctL}$ 太小,必定要求极高的维修性设计技术措施。例如,配备完善的机内自检设备,将故障隔离到每个独立的可更换单元,或者可能需要具有从一个有故障的设备自动切换到备用的设备上的装置,这样做也可能超出现有技术水平或费用限制。

平均故障间隔时间的下限 $\overline{T}_{bfL}$ 和平均修复时间的上限 $\overline{M}_{ctU}$ 是由战术条件决定的, $\overline{T}_{bfL}$ 太小,故障率势必过高;$\overline{M}_{ctU}$ 太大,势必影响任务完成,所以必须将两者限制在一定范围。通常 $\overline{T}_{bfL}$ 和 $\overline{M}_{ctU}$ 是由订购方确定的,这样由 $\overline{T}_{bfU}$ 和 $\overline{T}_{bfL}$ 以及 $\overline{M}_{ctU}$ 和 $\overline{M}_{ctL}$ 所围成的区域即为可行域(可以权衡的区域),如图 7-10 所示。

(3) 拟定备选设计方案。从不同的角度提出若干个有代表性的设计方案。例如,对可靠性设计可以采用降额设计、冗余设计方法等提出不同的 $\overline{T}_{bf}$ 值;对维修性可以采用模块化设计、自动检测方案等规定若干个 $\overline{M}_{ct}$ 值。当然这些可靠性与维修性参数,必须落在可行域内。

(4) 明确约束条件,进行权衡决策。如果没有任何附加的约束条件,设计师可以在图 7-10 的阴影区域中进行无数个组合,都能满足规定的可用度要求。实际工程中,不可能

没有约束,在本例中曾涉及了3种约束:故障发生的概率;设计手段及工艺水平;费用约束。如果选择故障发生的概率为约束,则在各个方案中以故障发生概率最低为目标来决策;如果以费用为约束,则以寿命周期费用最低为目标来决策,选择相应的参数值。

例 7-3 现要求设计一部雷达接收机,其固有可用度应达到 0.990,最小的 $\overline{T}_{bfL}$ 为 200h,而且 $\overline{M}_{ctU}$ 不得超过 4h,试选择最佳方案?

解:(1)按固有可用度分析的一般步骤(1)(2),在坐标系中画出可以权衡的区域,如图 7-11 阴影区所示。

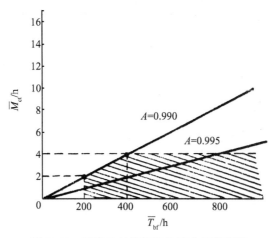

图 7-11 可靠性与维修性的综合权衡示例

图 7-11 还显示了两种权衡方法。一种方法是把可用度固定在 0.990。这种方法意味着,可以选在 0.990 的等可用度线上两个允许端点之间的 $\overline{T}_{bf}$ 与 $\overline{M}_{ct}$ 的任意组合。这些点位于 $\overline{T}_{bf}=200h$, $\overline{M}_{ct}=2h$ 的交点与 $\overline{T}_{bf}=400h$, $\overline{M}_{ct}=4h$ 的交点之间。另一种方法是令可用度大于 0.990,从而在可行的范围之内选择 $\overline{T}_{bf}$ 及 $\overline{M}_{ct}$ 的任何组合。

显而易见,如果没有任何附加的约束条件,可以在无数个组合中进行选择。

(2)拟定备选设计方案。现提出4种备选设计方案(表7-4)。

表 7-4 备选设计方案权衡

设计方案	A	$\overline{T}_{bf}$/h	$\overline{M}_{ct}$/h
1. R 采用军用标准件降额 M 采用模块化及自动检测	0.990	200	2.0
2. R 采用高可靠性的元器件及部件 M 采用局部模块化,半自动检测	0.990	300	3.0
3. R 采用部分余度 M 采用手动测试及有限模块化	0.991	350	3.0
4. R 采用高可靠性的元器件及部件 M 采用模块化及自动检测	0.993	300	2.0

注:R 表示可靠性设计;M 表示维修性设计。

表7-4中的设计方案1、2都达到要求的可用度0.990,设计方案1强调维修性设计,而设计方案2强调提高可靠性;设计方案3、4具有比较高的可用度。

(3) 估算各方案的费用。4种设计方案的寿命周期费用情况见表7-5。

费用比较表7-5表明,设计方案2是可用度相同的各种方案中费用最低的一种。该表还表明设计方案4采购费用比较高,但是其10年的保障费用显著地降低而且其总的费用最低,同时还具有较高的可用度。由此可见,设计方案4是最优的方案,既提高了可靠性又改善了维修性。

表7-5 备选设计方案的费用比较

项目		1	2	3	4
采购费用/($\times 10^3$ 元)	研制	325	319	322	330
	生产	4534	4525	4530	4542
	费用小计	4859	4844	4852	4872
10年保障费用/($\times 10^3$ 元)	备件	151	105	90	105
	修理	346	382	405	346
	培训、手册	14	16	18	14
	补给、维护	525	503	505	503
	费用小计	1036	1006	1018	968
寿命周期费用/元		5895	5850	5870	5840

7.2.3.3 以费用最少为目标的可靠性和维修性的组合

例7-3中备选方案的权衡实际上是以费用最少为目标的,这种权衡还可采用图示方法进行。

1. 等可用度曲线

以 $\overline{T}_{bf}$ 和 $1/\overline{M}_{ct}$ 为横、纵坐标,在给定固有可用度 A_i 条件下,改变可靠性要求 $\overline{T}_{bf}$,作等可用度曲线(图7-12)。等可用度曲线凸向原点,每一条曲线都是以两轴为其渐近线的。当可靠性 $\overline{T}_{bf}$ 变得越来越小时,为获得某固有可用度,其维修性就应当越来越好($1/\overline{M}_{ct}$ 越来越大)。A_5 点表示该可用度已接近现代技术发展水平的极限,当前不可能达到更高的可靠性和维修性水平。

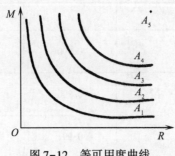

图7-12 等可用度曲线

2. 等费用曲线

同样,寿命周期费用与可靠性和维修性之间也存在类似的函数关系,其等费用曲线如

图 7-13 所示。等费用曲线凹向原点,每一条曲线表示一定的费用所能达到的可靠性和维修性组合。等费用曲线 B_1 上任意一点 C,表示以 $B_1(C)$ 的费用达到的可靠性与维修性的量值为 (R_q, M_q)。

3. 可靠性和维修性要求的组合

应用等可用度曲线和等费用曲线求可靠性和维修性指标的最佳组合,方法如下:首先绘制等可用度曲线 A_i;然后根据费用估算绘制等费用曲线 B_i,两曲线的切点 P_i 表示各相应可用度要求的可靠性和维修性指标的最佳组合,使费用最省,如图 7-14 所示。

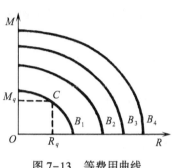

图 7-13 等费用曲线

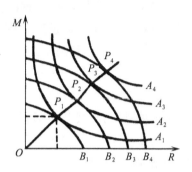

图 7-14 可靠性和维修性指标的组合

在实际应用中,可以用下述方法求出最优点。图 7-15 示出了给定要求下的等可用度曲线。任选一点 a_1(对应的可靠性和维修性指标分别为 R_1 和 M_1),根据等费用曲线,其对应费用为 C_5。在可用度曲线上选择附近的另一点 a_2,比较分析两方案费用大小。若点 a_2 点对应费用较 a_1 点小,说明正在靠近最优点,否则正在远离最优点。据此不断选择正确方向,最终可寻得最优点。图 7-16 示出了这种影响及得出的 U 形费用曲线,最优点为费用最小点 P,对应的可靠性和维修性的最优组合为 (R_P, M_P),费用为 C_1。此外,还可以用相似的方法解决费用一定求最大可用度的问题。

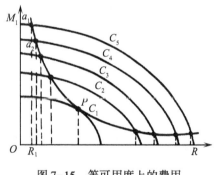

图 7-15 等可用度上的费用

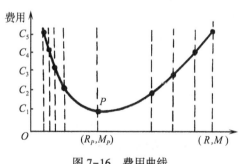

图 7-16 费用曲线

7.2.4 使用可用度分析

固有可用度是对设计时赋予装备的固有可靠性与维修性量度的一个综合指标。使用可用度是考虑了除改进性维修(改装)以外的其他各种维修保障等因素,如排除故障和预防性维修时间、延误时间等。它反映了实际使用条件下装备的可用情况。

在式(7-8)使用可用度公式中,装备的平均不能工作时间 $\bar{D}$ 是平均维修时间 $\bar{M}$、平均保障延误时间 $\bar{T}_{ld}$ 和平均管理延误时间 $\bar{T}_{ad}$ 之和。平均维修时间是指实施修复性维修和预防性维修工作所用的平均时间,它主要反映了有关 R&M 设计特性(如故障率、平均修复时间)和预防性维修制度对装备保障性的影响。平均保障延误时间和平均管理延误时间主要反映了维修保障系统的组成要素(如保障体制、管理和资源)对装备保障性的影响。造成保障延误的原因有许多种:①备件延误时间,是由于等待获取备件或备件不足造成的供应保障延误时间;②人员延误时间,是由于缺乏维修人员(或缺乏训练)延误维修的时间;③设备延误时间,是由于缺少测试设备、维修设备与工具(或设备不匹配、设备完好率较低)等造成的装备不能工作的时间;④技术资料延误时间,是由于缺少技术资料或技术资料不适用(不能满足维修人员训练需要)造成装备不能工作的时间;⑤运输延误时间,由于送修装备等待运输造成的延误时间;⑥维修设施延误时间,由于缺少所需的维修设施(或设施不匹配),使得维修能力有限造成等待维修的时间;⑦管理延误时间,是指由于行政管理性质方面的原因造成装备维修延误不能工作的时间。其具体原因也是多方面的:由于申报、批准装备维修计划造成的行政管理延误时间;由于计划不周或管理不善造成装备不能工作的时间;由于维修机构、人员配备不合理造成装备维修延误等。

在上述影响使用可用度的因素中,保障延误时间和管理延误时间常常要比平均维修时间更长,对装备使用可用度的影响更大。因此,减少延误时间对于提高实际环境中装备的使用可用度,做到保障有力,具有十分重要的意义。必须及时建立并不断优化装备的维修保障系统,根据装备作战(使用)任务、有关规定和部队装备保障实际,科学配置维修保障设备与工具、合理确定和筹措维修器材(品种、数量)、正确编写装备使用与维修所需的各种技术资料、及时组织维修保障人员培训、建立完善维修机构及维修制度,特别是加强维修保障的组织指挥(完善指挥、通信手段,搞好预案,加强指挥训练、演练等),使得装备维修保障系统低耗、高效地运行。

使用可用度的分析问题,实质上属于一定的寿命周期费用(LCC)下的 R&M&S 之间的权衡问题,即平均维修间隔时间 $\bar{T}_{bm}$(主要反映可靠性)、平均维修时间 $\bar{M}$ 与上述保障与管理延误时间 $\bar{T}_{ld}$ 和 $\bar{T}_{ad}$ 之间的权衡,其思路、方法与固有可用度分析相似。此外,在研制与使用阶段,通过对 A_o 进行定量与定性分析,找出装备维修保障与装备设计中的不足,以便优化、完善装备的维修保障系统。

7.3 系统效能分析

系统效能分析是装备系统分析的主要内容之一,它涉及的因素多,整体性、综合性强,在装备系统优化、方案选择分析过程中,经常用到系统效能分析。

7.3.1 系统效能的基本概念和量度

7.3.1.1 基本概念

人们从事任何一项活动都会追求效果。以较低的代价(费用)获得期望的效果是人类活动遵循的一项基本准则。对于武器装备而言，无论是装备设计还是装备运用，所追求的效果常称为效能，用效能来体现其最终所具有的价值，来衡量装备或系统完成任务或达到规定任务目标和要求的能力。

效能是指在规定条件下，系统满足一组特定任务要求程度的能力。这里的"规定条件"是指装备或系统的使用条件、环境条件、人员配备条件、使用方式等；"特定任务要求"是指装备或系统在规定的任务剖面内所要达到的目的或目标。

按照目的和度量方式的不同，装备或系统的效能可分为单项效能、系统效能和作战效能。

单项效能(individual effectiveness)是指装备或系统在规定条件下，达到单一使用目标的能力。例如，导弹的突防效能、火炮的射击效能、雷达系统的探测效能等。

系统效能(system effectiveness)是指装备或系统在规定条件下，满足一组特定任务要求程度的能力。它与装备或系统的可用性、任务成功性和固有能力有关。相对于单项效能，系统效能可对装备或系统的效能进行综合评价，有时又称为综合效能。

作战效能(operational effectiveness)是指装备或系统在规定条件下执行作战任务，达到作战使用目标的能力，如防空系统作战效能等。显然，装备或系统的作战效能受作战条件、作战任务包括可能的敌方对抗等因素的影响。

由于在装备维修保障系统建立和运行过程中装备保障性分析进行的多为系统效能分析，在此仅讨论装备或系统的系统效能。

图 7-17 给出了系统效能的主要影响因素。系统效能主要取决于下述 3 个方面。

(1) 可用性表示在开始执行任务时装备所处的状态，即装备是否能工作，它受装备的可靠性、维修性、维修制度及保障资源等因素的影响。

(2) 任务成功性是指装备在任务开始时可用性给定的情况下，在规定的任务剖面中的任一随机时刻，能够使用且能完成规定功能的能力，有时也称为可信性。任务成功性描述了装备是否能持续地正常工作，它受装备的任务可靠性、任务维修性、安全性和生存性等因素的影响。

(3) 固有能力描述在整个任务期间，如果装备正常工作，能否成功地完成规定的任务，它是执行任务结果的量度，通常受装备的作用距离、精度、功率和杀伤力等因素的影响。

由以上分析可知，系统效能的概念，也就是要回答 3 个问题：①装备是否随时可用？②使用(工作)时是否可信(任务成功)？③是否有足够的能力？

通常，系统效能可表示为

$$E = f(A,D,C) \tag{7-35}$$

式中：A 为系统的可用度；D 为系统的任务成功度；C 为固有能力。

由于可用度与任务成功度主要取决于装备的可靠性(R)、维修性(M)和保障性(S)，因此系统效能是包括装备 R&M&S 和固有能力等指标的一个综合参数。显然，系统效能比任

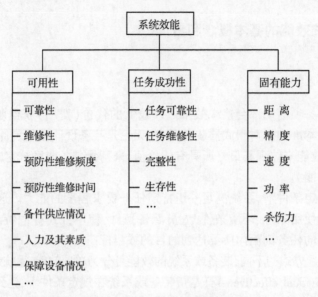

图 7-17 影响系统效能的主要要素

何单一指标更能确切地反映装备完成规定任务的程度。例如,反坦克导弹武器系统的最终任务是消灭敌坦克,为完成这一任务:一是系统要随时可用,应尽可能不出故障,如出了故障,也能在射击命令下达前尽快修复,这就是说可用度要高;二是在发射时,导弹动力部分能正常工作,控制部分能正常制导,直到命中目标,也即任务可靠性要高;三是最后命中目标时,导弹战斗部的威力要达到要求。把这3个方面综合起来,就是反坦克导弹武器系统的系统效能。其实,飞机、车辆、火炮、舰船等装备也可以用 A、D、C 的函数表达其效能。

7.3.1.2 系统效能的量度

由于系统的种类和任务要求不同,效能的分析方法和模型也不同,因此衡量系统效能的量度单位也有所区别,要定量地预测分析系统效能,就要选定恰当的量度方法和单位。

量度方法与单位的选定,通常要在分析装备系统工作任务和工作条件的基础上进行。例如,运输机主要是为了运送物资,运送的物资越多、里程越远,其效能也就越高。因此,在考虑耽搁时间、飞行事故、导航偏差、紧急着陆、周转时间(卸货、加油、检修、装货)等情况下,其系统效能可以用每年预期运送的吨千米数来量度。也可把系统效能无量纲化:即假设以一架典型的"理想"飞机作为评价基准。所谓"理想"飞机是指其具有标准的、计划好的周转时间,没有因故障发生耽搁,没有非计划的维修或性能下降的运行。因此,把需要确定效能的飞机的年预期吨千米数与"理想"飞机的吨千米数之比作为该飞机的效能 E。

对于军事技术装备,其典型的效能量度包括:

(1) 每次战斗任务,每一个武器系统预期消灭的目标数;

(2) 每次战斗任务,每一个武器系统预期压制(雷达等也可能是搜索侦察)的区域面积;

(3) 每发弹(导弹)毁歼概率或杀伤率;

(4) 输送有效负载的速率;

(5) 任务成功的概率;

(6) 敌方所遭受的损伤的数学期望等。

效能量度的选择与装备系统的任务要求、装备系统的特点以及装备系统的目的有关。第二次世界大战期间,在英国商船上是否应当安装高炮的争论即是一个典型的例子。为了解决这一问题,英国军事当局研究了大量的有关商船遭受空袭的资料。得到的结果是:按"敌方所遭受的损失的数学期望"这一指标来度量,安装高炮的效能很低,因为在多次空防作战中,击落敌机的架数仅占4%,商船用高炮击落的敌机甚至弥补不了高炮的安装费用。但是,用"我方免遭损伤的期望"来度量,则得到另一种评价结果。不安装高炮时,商船被击沉的百分率占遭空袭船只总数的25%;安装高炮之后下降到10%。这样,在商船上安装高炮可使商船损失数减少60%,所减少的损失相当大,是安装高炮所需费用的数百倍。因此,安装高炮的方案是十分有效的。由于安装高炮的主要目的是为了保护商船,所以应当采用上述第2种量度方法来评价商船安装高炮的效能,才能获得正确的结论。

对系统效能的量度是件复杂的事情。多数系统的功能不是单一的,因此必须使用若干子模型,形成不同种类的效能量度。当然,无论选定哪一种量度单位,都必须能使系统效能的数学模型按该量度给出定量的答案。为了综合权衡系统整体效能,有时又希望复杂系统能有单一的效能量度,以便对不同的装备系统进行比较分析,选择效能最佳的系统。这时可以用加权计分、专家评分、层次分析、多目标决策或模糊数学综合评判等方法来实现。这时的效能计分和前面无量纲化的效能计分,都无定义中的概率意义,也无明显的量纲或物理意义,只是便于几个不同系统之间的比较,用以优选出效能高的系统来。

7.3.2 系统效能模型

要进行系统效能分析,必须要研究并建立系统效能模型。

7.3.2.1 系统效能模型的建立

系统效能模型的建立是在系统寿命周期各阶段中反复进行的。在设计阶段的早期:首先应对各种可能的系统构型作出效能预测;然后通过硬件试验取得关于战斗性能、可靠性与维修性等特征量的最初实测数据;最后将这些数据输入到系统效能模型中,修正原先的预测结果,并进一步运用模型改进设计和装备维修保障。

系统效能建模的正确与否,关系到预测是否准确,决策是否正确。不同的系统,不同的建模目的,其建模步骤也不完全相同,大致有以下步骤(图7-18)。

(1) 系统任务分析:要考虑系统的任务要求,进行功能分析和维修保障系统设想分析。
(2) 系统描述:可利用功能图、任务剖面图、维修职能框图等对上述分析结果进行描述。
(3) 确定有关因素:规定质量因素,确定对系统效能有关的因素,如可靠性、维修性、约束条件等。
(4) 建立单因素的子模型:如可靠性模型、维修性模型、可用性模型、费用模型等。
(5) 获取数据:含历史的统计数据、相似装备数据、试验数据等,并代入子模型。
(6) 建立系统效能模型并分析使用。
(7) 评价与反馈:通过系统效能分析,对装备系统效能进行评价并反馈给有关部门。

显然,上述建模过程需要反复迭代,单因素的子模型与系统效能模型之间需要协调。

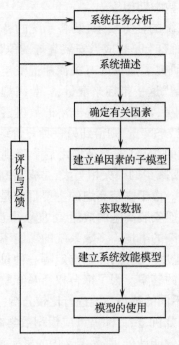

图 7-18 系统效能模型的建立步骤

7.3.2.2 系统效能模型举例

系统效能作为系统完成一组特定任务或服务要求能力的量度,适用于各种不同系统。因此,人们用各种不同的方法去描述系统效能。下面介绍3种常见的系统效能模型。

1. WSEIAC 模型

美国工业界武器系统效能委员会(the weapon system effectiveness industry advisory committee,WSEIAC)认为:"系统效能是预期一个系统满足一组特定任务要求的程度的量度,是系统可用性、任务成功性与固有能力的函数。"

这是一个应用十分广泛的系统效能模型,它将可靠性、维修性和固有能力等指标效能综合为可用性、任务成功性、固有能力3个综合指标效能,并认为系统效能是这3个指标效能的进一步综合。

WSEIAC 系统效能的表达式为

$$E = ADC \tag{7-36}$$

式中:A 为可用度向量,$A = (a_1, a_2, \cdots, a_n)$,$n$ 为系统可能的全部状态数(包括不能开始执行任务的停机状态),故有 $\sum_{i=1}^{n} a_i = 1$;D 为任务成功度矩阵,可表示为

$$D = \begin{bmatrix} d_{11} & d_{12} & \cdots & d_{1n} \\ d_{21} & d_{22} & \cdots & d_{2n} \\ \vdots & \vdots & & \vdots \\ d_{n1} & d_{n2} & \cdots & d_{nn} \end{bmatrix}$$

式中：d_{ij} 为系统在开始执行任务时处于 i 状态，系统在执行任务过程中处于 j 状态的概率；$\sum_{j=1}^{n} d_{ij} = 1$，即矩阵中每行各项之和等于 1；$C$ 为固有能力向量，可表示为

$$C = \begin{bmatrix} c_1 \\ c_2 \\ \vdots \\ c_n \end{bmatrix}$$

式中，c_j 为系统处于状态 j 时完成某项任务的概率。

由此可知，运用 WSEIAC 模型分析装备执行某项任务时的系统效能计算公式为

$$E = [a_1, a_2, \cdots, a_i, \cdots, a_n] \begin{bmatrix} d_{11} & d_{12} & \cdots & d_{1n} \\ d_{21} & d_{22} & \cdots & d_{2n} \\ \vdots & \vdots & & \vdots \\ d_{n1} & d_{n2} & \cdots & d_{nn} \end{bmatrix} \begin{bmatrix} c_1 \\ c_2 \\ \vdots \\ c_n \end{bmatrix} = \sum_{i=1}^{n} \sum_{j=1}^{n} a_i d_{ij} c_j \quad (7-37)$$

对于多项任务的装备系统，系统总体效能 E_s 可以是对各项任务效能的加权或乘积，即

$$E_s = \sum_{i=1}^{m} \alpha_i E_i \quad (7-38)$$

或

$$E_s = \prod_{i=1}^{m} E_i \quad (7-39)$$

式中：α_i 为第 i 项任务的权系数，共 m 项任务；E_i 为装备系统对第 i 项任务的效能。

对于必须完成前一项任务才能进行下一项任务的装备，常用式(7-39)计算其系统效能。

2. ARINC 模型

美国航空无线电公司（ARINC）是早期从事系统效能研究的机构之一。ARINC 认为："系统效能是系统在规定的条件下和规定的时间内工作时，能够成功地满足使用要求的概率。"它的 3 个组成部分如下：

（1）战备完好率——系统正常工作或当需要时可立即投入工作的概率；
（2）任务可靠度——系统在任务要求的期间内连续正常工作的概率；
（3）设计恰当性——系统在给定的设计限度内工作时成功地完成规定任务的概率。

其系统效能的表达式为

$$E = P_{or} R_m P_{oa} \quad (7-40)$$

式中：P_{or} 为战备完好率；R_m 为任务可靠度；P_{oa} 为设计恰当性。

3. 美国海军系统效能模型

在美国海军提出的系统效能模型中，系统效能由系统的 3 个主要特性（战斗性能、可用性、适用性）组成，它是"在规定的环境条件下和规定的时间内，系统预期能够完成其规定任务的程度的量度。"其中：战斗性能表示系统能可靠正常地工作且在设计所依据的环境下工作时完成任务目标的能力；可用性是系统准备好并能充分完成其规定任务的程度；适用性是在执行任务中该系统所具有的诸性能的适用程度。其数学上的描述为："在规定的条件下

工作时,系统在给定的一段时间过程中能够成功地满足工作要求的概率。"其系统效能指标表达式为

$$E = PAU \tag{7-41}$$

式中:P 为系统性能指标;A 为系统可用性指标;U 为系统适用性指标。

事实上,上述 3 种模型是很接近的。在我国,目前应用最为普遍的系统效能模型是 WSEIAC 模型。

7.3.2.3 系统效能计算应用示例

例 7-5 某测距雷达由两部发射机、一部天线、一部接收机、一台显示器和操作同步机组成。设每部发射机的 $\overline{T}_{bf1} = 10h$,$\overline{M}_{ct1} = 1h$,天线、接收机、显示器与同步机组合体的 $\overline{T}_{bf2} = 50h$,$\overline{M}_{ct2} = 0.5h$。两部发射机同时工作时,雷达在最大距离上发现目标的概率为 0.90,发现目标后,在 15min 内跟踪目标的概率为 0.97;只有一部发射机工作时,在最大距离上发现目标的概率为 0.683;发现目标后在 15min 内跟踪目标的概率为 0.88。假设雷达在 15min 的跟踪过程中是不可修复的,若雷达效能的量度单位是在执行任务期间发现目标并跟踪目标的概率。已知各单元的寿命和修复时间均服从指数分布,试采用 WSEIAC 模型计算雷达的系统效能 E。

解: 在此例中,系统的任务、系统的边界和品质因素都已给出,我们的任务是按 WSEIAC 模型计算系统效能。根据雷达工作的实际情况,应先发现目标后才能跟踪目标,因而分别计算雷达发现目标的效能 E_1 和跟踪目标的效能 E_2,然后计算总的效能 $E_s = E_1 \cdot E_2$。

第 1 步:描述系统的状态并确定可用性向量。

系统状态编号	状态的定义
1	所有部件都正常工作;
2	一部发射机有故障,另一部发射机及所有其他部件能正常工作;
3	系统处于故障状态,即两部发射机同时发生故障或雷达的其他部件之一发生故障。

设:A_1 为每部发射机的可用度,A_2 为天线、接收机、显示器和同步机组合体的可用度,则

$$A_1 = \frac{\overline{T}_{bf1}}{\overline{T}_{bf1} + \overline{M}_{ct1}} = \frac{10}{10 + 1} = 0.909$$

$$A_2 = \frac{\overline{T}_{bf2}}{\overline{T}_{bf2} + \overline{M}_{ct2}} = \frac{50}{50 + 0.5} = 0.990$$

系统处于各状态的概率分别为

$$a_1 = A_1^2 \cdot A_2 = 0.909^2 \times 0.990 = 0.818$$
$$a_2 = 2A_1(1 - A_1) \cdot A_2 = 2 \times 0.909 \times 0.091 \times 0.99 = 0.164$$
$$a_3 = (1 - A_1)^2 + (1 - A_2) = 0.018$$

则可用度向量 $\boldsymbol{A} = (a_1, a_2, a_3) = (0.818, 0.164, 0.018)$。

第 2 步:确定任务成功性矩阵。

因为雷达发现目标的时间较短,可以认为发现目标的时间过程系统的状态不发生转移,

所以,雷达发现目标的任务成功性矩阵为单位矩阵。即

$$D_1 = \begin{bmatrix} 1 & 0 & 0 \\ 0 & 1 & 0 \\ 0 & 0 & 1 \end{bmatrix}$$

假设雷达在执行任务期间是不允许修理的,则雷达在跟踪目标期间的任务成功性矩阵为三角矩阵,其对角线以下的所有项为零。

每部发射机的故障率 $\lambda_1 = \dfrac{1}{10} = 0.1 \mathrm{h}^{-1}$

组合体的故障率 $\lambda_2 = \dfrac{1}{50} = 0.02 \mathrm{h}^{-1}$

每部发射机在执行任务中(15min)的可靠度为

$$R_1 = \mathrm{e}^{-\lambda_1 t} = \mathrm{e}^{-0.1 \times 0.25} = 0.975$$

组合体的可靠度为

$$R_2 = \mathrm{e}^{-\lambda_2 t} = \mathrm{e}^{-0.02 \times 0.25} = 0.995$$

式(7-39)中 d_{11} 是雷达所有部件在开始执行任务时能正常工作,在执行任务的整个过程中能保持该状态的概率,则

$$d_{11} = R_1^2 \cdot R_2 = 0.975^2 \times 0.995 = 0.946$$

式(7-39)中 d_{12} 是雷达所有部件在开始执行任务时能正常工作,但一部发射机在任务期间发生故障的概率,则

$$d_{12} = [R_1(1 - R_1) + (1 - R_1)R_1] \cdot R_2 = 2 \times 0.975 \times 0.025 \times 0.995 = 0.048$$

式(7-39)中 d_{13} 是雷达所有部件在开始执行任务时能正常工作,但在执行任务期间发生故障的概率,则

$$d_{13} = 1 - d_{11} - d_{12} = 0.006$$

式(7-39)中 d_{22} 是开始时一部发射机正常工作,在执行任务期间保持该状态的概率,则

$$d_{22} = R_1 \cdot R_2 = 0.975 \times 0.995 = 0.970$$

由于雷达在执行任务期间不允许修理,则

$$\begin{cases} d_{21} = d_{31} = d_{32} = 0 \\ d_{23} = 1 - d_{22} = 0.03 \\ d_{33} = 1 \end{cases}$$

整个任务成功性矩阵为

$$D_2 = \begin{bmatrix} 0.946 & 0.048 & 0.006 \\ 0 & 0.970 & 0.030 \\ 0 & 0 & 1 \end{bmatrix}$$

第3步:确定能力矩阵。

显然,发现目标的能力矩阵为

$$C_1 = \begin{bmatrix} 0.900 \\ 0.683 \\ 0.000 \end{bmatrix}$$

跟踪目标的能力矩阵为

$$C_2 = \begin{bmatrix} 0.97 \\ 0.88 \\ 0.00 \end{bmatrix}$$

第4步：运算。

根据 WSEIAC 模型：$E = ADC$，雷达发现目标的系统效能为

$$E_1 = AD_1C_1 = (0.818, 0.164, 0.018) \begin{bmatrix} 1 & 0 & 0 \\ 0 & 1 & 0 \\ 0 & 0 & 1 \end{bmatrix} \begin{bmatrix} 0.900 \\ 0.683 \\ 0.000 \end{bmatrix} = 0.848$$

雷达在 15min 期间跟踪目标的系统效能为

$$E_2 = AD_2C_2 = (0.818, 0.164, 0.018) \begin{bmatrix} 0.946 & 0.048 & 0.006 \\ 0 & 0.970 & 0.030 \\ 0 & 0 & 1 \end{bmatrix} \begin{bmatrix} 0.97 \\ 0.88 \\ 0.00 \end{bmatrix} = 0.925$$

雷达能够成功地发现目标并跟踪目标的系统效能为

$$E_S = E_1 \cdot E_2 = 0.848 \times 0.925 = 0.785$$

7.3.3 系统效能分析的作用及应用示例

7.3.3.1 系统效能分析的作用

系统效能分析可为决策者选择方案提供依据，也可为查找问题、提高系统效能服务。这里的系统可以是整个武器系统，也可以是其保障系统或保障设备。在工程实践中的作用如下。

(1) 预测不同设计方案的系统效能，使决策者能选择更符合规定要求的设计方案。

(2) 在系统的战斗性能、可靠性、维修性、保障性和保障系统等要求之间进行协调或权衡，以取得最佳的效能。

(3) 进行参量的灵敏度分析，决定各参量对系统效能影响；详细考查对输出影响比较敏感的参量，进而进行决策，提高系统效能。

(4) 找出设计中存在的限制系统效能达到预期水平的问题，从而有针对性地加以解决；评估实际条件下的装备效能是否达到预期的设计要求，为改进设计以及装备的使用与管理提供依据。

7.3.3.2 系统效能分析应用示例

如上所述，影响系统效能的因素很多，影响因素的层次不相同，各种因素的影响程度也不相同。通过建立系统效能模型及计算，并对影响系统效能的因素及计算结果进行分析与评价，以便对其主要影响因素或各种方案进行排序，为进行决策或有针对性地采取一些措施提供依据。由于所分析问题的多样性及目的不同，分析的具体方法和过程也不相同。现仅以例 7-5 为例，对其影响系统效能的可靠性及维修性两方面的影响因素进行一些分析。

1. 可靠性对系统效能的影响

在例 7-5 中，影响系统效能高低的可靠性参数共有两个：一是发射机的 $\overline{T}_{bf1}$；二是组合

体的 $\overline{T}_{bf2}$。以下仅分析单个参数发生变化对系统效能的影响,分别改变 $\overline{T}_{bf1}$ 和 $\overline{T}_{bf2}$ 的大小,其结果见表 7-6、表 7-7 和图 7-19。

表 7-6　$\overline{T}_{bf1}$ 变化后的系统效能结果

$\overline{T}_{bf1}/h$	1	2	3	4	5	6	7	8	9	10*	20	30
E	0.313	0.523	0.623	0.679	0.714	0.738	0.755	0.767	0.777	0.785	0.819	0.830
$\overline{T}_{bf1}/h$	40	50	60	70	80	90	100	200	300	400	500	
E	0.836	0.839	0.841	0.843	0.844	0.845	0.845	0.848	0.849	0.850	0.850	

注:*测距雷达发射机 $\overline{T}_{bf1}=10h$。

表 7-7　$\overline{T}_{bf2}$ 变化后的系统效能结果

$\overline{T}_{bf2}/h$	1	5	10	20	30	40	50*	60	70	80	90
E	0.279	0.633	0.712	0.757	0.772	0.780	0.785	0.788	0.791	0.792	0.794
$\overline{T}_{bf2}/h$	100	150	200	250	300	400	500				
E	0.795	0.798	0.800	0.801	0.801	0.802	0.803				

注:*测距雷达的天线、接收机、显示器、同步机的组合体 $\overline{T}_{bf2}=50h$。

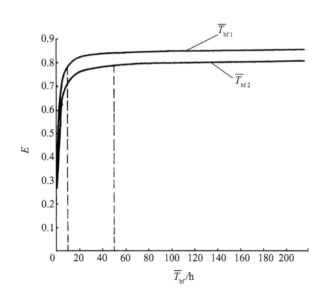

图 7-19　$\overline{T}_{bf1}$ 分别变化对系统效能的影响

2. 维修性对系统效能的影响

分别改变 $\overline{M}_{ct1}$ 和 $\overline{M}_{ct2}$ 的大小,可考察维修性参数对系统效能的影响,其结果见表 7-8、表 7-9 和图 7-20。

表7-8 $\overline{M}_{ct1}$ 变化后的系统效能结果

$\overline{M}_{ct1}$/h	0.1	0.2	0.3	0.4	0.5	0.6	0.7	0.8	0.9	1.0*
E	0.841	0.835	0.829	0.823	0.817	0.810	0.804	0.798	0.791	0.785
$\overline{M}_{ct1}$/h	1.5	2	3	4	5	6	7	8	9	10
E	0.753	0.722	0.662	0.607	0.556	0.511	0.470	0.433	0.400	0.370

表7-9 $\overline{M}_{ct2}$ 变化后的系统效能结果

$\overline{M}_{ct2}$/h	0.1	0.2	0.3	0.4	0.5*	0.6	0.7	0.8	0.9	1.0
E	0.798	0.794	0.791	0.788	0.785	0.782	0.779	0.776	0.773	0.770
$\overline{M}_{ct2}$/h	1.5	2	3	4	5	6	7	8	9	10
E	0.755	0.740	0.713	0.687	0.662	0.638	0.616	0.595	0.575	0.556

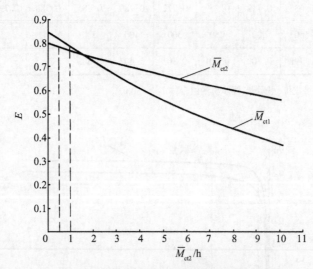

图7-20 $\overline{M}_{ct}$ 分别变化对系统效能的影响

由表7-6~表7-9和图7-19、图7-20可以得出以下结论。

(1) 可靠性与维修性对系统效能的影响都比较大,在研制及装备维修保障中应予以高度重视。

(2) 系统中各部件的可靠性与维修性对系统效能的影响程度不同,在研制及装备维修保障中应区别对待。

具体分析如下。

(1) 该系统中发射机的可靠性最为关键。现有 $\overline{T}_{bf1}$ 指标为10h,正处于对系统效能影响的最敏感区,$\overline{T}_{bf1}$ 指标的变化对系统效能影响很大,即发射机的可靠性指标稍微增大,系统效能就有较明显增高;反之,稍微降低,系统效能则会显著降低。若能将其指标提高2~3倍则较为理想。在现有指标下,在装备使用与维修中必须高度重视维修质量并进行重点保障。

(2) 该系统中组合体的可靠性对系统效能影响相对较小。现有 $\overline{T}_{bf2}$ 指标为50h,处于较稳定区域,即增大 $\overline{T}_{bf2}$ 指标对系统效能的提高效果不会十分显著,但若降低 $\overline{T}_{bf2}$ 指标则会接近敏感区。这说明现有 $\overline{T}_{bf2}$ 指标比较合理,在使用及维修保障中应注意保持现有水平不降低。

(3) 部件的维修性对系统效能有较大的影响。在装备设计及使用中必须重视装备的维修性设计及维修保障系统的建立和完善,现有 $\overline{M}_{ct1}$ 和 $\overline{M}_{ct2}$ 值都处于较敏感区。相比之下,发射机的维修性指标对系统效能的影响更大,应在装备设计和维修保障中给予特别注意。

以上仅对例7-5中雷达系统的主要组成部件的可靠性与维修性两种影响因素对系统效能的影响进行了分析,同样也可分析其性能参数对系统效能的影响。若将例7-5问题进一步扩展,也可分析维修保障因素对系统效能的影响,因为保障因素的改变,将会影响修复时间和(或)延误时间。所以,只要在系统效能量度中改变修复时间和(或)加上延误时间,就可进行此种分析。

7.4 寿命周期费用分析

费用是装备系统研制和采购决策的一个重要制约条件。全费用观点要求在讨论装备费用时,不仅要考虑主装备的费用,而且还要考虑与主装备配套所必需的各种软硬件费用,即全系统的费用;既要考虑装备的研制和生产费用,还要考虑整个寿命周期的各种费用,即全寿命费用。在装备研制与使用保障的重要决策时,应当采用科学的方法进行系统的费用分析。

7.4.1 寿命周期费用的基本概念

寿命周期费用 C_{LC}(life cycle cost,LCC)是20世纪60年代出现的概念,它是装备论证、研制、生产、使用(含维修、储存等)和退役各阶段一系列费用的总和,即

$$C_{LC} = C_1 + C_2 + C_3 + C_4 + C_5 \tag{7-42}$$

式中:C_1 为论证阶段费用;C_2 为研制阶段费用;C_3 为生产阶段费用;C_4 为使用阶段费用;C_5 为退役阶段费用。

装备寿命周期各阶段和费用划分如图7-21所示。由装备研制和生产成本所形成的采购费用也称为获取费用。由于它是一次性投资,所以又称为非再现费用。在使用过程中的使用、维修保障费用也称为使用保障费用。由于它是重复性费用,所以又称为再现费用或继生费用。

各种装备淘汰处理途径不一,费用不同,若花费较少,可不专门列入寿命周期费用估算。寿命周期费用概念无论对研制生产部门和使用部门都是很有意义的,因为它提供了正确衡量装备费用消耗的评价标准。它使研制生产部门和使用部门认识到只有降低寿命周期费用,才是真正的装备经济性。这就需要全面考虑设计和使用中的费用分配问题,强调提高装

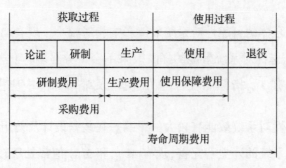

图 7-21 装备寿命周期各阶段和费用划分

备的可靠性、维修性和保障性,减少能源的消耗,并降低使用保障费用。使用部门一旦决定购买某装备,就意味着要负担该装备的寿命周期费用。由于新装备的研制和生产成本不断提高,维修保障费用开支日趋庞大,迫使使用部门在作出购买装备决策时不仅要考虑武器装备的先进性和当前是否"买得起",还要考虑整个使用期间是否"用得起""修得起"。而衡量是否既买得起又"用得起""修得起"的总尺度就是寿命周期费用。

长期以来,传统的观点只重视装备的性能和采购费用,轻视使用保障费用,这种观点的产生与以往装备比较简单、保障费用微不足道有关系。现代装备日益复杂,其保障费用明显增大,这些费用虽然是零星支付的(一般以年为单位),但在其寿命周期内费用总额却非常可观。20世纪90年代,在研制生产费用和使用保障费用出现全面增长的形势下,人们进一步注意到装备的使用保障费用处于举足轻重的地位。表 7-10 列出了我国军用飞机和美国军用飞机按机群分析的 LCC 各阶段所占的比例。由表 7-10 可以看出,使用保障费用在 LCC 中所占比例明显高于采购费用,费用数额十分可观。人们用水中的冰山作为寿命周期费用的一个形象比喻。研制和生产费用只是冰山露出水面的一小部分,而水面下的使用保障费用却要大得多。如果看不到这一点,则很容易会撞到冰山上。

表 7-10 我国军用飞机和国外军用飞机 LCC 各阶段费用比较

机型	采购费/%	使用保障费/%
J71	26.3	73.7
H6	25.2	74.8
Q5	17.1	82.9
J8	34.7	65.3
国外先进军用飞机	42.0	58.0

从表 7-10 还可以看出,我军飞机使用保障费用占 LCC 的比例明显高于国外发达国家的同类飞机,其他装备也有类似情况。造成这一现象的原因较多,如装备的可靠性较低、维修性较差、使用和维修管理水平较低等。其根本原因是在装备研制中缺乏全系统、全寿命过程的思想,没有进行系统的 R&M&S 设计,没有用寿命周期费用分析等方法研究装备设计与维修保障等问题。其结果是,不但使研制出来的装备战备完好性与系统效能较低,而且使用保障费用高昂。

装备寿命周期费用分析是对寿命周期费用及其组成部分进行估算以及对各部分相互关

系及相关的费用效能问题进行分析的一种系统分析方法,其目的在于确定寿命周期费用主宰因素、费用风险项目和影响费用效能变化的因素。因此,LCC 分析对于寻找费用效果最佳方案,影响装备的设计、使用与维修活动,具有十分重要的意义。

7.4.2 装备寿命周期各阶段对 LCC 的影响

装备从论证、研制到淘汰处理各阶段的费用,固然是由各阶段的需要而定的。尽管使用保障费用在 LCC 中所占比例最大。但是,装备的寿命周期费用实际上在装备生产之前,已由论证、研制"先天"地基本确定了。到了使用阶段,装备的构型和性能都已确定,降低其使用与维修费用的余地很小。美国 B-52 轰炸机寿命周期费用估算研究表明(图 7-22),各个阶段对费用的影响程度是不相同的。其中:论证(含初步设计)阶段能影响 85%;工程研制阶段影响 10%;生产阶段仅能影响 4%;使用阶段的影响仅仅 1%。对于不同装备,各阶段对费用的影响程度是不一样的,但基本规律是一致的,即寿命周期费用主要取决于论证与研制阶段。一般地说,到了生产和使用阶段就难以再做很大的改变了。

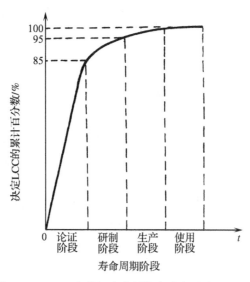

图 7-22　B-52 轰炸机寿命周期各阶段对费用的影响

上述研究说明,寿命周期费用必须及早考虑,尤其是减少使用维修费用的措施,在研制阶段就应加以研究解决。例如,对装备的保障方式、维修方式、方法、手段等,在研制过程中就应做出决断,以免贻患于使用阶段,造成过高的继生费用。

装备的获取费用和使用保障费用彼此间也是密切相关的,在既定性能要求下,提高 R&M&S,可降低使用保障费用,但也会增加设计研制费用,即增加获取费用。反之,降低 R&M&S 要求,可能降低获取费用,但往往会导致使用与维修费用上升。实践表明,由于获取费用是一次性投资,使用保障费用是若干年内的连续性投资。因此,在装备研制过程中增加一些投资改善 R&M&S,可以换来寿命周期费用的较大节约。为此,应在系统效能(包括固有能力、可用性及任务成功性)与寿命周期费用(包括为提高可用度而增加的投资与由此而节约的维修费用)之间综合权衡,从而达到优化。

需要指出的是,尽管寿命周期费用主要取决于早期的论证与研制阶段。但是,在使用阶段通过某些设计与维修保障的改革,在一定范围内减少维修保障费用也是大有作为的。对于现代复杂装备更是如此,这已为国内外大量实践所证明。

7.4.3 寿命周期费用分析的主要作用

进行寿命周期费用分析具有以下主要作用。

(1) 能够明确估算出装备在其寿命周期各阶段的费用,从而知道需要多少总费用,这就为进行费用-效能之间的权衡提供了依据。

(2) 能够有效地促使承制方改进装备的 R&M&S 特性,因为研制生产部门知道如不改进系统的 R&M&S,使用保障费用将无法降低,最低寿命周期费用的目标将无法实现。

(3) 能够为未来装备的成功研制打下基础。例如,找到了装备各分系统中影响使用维修费用最大的那些子系统,这就给设计人员在未来装备设计中找到了改进方向,为有效地提高装备的 R&M&S 作了有益的启示。

(4) 能够为保障系统或保障要素的优化以及使用与保障决策提供基础。

LCC 分析在装备寿命周期不同阶段中所起的作用是不相同的。分析目的不同,由此带来的分析活动的内容也有所不同。

在论证阶段,通过进行寿命周期费用分析,可为决策者确定装备战技指标提供决策依据。虽然分析的数据不那么准确,但这种早期分析结果对于指标的权衡和确定具有重要价值。

在方案阶段,若已有了样机,分析模型有了更多的数据。这时寿命周期费用分析能帮助决策者对拟用的诸方案做出评价和论证,对于最佳费用-效果方案最后确定起着关键作用。

在工程研制阶段,这时设计已详细地确定,尽管此时进行权衡的余地已不多。但是,寿命周期费用分析仍是决定详细设计以及维修原则和维修措施的重要因素。因为在寿命周期费用中,使用与维修费用主要取决于系统的 R&M&S 特性和保障要素。军方若提出最低的寿命周期费用要求,将会促使设计生产部门在研制阶段主动考虑系统的 R&M&S 设计和保障要素。

在生产和使用阶段,寿命周期费用分析主要用于论证和评价系统(含保障要素)的改进措施,同时,通过获取过程的有关数据,以提高未来系统的寿命周期费用估算能力。在进行装备部署、使用、储备、维修及报废等决策时,费用也是重要因素,往往需进行有关费用或LCC 分析。

当然进行寿命周期费用分析常常也有不少困难,主要有以下几点。

(1) 数据分析有时误差较大。因为分析新装备常常是以旧装备的经验为基础进行估算的,难以精确,建立有效的数据收集系统比较困难。

(2) 分析项目很多,影响费用的各因素的组合也很复杂,即实际估算是比较复杂的。

7.4.4 LCC 分析的一般程序

LCC 分析的一般程序如下(图 7-23)。

(1) 确定费用分析任务。首先明确 LCC 分析的任务、目标、准则和约束条件,明确或确定要分析的系统的各种备选方案,确定 LCC 分析的计划。

(2) 费用模型分析。为了进行 LCC 分析,需要明确地描述出系统的寿命周期,明确系统的使用要求、维修规划和主要功能组成,确定 LCC 分析的评估准则,建立系统的费用分解结构(cost breakdown structure,CBS)图和工作分解结构(Wook breakdown structure,WBS)图,确定影响费用的主要因素和变量,明确基准比较系统以及数据需求和模型的输入/输出要求。

(3) 建立与确认费用模型。通过上一步分析,根据模型输入/输出要求,选择费用模型。若无适用的费用模型,则应根据费用影响因素、变量和有关数据,建立新的费用模型并进行模型检验和确认。若有适用的费用模型,则使用该模型进行运算和分析。

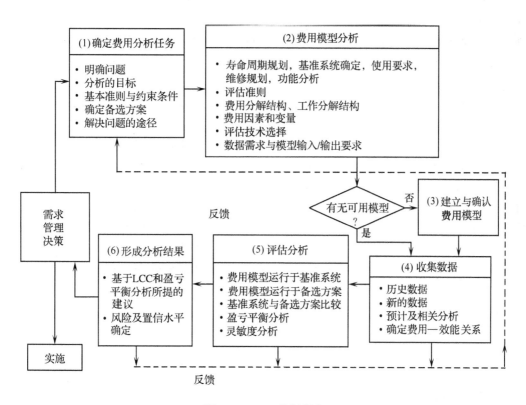

图 7-23 LCC 分析程序

(4) 收集数据。进行 LCC 分析所需数据范围很广,工作量很大,不仅要收集相似装备的 LCC 数据,而且要跟踪、收集新研装备的各种费用数据。通过费用数据分析和预计,确定出高费用项目和高费用区域,确定费用-效能关系,为决策分析提供支持。

(5) 评估分析。运用费用模型对各种备选方案进行评估分析,并与基准系统相比较,通过进行盈亏平衡分析和灵敏度分析,对各种备选方案进行权衡分析。

(6) 形成分析结果。通过分析,提出方案选择或改进等方面的建议,提供费用风险及置信水平,确定出高费用项目和高风险区域,为进行管理和决策提供重要依据。

7.4.5 LCC 估算

7.4.5.1 费用估算的条件

费用估算可在装备寿命周期的各个阶段进行。各阶段的目的是不相同的,采用的方法也不尽相同,但进行费用估算都需要以下一些基本条件。

(1) 要有确定的费用结构。确定费用结构一般是按寿命周期各阶段来划分大项,每一大项再按其组成划成若干子项;但是,不同的分析对象、目的、时机,费用结构要素也可增减,特别是在进行使用、维修决策分析时。

(2) 要有统一的计算准则。如起止时间、统一的货币时间值、可靠的费用模型和完整的计算程序等。

(3) 要有充足的装备费用消耗方面的历史资料或相似装备的资料。

7.4.5.2 费用估算的基本方法

费用估算的基本方法有工程估算法、参数估算法、类比估算法和专家判断估算法等。

1. 工程估算法

工程估算法是一种自下而上累加的方法。首先将装备寿命周期各阶段所需的费用项目细分,直到最小的基本费用单元,估算时根据历史数据逐项估准每个基本单元所需的费用;然后累加求得装备寿命周期费用的估算值。

进行工程估算时,分析人员应首先画出费用分解结构图。费用的分解方法和细分程度,应根据费用估算的具体目的和要求而定。若为综合权衡 R&M&S 要求,进行 R&M&S 设计而进行的费用估算,就应将 R&M&S 费用项目单独细分出来。如果是为了确定维修资源(如备件),则应将与维修资源的订购(研制与生产)、储存、使用、维修等费用列出来,以便估算和权衡。不管费用分解结构图如何绘制,应注意做好以下工作。

(1) 必须完整地考虑系统的一切费用。
(2) 各项费用必须有严格的定义,以防费用的重复计算和漏算。
(3) 装备费用分解结构图应与该装备的结构方案相一致,与会计的账目项目相一致。
(4) 应明确哪些费用是非再现费用,哪些费用为再现费用。

图 7-24 所示为装备费用分解结构图的一个示例,它将论证阶段和研制阶段的费用合称为研制费用,而将使用和维修费用分开。图 7-24 中的项目根据需要还可再分,如原材料费用,还可细分成原材料采购费、运输费、储存保管费等。

显然,采用工程估算法必须对装备全系统要有详尽的了解。费用估算人员不仅要根据装备的略图、工程图对尚未完全设计出来的装备作出系统的描述,而且还应详尽了解装备的生产过程、使用方法和条件、维修保障方案以及历史资料数据等,才能将基本费用项目分得准,估算得精确。工程估算法是很麻烦的工作,常常需要进行繁琐的计算。但是,这种方法既能得到较为详细而准确的费用概算,也能为我们指出哪些项目是最费钱的项目,可为节省费用提供主攻方向,因此它仍是目前用得较多的方法。如果将各项目适当编码并规范化,通过计算机进行估算,那将更为方便和理想。

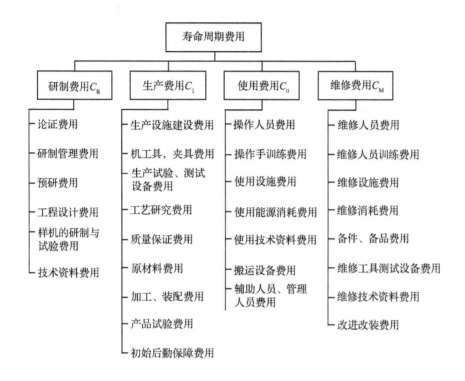

图 7-24 装备费用分解结构图示例

2. 参数估算法

参数估算法是把费用和影响费用的因素(一般是性能参数、质量、体积和零部件数量等)之间的关系,看成是某种函数关系。为此,首先要确定影响费用的主要因素(参数);然后利用已有的同类装备的统计数据,运用回归分析方法建立费用估算模型,以此预测新研装备的费用。建立费用估算参数模型后,则可通过输入新装备的有关参数,得到新装备费用的预测值。

一般来说,费用(因变量)和参数(自变量)之间的关系,最简单的是线性关系:

$$f(C) = b_0 + b_1 f_1(x_{11}, x_{21}, \cdots, x_{r_1 1}) + \\ b_2 f_2(x_{12}, x_{22}, \cdots, x_{r_2 2}) + \cdots + b_n f_n(x_{1n}, x_{2n}, \cdots, x_{r_n n})$$

(7-43)

式中:x_{ij} 为第 j 个子集中的第 i 个预测参数,共 r_j 个;$f_1, f_2, \cdots, f_n$ 为 x_{ij} 的函数;$b_0, b_1, \cdots, b_n$ 为回归系数。

对于某些非线性函数,如 $f(C) = ax^{b_1} e^{b_2 x_2}$ 可变换成线性函数。为此,对式(7-43)取对数可得

$$\ln f(C) = \ln a + b_1 \ln x_1 + b_2 x_2$$

下面,以一元线性回归说明装备参数估算的基本方法。

例 7-6 某类保障设备,各种型号的体积与寿命周期费用的关系如表 7-11 所列,试求 $30 m^3$ 的类似新设备的寿命周期费用。

表 7-11 某类测试设备的体积与寿命周期费用

现有设备	体积/m³	费用/元	现有设备	体积/m³	费用/元
URC-32	20	10392	URC-9	12	3307
WRT-2	34	12278	SRC-21	14	4366
R-390	2	1096	SRC-20	18	7688
URC-35	3	6628	URT-1	36	14580

解:假设体积 x 与费用 y 服从线性关系,用回归方程表示为

$$y = a + bx$$

用一元线性回归的方法(最小二乘法)求待定系数 a、b 估计值($\hat{a}$、$\hat{b}$)的方法为

$$\hat{a} = \bar{y} - \hat{b}\bar{x}$$

$$\hat{b} = \frac{\sum_{i=1}^{n} x_i y_i - n\overline{xy}}{\sum_{i=1}^{n} x_i^2 - n\bar{x}^2} = \frac{\sum_{i=1}^{n}(x_i - \bar{x})(y_i - \bar{y})}{\sum_{i=1}^{n}(x_i - \bar{x})^2}$$

其中

$$\bar{x} = \frac{1}{n}\sum_{i=1}^{n} x_i$$

$$\bar{y} = \frac{1}{n}\sum_{i=1}^{n} y_i$$

若令

$$S_{xx} = \sum_{i=1}^{n}(x_i - \bar{x})^2 \tag{7-44}$$

$$S_{yy} = \sum_{i=1}^{n}(y_i - \bar{y})^2 \tag{7-45}$$

$$S_{xy} = \sum_{i=1}^{n}(x_i - \bar{x})(y_i - \bar{y}) \tag{7-46}$$

则

$$\hat{b} = \frac{S_{xy}}{S_{xx}} \tag{7-47}$$

将表 7-11 的数据代入式(7-47),可得

$$\hat{b} = \frac{S_{xy}}{S_{xx}} = \frac{\sum_{i=1}^{n}(x_i - \bar{x})(y_i - \bar{y})}{\sum_{i=1}^{n}(x_i - \bar{x})^2} = 326$$

$$\hat{a} = \bar{y} - \hat{b}\bar{x} = 1878$$

所以,设备体积与寿命周期费用的关系为

$$\hat{y} = 1878 + 326x$$

用一元线性回归方程进行估算是在假定某自变量 x 与 y 具有线性关系的条件下进行的。事实上，y 与 x 是否为线性关系，应进行假设检验。若假设符合实际，则系数 $b \neq 0$。为此，假设

$$\begin{cases} H_0 : b = 0 \\ H_1 : b \neq 0 \end{cases}$$

可以证明，H_0 的拒绝域为

$$|\hat{b}| \geq \frac{\hat{\sigma}}{\sqrt{S_{xx}}} \cdot t_{1-\alpha/2}(n-2) \tag{7-48}$$

式中：α 为显著性水平（如取 $\alpha = 0.05$）；$\hat{\sigma}$ 为系数 $\hat{b}$ 的方差，$\hat{\sigma}^2 = \frac{1}{n-2} \sum (y_i - \hat{y})^2 = \frac{1}{n-2}(S_{yy} - \hat{b}S_{xy})$。

假设 $H_0 : b = 0$ 被拒绝时，说明回归效果显著；否则，回归效果不显著，须查找原因给以处理。

当给定置信水平为 $1-\alpha$ 时，还可确定系数 b 的置信区间：

$$\left(\hat{b} - \frac{\hat{\sigma}}{\sqrt{S_{xx}}} \cdot t_{1-\alpha/2}(n-2), \hat{b} + \frac{\hat{\sigma}}{\sqrt{S_{xx}}} \cdot t_{1-\alpha/2}(n-2) \right)$$

从而可进一步确定估算的置信区间。

例 7-6 中，在给定显著性水平 $\alpha = 0.10$ 情况下，则

$$\frac{\hat{\sigma}}{\sqrt{S_{xx}}} \cdot t_{1-\alpha/2}(n-2) = \frac{2314.4}{\sqrt{1113.9}} \times 1.9432 = 134.8 < |\hat{b}| = 326$$

所以，上述一元线性回归效果显著。当体积为 30m³ 时，类似新设备的费用估计值为

$$\hat{y} = 11658 \text{ 元}$$

参数估算法最适用于装备研制的初期，如论证时的估算。这种方法要求估算人员对系统的结构特征有深刻的了解，对影响费用的参数找得准，对二者之间的关系模型建立得正确，同时还要有可靠的经验数据，这样才能使费用估算得较为准确。

3. 类比估算法

类比估算法即利用相似装备的已知费用数据和其他数据资料，估计新研装备的费用。估计时要考虑彼此之间参数的异同和时间、条件上的差别，还要考虑涨价因素等，以便做出恰当的修正。类比估算法多在装备研制的早期使用，如在刚开始进行粗略的方案论证时，可迅速而经济地做出各方案的费用估算结果。这种方法的缺点是：不适用于全新的装备以及使用条件不同的装备，它对使用保障费用的估算精度不高。

4. 专家判断估算法

专家判断估算法由专家根据经验判断估算，或由几个专家分别估算后加以综合确定，它要求估算者拥有关于系统和系统部件的综合知识。一般在数据不足或没有足够的统计样本以及费用参数与费用关系难以确定的情况下使用这种方法。

上述 4 种方法各有利弊，因此可交叉使用，相互补充，相互核对。

7.4.5.3 费用估算中的时值问题

装备的寿命周期费用各个部分通常是在不同的时刻消耗的,时间不同,相同数目的资金其实际价值也不相同,银行规定的利息就反映了资金随着时间推移而产生利润这一情况。由于装备的寿命周期可达数十年,因此在计算费用时,必须考虑费用的时间价值。只有将不同时刻投入的资金折算到同一个基准时刻,不同方案的费用才具有可比性。

设现时值为 P,期利率为 i,考虑每期末的利息也产生利息,则 n 期末的本利和为

$$F = P(1+i)^n \tag{7-49}$$

由未来值求现值,即

$$P = F(1+i)^{-n} \tag{7-50}$$

例 7-7 某装备寿命周期为 n 年,若 $t=0$ 时的初始投资为 P_0,以后每年支付的费用为 $C_j(j=1,2,\cdots,n)$。到 $t=n$ 时加以处理的残值为 S,试求该装备的寿命周期费用。

解:取 $t=0$ 为基准,由式(7-50)可得折算到 $t=0$ 时的现值为

$$P = P_0 + \sum_{j=1}^{n} C_j(1+i)^{-j} + S(1+i)^{-n}$$

若折算到 $t=n$ 时的未来值,由式(7-49)可得

$$F = P_0(1+i)^n + \sum_{j=1}^{n} C_j(1+i)^{n-j} + S$$

若 $C_j = C(j=1,2,\cdots,n)$,则

$$P = P_0 + C\sum_{j=1}^{n}(1+i)^{-j} + S(1+i)^{-n}$$

$$= P_0 + C\frac{(1+i)^n - 1}{i(1+i)^n} + S(1+i)^{-n}$$

式中:P_0、C_j、C、S 以支出为正,收入为负计算。

例 7-8 某型号装备,购置费用为 500 万元,使用期间其平均故障间隔时间 $\bar{T}_{bf}=120h$,寿命为 10 年,10 年后的残值为 50 万元。设每年平均使用 1000h,每修理一次的修理费用平均为 12 万元,每使用 1h 需支付的使用费用为 0.05 万元,银行存款年利率为 5.76%,试求该型号装备的寿命周期费用。

解:由题意可知,使用期间该型号装备每年的使用与维修费用为

$$C = 1000 \times 0.05 + \frac{1}{120} \times 1000 \times 12 = 150(万元)$$

折算到 $t=0$ 时的寿命周期费用为

$$P = 500 + 150 \times \frac{(1+5.76\%)^{10}-1}{5.76\%(1+5.76\%)^{10}} - 50 \times (1+5.76\%)^{-10}$$

$$= 500 + 150 \times 7.44451 - 50 \times 0.57120 = 1588.1165(万元)$$

7.5 费用—效能分析

系统效能和费用是装备研制、采购及维修保障决策的重要目标或制约条件。对于军用装备或复杂产品来说,在系统寿命周期费用的制约下求得最大的系统效能(或在保证一定的系统效能条件下使系统寿命周期费用最少)已受到更多的关注,费用效能准则已成为评价系统是否合用的主要准则,费用—效能分析则是装备系统分析中的重要内容之一。

7.5.1 费用—效能分析的基本概念

费用—效能分析是通过确定目标、建立备选方案,从费用和效能两方面综合评价各个方案的过程。也即研究少花钱、收效大的方案,追求费用效果最佳匹配的过程就是费用—效能分析。

在实际应用中常使用"费—效"分析,其中的"效"常常是广义的。在经济或一些社会活动中常常称为效益(benefit);在一项工作或活动中常称为效果(effect);对军事装备、民用设备或系统以及组织机构常称为效能(effectiveness)。装备效能是对装备能力的多元量度,根据目标或分析问题的层次不同,其内涵也可能不相同。例如,可以是采用综合分析方法所获得的系统效能,也可以是利用对各影响效能的因素进行量度的某项指标(或称为指标效能)等。

系统费用—效能分析着重从定量的角度对装备的费用和效能同时加以考虑,以便权衡备选方案的优劣。费用—效能分析应有可信的供权衡分析用的数据,有可供使用的合理的效能模型和费用模型。

7.5.2 费用—效能分析模型

根据费用—效能权衡的决策准则,一般有如下 4 种分析模型。
(1) 效能最大模型:

$$\begin{cases} \max E \\ \text{s.t.} \ C \leqslant C_0 \end{cases} \tag{7-51}$$

(2) 费用最小模型:

$$\begin{cases} \min C \\ \text{s.t.} \ E \geqslant E_0 \end{cases} \tag{7-52}$$

(3) 效费比模型:

$$\begin{cases} \max \ V = \dfrac{E}{C} \\ \text{s.t.} \ E \geqslant E_0 \\ \qquad C \leqslant C_0 \end{cases} \tag{7-53}$$

(4) 效费指数模型：

$$\begin{cases} \max M(V) = \dfrac{M(E)}{M(C)} \\ \text{s.t.} \ M(E) \geq M(E_0) \\ M(C) \leq M(C_0) \end{cases} \tag{7-54}$$

式(7-51)~式(7-54)中：E 为装备效能；C 为装备寿命周期费用；E_0 为装备效能规定的最低要求；C_0 为装备寿命周期费用最高限值；V 为效费比；$M(V)$ 为装备的效费指数；$M(E)$ 为规范化的装备效能，$M(E) = \dfrac{E}{E_j}$，其中 E_j 为基准装备的效能；$M(C)$ 为规范化的装备寿命周期费用，$M(C) = \dfrac{C}{C_j}$，其中 C_j 为基准装备的寿命周期费用。

在上述几种模型中，前两种模型是最常用的模型。效费比模型则是用效能和寿命周期费用的比值进行比较选择。由于装备的任务、目标等不同，因此使用该模型时必须考虑装备的使用要求和费用约束。

效费指数模型是基于规范化的效能和规范化的寿命周期费用之比，这是因为装备的效能和寿命周期费用单位不同，效费比的数值也会随之而变化。若将其规范化，使之成为无量纲值，则可以避免之。为了用效费指数模型进行权衡分析，需注意做好基准的选择。基准选择即选择一个基准方案，基准方案的效费指数为

$$M(V)_j = 1.0$$

而且规范化的基准效能 $M(E)_j$ 和规范化的基准费用 $M(C)_j$ 均为 1.0。为了使基准方案符合装备实际，所选择的装备的基准方案应具有代表性。应从所研究装备类中选取相近的典型装备，从而可计算出 $M(E_0)$ 和 $M(C_0)$。采用效费指数模型进行费用—效能分析综合权衡，如图 7-25 所示。

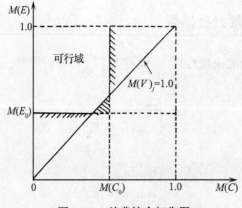

图 7-25 效费综合权衡图

由图 7-25 可以看出，基准方案对应图中的对角线，即在对角线上的点其效费指数均为 1.0。对角线上方的点其效费指数均大于 1.0，对角线下方的点其效费指数均小于 1.0。

当 $M(V) \geq 1.0$ 时，表明用较少的费用可以获得较高的效能，当备选方案达到基本要求 E_0 和 C_0 时，其可行方案一定是在图中的可行域内。因此，可行方案的判据为

$$M(E_i) \geq M(E_0)$$
$$M(C_i) \leq M(C_0) \tag{7-55}$$

式中：i 为第 i 个备选方案。

在可行的备选方案中，最优方案的判据为

$$M(V) = \max M(V_i)$$

在实际权衡分析中，如果装备具有多种目标和多重任务而没有一个单一的效能量度，费用—效能分析问题将变为一个多目标的决策问题，可以视具体情况选择多目标决策理论与方法进行权衡分析。

7.5.3 费用—效能分析的一般步骤与方法

在进行费用—效能分析时，分析对象、目的、时机不同，分析的步骤、方法也会有差别。分析的一般流程如图 7-26 所示。

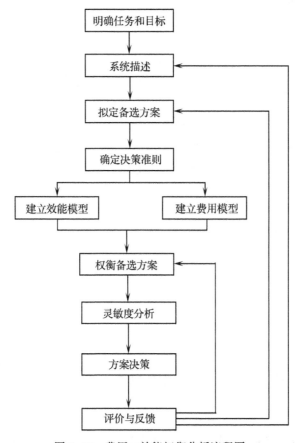

图 7-26 费用—效能权衡分析流程图

7.5.3.1 明确任务和目标

进行费用—效能分析，第一步是确定所分析装备的任务和目标，其内容包括：

(1) 装备任务和目标的详细描述；
(2) 装备作战(使用)环境条件的详细描述。

7.5.3.2 系统描述

系统描述是对装备系统硬件、软件各组成部分的描述,其内容包括：
(1) 装备系统的关键特性参数(如战斗性能、可靠性、维修性、保障性等)描述；
(2) 装备系统使用年限、数量、需考虑的费用项目、使用策略等；
(3) 费用预算、进度、要求等约束条件。

7.5.3.3 拟定备选方案

方案是指达到目标的各种方法或途径。为了权衡优化寻找到最优方案,一般可预先拟定若干个可行的备选方案,然后对其进行初步的权衡,既保证不遗漏有价值的重要方案,又不将时间、人力、费用浪费在明显差的方案上。对筛选出的各个备选方案,应做系统、详细地描述,确保能够对其进行费用—效能分析。

7.5.3.4 确定决策准则

决策准则是判断方案优劣的标准或尺度。在费用—效能分析中常用的决策准包括：
(1) 等费用准则：在满足给定费用约束的条件下,获得最大的效能；
(2) 等效能准则：在满足给定效能约束的条件下,使寿命周期费用最小；
(3) 效费比准则：使方案的效能与费用之比最大；
(4) 效费指数准则：使方案的效费指数最大。
上述4种准则,前两种是常用准则。使用效费比准则时应该注意满足装备的使用要求和费用约束,否则,在没有提供效能和费用的绝对水平的情况下,仅根据效费比可能会导致决策的失误。

7.5.3.5 建立效能模型

根据装备系统的特点和分析目的,通过进行效能分析,合理地选择效能的量度单位,建立(或选择)合用的效能模型。

7.5.3.6 建立费用模型

根据装备系统的特点,通过进行寿命周期费用分析,合理地确定寿命周期费用模型。应注意各备选方案费用的可比性(如费用的时值、使用年限不同等)。

7.5.3.7 权衡备选方案

根据效能模型和费用模型,对各个备选方案进行计算,按照确定的决策准则,权衡比较各个备选方案的优劣。

7.5.3.8 灵敏度分析

在费用—效能分析中,由于系统的假定、约束条件以及关键性变量的变化对分析的结果有着直接影响,在方案的实施中也存在着许多不确定的因素(如通货膨胀等对费用的影响等)。因此,对各备选方案进行灵敏度分析,以便判断有关因素和参数的变化对分析结果可能产生的影响。

7.5.3.9 方案决策

通过权衡备选方案和进行灵敏度分析,从各种备选方案中选择满足要求的最佳方案,并将分析结果提交决策机关进行最终决策。

7.5.3.10 评价与反馈

通过对费用—效能分析进行评价,并将评价分析的结果进行信息反馈。反馈的信息可以是:修改已有方案或拟定新的备选方案、修正模型和参数等。通过不断地进行分析和信息反馈,从而确保费用—效能分析目标的实现。

习　题

1. 什么是保障性？试述保障性分析的主要任务。
2. 已知某装备的寿命与修复时间均服从指数分布,其中位寿命为168h,$M(t)=0.95$的最大修复时间为30h,求该装备的固有可用度。
3. 某新研装备经初步验证$A_o=0.66$,现军方要求最少达到$A_o=0.75$。已知计划的平均预防性维修时间为2h,平均保障资源延误及管理延误时间为5h,平均预防性维修的频率$f_p=0.001/h$,$\overline{M}_{ct}=0.5h$,现决定采用提高可靠性方法来提高A_o。问该装备的平均故障间隔时间$\overline{T}_{bf}$应提高到多大为合适？
4. 固有可用度分析的目的是什么？一般包含哪些分析步骤？
5. 什么是系统效能？影响系统效能的主要因素有哪些？在维修保障系统建立、运行过程中为何要进行系统效能分析？
6. 什么是寿命周期费用？建立寿命周期费用的概念有何意义？
7. 早期决策对寿命周期费用有何影响？
8. 进行费用—效能分析要达到什么目的？

第八章
可靠性、维修性、保障性定量要求的确定

可靠性、维修性、保障性(RMS)是武器装备的重要质量特性，也是装备维修的基础。订购方在武器装备论证中必须提出 RMS 要求。本章在简单介绍武器装备论证内容和一般程序的基础上，对装备指标体系论证过程中 RMS 参数选择与指标确定的基本内容进行介绍。

8.1 武器装备论证主要内容和一般程序

武器装备论证包括发展方向与重点、体系与系列、规划与计划以及型号论证。本节仅讨论型号论证。型号论证是实现武器装备发展目标的基础。如图 8-1 所示，武器装备型号论证包括作战使用性能论证、综合立项论证、战术技术指标论证等。武器装备型号论证的全过程包括以下方面：①发展新型装备型号的需求论证；②新型装备型号的作战使用性能论证；③型号系统研制方案综合论证；④新型装备型号战术技术指标论证。表 8-1 列出了武器装备型号论证各阶段研究内容以及分析步骤与程序。在实际中也常将上述几方面内容归为立项论证和研制总要求论证，其论证内容与要求基本相同。

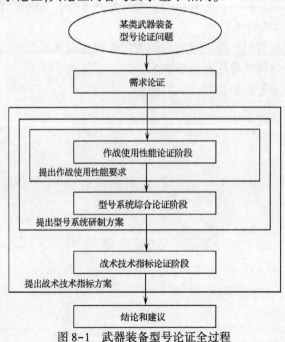

图 8-1 武器装备型号论证全过程

表 8-1 武器装备型号论证各论证阶段研究内容以及分析步骤与程序

论证阶段	研究	分析依据	分析步骤的逻辑程序框图	分析结果
发展型号需求论证	作战需求分析	（1）未来军(兵)种的作战任务； （2）装备的发展重点； （3）装备现行的体制与系列	评价现行装备完成军(兵)种某项作战任务的效能 → 分析该新型装备对完成作战任务的影响	（1）新型装备在军(兵)种完成某项作战任务中所起的作用及其重要程度； （2）发展新型装备的迫切性（装备部队的时间要求）
	装备需求分析	（1）军(兵)种现行同类武器装备的战术技术性能； （2）外军同类武器装备的战术技术性能； （3）装备的体制与系列现状	分析现行同类装备作战使用性能存在的问题 / 预测外军同类装备作战使用性能发展的趋势 → 提出发展新型装备的总体设想 → 确定型号系统的目标任务轮廓	（1）发展该新型装备的必要性； （2）发展该新型装备的定性要求与目标
作战使用性能论证	系统概念分析	（1）军(兵)种的作战任务与作战使命； （2）该装备型号的作战要求与使命； （3）外军现有的可供借鉴的同类装备的详细资料	拟制型号系统的作战任务想定 → 分析型号系统的内在特征与外在特征 → 定义型号系统的概念 → 建立型号系统概念模型	（1）新型装备在作战过程中的主要任务与辅助任务； （2）新型装备的作战行为方式； （3）新型装备的系统概念模型
	环境因素分析	（1）主要作战对象的有关资料和数据； （2）主要作战地域的自然环境（地理、天候等）统计数据和资料	分析型号系统的作战环境 / 分析型号系统的自然环境 → 分析型号系统执行任务过程中的环境影响因素 → 确定型号系统的环境想定模式	（1）研制新型装备需考虑的主要环境影响因素； （2）一集或多集环境影响因素的量化指标
	系统功能分析	（1）外军同类武器装备的作战使用特点、性能特点和结构特点； （2）有关的作战使用性能参考指标、借鉴指标； （3）主要的环境影响因素及其量化指标	分析型号系统的使用特点 / 分析型号系统的结构特点 → 分析型号系统的特征性能要素（属性）→ 建立型号系统作战使用方面的性能项目体系 → 分析主要作战使用性能指标	（1）新型装备的系统功能模型； （2）一集合理的、完整的作战使用性能指标

续表

论证阶段	研究	分析依据	分析步骤的逻辑程序框图	分析结果
型号系统综合论证	系统结构分析	（1）现有同类装备的系统结构及其主要构成要素； （2）外军现有同类装备的系统结构及其主要构成要素，以及发展趋势	提出两种以上的型号系统结构方案 ↓ 结构要素之间的相关性分析 ／ 结构与功能之间的相关性分析 ↓ 建立型号系统的结构模型 ↓ 提出"期望的"主要战术技术性能要求	（1）新型装备的系统结构模型； （2）一集"期望的"战术技术性能指标的值域
	可行性分析	（1）外军同类装备的战术技术性能现状与发展趋势； （2）己方同类装备作战使用性能存在的问题； （3）当前有关装备科研、生产等方面的现状与问题	分析型号系统结构与性能方案的战术可行性 ↓ 分析型号系统结构与性能方案的技术可行性 ↓ 分析型号系统结构与性能方案的经济可行性 ↓ 评估型号系统各系统备选方案的研制风险 ↓ 确定型号系统的战术技术性能项目 ↓ 分解各项战术技术性能	（1）一集"可行的"战术技术性能指标的值域和有关的可行性依据； （2）研制费用及其可行性依据； （3）各备选系统方案的研制风险结论
战术技术指标论证	系统性能分析	（1）己方和外军现行同类装备的战术技术性能； （2）型号系统结构模型	分析各项战术技术性能对应的系统属性 ↓ 建立型号系统的性能模型 ↓ 分析各战术技术性能的相关性 ↓ 建立战术技术性能指示体系	（1）型号系统各备选方案的战术技术性能项目； （2）型号系统各备选方案的性能模型
	指标体系分析	（1）有关战术技术指标的参考指标、借鉴指标及其制约因素； （2）现行同类装备的战术技术指标体系	权衡分析各项战术技术指标 ↓ 确定型号系统的效能量度	（1）型号系统各备选方案的战术技术指标体系； （2）一集（或一组）理想的战术技术指标
方案评价	系统效能分析	（1）同类装备的作战使用效能； （2）型号系统的作战任务想定	建立型号系统的作战使用效能模型 ↓ 分析型号系统的作战使用效能 ↓ 确定型号系统的研制费用构成	型号系统各备选系统方案的作战效能值及其结论
	系统费用分析	（1）现有同类装备的研制费用； （2）现有同类装备寿命周期的各项费用统计数据与资料	分析型号系统的有效服役年限 ↓ 确定型号系统的寿命周期及其寿命周期费用构成 ↓ 估算各项费用 ↓ 分析各项费用的置信度	（1）型号系统各备选系统方案的研制费用； （2）型号系统各备选系统方案的寿命周期费用

8.1.1 战术技术指标论证的主要任务和依据

战术技术指标论证是武器装备型号论证中的重要内容。

战术技术指标论证的主要任务是根据作战使用性能要求,通过调查研究、理论计算和一定的模拟试验等进行综合分析和权衡优化,对武器装备战术技术指标提出可供选择的备选方案,并按要求编写相应的文件。

战术技术指标论证的主要依据如下:
(1) 武器装备体制与系列,规划与计划或按规定程序批准的项目;
(2) 批准的武器装备立项论证及有关文件;
(3) 武器装备主管部门提出的具体要求;
(4) 国防科学技术发展水平以及预研的技术成果;
(5) 经费控制目标和年度投资强度;
(6) 国内外同类武器装备的技术现状和发展趋势。

8.1.2 战术技术指标论证的主要内容

1. 作战任务

根据作战需求,在作战使用性能论证的基础上,进一步提出武器装备执行的主要任务、功能及主要战术性能特点,包括非直接作战方面所具有的使用性能。

2. 作战对象

从完成作战任务出发,分析和提出可能遇到的主要作战目标、作战方式及其主要战术技术特点和性能。

3. 使用环境

提出武器装备未来作战与使用中的活动空域、海域、地域和时域范围,给出武器装备的环境条件要求范围以及对武器装备的限制要求。

4. 型号系统组成方案及编配方案

根据武器装备的作战任务、功能要求、工作方式和使用要求等,提出型号系统的主要分系统、设备、配套设备等,并对其编配范围、人员和技能提出初步设想。

5. 主要战术技术指标要求

在武器装备立项论证的基础上,根据使用要求确定反映武器装备自身特点的主要特征性能指标要求。根据武器装备作战使用特点和保障要求,提出该型武器装备应当具备的通用战术技术指标项目。主要包括可靠性、维修性、保障性、安全性,生存能力,作战效能,机动性,兼容性,经济性,环境适应性,电子防御能力,尺寸、体积和质量要求,人机环工程,标准化要求等。

除此之外,在战术技术指标论证中还包括研制周期与进度、费用估算、任务组织实施的措施和建议等内容。

8.2 可靠性、维修性、保障性参数选择与指标确定

8.2.1 参数与指标的概念及分类

武器装备的 RMS 参数是描述武器装备 RMS 的量度,指标则是量度的具体要求数值,它直接反映武器装备的战备完好性、任务成功性、维修人力费用和保障资源费用等要求。

8.2.1.1 使用参数与合同参数

使用参数是直接反映武器装备的使用需求的 RMS 参数,其要求的量值即使用指标。合同参数是在合同或研制任务书中表述订购方对武器装备 RMS 要求的参数,其要求的量值称为合同指标。合同参数应是承制方在研制和生产过程中能够控制的参数。

使用参数通常考虑了装备的使用要求、保障条件和指挥管理等方面的因素,即在这些因素影响下应当满足的 RMS 要求。由于一些保障条件和指挥管理因素不是承制方在研制生产过程中能够控制和确定的,所以,有些使用参数不能直接作为合同参数。例如,保障性综合参数中的使用可用度等参数。合同参数以使用参数为依据,通过分析权衡由使用参数转换,经订购方提出并与承制方协商后写入合同或研制任务书中。合同参数应能在研制生产过程中进行分配、预计和评估。表 8-2 列出了一些火炮常用 RMS 参数。

表 8-2 火炮常用 RMS 参数

序号	参数名称	反映目标				应用场合		与保障关系	
		战备完好性	任务成功性	维修人力费用	保障资源费用	使用参数	合同参数	基本可靠性参数	任务可靠性参数
1	平均故障间隔时间	√		√	√	√	√	√	
2	致命性故障间的任务时间		√			√	√		√
3	射击故障率		√			√	√		√
4	大修间隔期			√	√	√	√		
5	贮存寿命	√			√	√	√		
6	使用寿命			√	√	√	√		
7	使用可用度	√				√			√
8	固有可用度	√					√		
9	平均修复时间	√		√	√	√	√		
10	恢复功能用的任务时间		√			√	√		
11	平均预防性维修时间	√		√	√	√	√		
12	最大修复时间			√	√	√	√		√
13	身管更换时间			√	√	√	√		
14	平均维修间隔时间	√		√	√	√	√		
15	平均拆卸间隔时间	√		√	√	√	√		

续表

序号	参数名称	反映目标				应用场合		与保障关系	
		战备完好性	任务成功性	维修人力费用	保障资源费用	使用参数	合同参数	基本可靠性参数	任务可靠性参数
16	任务成功概率		√			√			√
17	第一次大修期	√		√	√	√		√	
18	任务可靠度		√						√
19	预防性维修工时			√		√		√	
20	年平均备件费用				√	√	√		
21	故障检测率	√		√		√	√		
22	故障隔离率	√		√		√	√		
23	虚警率	√		√		√	√		

8.2.1.2 使用参数及指标与合同参数及指标的转换

使用参数与合同参数之间具有相关性，存在着一定的转换关系。通过转换模型或一定的方法可以将使用参数及指标转换为合同参数及指标。有两种常见的转换情形：一是同名参数的转换；二是异名参数的转换。同名参数的转换只是转换了指标要求的量值，异名参数的转换不仅改变了指标要求的量值而且改变了指标的含义。

常用的转换模型有线性模型和非线性模型，如

$$y = a + bx \tag{8-1}$$

$$y = bx^a \tag{8-2}$$

式中：y 为合同指标；x 为使用指标；a, b 为转换系数，与武器装备的复杂程度、使用环境条件和保障系统等因素有关，可根据相似产品的统计数据或采用统计分析方法确定。

8.2.1.3 指标的不同要求值及其关系

1. 阈值和目标值

阈值和目标值都是 RMS 的使用指标。阈值是武器装备必须达到的使用指标，如果达不到这一最低的 RMS 要求，研制出来的装备将不能满足使用要求或难以进行装备保障。阈值是确定合同或研制任务书中最低可接受值的依据；目标值是期望武器装备达到的使用指标。如果达到这一要求，可以保证武器装备满足使用要求。目标值是确定合同或研制任务书中规定值的依据。

2. 最低可接受值和规定值

最低可接受值是合同或研制任务书中规定的、装备必须达到的合同指标，它是考核或验证的依据。装备满足最低可接受值要求是能否设计定型的起码条件，也是保证装备能够正常使用的基本条件。规定值是合同或研制任务书中规定的期望装备达到的合同指标，是承制方进行 RMS 设计的依据。承制方只有按照高于规定值的要求进行设计，RMS 工程的各种工程技术措施，才能保证研制出来的装备的 RMS 达到甚至高于规定值要求，也才能使新研装备较好地满足使用要求(见 2.2.3 节)。

8.2.2 指标确定的方法和基本步骤

RMS指标的确定是在综合分析作战需求、科技水平、生产能力、寿命周期费用等诸多因素的基础上提出的。其中,最重要的是在作战需求与技术方面的可能之间作出恰当的权衡,通过权衡寻求优化的指标。指标的可行性论证必须要充分,否则,会导致研制周期一再延长,研制费用不断追加,甚至不得不在研制过程中修改指标。

8.2.2.1 指标确定的方法

指标的确定根据研究对象性质和特点的不同可以采用多种方法,以下是RMS指标确定经常用到的几种主要方法。

1. 类比法

类比法是将所研型号与类似的武器装备系统或民用产品进行类比,以类似装备或产品的RMS指标为依据确定RMS指标。有些型号属于仿制型号,其RMS指标基本参照仿制对象的RMS指标,只是根据运用要求和使用环境的不同进行分析调整。

2. 权衡法

权衡法是一种在需要与可能之间,以及在各种相关指标之间权衡的方法。例如,为了提高装甲车辆的机动能力和生存能力,希望其加速性能指标越高越好,但加速性的提高是以整车单位功率的提高为前提的,这可能对发动机的选择和战斗全质量的控制提出更高的要求。因此,装甲车辆加速性、机动能力、生存能力这些指标的确定必须通过需要与可能的权衡。又如,装备系统的可用性与可靠性、维修性、保障性之间存在一定的关系。当规定了可用性要求时,就需要在RMS之间进行权衡,从而确定出合理的RMS指标。通过可靠性、维修性、保障性的提高或降低,可以在三者的组合上达到规定的可用性。

3. 综合分析法

综合分析法是根据武器装备的任务要求和使用条件,分析并确定其典型的任务剖面和寿命剖面,详细描述任务剖面各阶段的任务、工作环境、持续时间以及保障方案等,通过进行RMS分析计算,初步确定出RMS指标;通过借鉴国内外相似产品的RMS水平,在分析考虑未来发展和现有技术水平的基础上,经过分析权衡,从而确定出先进可行的RMS指标。在确定RMS指标的同时,还应明确以下工作:

(1) 寿命剖面与任务剖面;
(2) 参数定义;
(3) 故障判据;
(4) 指标所属阶段;
(5) 指标是使用指标还是合同指标;
(6) 指标是目标值和阈值或规定值和最低可接受值;
(7) 指标(维修性保障性)是基于何种维修级别;
(8) 预期采取的保障方案;
(9) 验证试验方案。

总之,在进行 RMS 指标确定时,不论采用什么方法,都必须遵循下属基本原则:
(1) 要满足未来作战使用的需要;
(2) 要立足于采用现有技术水平和成熟的研究成果;
(3) 不应低于已有同类武器装备或配套使用武器装备的指标;
(4) 经过一定的努力能够达到;
(5) 便于控制、检验和考核。

8.2.2.2 指标确定的基本步骤

对于大多数新研制型号的战术技术指标要求而言,都不同程度地对已有装备的战术技术性能有一定的继承性,或者是比原有武器装备有一定提高,或者在某些方面有一定改进。RMS 指标确定可分为以下步骤:

第 1 步　明确所确定指标的定义和内容;
第 2 步　分析指标的影响因素;
第 3 步　收集对比国内外同类武器装备相应的参数指标数据;
第 4 步　采用定性分析、定量分析或试验等方法,初步确定指标参考值;
第 5 步　在通过相关指标之间的分析权衡后修正初定的指标值;
第 6 步　根据现有技术水平和作战需求分析确定指标要求;
第 7 步　确定指标的控制、检验和考核方法。

8.3　可靠性、维修性、保障性参数选择与指标确定示例

下面以牵引反坦克火炮为例,说明 RMS 参数选择与指标确定的主要过程和方法(所用数据均为假设)。

8.3.1　论证阶段使用参数选择和指标确定

8.3.1.1　装备任务要求和约束条件

由订购方根据作战需求分析提出。
1. 作战目标
(1) 主要目标:某型等主战坦克;
(2) 其他目标:其他装甲车辆、防御工事、火力点等。
2. 作战任务
(1) 阵地防御战:主要用于抗击坦克和其他装甲车辆冲击;也用于封堵突破口、抗登陆、抗空降、支援反冲击等;
(2) 进攻战斗:作为直接支援火力及压制火力支援步兵、坦克战斗。
3. 使用特点
直接瞄准射击为主,必要时用间接瞄准射击作压制武器。

4. 编配方案

师属炮团,每团配一个营,火炮18门。

5. 预期使用年限

年限约20年,身管寿命要求达1000发以上。

6. 研制周期

研制周期要求3年。

7. 操作人数

操作人数6人。

8. 寿命剖面及任务剖面

(略)。

8.3.1.2 类似火炮保障情况

1. 维修级别

假设火炮的维修级别分为基层级维修、中继级维修和基地级维修。基层级维修以换件修理为主,各级维修的主要任务包括以下几个方面。

(1) 基层级维修。炮手和部队基层修理所(团以下)人员用随炮和基层修理分队配备的工具、检测设备进行火炮的日常维护保养、检查和规定的预防性维修工作。

(2) 中继级维修。部队中继级修理机构(军、师)人员利用机修设备、通用和专用的检测修理设备,以换件和普通机加、焊修方法,完成部分机构的修理以及一般表面防护层处理和进行拆拼修理,并以本级维修资源对基层级进行支援。

(3) 基地级维修。一般在修理厂或制造厂进行,有专用、精密的检测设备,专用工具及专用起吊运输设备,设备、工具齐全。主要完成火炮的大修任务,技术水平高、工艺复杂、精密零部件的修理,改装、翻新及保证火炮技术要求的修复工作,以及本级维修资源对中继级进行支援。

2. 火炮维护制度

(1) 日维护:指装备使用前、后的日常擦拭保养工作,一般不超过10min。

(2) 周维护:对炮闩等稀油防护的零部件进行保养等,实际工作时间不超过3h。

(3) 年度维护:对火炮进行全面的技术检查和调校,更换变质的油脂,一般允许1天或几天。

此外,根据驻地情况或火炮使用油脂情况亦可安排季度维护。

8.3.1.3 使用需求分析

由订购方根据任务需求、保障情况和约束条件的分析提出。

(1) 根据作战效能分析。反坦克炮营在一次战役中,出现致命性故障的火炮不能超过4门,即一次战役单炮任务可靠度应在0.80以上,各机构出现的致命性故障在战斗间隙均应能修复90%,以保证不影响作战任务的完成。

(2) 保障性要求。应利用现有保障系统的人力和设备,不应要求基层级修理机构添加机床和大型设备。

8.3.1.4 订购方对相似产品的摸底情况

相似火炮基层级平均修复时间小于25min。

相似火炮发射部分故障率为0.005/发,即$\overline{T}_{bf}$=200发。全炮平均故障间隔发射弹数为120发。

8.3.1.5 可靠性、维修性使用参数及其指标

由订购方根据使用要求从战备完好性、任务成功性、维修人力和保障资源等方面提出。

1. 火炮致命性故障间隔发射弹数

根据使用要求,单炮一次战役的任务可靠度应大于0.80。若一次战役中每门炮平均发射72~120发,其中值为96发。按指数分布考虑,可得

$$R(t) = e^{-t/\overline{T}_{BCF}} \tag{8-3}$$

即

$$\overline{T}_{BCF} = \frac{-t}{\ln R(t)} \tag{8-4}$$

将$t=96, t=120$和$R(t)=0.80$代入式(8-4),可得

$$\overline{T}_{BCF} = 430(发) 和 540(发)$$

另外,从战术上对反坦克炮与坦克进行对抗分析。设敌方坦克以3~5m/s的速度向我阵地冲击。反坦克炮在距坦克1500~2000m开火,有效射击时间为80~100s,可发射6~10发炮弹。一次战斗,火炮可能抗击敌坦克三四次冲击共发射20~40发炮弹,在此期间要求火炮不能发生致命性故障。因此,任务可靠度应在0.95以上,按指数分布估计,致命性故障间的发射弹数应为340~780发。从作战需求和维修保障能力综合考虑,既满足战役使用,又满足战斗使用对火炮可靠性的要求,经商定取$\overline{T}_{BCF}$目标值为540发,阈值为430发。

2. 火炮平均故障间隔发射弹数

据统计,火炮发射时非致命性故障约为致命性故障的2倍左右,要求平均故障间隔发射弹数应大于平均致命故障间隔发射弹数的1/3。故取目标值为180发,阈值为140发。

3. 行军时致命性故障间隔里程和平均故障间隔里程

从驻地到战区一般行军距离约为250~350km,全营不能有4门炮掉队,要求单炮行走部分任务可靠度在0.80以上。同样按指数分布考虑,将$t=300, t=350$和$R(t)=0.80$代入式(8-4),可得

$$\overline{T}_{BCF} = \frac{-t}{\ln R(t)} = 1344(km) 和 1568(km)$$

经商定取致命性故障间隔里程目标值和阈值分别为1570km和1340km。据统计非致命故障的发生概率大致为致命故障的1.5倍左右。要求平均故障间隔里程为致命性故障间隔里程的1/2.5。取目标值为630km,阈值为540km。

4. 火炮恢复功能用的任务时间 $\overline{M}_{mct}$

根据相似产品的统计数据,基层级恢复功能用的任务时间一般小于10min。根据以往的经验,反坦克炮作战间隙一般为10~15min。要求在战斗间隙中可修复90%的致命性故

障,按对数正态分布计算:

取最大修复时间(90%) M_{max} = 10 ~ 15min,根据相似产品统计,维修时间对数方差 σ^2 =0.6,利用对数正态分布的计算公式,即

$$\ln M_{max} = \theta + 1.28\sigma$$
$$M_{mct} = e^{(\theta - 0.5\sigma^2)} \tag{8-5}$$

将有关数据代入式(8-5),可得 M_{mct} =5min 和 7.54min。

经商定取目标值为小于5min,阈值小于7min,该指标经专家分析对行军剖面也是适用的,故不再另提指标。

5. 火炮平均修复时间 $\overline{M}_{ct}$

参照相似火炮,考虑到维修性的改进和提高,取目标值为15min,阈值为20min。

经评审后将指标写入合同或研制任务书中。

8.3.2 方案阶段合同参数和指标的确定

(1) 承制方根据订购方要求提出的维修方案,与现行火炮保障情况是否一致。

(2) 承制方在设计方案确认过程中对可靠性和维修性进行了初步预计,其结果为:平均致命性故障间隔发射弹数 600 发;平均故障间隔发射弹数 250 发;平均修复时间 2min;恢复功能用的任务时间 6min。

(3) 承制方通过可靠性、维修性预计及设计方案分析认为可满足使用参数指标要求。

(4) 承制方与订购方协商确定的合同参数指标及理由如下。

① 致命性故障间隔发射弹数。规定值为 570 发,最低可接收值为 450 发。

理由:预计值已达 600 发,经过可靠性设计不可提高。由于使用时风沙、油垢等外界因素可能增加故障,故此参数合同指标应高于使用指标,经商定取转换系数 k_1 = 1.05。规定值=1.05×540=567 发,归整为 570 发,最低可接收值=1.05×430=451 发,归整为 450 发。

② 平均故障间隔发射弹数。规定值为 200 发,最低可接收值为 150 发。

理由:相似火炮为 120 发。预计值已达 250 发,针对相似火炮存在的问题进行可靠性设计后是可以达到的。经商定取转换系数 k_2 = 1.1。规定值=1.1×180=198 发,归整为 200 发,最低可接收值=1.1×140=154 发,归整为 150 发。

③ 基层级平均修复时间 $\overline{M}_{ct}$ 和恢复功能的任务时间 M_{mct}。M_{mct} 规定值为 5min,最低可接收值为 7min。$\overline{M}_{ct}$ 规定值为 15min,最低可接收值为 20min。

理由:定型验证试验条件与各部队使用条件一致,经商定取转换系数 k_3 = 1,故使用指标与合同指标相同。

(5) 指标经协商和评审后纳入《×型×××mm 反坦克炮研制任务书》中。

8.3.3 主要指标验证的规定

RMS 指标验证方法采用 GJB 899A—2009《可靠性鉴定和验收试验》、GJB 2072—1994《维修性试验与评定》等标准中规定的方法或经批准的其他方案进行(略)。

该火炮的 RMS 部分指标见表 8-3。

表 8-3　某型牵引反坦克火炮 RMS 参数及指标

序号	参数项目	使用指标		合同指标	
		目标值	阈值	规定值	最低可接受值
1	致命性故障间隔发射弹数/发	540	430	570	450
2	致命性故障间隔里程/km	1570	1340	1600	1350
3	平均故障间隔发数/发	180	140	200	150
4	平均故障间隔击发次数/次	2200	2000	—	—
5	平均故障间隔里程/km	630	540	650	550
6	车轮储存寿命/年	15	10	15	10
7	基层级平均修复时间/min	15	20	15	20
8	恢复功能用的任务时间/min	5	7	5	7
9	日维护时间/min	10	20	10	20
10	周维护时间/h	2.5	3	2.5	3
11	年平均备件费用/元	200	250	—	—

习　题

1. 什么是 RMS 使用指标？什么是合同指标？二者之间有何关系？
2. RMS 参数选择与指标确定的依据主要有哪些？指标确定的基本步骤是什么？

第九章
维修方案和维修工作的确定

对于现代复杂军用装备,即使装备设计得很可靠,但最终都将需要维修。采用什么样的维修方案进行装备的维修?应在何时实施什么样的维修?由谁在何处进行装备维修?需要什么样的维修资源?这是维修保障系统建立过程中必须研究和解决的问题。本章首先介绍维修方案的基本概念、维修级别、修理策略及维修方案的形成;然后介绍以可靠性为中心的维修、修理级别分析和维修工作确定的有关技术和分析方法。

9.1 维修方案及其形成过程

9.1.1 维修方案

9.1.1.1 维修方案的基本概念

维修方案(maintenance concept)也称维修保障方案,是从总体上对装备维修保障工作的概要性说明,是关于装备维修保障的总体规划。其内容包括维修类型(如计划维修、非计划维修)、维修原则、维修级别划分及其任务、修理策略、预计的主要维修资源和维修活动约束条件等。

9.1.1.2 制订维修方案的目的

制订装备维修方案的主要目的如下。

(1) 在装备设计中,为确定装备的保障要求提供基础,为主装备设计和重要的维修保障资源(如测试与保障设备、设施等)设计提供依据。装备的可靠性、维修性和保障性要求实际上都是以某种维修方案为约束的,包含某些参数选择都要以维修方案设想为前提。而在主装备及保障设备的设计中,更要依据维修方案。例如,如果维修方案不允许在使用现场有外部的测试与保障设备,那么,在主装备内应设计某种机内自动检测设备。

(2) 为建立维修保障系统提供基础。在保障性分析中,根据维修方案,针对产品(项目)设计可以确定其维修任务、维修频数与时间、人员数量与技能水平、测试与保障设备、备件、设施及其他资源,以建立装备维修保障系统。

(3) 为制订详细的装备维修计划提供基础,并对确定供应方案、训练方案、供需服务、运输与搬运准则、技术资料需求等产生影响。

要想经济而有效地实现上述目的,在装备论证研制的早期确定使用要求时就应确定装备的维修方案设想,并在装备研制过程中不断加以修订、完善。尽早确定维修方案,有助于设计和维修保障之间的协调,并系统地将其综合为一体。例如,测试与保障设备所具有的功能应与主装备的固有测试性设计以及给定的维修级别所承担的任务相匹配;配备的人员其技能应与设计所决定的产品的维修任务复杂性和难度相匹配;维修方法应根据产品设计及其维修任务来确定。若未及时确立维修方案,维修级别不明确,修理策略不确定:一方面装备系统的各个组成部分因缺乏统一的标准可能呈现出各种设计途径,难以决策;另一方面各种维修保障要素将难以与主装备相匹配,造成资源的浪费和保障水平的低下。

在研制中针对某型装备制定的维修方案及其随之产生的详细的维修计划,与装备投入使用后部队的具体维修方案(平时、战时针对所属各型装备的维修方案)和维修计划(如年度维修计划、修理实施计划等)是有区别的;前者是后者的依据,后者是前者在使用阶段的落实。在使用阶段的维修实施方案、计划中,遵循研制中的维修方案、计划及其形成的保障要素的规定,可以使保障系统良好地运行并与主装备相匹配,充分发挥主装备的可靠性、维修性和保障性及其他作战使用性能。同时,维修方案在装备使用阶段也要在实践中受到检验,并应依据实际情况进行必要的修改和完善。

9.1.2 维修级别及其划分

9.1.2.1 维修级别的基本概念

所谓维修级别是指按装备维修时所处场所而划分的等级,通常是指进行维修工作的各级组织机构。各军兵种按其部署装备的数量和特性要求,在不同的维修机构配置不同的人力、物力,从而形成了维修能力的梯次结构。

维修级别的划分是装备维修方案必须明确的首要问题。划分维修级别的主要目的和作用:一是合理区分维修任务,科学组织维修;二是合理配置维修资源,提高其使用效益;三是合理设置维修机构,提高保障效益。

9.1.2.2 维修级别划分的状况

维修级别对不同国家、不同军兵种是有所不同的,而且也会随着部队编制体制等变化而发生变化。一般其基本的组织结构是划分为2级、3级或4级。例如,我国陆军目前采用的是2级维修(部队级和基地级),美国陆军目前采用的也是2级维修(野战级和支援级)。我国陆军改革前长期采用的是3级维修(基层级、中继级和基地级),美国陆军改革前长期采用的是4级维修(基层级、直接支援级、全般支援级和基地级)。

不同的维修组织设计和类型对于维修职责、维修任务、维修资源配置、维修费用、维修能力以及列装部队前的装备设计、装备保障系统规划与构建等均有着重要影响。维修组织设计深受部队编制体制和装备维修保障理念的影响。例如,美国陆军自20世纪40年代以来,逐步形成并实施4级维修体系,这种维修体系的层次设置、任务安排以及保障方式,较好地满足了机械化半机械化条件下军事任务的保障需求。其4级维修体系的特点是,由级别较低的维修机构完成较简单的维修任务,当所需维修资源超出某一级别维修机构的能力时,武器装备就要进入高一级的维修机构进行修理。各维修级别成梯次配置、相互支持,形成一个闭合的装备维修保障系统。其4级维修体系是基于维修任务与维修能力进行的维修级别划分,其装备维修保障的理念或指导思想是"靠前维修"。进入21世纪,随着战争形态变化、任务需求变化、装备复杂程度显著增加、军事技术日新月异等因素的影响,美国陆军进行了一系列的改革和转型,装备维修由4级维修体系开始向2级维修体系转变,旅及以下实施的是野战级维修,维修基地、军和战区维修单位、特殊修理机构、合同商实施支援级维修。其野战级维修主要是通过更换故障部件、组件或模块使武器系统以迅速恢复到可使用状态,并交付给使用部队;支援级维修主要是负责对野战级更换下来的部组件或整装进行修理、重置和大修,最后将其返还到供应系统。其2级维修体系是基于部队装备的战备完好性而划分的,其维修保障的理念或指导思想是"前方替换,后方修理",以确保部队装备战备完好性和战时利用率达到(或满足)规定任务要求。

(1) 基层级维修(organization maintenance)。基层级维修(记为"O"级)也称为分队级维修,一般是由装备使用分队在使用现场或装备所在的基层维修单位实施维修。由于受维修资源及时间的限制,基层级维修通常只限于装备的定期保养、判断并确定故障、拆卸更换某些零部件。例如,某些电子装备,基层级维修仅限于对装备的日常测试及故障后模块的更换。在基层级,装备使用者的任务是满足装备使用的需求,因此确定维修方案时必须考虑能够在较短时间内使装备正常工作的维修对策。通常,对基层级维修工作限制其平均修复时间不超过1h。

(2) 中继级维修(intermediate maintenance)。中继级维修(记为"I"级)一般是指基层级的上级维修单位及其派出的维修分队,它比基层级有较高的维修能力,承担基层级所不能完成的维修工作。中继级的维修一般由军、师的维修机构以及军区流动修理机构等实施,主要负责装备中修或规定的维修项目,同时负责对基层级维修的支援。由于中继级维修任务的复杂性增大。因此,该级所配置、可利用的工具、设备品种更多,维修人员的技能水平应该更高。例如,对某些电子装备,中继级维修包括测试由"O"级拆卸下来的部件,决定是否修理、更换发生故障的电子元器件等。

中继级维修可以由机动的、半机动的和固定的、专业化的维修机构和设施实施。机动的或半机动的维修分队用于给下属基层分队的作战装备提供靠前支援。这些维修分队通常拥有某些测试与保障设备以及工程车,在基层级维修人员的协助下提供现场维修,以便使装备迅速得以修复。

(3) 基地级维修(depot maintenance)。基地级维修(记为"D"级)拥有最强的维修能力,能够执行修理故障装备所必要的任何工作,包括对装备的改进性维修。一般由总部、军区的修理工厂或装备制造厂实施。基地级维修的内容通常有装备大修、翻新或改装,以及中继级不能完成的项目。例如,对于某些电子装备,基地级可在模块上重新布置全部部件、制造损坏底板的更换件或重装整个装备。

图9-1给出了3级维修各维修级别之间的关系。一个基地级的维修机构可以支援几个中继级的维修机构。同样,一个中继级的维修机构可以支援多个基层级的机构。

需要说明的是,进入21世纪,随着战争形态不断变化、新型复杂装备迅猛发展、军事

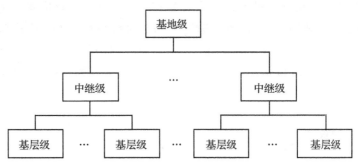

图 9-1 三级维修各维修级别的相互关系

技术日新月异等因素的影响,一些国家军队编制体制开始进行转型或变革,与之相适应,装备维修级别也随之发生了相应的转型或改变。例如,在 21 世纪初伊拉克战争后,美国陆军由 4 级维修体系开始变为 2 级维修体系,实行野战级维修(由旅及以下实施)和支援级维修(旅以上)。目前,我国陆军装备也由之前的 3 级变为 2 级维修体系,实行部队级维修(集团军及以下)和基地级维修(集团军以上)的 2 级维修体系。由 3 级(或 4 级等)转为 2 级维修,通常是取消中间级(或者说是将中间级的任务进行拆分)维修,将原来的基层级和部分中继级合并成野战级或部队级,将原来的基地级和部分中继级合并为支援级或基地级。

9.1.2.3 维修级别的划分

维修级别的划分及设置因军队编制体制及军兵种的不同可以有所不同,但划分原则是类似的。划分维修级别应以维修保障的高效、经济为主要目标,遵循以下原则。

(1) 维修级别的划分应与装备任务及其复杂程度相适应。维修级别是实施装备维修工作的组织机构,在维修保障系统运行过程中,装备任务及其复杂程度直接制约着维修级别的划分,维修级别划分的合理与否又直接影响着装备执行任务的效果。通过分析装备作战使用需求、任务复杂程度以及所需实施的装备维修工作,合理地确定与装备任务及其复杂程度相适应的维修级别,并明确各维修级别的维修工作职责和范围,规划装备维修工作所需的各维修级别上的保障资源。

(2) 维修级别的划分应与部队编成相协调。维修机构是整个部队组织机构中的重要组成部分,它受部队编成以及组织指挥体制、后勤保障体制与方式的直接制约。因此,维修级别的划分必须与部队的编成相协调,但并非层层设维修机构。维修机构的人员、设备、设施等的规模要服从部队编成要求,要适于所编部队实施指挥与管理,要利于组织实施各项装备维修工作。

(3) 维修级别的划分应与部队维修保障系统相协调。部队的维修保障系统直接制约着装备的维修级别的划分。部队维修保障系统中的各种资源的数量、规模和配置对装备的维修级别有着直接影响。在确定一种装备的维修级别划分时,首先应考虑与现有部队的维修保障系统相协调,与现有级别划分相一致或从中进行取舍,除非装备特性和使用要求有重大改变;否则,在一个时期内,部队维修保障系统运行中的维修级别划分将不会进行变化,保持相对稳定。

(4) 在划分维修级别时应对各种影响因素进行综合权衡。影响维修级别的要素有多种,除上述 3 种基本要素外,装备的修理策略、装备的各种特性与要求等也对维修级别的划分有影响。各种影响要素对维修级别划分的要求一般不会完全相同,可能会产生多种划分方案,应对各种影响要素进行综合权衡,选择出最为合理的方案,以确保维修保障系统能够良好地运行。

9.1.3 修理策略

9.1.3.1 修理策略的基本概念

修理策略是指装备(产品)故障或损坏后如何修理,它规定了某种装备预定完成修理的深度和方法,它不仅影响装备的设计,而且也影响维修保障系统的规划和建立。在确定装备的维修方案时,必须确定装备的修理策略。装备或武器系统可采用的修理策略一般可分为:不修复(损伤后即更换)、局部可修复和全部可修复。而对于一个具体产品的修理策略则只是不修复(整体更换)和修复(原件修复包括更换其中的部分)。

修理策略的实现要落实到具体产品上,要求按修理策略将装备(产品)设计成为不修复、局部可修复和全部可修复的装备(产品)。

(1) 不修复的产品。不修复的产品是指不能通过维修恢复其规定功能或不值得修复的产品,即故障后即予以报废的产品,其结构一般是模块化的,且更换费用较低。图 9-2 给出了某装备的修理策略。若是在设计上选定单元 A、B、C 在基层级故障后即报废,则应建立有关机内自检的系统设计准则,以确保在使用中能够将故障隔离到单元。为了便于更换,在设计中应将单元设计得容易装拆(如插入式或采用快速紧固件等)。由于单元故障后即予以废弃,因此,不需要内部的可达性、测试点、插入式组件、模块化等,这样可以使得单元的重量较轻,费用较低。由于维修只限于拆卸和更换,所以不需要维修用的检测设备,人员技能水平要求也较低,维修方法也较简单,但是应将备件储备在规定的维修级别,而备件费用和储备费用可能较高。

(2) 局部可修复的产品。产品发生故障后,其中某些单元的故障可在某维修级别予以修复,而另外一些单元故障后则不修复需予以更换。局部可修复的产品可有多种形式。如图 9-2 所示,单元中的混频器、驱动器部件在中继级是可修的,而电路板则在故障后是不修复的。在装备设计的早期,修理策略从哪些产品是可修的、哪些产品是不可修的以及在哪一级修复等方面为装备的设计规定了目标。由于在某一维修级别上的决策会对其他级别产生影响,因此,修理策略必须全面考虑涉及的所有维修级别。

(3) 全部可修复的产品。如图 9-2 所示,对于基地级而言,单元 A、B 内的各个电路板都是可修复的。在这种情况下,设计准则必须包括电路板直到其内部的零部件层次。就检测与保障设备、备件、人员与训练、技术资料以及各种设施来说,这种策略需要大量的维修保障资源。

9.1.3.2 修理策略的选择

在选择修理策略时应注意以下几点。

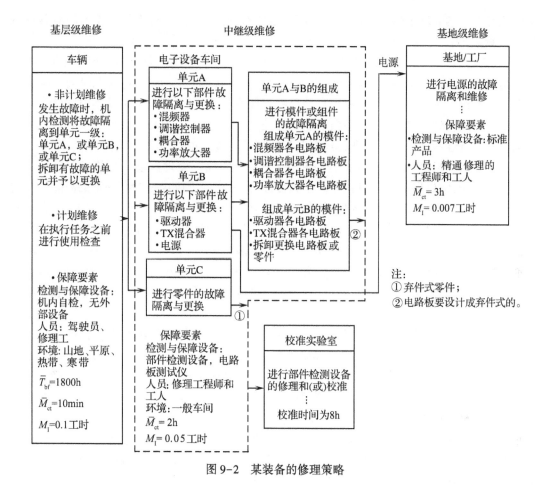

图 9-2 某装备的修理策略

(1) 作战使用需求是修理策略选择的首要因素。修理策略的选择,在很大程度上取决于装备的使用(作战)要求。例如,系统的使用要求如果规定了一个非常短的平均停机时间,那么,在基层级只有提供快速修复的能力才能满足该要求。由于基层级的人员技术和拥有的设备的限制,因此,要求装备设计能够使故障的判定既方便又正确,而且判定故障后能够迅速拆卸和更换故障件。换下的故障件,若是不修复产品则予以废弃;若是可修复产品则根据修理能力由本级或送上一级修理机构进行修复。对每一种修理策略都可初步确定其保障资源需求。以图9-2所示的策略为例,组件、部件层次的备件以及电路板储存在中继级。在基层级不需要外部的检测与保障设备。但是,在中继级应配备组件测试台和电路板检测仪。对人员技能水平的要求应联系维修效果加以规定。对于这些要求的评定,以能否为该系统确定一个最优的修理策略为准则。

(2) 对同一种产品,不同的维修级别可能有不同的修理策略。不同的维修级别具有不同的维修工作职责和范围,即使对同一种产品而言,在不同的维修级别上也可能选择不同的修理策略。例如,基层级由于作战需求及约束,如所拥有的人员数量与水平、设备与设施规模、允许的修理时间等,可能要求修理策略将产品设计成为不修复产品;但对于基地级,由于其使用维修需求及其修理能力和特点,可能选择其为可修复产品。此外,由于平时和战时维修需求(如修理时间及经费等要求)及修理能力的不同,对于同一种产品,同一个维修级别也可能有不同的修理策略。在进行修理策略选择时,应从不同方面按照优先顺序对其进行综合权衡。

(3) 减少资源消耗是修理策略选择的重要因素。对于现代复杂装备,修理策略选择的恰当与否对于其使用保障费用或寿命周期费用有着直接的根本性影响,这不仅会影响到维修保障系统运行中人力的消耗,而且直接影响着保障设备、设施的配置以及器材的储存策略与费用。因此,除非根据作战使用需求能明确地辨识出选择何种策略;否则,从节省资源减少消耗的经济性和减少环境污染的角度选择修理策略应是主要的决策因素。

(4) "修理浮动"(repair float)是一种有效的修理策略。修理浮动集可修复产品和不修复产品的特长,它以保证装备战备完好性为目标,通过在各维修级别储存一定的故障产品的修理浮动量,以确保在现场能尽快使装备得以修复。当故障产品不能被马上修复时,可从修理浮动中取出代替,待故障产品被修复后,将其又放入修理浮动中。根据作战使用需求,可将装备的任意层次作为浮动以保证规定要求的装备战备完好性。采用该修理策略,可以有效地吸取多个方面(如各维修级别的资源与能力、费用因素、战备完好性等)的特长,但在保障系统运行时,必须预先制定周密的计划。若考虑经济性因素时,需采用优化技术和方法进行优化分析和决策。

由此可见,预定的修理策略直接影响着装备设计和维修保障资源要求。在装备研制过程中,有可能对原定的修理策略进行局部调整。但是,当装备设计及其保障资源完全确定后,具体产品的修理策略,如是修复还是弃件,一般地说也就难以改变了。因此,在确立装备的维修方案时,必须首先分析装备的使用(作战)要求,并根据这些要求确定出将能够保证这些要求实现的修理策略。在该阶段,可能会设想出多个不同的修理策略,但最终应把范围缩小到一个或两个合理的方案,并对其进行详细地分析。由于每一个待选方案反映着系统设计和保障的特点,因此应按照相应的参数指标(如可用度等)和寿命周期费用予以评价。在规定新研装备的使用方案和维修方案时,所需数据常常是根据经验或从类似的装备取得,经过对比分析,根据各个方案的相对优缺点选定修理策略。若有两种策略被认为效果较好,维修方案则分别考虑这两种策略,直到取得详细的数据资料能够完成更深入的对比分析为止。图9-3示出了用于评估和优化修理策略的权衡过程。在使用阶段,具体产品的修理策略应根据实际情况做必要调整。

9.1.4 维修方案的形成

维修方案的制定是装备寿命周期中最重要的工作之一,其形成过程是一个反复迭代的过程,常常需要进行各种综合权衡分析。例如,采用2级维修还是3级维修;采用修复还是弃件的决策;涉及维修保障的可靠性、维修性和可用度分析;采用机内检测还是外部检测等。下面仅以采用2级维修还是3级维修的评估为例,说明维修方案形成的基本过程。

假设在方案阶段制定系统"X"的维修方案,现需要对是采用2级维修还是3级维修问题进行评估。2级维修(如基层级和基地级)的维修方案为,系统由6个组件构成,要求系统具有通过机内检测将故障隔离到组件的能力;故障件拆卸后用备件予以更换,并将故障件送基地级修理。3级维修的设计方案为,系统由两个模块A、B组成,每个模块分别由3个组件构成。要求系统能够以在线检测方式将故障隔离到模块级。

采用备件更换故障模块,拆卸下的故障模块送中继级修理。在中继级,采用外部检测方式可将故障隔离到组件级,首先将故障组件拆卸后用备件加以更换;然后将故障组件送基地级修理。如图9-4所示。

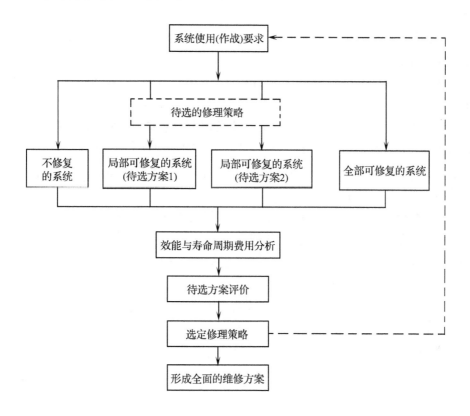

图 9-3 修理策略的评估与优化

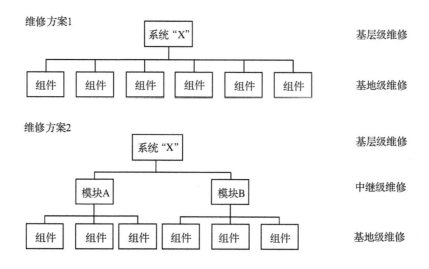

图 9-4 两级维修与三级维修的方案比较

下面假设已获得下述信息。

(1) 预计系统"X"的年工作时间为2000h,按照维修方案1系统的采购费用为250000元,按照维修方案2其采购费用为175000元,两种维修方案的主要区别是维修方案1要求系统具有较强的在线检测能力。

(2) 假设所有组件的可靠性均相同,其故障率为$0.001h^{-1}$,各组件的修复时间也相同且能满足使用备件的要求。

(3) 在基层级每次维修的平均人力费用为100元,中继级为200元,基地级为300元。

(4) 对于维修方案1,在基层级需储存3个备用组件才能满足使用(作战)要求,每个备用组件的费用为20000元;对于维修方案2,在基层级需储存2个备用模块,并且在中继级需储存2个备用组件。模块的费用为50000元,组件的费用为15000元。上述备件的费用包括备件的采购费用及储存费用。

(5) 用于保障模块级修理的外部检测设备费用为75000元,组件级的检测设备费用为50000元。这些费用包括设备的使用及维修费用。

(6) 在中继级修理的设施费用为75元/次,基地级为30元/次。

(7) 对故障模块进行修理的运输费用为100元/次,故障组件为75元/次。假设采用维修方案1时进行维修所需的计算机及信息资料费用为25元/次,维修方案2为40元/次。

由上述信息可计算两个维修方案的各种费用。

系统"X"的年平均故障次数:$0.001 \times 6 \times 2000 = 12$(次)。

年平均维修人力费用:
维修方案1 $12 \times (100+300) = 4800$(元)
维修方案2 $12 \times (100+200+300) = 7200$(元)

年平均备件费用:
维修方案1 $3 \times 20000 = 60000$(元)
维修方案2 $2 \times 50000 + 2 \times 15000 = 130000$(元)

年平均设备费用:
维修方案1 50000(元)
维修方案2 $75000 + 50000 = 125000$(元)

年平均设施费用:
维修方案1 $12 \times 30 = 360$(元)
维修方案2 $12 \times (75+30) = 1260$(元)

年平均运输费用:
维修方案1 $12 \times 75 = 900$(元)
维修方案2 $12 \times (100+75) = 2100$(元)

年平均计算机及信息资料费用:
维修方案1 $12 \times 25 = 300$(元)
维修方案2 $12 \times 40 = 480$(元)

两个维修方案的费用计算结果如表9-1所列。

表9-1 两个维修方案费用比较

费用项目	维修方案1 费用/元	维修方案2 费用/元
系统采购	250000	175000
每年维修的人力	4800	7200
备件	60000	130000
设备	50000	125000

续表

费用项目	维修方案1费用/元	维修方案2费用/元
设施	360	1260
运输	900	2100
计算机及信息	300	480
合计	366360	441040

由表9-1知,选择方案1,即两级维修较优。显然,上述权衡是以费用为依据的。这是因为在维修方案2中,基层级都是采用换件修理(换组件或换模块),其时间都比较短,能够达到使用可用度或战备完好性要求;而换下的组件或模块在中继级或基地级修理时间加上运输及其他延误可能时间稍长,但因修复的产品只用作为基层级的备件,在其修复过程中装备仍在运转(工作),其时间延误不至直接影响使用。所以,示例中未就维修方案对系统可用度或战备完好性进行比较和评价。一般而言,确定维修方案时须对各种方案进行比较和权衡(见第七章)。

总之,维修方案的制定是装备寿命周期中的重要工作,它对于装备的维修方案和装备的维修保障有着重大的影响。维修方案形成后,将从维修方案出发,逐步形成初始的设计要求和维修保障准则。这些准则不仅影响装备系统设计的功能(如故障检测与诊断、标准化及互换性等),而且对系统设计及维修保障资源的采购提供了重要依据。为了保证维修方案的完整性,作为一种最后的检查手段,可以提出如下问题加以确认。

(1) 是否定义和确定了各维修级别?
(2) 是否为每一个维修级别确定了其基本的维修职能?
(3) 是否确定了修理策略及其维修级别决策的有关准则?
(4) 是否确定了有关使用与维修保障的定量指标(如维修频率、修复时间、维修工时、维修费用、运输时间、检测及维修设备的可用度及利用率、备件要求及储存水平、软件可靠性、设施利用率等)?
(5) 是否确定了每一维修级别上各种保障要素的设计准则?
(6) 是否确定了每一维修级别的环境要求与约束?

上述问题及类似的其他问题的评审有助于维修方案的形成与确定。

9.2 以可靠性为中心的维修

9.2.1 RCM的基本概念、目的及发展

9.2.1.1 基本概念

以可靠性为中心的维修(reliability centered maintenance,RCM),是指按照以最少的维修

资源消耗保持装备固有可靠性和安全性的原则,应用逻辑决断的方法确定装备预防性维修要求的过程。RCM 的最终结果是产生装备的预防性维修大纲。

装备的预防性维修大纲是装备的预防性维修要求的汇总文件,一般包括以下内容。

(1) 需进行预防性维修的产品和项目。在此"项目"是指某些装备结构的各分析层次,因为最低分析层次有可能是一个结构零件上的某一部位,不能单独成为一个"产品",故称为项目。

(2) 需维修产品(项目)要实施的预防性维修工作类型及工作的简要说明。

(3) 各项预防性维修工作的间隔期。

(4) 实施每项预防性维修工作的维修级别。

目前,RCM 是国际上通用的用以确定装备(设备或资产)预防性维修需求的一种分析技术或方法,它不是一种具体的维修类型,也可将其称为 RCM 分析。

9.2.1.2　RCM 分析的根本目的

RCM 分析用于确定装备的预防性维修大纲,其根本目的如下。

(1) 通过确定适用而有效的预防性维修工作,以最少的资源消耗保持和恢复装备可靠性和安全性的固有水平。装备可靠性和安全性的固有水平是由设计与制造所赋予的,通过进行适用而有效的预防性维修,可以使其固有水平得以充分发挥。

(2) 提供必要的设计改进所需的信息。通过 RCM 分析可以有效地发现对装备的可靠性、安全性和维修保障等有重大影响或后果的设计缺陷,为改进设计提供重要信息。

9.2.1.3　RCM 的产生与发展

在长期的维修实践中,人们一直在不断地探索实用而科学的维修理论与方法,以便指导维修实践活动,确保装备能够发挥其应有的效能。

20 世纪 50 年代末以前,在各国装备维修中普遍的做法是对装备实行定时翻修。这种做法来自早期的对机械事故的认识:机件工作就有磨损,磨损则会引起故障,而故障影响安全,所以,装备的安全性取决于其可靠性,而装备可靠性是随时间增长而下降的,必须经常检查并定时翻修才能恢复其可靠性。预防性维修工作做得越多、翻修周期越短、翻修深度越大,装备就越可靠。由此可见,传统的维修是以定时翻修为主,其理论基础是故障规律为典型的"浴盆曲线"。这种认识和做法对于简单的机械装备和零件是比较适用的。但是,对于复杂装备或产品来说,传统的做法常常会遇到两个重大问题:一是随着装备的复杂化,无论机件大小都进行定时翻修其维修费用不堪负担;二是有些产品或项目,不论其翻修期缩到多短,翻修深度增到多大,其故障率仍然不能有效控制。60 年代初,美国联合航空公司迫于问题需要对其进行了深入地研究。通过收集大量数据并进行分析,发现航空机件的故障率曲线有如图 9-5 所示的 6 种基本形式,符合浴盆曲线的仅占 4%,而且具有明显耗损期的情况也并不普遍。事实上没有耗损期的机件约占 89%。通过分析得到两个重要结论。

(1) 一个复杂装备,除非它具有某种支配性故障模式,否则定时翻修对其总的可靠性只有很小的影响。

(2) 对许多项目,没有一种预防性维修形式是十分有效的。

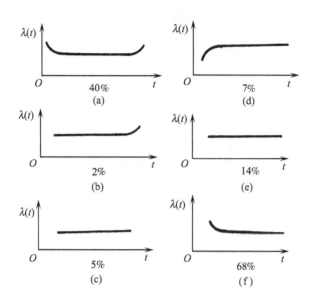

图 9-5 航空装备故障率曲线

在近 10 年的维修改革探索中,通过开展可靠性工作、针对性维修、按需要检查和更换等一系列试验和总结,形成了一种普遍适用的新的维修理论——以可靠性为中心的维修。

1968 年,美国空运协会颁发了体现这种理论的飞机维修大纲制定文件 MSG-1《手册:维修的鉴定与大纲的制定》,该文件由领导制定波音 747 飞机初始维修大纲的维修指导小组(maintenance steering group,MSG)起草的,在波音 747 飞机上运用后获得了成功。按照 RCM 理论制订的波音 747 飞机初始维修大纲,在达到 20000h 以前的大的结构检查仅用 6.6 万工时;而按照传统维修思想,对于较小且相对不太复杂的 DC-8 飞机,在同一个周期内需用 400 万工时。对于任何用户这种大幅度的减少维修工时、费用,其意义是显而易见的,重要的是在不降低装备的可靠性前提下实现的。

1978 年,美国国防部委托联合航空公司在 MSG-2 的基础上研究提出维修大纲制订的方法。诺兰(Nowlan F. S.)与希普(Heapx H. F.)合著的《以可靠性为中心的维修》正是在这种情况下出版。在此书中正式推出了一种新的逻辑决断法——RCM 法。它克服了 MSG-1/2 中的不足之处,且明确阐述了逻辑决断的基本原理。为了对预防性维修工作明确区分,避免使用定时维修、视情维修、状态监控 3 种维修方式,而是代之以更具体的预防性维修工作类型。自此,RCM 理论在世界范围内得到进一步推广应用,并不断有所发展。美国国防部和"三军"制定了一系列指令、军用标准或手册,推行 RCM 取得成功。进入 20 世纪 90 年代后,RCM 已广泛应用于世界上许多工业部门或领域,其理论又有了新的发展。1991 年,英国的约翰·莫布雷(John Moubray)撰写了新的《以可靠性为中心的维修》(简称 RCM Ⅱ),并于 1997 年修订后再版。

进入21世纪,RCM分析技术更加广泛地在世界各国特别是西方发达国家应用于军事、能源、交通、电力、航空航天、船舶、化工、机械等各行业的装备、设备或资产。美军将RCM理论与基于状态的维修(CBM)技术相结合,大力推进CBM+战略,在装备维修保障方面取得了显著的军事经济效益。日本、德国、法国等普遍采用RCM理论用于确定和优化包括高铁等装备在内的维修制度。

20世纪80年代初开始,我国空军等军兵种相继引进、消化和应用这一分析技术,并取得了较好的成效。例如,空军对某型飞机采用RCM后,改革了维修规程,取消了50h的定检规定,寿命由350h延长到800h以上。1987年,在运七飞机上开展RCM也取得了成功。1992年,我国颁布了GJB 1378—1992《装备预防性维修大纲的制订要求与方法》,并在多种新研装备和现役装备中开始实施,促进了现役装备维修改革和新装备形成战斗能力;2007年,该国军标准之后又修订为GJB 1378A—2007《装备以可靠性为中心的维修分析》。进入21世纪,国内对RCM理论更为重视,众多学者或设备维修管理者等广泛开展RCM理论与应用研究,并取得了丰硕成果。随着RCM理论与应用实践的不断深入,有理由相信RCM理论在我国也将成为流行的确定和优化装备(设备)维修制度的重要技术与方法。

9.2.2 RCM的原理

RCM分析立足于装备故障模式与影响分析。为了深入理解RCM的原理及其所采取的维修对策,在前面有关章节讨论的故障规律的基础上,对产品故障再做进一步分析。

9.2.2.1 故障的分类

如前所述,故障是指产品不能执行规定功能的状态。故障的分类方法很多,这里只从RCM分析需要来加以区分。

1. 按故障的发展过程区分——功能故障与潜在故障

一般地说,装备的故障总有一个产生、发展的过程,尤其是磨损、腐蚀、老化、断裂、失调、漂移等因素引起的故障更为明显。因此,按照故障的发展过程,可将故障区分为功能故障与潜在故障。

(1) 功能故障:是指产品不能执行规定功能的状态,即前述的故障定义通常就是指功能故障。

要确定具体装备的功能故障,需要首先弄清装备的全部功能。例如,飞机刹车系统,其功能是:能使飞机停住、能调节停机的快慢、提供飞机在地面转弯时所需的差动刹车、提供轮胎防拖的能力等。由此可见,刹车系统可能会有多个不同的功能故障,因此,在进行装备的故障模式和影响分析时,必须针对具体装备考虑到所有的功能故障。

(2) 潜在故障:是指产品或其组成部分即将不能完成规定功能的可鉴别的状态。

在此,"潜在"两字有两层含义:一是这类故障是指功能故障临近前的产品状态,而不是功能故障前任何时间上的状态;二是产品的这种状态是经观察或检测可以鉴别的。反之,则该产品就不存在潜在故障。

零部件或元器件的磨损、疲劳、烧蚀、腐蚀、老化、失调等故障模式,大都存在由潜在故障发展到功能故障的过程。图9-6给出了潜在故障发展的一般过程,称为 $P—F$ 曲线,它反映了产品从开始劣化到故障可被探测到的点(潜在故障点"P"),如果未探测并予以纠正,则产品继续劣化直至到达功能故障点"F"。

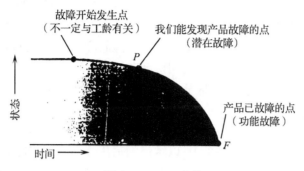

图 9-6　P—F 曲线

2. 按故障的可见性区分——明显功能故障与隐蔽功能故障

可见性分类是针对功能故障的,可区分为明显功能故障与隐蔽功能故障。明显功能故障是指其发生后正在履行正常职责的操作人员能够发现的功能故障。这里"明显"的意思是指"操作人员能够发现",即操作人员在正常操作过程中通过机内仪表和监控设备的显示,或通过自己的感觉能够觉察出来的故障。隐蔽功能故障是指正常使用装备的人员不能发现的功能故障。它们必须在装备停机后做检查或测试时才能发现。因此,这里所谓的"隐蔽",是指"操作人员发现不了"的意思。

如果一个产品有若干种功能,在这些功能中有一种功能的丧失是"不明显的",这种功能则称为隐蔽功能,该产品称为隐蔽功能产品。例如,采用冗余设计技术设计的某故障报警装置,仅在两个或多个故障同时存在时才报警,那么,该产品就属于隐蔽功能产品。因为第一个故障的出现是不明显的。

隐蔽功能故障包括两种情况。

(1) 正常情况下产品是工作的,其功能故障对履行正常职责的操作人员是不明显的;

(2) 正常情况下产品是不工作而处于备用状态的,其功能故障在使用这种功能前对履行正常职责的使用人员来说是不明显的。

例如,一些动力装置的火警探测系统属于第一种情况。这个系统只要发动机在使用,它就在工作,但是系统的功能对操作人员是不明显的,除非它探测到火灾发出告警操作者才知道,因此如果它出了某种故障则该故障就是隐蔽的。配合火警探测系统的灭火系统则属于第二种情况。除非探测到了火警,否则它是不工作的,只有当需要使用它时使用人员才能发现它能否工作。

3. 按故障的相互关系区分——单个故障与多重故障

(1) 单个故障。单个故障有两种情况:独立故障,是指不是由另一产品故障引起的故障,也称原发故障;从属故障,是指由另一产品故障引起的故障,也称诱发故障。

(2) 多重故障。多重故障是指由两个或两个以上的独立故障所组成的故障组合。它可能造成其中任意故障不能单独引起的后果。例如,火炮后座指示器发生故障不能正确指示后座长度,其危害是有限的;但是,若又发生了后座过长的故障,则会危害人员和火炮的安全。对于飞机、导弹等装备更应避免多重故障的发生。

多重故障与隐蔽功能故障有着密切的联系。隐蔽功能故障如果没有被及时发现和排除，它与另一个有关的功能故障结合，就会造成多重故障，可能产生严重后果。例如，某些飞机的升降舵操纵系统设计有同心的内轴和外轴，使得其中一个轴的故障不会造成升降舵操纵的失灵。如果一个轴有了故障未被发现，以后第二个轴又发生了故障，两个独立故障连贯地发生，则会形成多重故障。这种多重故障的后果是危险的，危及飞行安全。上面所说的火警探测系统和灭火系统如同时发生故障，同样会产生严重后果。

除上述3种划分外，按故障后果区分，还可分为有安全性、任务性和经济性影响的故障。

9.2.2.2 RCM的基本原理

在以上故障模式影响分析的基础上，以维修的适用性、有效性和经济性为决断准则，进而确定科学合理的维修决策，这就是RCM的基本方法，它是建立在如下基本原理基础上的。

（1）装备的固有可靠性与安全性是由设计制造赋予的特性，有效的维修只能保持而不能提高它们。RCM特别注重装备可靠性、安全性的先天性。如果装备的固有可靠性与安全性水平不能满足使用要求，那么只有修改设计和提高制造水平。因此，想通过增加维修频数来提高这一固有水平的做法是不可取的。维修次数越多，不一定会使装备越可靠、越安全。

（2）产品（项目）故障有不同的影响或后果，应采取不同的对策。故障后果的严重性是确定是否做预防性维修工作的出发点。在装备使用中故障是不可避免的，但后果不尽相同，重要的是预防有严重后果的故障。故障后果是由产品的设计特性所决定的，是由设计制造而赋予的固有特性。对于复杂装备，应当对会有安全性（含对环境危害）、任务性和严重经济性后果的重要产品，才做预防性维修工作。对于采用了余度技术的产品，其故障的安全性和任务性影响一般已明显降低，因此可以从经济性方面加以权衡，确定是否需要做预防性维修工作。

（3）产品的故障规律是不同的，应采取不同方式控制维修工作时机。有耗损性故障规律的产品适宜定时拆修或更换，以预防功能故障或引起多重故障；对于无耗损性故障规律的产品，定时拆修或更换常常有害无益，更适宜于通过检查、监控，视情进行维修。

（4）对产品（项目）采用不同的预防性维修工作类型，其消耗资源、费用、难度与深度是不相同的，可加以排序。对不同产品（项目），应根据需要选择适用而有效的工作类型，从而在保证可靠性与安全性的前提下，节省维修资源与费用。

9.2.2.3 维修对策

按照上述RCM的基本原理，对于装备故障及其影响，其总的维修对策如下。

1. 划分重要和非重要产品（项目）

重要产品（项目）是指其故障会有安全性、任务性或重大经济性后果的产品（项目）。对于重要产品（项目）需做详细的维修分析，从而确定适当的预防性维修工作要求。对于非重要产品（项目），其中某些产品（项目）可能需要一些简单的预防性维修工作，如一般目视检查等，但应将该类预防性维修工作控制在最小的范围内，使其不会显著地增加总的维修费用。

2. 按照故障后果和原因确定预防性维修工作或提出更改设计的要求

对于重要产品（项目），通过对其进行FMEA，确定是否需做预防性维修工作。其准则如下。

(1) 若其故障具有安全性或任务性后果,必须确定有效的预防性维修工作。

(2) 若其故障仅有经济性后果,那么只在经济上合算时才做预防性维修工作。

(3) 按照适用性与有效性准则,确定有无适用而有效的预防性维修工作可做。如果没有有效的工作可做,那么必须对有安全性后果的产品更改设计;对于有任务性后果的产品一般也要更改设计。

3. 根据故障规律及影响,选择预防性维修工作类型

在早期的 RCM 中,是采用常见的 3 种维修方式:定时维修、视情维修、状态监控(或事后维修)安排预防性维修,之后用更加明确的预防性维修工作类型来代替维修方式。按照预防性维修工作内容及其时机控制原则将其划分为 7 种类型。以下按所需资源和技术要求由低到高将其大致排序如下。

(1) 保养(servicing)。保养包括保持产品的固有设计性能而进行表面清洗、擦拭、通风、添加油液和润滑剂、充气等作业,但不包括定期检查、拆修工作。因此,RCM 的预防性维修工作类型中的保养要比一般所说的保养面窄。

(2) 操作人员监控(operator monitoring)。操作人员在正常使用装备时,对装备所含产品的技术状况进行监控,其目的是发现产品的潜在故障。这类监控包括:①装备使用前的检查;②对装备仪表的监控;③通过感官发现异常或潜在故障,如通过气味、声音、振动、温度等感觉辨认异常现象或潜在故障。

显然,这类工作只适用于明显功能故障产品,而且应在操作人员职责范围内。

(3) 使用检查(operational check)。对于操作人员监控不能发现的隐蔽功能故障产品,应进行专门的"使用检查"。所谓使用检查是指按计划进行的定性检查,如采用观察、演示、操作手感等方法检查,以确定产品能否完成其规定的功能。其目的是及时发现隐蔽功能故障。

从概念上讲,使用检查并不是产品发生故障前的预防性工作,而是探测隐蔽功能故障以便加以排除,预防多重故障的严重后果。因此,这种维修工作类型也可称为探测性(detective)维修。在各种现代武器系统、飞机、航天器及高安全、高可靠性的系统中,冗余系统越来越普遍,这种维修工作类型越来越重要,应用越来越广泛。

(4) 功能检测(functional check)。所谓功能检测是指按计划进行的定量检查,以便确定产品的功能参数或状态参数指标是否在规定的限度内。其目的是发现潜在故障,预防功能故障发生。由于是定量检查,因此进行该类工作时需有明确的、定量的故障判据,以判断产品是否已接近或达到潜在故障状态。

(5) 定时(期)拆修(restoration)。也称定期恢复,定时拆修是指产品使用到规定的时间予以拆修,使其恢复到规定的状态。拆修的工作范围可以从分解后清洗直到翻修。这类工作,对不同产品其工作量及技术难度可能会有很大差别,其技术、资源要求比前述工作明显增大。通过这类工作,可以有效地预防具有明显耗损期的产品故障发生及其故障后果。

(6) 定时(期)报废(discard)。也称定期更换,定时报废是指产品使用到规定的时间予以报废。显然,该类工作资源消耗更大。

(7) 综合工作(combination task)。实施上述两种或多种类型的预防性维修工作。

采用上述方法,若不能找到一种合适的主动预防性维修工作,那么,应根据产品的故障

后果决定采取何种非主动维修对策。

9.2.2.4 非主动维修对策

非主动维修对策主要如下。

1. 无预定维修

对于明显故障若找不到一种合适的预防性维修工作,并且该故障没有安全性(和环境性)影响;对于隐蔽故障,若其多重故障并不影响安全和环境,那么,初始的非主动维修对策就是无预定维修。在这种情况下,对产品不做预防性维修,实行故障后修理。应当注意的是,此时只是表示对现有产品不实施预定维修,并不表示完全不用采取其他措施,在有些情况下,为了降低总费用,可能值得对该产品进行重新设计。

2. 重新设计

更改设计在 RCM 分析逻辑决断图中反复出现,本章使用的"重新设计"是一个广义的术语。它不仅指的是对产品的技术规格进行更改,即包括改变产品的规格、增加新产品、用不同型号和规格的产品更换整个设备或改变安装位置,而且包括影响装备质量的工艺或规程的改变。对具体故障模式处理方法的训练也可看作为重新设计(重新设计使用和维修人员的能力)。

对于具有安全性(或环境性)和任务性后果的产品,若无法找到将故障风险降到可接受水平的预防性维修工作,必须对其加以改进。对于隐蔽性故障,可以采用增加装置的方式使隐蔽功能成为明显功能,以降低多重故障的风险。例如,若没有采取附加的保护措施,烟雾探测器供电的电池就是一个典型的隐蔽功能产品。如果烟雾探测器上装备警示灯,则一旦电池失效警示灯就会熄灭,此时,电池的功能即变得明显了。需要注意的是,为此目的安装的附加产品其功能往往是隐蔽性的,若增加的保护层太多,将会使有关检查工作变得十分困难。

对于具有经济性后果的故障,如果无法找到一种技术上可行且值得做的预防性维修工作,那么采取的非主动维修对策即无预定维修。然而,为了降低总费用,对产品进行改进也许是需要的,这时需对两者的费用效果进行权衡。详细进行费效分析常常耗费很多时间,采用图 9-7 可以迅速对此做出初步评估。

9.2.3 RCM 分析的一般步骤与方法

RCM 分析一般分为:①系统和设备的 RCM 分析;②结构项目的 RCM 分析;③区域检查分析。

系统和设备的 RCM 分析适用于各类装备的预防性维修大纲的制定,具有通用性。结构项目的 RCM 分析适用于大型复杂装备的结构部分,如飞机的结构等。在此所说的结构包括各承受载荷的结构项目(承受载荷的结构元件、组件或结构细部)。由于结构件一般是按损伤容限与耐久性设计而成的,对其进行专门的检查是非常重要的。区域检查分析适用于需要划区进行检查的大型飞机、舰船等装备。对于地面上使用的一些常规装备,其结构件大都是按静强度理论设计而成的,有足够的安全系数,一般不需要进行结构项目和区域检查分析,只进行系统和设备的 RCM 分析。本书仅介绍通用的第一部分系统和设备的 RCM 分析,

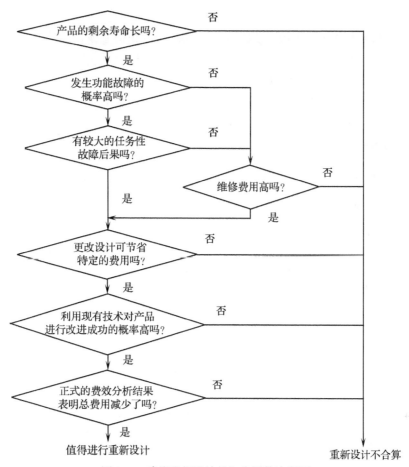

图 9-7 建议重新设计的初步评估决断图

其他两个部分,可参考 GJB 1378A—2007《装备以可靠性为中心的维修分析》。

值得说明的是,由于有关 RCM 的版本较多,其分析流程也千差万别,为规范 RCM 实施过程,1999 年国际汽车工程师协会(SAE)颁布了 SAE JA1011《以可靠性为中心的维修过程的评审准则》,该标准给出了 RCM 分析应遵循的准则,如果满足这些准则,那么就可称之为符合 RCM 分析过程,否则就不能称为 RCM 分析。按照该标准,只有按顺序分析并回答了如下 7 个基本问题,才能称为 RCM 分析。

(1) 在当前使用环境下,该产品(被分析的产品)的功能及相关的性能标准是什么?
(2) 什么情况下该产品不能完成其功能?
(3) 导致每个故障发生的原因都是什么?
(4) 每个故障发生时会出现什么情况?
(5) 每个故障造成的后果是什么?
(6) 做什么工作能够预测或预防各个故障?
(7) 如果找不到合适的主动性工作该怎么办?

9.2.3.1 RCM 分析所需的信息

进行 RCM 分析,根据分析进程要求,应尽可能收集下述有关信息,以确保分析工作能顺利进行。

(1) 产品概况,如产品的构成、功能(包含隐蔽功能)和余度等;

(2) 产品的故障信息,如产品的故障模式、故障原因和影响、故障率、故障判据、潜在故障发展到功能故障的时间、功能故障和潜在故障的检测方法等;

(3) 产品的维修保障信息,如维修设备、工具、备件、人力等;

(4) 费用信息,如预计的研制费用、维修费用等;

(5) 相似产品的上述信息。

9.2.3.2 RCM 分析的一般步骤

RCM 分析的一般步骤如下:

(1) 确定重要功能产品;

(2) 进行故障模式影响分析;

(3) 应用逻辑决断图确定预防性维修工作类型;

(4) 确定预防性维修工作的间隔期;

(5) 提出维修级别的建议;

(6) 进行维修间隔期探索。

9.2.3.3 重要功能产品的确定

现代复杂装备是由大量的零部件组成的。若对其进行全面的 RCM 分析,工作量很大,而且也无此必要。事实上,许多产品的故障对装备整体并不会产生严重的影响,这些故障发生后能够及时地加以排除即可,其故障后果往往只影响事后修理的费用,且该费用往往并不比预防性维修的费用高。因此,进行 RCM 分析时没有必要对所有的产品逐一进行分析,只有会产生严重故障后果的重要功能产品(项目)(functionally significant item,FSI)才需做详细的 RCM 分析。

重要功能产品是指其故障会有下列后果之一的产品:

(1) 可能影响装备的使用安全或对环境造成重大危害;

(2) 可能影响任务的完成;

(3) 可能导致重大的经济损失;

(4) 隐蔽功能故障与其他故障的综合可能导致上述一项或多项后果;

(5) 可能有二次性后果导致上述一项或多项后果。

1. 确定 FSI 的过程与方法

确定 FSI 的过程是一个比较粗略、快速且偏于保守的分析过程,不需要进行非常深入的分析。具体方法如下。

(1) 将功能系统分解为分系统、组件、部件……直至零件,如图 9-8 所示。

(2) 沿着系统、分系统、组件……的次序,自上而下按产品的故障对装备使用的后果进行分析确定 FSI,直至产品的故障后果不再是严重时为止,低于该产品层次的都是非重要功能产品(NFSI)。

FSI 的确定主要是靠工程技术人员的经验和判断力,不需要进行 FMEA。当然,如果在此之前已进行了 FMEA(或 FMECA),则可直接引用其分析结果来确定 FSI。对于某些产品,

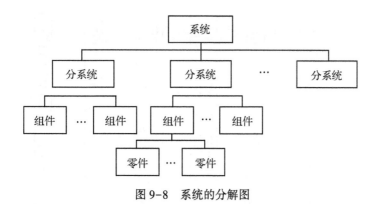

图 9-8 系统的分解图

如果其故障后果不能肯定时,应保守地划为 FSI。对于隐蔽功能产品由于其故障对操作人员不明显,可能产生严重后果,因此通常将其都作为 FSI。可参考表 9-2 确定 FSI。

表 9-2 确定重要功能产品的提问表

问题	回答	重要	非重要
故障影响安全吗?	是 否	√	?
有功能余度吗?	是 否	?	?
故障影响任务吗?	是 否	√	?
故障导致很高的修理费用吗?	是 否	√	?

注:"√"表示可以确定,"?"表示可以考虑。在表中任一问题如能将产品确定为 FSI,则不必再问其他问题。

2. 确定 FSI 的技术关键

(1) FSI 的层次。在 FSI 确定过程中,应选择适宜的层次划分 FSI 和 NFSI。所选层次必须要低到足以保证不会有功能和重要的故障被漏掉,但又要高到功能丧失时对装备整体会有影响,不会漏掉系统或组件因内部某些产品相互作用而引起的故障。

(2) FSI 和 NFSI 的性质:①包含有重要功能产品的任何产品,其本身也是重要功能产品;②任何非重要功能产品都包含在它以上的重要功能产品之中;③包含在非重要功能产品内的任何产品,也是非重要功能产品。

掌握上述性质后确定 FSI 与 NFSI,将会简便迅速得多。

9.2.3.4 RCM 逻辑决断分析

重要功能产品的 RCM 逻辑决断分析是系统的 RCM 分析的核心。通过对重要功能产品的每一个故障原因进行 RCM 决断,以便寻找出有效的预防措施。RCM 逻辑决断分析是依据 RCM 逻辑决断图进行的。

1. 逻辑决断图

逻辑决断图由一系列的方框和矢线组成,如图 9-9 所示。分析流程始于决断图的顶部,通过对问题回答"是"或"否"确定分析流程的方向。逻辑决断图分为两层。

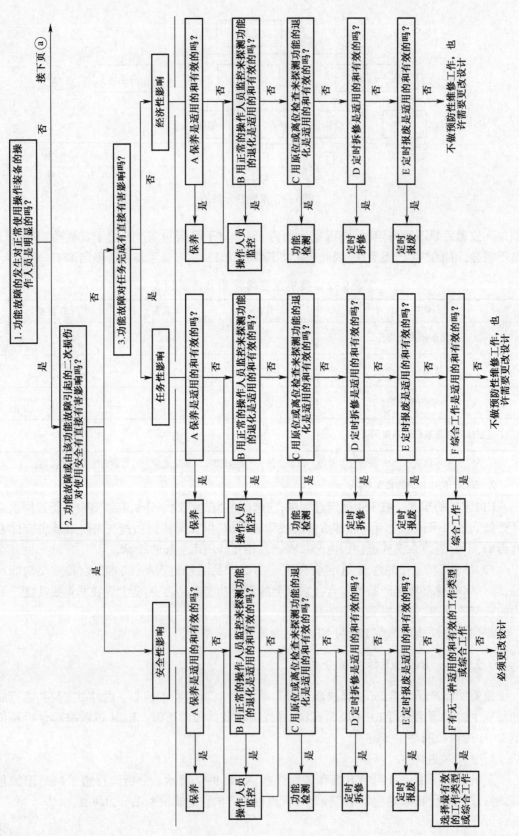

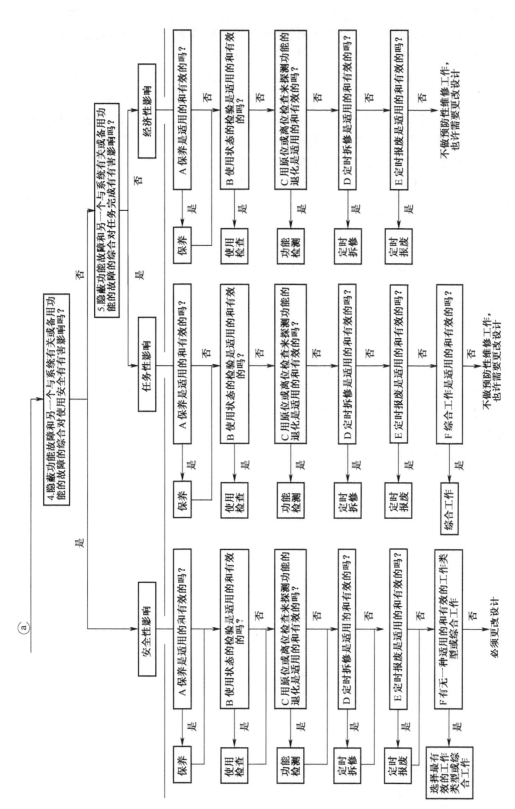

图 9-9 系统和设备以可靠性为中心的维修分析逻辑决断图

(1) 第一层(问题1~5)：确定各功能故障的影响类型。根据 FMEA 结果，对每个重要功能产品的每一个故障原因进行逻辑决断，确定其故障影响类型。功能故障的影响分为两类共6种，即明显的安全性、任务性、经济性影响和隐蔽的安全性、任务性和经济性影响。首先通过回答问题1~5划分出故障影响类型；然后按不同的影响分支作进一步分析。

(2) 第二层(问题A~F或问题A~E)：选择维修工作类型。根据 FMEA 中各功能故障的原因，对明显和隐蔽的两类故障影响，按所需资源和技术要求由低到高选择适用而有效的维修工作类型。对于明显(或隐蔽)功能故障产品，可供选择的维修工作类型分别为保养、操作人员监控(或使用检查)、功能检测、定时拆修、定时报废和综合工作。"操作人员监控"仅适用于明显功能故障产品，"使用检查"仅适用于隐蔽功能故障产品。

对于安全性影响(含对环境的危害，尤其平时)分支，由于产品故障对使用安全有直接影响，后果最为严重，必须加以预防，因此，只要所做的预防性维修工作是有效的，则予以选择。即必须回答完全部问题，选择出其中最有效的维修工作。

对于任务性影响和经济性影响分支，如果在某一问题中所问的工作类型对预防该功能故障是适用又有效的话，则不必再问以下的问题。不过该原则不用于保养工作，因为即使在理想的情况下，保养也只能延缓而不能防止故障的发生。即无论保养工作是否适用和有效均进入下一个问题。

2. RCM 决断准则

某类预防性维修工作是否可用于预防所分析的功能故障，这不仅取决于工作的适用性，而且取决于其有效性。RCM 逻辑决断是按照适用性和有效性为决断准则。

适用性是指该类工作与产品的固有可靠性特征相适应，能够预防其功能故障。例如，对于故障率随工作时间增加而上升的产品，定时拆修、定时报废工作才是适用的。

有效性是对维修工作效果的衡量。对于有安全性和任务性影响的故障来说，是指该类工作能把故障的发生概率降低到可接受的水平；对于有经济性影响的故障来说，是指该类工作的费用少于故障的损失。

各类工作的适用性和有效性准则具体如下。

(1) 保养。

① 适用性准则：保养工作必须是产品设计所要求的，且能降低产品功能的退化速率。

② 有效性准则：只要适用，就认为是有效的。

(2) 操作人员监控(只用于明显功能故障)。

① 适用性准则：

·产品功能的退化必须是可探测的；

·产品必须存在一个可定义的潜在故障状态；

·产品从潜在故障发展到功能故障之间有段合理长的时间；

·该类工作必须是操作人员正常工作的组成部分。

只有全部满足上述4条准则，该类工作才是适用的。

② 有效性准则：只要适用，就认为是有效的。

(3) 使用检查(只用于隐蔽功能故障)。

① 适用性准则：产品使用状态的良好与否必须是能够通过本类工作确定的。

② 有效性准则：

・对于安全性影响分支和军用装备任务性影响分支,使用检查必须能保证隐蔽功能具有所要求的可用度,从而将多重故障的发生概率控制在规定的水平内,以保证使用安全和任务能力。否则就是无效的。

・对于经济性影响分支和民用装备的任务性影响分支,使用检查必须有经济效果,即做该类工作的费用必须少于故障的损失(包括修理费用)。这种情况下的有效性可用效益比K_{ca}来衡量,其计算公式为

$$K_{ca} = \frac{C_{pm} + C_{spm}}{C_{npm} + C_{snp}} \tag{9-1}$$

式中:C_{pm}为进行预防性维修工作的直接费用;C_{spm}为进行预防性维修工作所需的保障费用(主要是保障设备的费用);C_{npm}为故障的损失;C_{snp}为修复性维修工作所需的保障费用(主要是保障设备的费用)。

以上费用均为产品在使用寿命期内总的费用。若$K_{ca}>1$或计算的检查间隔期短得不可行,则认为该工作是无效的;反之则有效。

(4) 功能检测。

① 适用性准则:必须同时满足以下两条,该类工作才是适用的。

・产品功能的退化必须是可探测的;

・产品从潜在故障发展到功能故障之间有段合理长的时间。

② 有效性准则:

・对于安全性影响分支和军用装备的任务性影响分支:必须能对单个故障或多重故障的发生概率控制在规定的可接受水平之内,以确保使用安全和任务能力。

・对于经济性影响分支和民用装备的任务性影响分支:必须是有经济效果的,即做预防性维修工作的费用必须少于故障损失(包括修理费用)。其经济效果可按式(9-1)经济效益比衡量。若$K_{ca}>1$或检测间隔期短得不可行时,则该工作就无效;反之则有效。

(5) 定时拆修。

① 适用性准则:必须同时满足下列3条,该类工作才是适用的。

・产品必须存在一个可确定的耗损期;

・大部分产品应能工作到该耗损期;

・必须能将产品修复到规定状态。

② 有效性准则:同功能检测。

(6) 定时报废。

① 适用性准则:必须同时满足以下条件该类工作才是适用的。

・产品必须存在一个可确定的耗损期。

② 有效性准则:同功能检测。

(7) 综合工作(不用于经济性影响分支)。

① 适用性准则:所综合的工作必须都是适用的。

② 有效性准则:同功能检测。

在进行RCM逻辑决断分析时,当信息不足难以确定工作类型时,应持保守态度进行问题回答,之后应随数据的积累将其不断加以完善。

采用暂定答案一般能保证装备的使用安全和任务能力,但有可能是选择了较保守的耗

资较大的预防性维修工作，因而影响维修经济性或提出不必要的更改设计要求。所以，一旦在使用中获得必要的信息后就应及时重审暂定答案，看定得是否合适。如不合适，则重新选择适用而有效的预防性维修工作，以降低维修工作费用。

9.2.3.5 确定预防性维修工作的间隔期

预防性维修工作的间隔期确定比较复杂，涉及各个方面的工作。一般可以根据类似产品以往的经验和承制方对新产品维修间隔的建议，结合有经验的工程人员的判断、分析确定。具体的间隔期确定方法见9.3节。

9.2.3.6 提出维修级别的建议

经 RCM 分析确定出各重要功能产品预防性维修工作类型及其间隔期后，还应提出各项维修工作在哪级进行的建议。除特殊需要外，一般应将维修工作确定在耗费最低的维修级别。确定维修级别的分析方法可参考9.4节的内容。

9.2.3.7 维修间隔期探索

新装备投入使用后，应进行维修间隔期探索（age exploration，或称"工龄探索"），即通过分析使用与维修数据、研制试验与技术手册提供的信息，确定产品的可靠性与使用时间的关系，必要时应调整产品的预防性维修工作类型及其间隔期，使得装备的预防性维修大纲不断完善、合理。

可以通过抽样对一定数量的产品进行维修间隔期探索。在进行该项工作时，应注重综合考虑以下信息。

(1) 所分析产品的设计、研制与使用经验；
(2) 类似产品的维修间隔期；
(3) 所分析产品的抽样分析结果。

9.2.3.8 几点说明

1. 非重要功能产品的预防性维修工作

上述 RCM 分析工作是针对各重要的功能产品进行的，对于某些非重要功能产品也可能需要做某些简单的预防性维修工作。对于这些产品一般不需进行深入的分析，通常是根据以往类似项目的经验，确定适宜的预防性维修工作要求。但是，应注意进行这些工作不应显著地增加总的维修费用。工作的形式通常为机会维修和一般目视检查。所谓机会维修是指在邻近产品或所在区域进行计划和非计划维修时趁机所做的间隔期相近的预防性维修工作。

2. 预防性维修工作的组合

通过 RCM 决断确定出了产品的单项维修工作及其间隔期。但是，单项工作间隔期最优，并不能保证总体的工作效果最优。为了提高维修工作的效率或适应现行维修制度，可能需要把间隔期相近的一些维修工作组合在一起。组合维修工作可采用下述基本步骤。

(1) 考虑现行的维修制度和费用较高的预防性维修工作，确定预定的维修工作间隔期。
(2) 将分析确定的各项预防性维修工作，按间隔时间并入相邻的预定间隔期。但应注意,对于有安全性影响和任务性影响故障的预防性维修工作,所并入的预定间隔期不应长于分析得到的间隔期。组合工作及其间隔期应填入相应的维修大纲汇总表中。

(3) 列出每个间隔期上的各项预防性维修工作,以便进一步落实成各种维修文件。

9.2.4 RCM 应用示例

下面就地面火炮的反后坐装置中的复进机,给出其 RCMA 的示例。

(1) 重要功能产品的确定。复进机的主要功能是在炮身后坐时消耗部分后坐能量,后坐到位后将炮身推送到原位,以及保持炮身在任何仰角不会滑下。显然,复进机是火炮上一个重要的功能部分。从功能上分析,将复进机分成如图 9-10 所示的层次。由于构造上的特点,从功能上考虑图中最底层所有产品都是重要功能产品,但多年的使用实践表明,复进机外筒和中筒一般不会出现故障,故不对其做 RCM 分析,只对其他的部件进行分析。

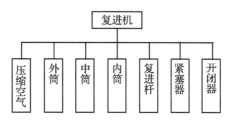

图 9-10 某型火炮反后坐装置的复进机功能层次图

(2) 故障模式影响分析。对划分为重要功能产品的部件进行 FMEA,其结果见表 9-3。

表 9-3 故障模式、影响分析记录表

故障模式、影响分析记录表											第1页共1页
修订号	装备型号 66-152		系统或分系统名称:复进机			制订单位、人员签名				日期	
工作单元编码		参考图号 07.08			审查单位、人员签名				日期	
产品(项目)层次		系统或分系统件号			批准单位、人员签名				日期	
产品(项目)编码	产品(项目)名称	功能及编码	故障模式及编码	故障原因及编码	任务阶段	故障影响			故障检测方法	严酷度分类	是否在最少设备清单上	备注
						局部影响	对上一层的影响	最终影响				
0321	复进机紧塞器	(1) 与复进杆配合密闭驻退液	A 不能密闭驻退液	(1) 螺帽松动 (2) 皮碗老化	射击 射击	漏液 漏液	后坐过长 后坐过长	影响射击 影响射击				
		(2) 使驻退液流过活瓣上的流液孔提供阻力或节制速度	A 不能提供适当阻力	(1) 活瓣与复进杆磨损	射击	阻力失常	后坐过长	影响射击				

续表

故障模式、影响分析记录表											第1页共1页	
修订号	装备型号66-152		系统或分系统名称：复进机			制订单位、人员签名					日期	
工作单元编码		参考图号 07.08				审查单位、人员签名					日期	
产品(项目)层次		系统或分系统件号				批准单位、人员签名					日期	
产品(项目)编码	产品(项目)名称	功能及编码	故障模式及编码	故障原因及编码	任务阶段	故障影响			故障检测方法	严酷度分类	是否在最少设备清单上	备注
						局部影响	对上一层的影响	最终影响				
0321	复进机紧塞器	(3)控制复进时流液孔的大小以保证射击稳定	A 不能保证射击稳定性	(1)人为差错造成转换位置不对	射击	转换位置不对	射击不稳定	影响射击	—	—	—	—
0322	开闭器	(1)作为复进机内液体与气体的开关	A 开闭杆不能旋松	(1)开闭杆与紧固螺帽锈蚀	所有阶段	不能打开开闭杆	不能进行检查	无	—	—	—	—
			B 不能密闭液体	(1)开闭杆锥部与开闭杆室贴合不良	所有阶段	漏气漏液	液气不足	影响射击	—	—	—	—
				(2)紧塞绳老化	所有阶段	漏气漏液	液气不足	影响射击	—	—	—	—
0323	复进机内筒	(1)与复进杆活塞配合密闭液体	A 不能密闭液体	(1)内筒锈蚀	所有阶段	锈蚀	影响复进动作	影响射击	—	—	—	—
				(2)内筒划伤	射击	划伤	影响复进动作	影响射击	—	—	—	—
0324	复进杆	(1)与紧塞器配合密闭液体	A 不能密闭液体	(1)接触部发生电化学腐蚀	所有阶段	腐蚀	漏液	影响射击	—	—	—	—
0325	压缩空气	(1)后坐时储存能量使后坐部分平稳复进	A 气压失常	(1)温度变化或自然泄漏	所有阶段	气压失常	复进能量不足或过大	复进不足或过猛	—	—	—	—

（3）逻辑决断分析。采用图9-9所示的RCM分析逻辑决断图,对每个重要功能产品的每一个故障原因进行分析决断,确定相应的预防性维修工作类型及其间隔期,提出维修级别的建议,其结果见表9-4。

（4）维修工作的组合。从分析记录表9-4中可以看出,预防反后坐装置各种故障原因的工作周期,其中最短的为每月一次的"保养接触部",周期最长的是使用时间达13年的"对复进机内筒锈蚀的检查与恢复"(功能检测),再考虑到现有维修制度,制定出预防性维修大纲,见表9-5。在此基础上,稍做调整和分析,形成该火炮反后坐装置中复进机的预防性维修计划,见表9-6。

表 9-4 装备及其设备 RCM 分析记录表

系统和设备分析				第1页共1页
修订号	装备型号 66-152	系统或分系统名称：复进机	制订单位、人员签号	日期
工作单元编码	参考图号 07.08		审查单位、人员签名	日期
产品层次	系统或分系统件号		批准单位、人员签名	日期

产品编码	产品名称	故障原因编码	逻辑决断回答（Y/N）																						维修工作			
			故障影响					安全性影响						任务性影响						经济性影响								
			1	2	3	4	5	A	B	C	D	E	F	A	B	C	D	E	F	A	B	C	D	E	编号	说明	维修间隔期	维修级别
0321	复进机紧塞器	1A1	Y	N	N															N	Y	N	N	N	1	使用人员监控	射击时	
		1A2	Y	N	Y									N	N	N	Y	N							1	定期换紧塞绳	T=8年或 T=400 发	基地级
		2A1	Y	N	Y									N	N	Y	N	N							1	检查复进杆的磨损	T=8年	基地级
		3A1																							1	人为差错无法预防	—	—
0322	开闭器	1A1	Y	N	N															N	N	N	N		1	不做预防性工作	—	—
		1B1	Y	N	N															N	N	N	N	N	1	不做预防性工作	—	—
		1B2	Y	N	N															N	N	N	N		1	不做预防性工作	—	—
0323	复进机内筒	1A1	Y	N	Y									N	N	Y	N	N	N						1	检查内筒锈蚀	T=13年	基地级
		1A2	Y	N	Y									N	N	Y	N	N	N						1	检查内筒划伤	T=8年	基地级
0324	复进杆	1A1	Y	Y		Y		N	N	N	N	N													1	保养接触部	T=1个月	基层级
0325	压缩空气	1A1	Y	Y				N	N	Y	N	N	N												1	检查气压	射击前	基层级

表 9-5 火炮反后坐装置中的复进机预防性维修大纲汇总表

产品编码	产品名称	工作区域	工作通道	维修工作说明	间隔期	维修级别	维修工时
0321	复进机紧塞器	—	—	(1) 监控紧塞器的漏液; (2) 更换紧塞绳; (3) 检测活塞复进杆磨损	射击时 8年或射弹400发 8年或射弹400发	操作人员 基地级 基地级	—
0323	复进机内筒	—	—	(1) 检测内筒的锈蚀; (2) 检测内筒的划伤	8年 8年	基地级 基地级	—
0324	复进杆	—	—	擦拭复进杆与紧塞器的接触部	1个月	基层级	—
0325	压缩空气	—	—	检测气压	射击前	基层级	—

表 9-6 火炮反后坐装置中的复进机预防性维修计划

周期	维修工作	工作说明	维修级别
每月	对复进杆与其紧塞器接触部的检查保养	人工后坐 20cm 左右,检查接触部的锈蚀情况,并用干布擦掉杆上的锈斑和脏物,然后使后坐部分恢复原位	基层级
8年或累计射弹达400发时	对复进机进行拆修	• 在基地级对复进机进行分解,检查和恢复下列部位:(1)复进机内筒的划伤锈蚀;(2)活瓣与复进杆的磨损。 • 报废下列部位:(1)复进机紧塞器皮碗;(2)复进机开闭器内的紧塞绳	基地级
射击前	对易松动部位实施监控	射击时,操作手应随时注意复进机紧塞器的漏液情况,一旦发现上述部位漏液超过 5 滴/min,应及时排除	使用人员

9.3 预防性维修间隔期的确定

RCM 逻辑决断是确定各种装备预防性维修工作的有效方法,RCM 分析还要求进一步确定这些工作的时机或间隔期。对于某些简单装备或有支配性故障模式的少数装备,在掌握了故障规律信息时也需确定其翻修间隔期。本节介绍确定维修工作时机或间隔期的一些常用方法。

系统和设备的 RCM 分析,对重要功能项目决定的 7 种预防性维修工作类型中,保养工作的间隔期一般是根据设计要求确定的。例如,根据所用润滑油的寿命,确定润滑间隔期;另外对于一般的清洗、擦拭等保养工作因费用很低,所需时间较短,可安排在日常的保养计划中,无须另行确定其工作间隔期。操作人员监控工作是由操作人员在使用装备时进行的,也无须另行确定工作间隔期。综合工作的间隔期是由各有关工作类型的间隔期决定的。因此,这里需要专门确定的预防性维修工作间隔期指的是两类工作:一类是检查工作,即使用检查和功能检测;另一类是定期报废和定期拆修。对这两类工作间隔期的确定方法分述如下。

9.3.1 检查工作间隔期的确定

9.3.1.1 使用检查间隔期

通过使用检查(只用于隐蔽功能故障)可保证产品的可用度,避免多重故障的严重后果。对于有安全性影响和任务性影响的情况来说,可通过所要求的产品的平均可用度来确定其使用检查间隔期。

假设产品的瞬时可用度为 $A(t)$,检查间隔期为 T,则平均可用度为

$$\overline{A} = \frac{1}{T}\int_0^T A(t)\,\mathrm{d}t \tag{9-2}$$

由于在检查间隔期内不进行修理,故产品的瞬时可用度也就是可靠度 $R(t)$,则式(9-2)可写为

$$\overline{A} = \frac{1}{T}\int_0^T R(t)\,\mathrm{d}t \tag{9-3}$$

若故障时间服从指数分布,故障率为 λ,则由式(9-3)可得

$$\overline{A} = \frac{1}{\lambda T}(1 - \mathrm{e}^{-\lambda T}) \tag{9-4}$$

从上述公式可见,要求 $\overline{A}$ 越大,则 T 应越短。若某项使用检查工作使 $\overline{A}$ 达到规定的可用性水平时的检查间隔期短得不可行,则认为该工作是无效的;反之则有效。

例 9-1 某重要功能产品的隐蔽功能故障的时间服从指数分布,其平均故障间隔时间为 2000h。设为防止出现具有任务性后果的多重故障,要求该产品的平均可用度为 89%,试计算该产品使用检查工作的间隔期。

解:按题意 $\overline{A} = 0.89$,$\lambda = \dfrac{1}{2000\mathrm{h}}$,将 $\overline{A}$ 与 λ 值代入式(9-4),可得 $T = 500(\mathrm{h})$

对于有经济性影响的情况,可采用费用最小为目标以确定使用检查工作的间隔期。

9.3.1.2 以平均费用最小为目标确定使用检查间隔期

对于 RCMA 中经济性影响分支,当已知费用数据时,若以平均费用最小为目标,确定使用检查间隔期的方法如下。

若产品(或项目)寿命服从指数分布 $f(t) = \lambda \mathrm{e}^{-\lambda t}$,使用检查间隔期为 T。每次检查发现故障隐患则立即更换;若发现其运转正常,则令其继续工作。设 C_f 和 C_d 分别表示检查一次和更换一次的平均费用,C_m 表示产品故障后单位时间的平均损失费用。若相对于检查间隔期 T 的检查时间和更换时间很小可忽略不计,要求最优检查间隔期 T,使装备经过长期运行其单位时间的平均费用 $C_1(T)$ 最小。

图 9-11 所示为检查和更换时序图。可见,当产品寿命 t 满足关系 $nT < t < (n+1)T$

时，相邻两次更换时间间隔为 $(n+1)T$。此间隔期内的费用为

$$C_d + C_f(n+1) + C_m[(n+1)T - t] \tag{9-5}$$

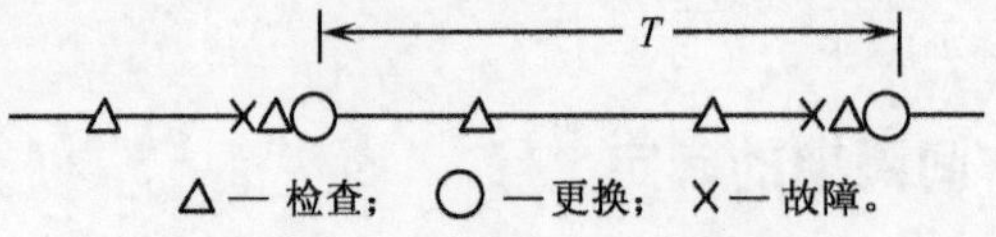

图 9-11 检查和更换时序关系

△ — 检查； ○ — 更换； × — 故障。

因此，平均更换间隔时间为

$$\begin{aligned}
\overline{T}_f &= \sum_{n=0}^{\infty} \int_{nT}^{(n+1)T} (n+1)T\lambda e^{-\lambda t} dt \\
&= \sum_{n=0}^{\infty} (n+1)T[e^{-n\lambda t} - e^{-(n+1)\lambda T}] \\
&= \sum_{n=0}^{\infty} Te^{-n\lambda T} = \frac{T}{1 - e^{-\lambda T}}
\end{aligned} \tag{9-6}$$

一个更换间隔时间内的平均费用为

$$\begin{aligned}
C(T) &= \sum_{n=0}^{\infty} \int_{nT}^{(n+1)T} \{C_d + C_f(n+1) + C_m[(n+1)T - t]\}\lambda e^{-\lambda t} dt \\
&= C_d + \frac{C_f}{1 - e^{-\lambda T}} + C_m\left(\frac{T}{1 - e^{-\lambda T}} - \frac{1}{\lambda}\right)
\end{aligned} \tag{9-7}$$

长期运行单位时间的平均费用为

$$\begin{aligned}
C_1(T) &= \frac{C(T)}{\overline{T}_f} = \frac{C_d(1 - e^{-\lambda T})}{T} + \frac{C_f}{T} + C_m - \frac{C_m(1 - e^{-\lambda T})}{\lambda T} \\
&= C_m + \frac{C_f + \left(C_d - \dfrac{C_m}{\lambda}\right)(1 - e^{-\lambda T})}{T}
\end{aligned} \tag{9-8}$$

将式(9-8)等号右边对 T 求导数并令其为零，可得

$$T\left(C_d - \frac{C_m}{\lambda}\right)\lambda e^{-\lambda T} - C_f - \left(C_d - \frac{C_m}{\lambda}\right)(1 - e^{-\lambda T}) = 0$$

$$(\lambda C_d - C_m)\lambda T e^{-\lambda T} = \lambda C_f + \lambda C_d - C_m - (\lambda C_d - C_m)e^{-\lambda T}$$

即

$$(C_m - \lambda C_d)(1 + \lambda T)e^{-\lambda T} = C_m - \lambda C_f - \lambda C_d$$

或

$$(1 + \lambda T)e^{-\lambda T} = 1 - \frac{\lambda C_f}{C_m - \lambda C_d} \tag{9-9}$$

由于 $(1 + \lambda T)e^{-\lambda T} \geq 0$ 且为连续单调减函数，当 $C_m > \lambda(C_f + C_d)$ 时，可按式(9-9)用试算的方法，求出满足式(9-9)的最佳检查间隔期 T。

特别地，当 λT 很小时，$e^{-\lambda T} \approx 1 - \lambda T$。式(9-9)可写为

$$T \approx \sqrt{\frac{C_f}{\lambda(C_m - \lambda C_d)}} \tag{9-10}$$

例 9-2 已知某装备寿命服从指数分布 $\lambda = 0.4 \times 10^{-3}/\text{h}$，检查一次和更换一次平均费用分别为 1000 元和 20000 元，故障后单位时间的平均损失费用为 20000 元/h，求最佳检查间隔期 T，使其单位时间的平均费用最小。

解: 已知 $\lambda = 0.4 \times 10^{-3}/\text{h}, C_f = 1000$ 元, $C_d = 20000$ 元, $C_m = 20000$ 元/h。由式(9-10)可得

$$T = \sqrt{\frac{1000}{0.0004(20000 - 0.0004 \times 200)}} = 11.2(\text{h})$$

即最佳检查间隔期可取 11.2h。

9.3.1.3 功能检测间隔期

功能检测只适用于发展缓慢的耗损性故障，且需要有确定潜在故障的判据。对于有安全性影响和任务性影响的情况来说，可通过检查次数 n 与潜在故障发展到功能故障(P—F 过程)的时间 T_B 的关系确定其间隔期。

假设规定的安全性或任务性影响的故障发生概率的可接受值为 F，在 T_B 期间要检查的次数为 n，则

$$F = (1 - P)^n \tag{9-11}$$

$$n = \frac{\lg F}{\lg(1 - P)} \tag{9-12}$$

式中：P 为一次检查的故障检出概率。

检查间隔期 $T = \frac{T_B}{n}$。若 T 短得不可行，则该工作就是无效的。

对于有经济性影响的情况，可采用式(9-1)用经济效益比进行衡量确定其间隔期。

例 9-3 某型涡轮发动机的导向叶片需用孔探仪做定期检查，如发现叶片有裂纹时应拆修发动机，以防叶片折断打坏发动机。叶片从出现裂纹发展到折断要经过 300h，一次孔探仪检查的精度为 0.9。现要求把叶片在 300h 内折断的概率控制在 0.001，则应该多少小时做一次孔探仪检查？

解: 已知 $F = 0.001, P = 0.90$，由式(9-12)可得

$$n = \frac{\lg 0.001}{\lg(1 - 0.90)} = \frac{\lg 0.001}{\lg 0.1} = 3$$

又因

$$T = \frac{T_B}{n} \tag{9-13}$$

已知 $T_B = 300\text{h}$，则

$$T = \frac{300}{3} = 100(\text{h})$$

9.3.1.4 "参数漂移"情况的检测间隔期

许多电子装备由于受温度、湿度、电压、电流等各种应力的冲击，存在着参数逐渐漂移的

现象。但参数的变化有一定的限制,当超过规定的范围时,引起产品功能故障。如果我们能够找出参数漂移的变化规律,则可以根据产品可靠度要求确定检测间隔期。

1. 参数漂移的分布

实际统计表明,不少参数的变化量 $X(T)$ 服从均值为 CT,方差为 DT 的正态分布,即

$$X(T) \sim N(CT, DT) \tag{9-14}$$

式中:T 为检测间隔期;C 为参数的漂移系数;D 为参数的扩散系数。

实践表明:检测间隔期越长,参数变化量的均值 CT 也越大,且参数值的离散程度(方差)DT 也越大。

设参数的额定值为 Y_0,那么 T 时刻后参数值 $Y(T) = Y_0 + X(T) \sim N(Y_0 + CT, DT)$。

2. C、D 的估计值

若按检测间隔期 T,多次检测得参数值 $Y(T)$ 的一个容量为 n 的子样:

$$Y_1(T), Y_2(T), \cdots, Y_n(T)$$

则可得参数均值的无偏估计为

$$Y_0 + \hat{C}T = \frac{1}{n}\sum_{i=1}^{n} Y_i(T) = \overline{Y}(T)$$

$$\hat{C} = \frac{\overline{Y}(T) - Y_0}{T} \tag{9-15}$$

方差的无偏估计为

$$\hat{D}T = \frac{1}{n-1}\sum_{i=1}^{n}[Y_i(T) - \overline{Y}(T)]^2$$

则

$$\hat{D} = \frac{\sum_{i=1}^{n}[Y_i(T) - \overline{Y}(T)]^2}{T(n-1)} \tag{9-16}$$

3. 产品可靠度与参数漂移量

设参数的允许值范围为 (Y_L, Y_H)。若不考虑其他故障模式,参数从额定值 Y_0 开始,在经过一个检测间隔时间 T 后,参数值 $Y(T)$ 仍然落在 (Y_L, Y_H) 内的概率,即是该产品在间隔时间 T 内的可靠度,可表示为

$$R(T) = \Phi\left(\frac{Y_H - Y_0 - \hat{C}T}{\sqrt{\hat{D}T}}\right) - \Phi\left(\frac{Y_L - Y_0 - \hat{C}T}{\sqrt{\hat{D}T}}\right) \tag{9-17}$$

式中:$\Phi(x)$ 为标准正态分布的分布函数,可由正态分布函数表查出。

若事先给定可靠度要求 R,则可由式(9-17)确定该参数的检测间隔期 T。由式(9-17)解方程求 T 是困难的,但可通过逐次试算的办法来确定 T 的近似值。

例 9-4 某装备整流电源额定输出电压 Y_0 允许范围为 25V±2.5V,该装备原定每周检测一次电源输出电压,在每次检测时记下参数值,检测后应按规定将输出电压调至额定值。今从该装备中获得一个容量为 183 的子样,如表 9-7 所列。试求保证装备可靠度 $R(T) = 0.995$ 的检测间隔期。

解:已知 $Y_L = 22.5$,$Y_H = 27.5$,$T = 7$ 天。由表 9-7 中的数据可得

$$\overline{Y}(7) = \frac{1}{183}\sum_{i=1}^{183} Y_i(7) = 25.0131$$

$$\hat{C} = \frac{\overline{Y}(T) - Y_0}{T} = \frac{25.0131 - 25}{7} = 0.00187$$

$$\hat{D} = \frac{\sum_{i=1}^{n}[Y_i(T) - \overline{Y}(T)]^2}{T(n-1)} = 0.0555$$

表 9-7 整流电源输出电压实测值

电压/V	23	23.5	23.7	24	24.2	24.5	24.6	24.7	24.8	24.9
出现次数	1	4	1	8	3	22	2	2	7	9
电压/V	25	25.1	25.2	25.3	25.5	25.7	26	26.3	26.5	27
出现次数	70	10	5	1	17	1	12	1	4	3

由式(9-17)可得

$$R(7) = \Phi\left(\frac{27.5 - 25 - 0.00187 \times 7}{\sqrt{0.0555 \times 7}}\right) - \Phi\left(\frac{22.5 - 25 - 0.00187 \times 7}{\sqrt{0.0555 \times 7}}\right)$$
$$= \Phi(3.988) - \Phi(-4.03) = 0.99997 - 0.00003 = 0.99994$$

若取 $T = 14$ 天,则

$$R(14) = \Phi\left(\frac{27.5 - 25 - 0.00187 \times 14}{\sqrt{0.0555 \times 14}}\right) - \Phi\left(\frac{22.5 - 25 - 0.00187 \times 14}{\sqrt{0.0555 \times 14}}\right)$$
$$= \Phi(2.805) - \Phi(-2.865) = 0.999752 - 0.00205 = 0.99547$$

由表9-7可见,一周内参数漂移是很小的,如果要求该参数可靠度在0.995以上,则其检测间隔期可延长到两周。

9.3.2 定时拆修(修复)和定时报废工作间隔期的确定

这两类预防性维修工作都只适用于有耗损期的产品,因此应当掌握产品的故障规律,特别是掌握进入耗损期前的工作时间 T_ω。这两类预防性维修工作间隔期的确定方法是相同的,在此,仅以定时报废为例进行讨论。

9.3.2.1 两种定时报废的更换策略

定时(期)报废是指产品使用到一定时间后予以报废并进行更换。按所用时间的计时方法不同,定时更换策略可分为工龄定时更换和全部定时更换。

工龄定时更换(Age Replacement)又称个别定时更换,是指按每个产品的实际使用时间(工龄)进行的定时更换,即在装备中的单个产品,在使用过程中即使无故障发生,到了规定的更换工龄 T 也要进行更换;如未到规定工龄发生了故障,则更换新品。无论是预防更换还是故障更换,都要重新记录该产品的工作时间。这相当于对计时器进行了一次清零,下次的预防更换时间,应从这一时刻算起。

全部定时更换又称成批更换（Block Replacement），是指按装备批投入使用的时刻起所经历的日历时间进行的定时更换，即在装备的使用过程中，每隔预定的更换间隔时间 T，就将正在使用的全部同类产品进行更换，即使个别产品在此间隔内因发生故障更换过，到达更换时刻 T 时也一起更换。

在实际维修工作中，这两种更换策略是有明显区别的。例如，对于装备中的各种销钉、紧塞环、皮碗等基本就是采用全部定时更换策略。只要翻修装备，就要更换这些零件，与使用时间长短无关，即使其中某一件在半年前刚刚更换过，在翻修时也要更换。而对于有些零部件采用工龄更换策略时，通过对每个零部件单独计时，只有到了其规定的使用时间才进行更换。工龄更换策略和全部更换策略各有优缺点。前者不是采用"一刀切"的办法，而是对每个产品分别计时，到规定时间后才进行更换，从而充分利用了每个产品的寿命。但是，采用这种方法，必须对每个更换产品单独计时，管理起来也较复杂。全部更换策略虽然从单件寿命角度看来存在着一定的浪费，但管理和作业较简单，它适用于价格较低，寿命较短且数量较大的零部件。

9.3.2.2 工龄定时更换的间隔期

1. 对于安全性影响和任务性影响

（1）已知耗损期前的工作时间 T_ω 及其分布。对于安全性影响和任务性影响，这两类工作的有效性准则已明确：工作的间隔期 T 应短于产品的平均耗损期 $\overline{T}_\omega$。由于 T_ω 是一个随机变量，如果知道 $\overline{T}_\omega$ 的分布，并给出工作间隔期 T 内过早达到耗损期（即认为发生故障）的概率 F 的可接受水平要求，则可确定 T。

例如，已知产品 T_ω 服从正态分布，允许故障概率 $F \leq 0.2\%$，T_ω 的均值 $\overline{T}_\omega = 900\text{h}$，标准差 $\sigma = 20\text{h}$。由概率论知：$T \leq \overline{T}_\omega - 3\sigma = 900 - 60 = 840\text{h}$ 时，无故障的概率将大于或等于 99.83%，满足故障概率要求，可初步取工作间隔期 $T = 840\text{h}$（还要考虑工作组合）。

（2）按任务可靠度要求确定工作间隔期。对于工作的有效性，有时我们更关心这种情况：装备已工作到时间 t 后，再使用一段时间 Δt 任务期间的任务可靠度。任务期间的任务可靠度是指：在执行任务开始时刻 t 可靠的条件下，经使用时间 Δt 后仍可靠的概率，即

$$R(t + \Delta t \mid t) = \frac{R(t + \Delta t)}{R(t)} = e^{-\int_t^{t+\Delta t} \lambda(t)\,dt} \tag{9-18}$$

对于指数分布，有

$$R(t + \Delta t \mid t) = e^{-\lambda \Delta t}$$

显然，指数分布时，任务期间的任务可靠度与任务开始以前所积累的工作时间无关，故不做定时修复或更换。

对于威布尔分布，$r = 0, m > 1$ 时，有

$$R(t + \Delta t \mid t) = \frac{e^{-\frac{(t+\Delta t)^m}{\eta^m}}}{e^{-\frac{t^m}{\eta^m}}} = e^{-\frac{(t+\Delta t)^m - t^m}{\eta^m}} \tag{9-19}$$

例 9-5 某产品寿命服从威布尔分布 $m = 2, \eta = 1 \times 10^3 \text{h}$，其任务时间 $\Delta t = 24\text{h}$，试求产品任务期间任务可靠度大于 0.95 的定时更换间隔期 T。

解: 由式(9-19)可得

$$e^{-\frac{(t+24)^2-t^2}{(1\times 10^3)^2}} = 0.95$$

对上式两边取对数可得

$$\frac{(t+24)^2-t^2}{10^6} = 0.0513$$

则

$$t \approx 1056(\text{h})$$

即要保证上述任务期间的可靠度要求,此产品的定时更换间隔期应小于1056h。

(3) 以平均可用度最大为目标的更换期。采用工龄更换策略的时序图,如图9-12所示。在每一更换周期 T 内,平均不能工作时间为

$$T_d = R(T)\overline{M}_{pt} + [1-R(T)]\overline{M}_{ct} \tag{9-20}$$

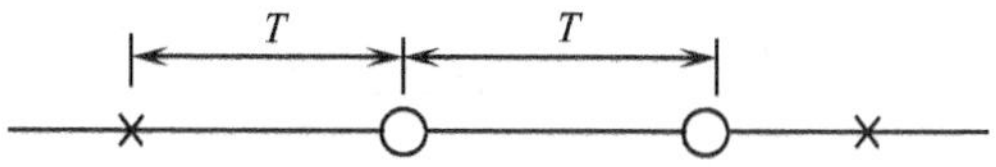

×—— 故障后更换; ○—— 定时更换。

图 9-12 工龄更换策略

式中: $\overline{M}_{pt}$ 为平均预防性维修时间; $\overline{M}_{ct}$ 平均修复时间; $R(T)$ 为 T 时刻系统可靠度,即 T 时间内系统不发生故障的概率。

在一个更换间隔期内,平均能工作时间为

$$\overline{T}_u = \int_0^T R(t)dt \tag{9-21}$$

稳态可用度为

$$A = \frac{\overline{T}_u}{\overline{T}_u + \overline{T}_d} = \frac{\int_0^T R(t)dt}{\int_0^T R(t)dt + R(T)\overline{M}_{pt} + [1-R(T)]\overline{M}_{ct}} \tag{9-22}$$

欲求可用度 A 最大为目标的最佳更换间隔期 T,将上式对 T 求导,并令其为零,得

$$R(T)\left\{R(T)\overline{M}_{pt} + [1-R(T)]\overline{M}_{ct} + \int_0^T R(t)dt\right\} - $$

$$\int_0^T R(t)dt\{R(T) - f(T)\overline{M}_{pt} + f(T)\overline{M}_{ct}\} = 0$$

或

$$R(T)\left\{R(T)\overline{M}_{pt} + [1-R(T)]\overline{M}_{ct} + \int_0^T R(t)dt\right\}$$

$$= R(T)\{1 + \lambda(T)(\overline{M}_{ct} - \overline{M}_{pt})\}\int_0^T R(t)dt$$

将上式化简后可得

$$R(T)(\overline{M}_{pt} - \overline{M}_{ct}) + \overline{M}_{ct} = \lambda(T)(\overline{M}_{ct} - \overline{M}_{pt})\int_0^T R(t)dt$$

通常有 $\overline{M}_{ct} > \overline{M}_{pt}$。这是因为定时更换是计划好的,预先明确更换的产品,准备好工具、备件等;而故障后更换是随机的,进行故障诊断要临时准备,还要考虑故障后引起的其他修复问题。因此,故障后更换的平均停机时间一般要大于定时更换的停机时间。上式可进一步写为

$$\frac{\overline{M}_{ct}}{\overline{M}_{ct} - \overline{M}_{pt}} = \lambda(T) \int_0^T R(t) \mathrm{d}t + R(T)$$

或

$$\frac{\overline{M}_{ct}}{\overline{M}_{ct} - \overline{M}_{pt}} = \lambda(T) \int_0^T R(t) \mathrm{d}t - [1 - R(T)] \tag{9-23}$$

用式(9-23)难以直接解出最佳更换间隔期 T。当寿命服从指数分布时,$\lambda(t) = \lambda$ 为常数,将其代入式(9-23)右边可得

$$\lambda \int_0^T \mathrm{e}^{-\lambda t} \mathrm{d}t - [1 - \mathrm{e}^{-\lambda t}] = 0$$

此时无法解出 T 来,且 $\overline{M}_{pt} = 0$。这也说明指数分布时,如果希望获得最大可用度,应不进行定时更换。只有当 $\lambda(t)$ 时时间的增函数时,才需进行定时更换。最佳预防更换间隔期常用实测统计数据作图的方法求出。式(9-22)可写为

$$A = \frac{1}{1 + \dfrac{\overline{T}_d}{\overline{T}_u}} = \frac{1}{1 + \alpha}$$

$$\alpha = \frac{\overline{T}_d}{\overline{T}_u} = \frac{R(T)\overline{M}_{pt} + [1 - R(T)]\overline{M}_{ct}}{\int_0^T R(t) \mathrm{d}t}$$

显然,要使可用度 A 最大,就必须使不可用系数 α 最小。下面通过例子说明如何利用实测统计数据求最佳更换间隔期。

例 9-6 某产品采用工龄更换策略,其故障更换平均停机时间 $\overline{M}_{ct} = 2\mathrm{h}$,定时更换平均停机时间 $\overline{M}_{pt} = 0.5\mathrm{h}$,可靠度随时间变化关系如表 9-8 所列,试求以可用度最大为目标的最佳更换间隔期 T。

表 9-8 某产品可靠度统计数表

t/kh	0	0.2	0.4	0.6	0.8	1.0	1.2	1.4	1.6	1.8	2.0
$R(t)$	1	0.995	0.978	0.95	0.90	0.86	0.79	0.72	0.64	0.57	0.48

解:(1)按表 9-8 数据绘成图 9-13 所示的可靠度曲线。

(2)在图 9-13 中,将 $R(t)$ 曲线以 0.2kh 为单位,分成许多矩形,这些矩形的面积分别以 $S_2, S_4, \cdots$,表示。由此可得

$$\int_0^T R(t) \mathrm{d}t = S_2 + S_4 + S_6 + \cdots + S_T$$

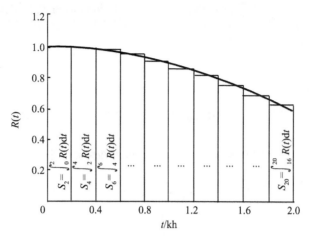

图 9-13 某产品的可靠度曲线

其计算结果见表 9-9。

表 9-9 某产品不可用系数 α 计算表

t/kh	$R(t)$	$1-R(t)$	S_t	$\int_0^T R(t)\,dt$	$R(t)\overline{M}_{\text{pt}}$	$[1-R(t)]\overline{M}_{\text{ct}}$	$\alpha \times 10^2$
0	1.00	0.00					
0.2	0.995	0.005	199.5	199.5	0.498	0.01	0.255
0.4	0.978	0.022	197.3	396.8	0.489	0.044	0.133
0.6	0.950	0.050	192.8	589.6	0.475	0.10	0.0975
0.8	0.900	0.100	185.0	774.6	0.450	0.20	0.0839
1.0	0.860	0.140	176.0	950.6	0.430	0.28	0.0747
1.2	0.790	0.210	165.0	1115.6	0.395	0.42	0.0728
1.4	0.720	0.280	151.0	1266.6	0.360	0.56	0.0724
1.6	0.640	0.360	136.0	1402.6	0.320	0.72	0.0742
1.8	0.570	0.430	121.0	1523.6	0.285	0.86	0.0753
2.0	0.480	0.520	105.0	1628.6	0.240	1.04	0.0763

（3）根据表 9-9 中的 α 值画曲线，如图 9-14 所示。

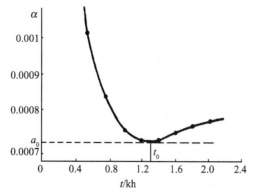

图 9-14 不可用系数 α 的变化曲线

(4) 由图9-14的 α 曲线最低点得 $t\approx 1.3$ kh,此即最佳的更换间隔期,其相应的 α 最小值 $\alpha_{\min}\approx 0.0722\times 10^{-2}$。

当装备的寿命为任意分布,且 $\lambda(t)$ 为增函数时,都可采用上述方法求解最佳更换间隔期。

2. 对于经济性影响

若已知定时更换一次的平均费用 C_p 和故障后更换一次的平均费用 C_c,这里 C_c 要考虑故障后的损失费用,一般 $C_c > C_p$。

在间隔期 T 内,进行定时更换的概率 $R(T)$,进行故障后更换的概率 $[1-R(T)]$,故更换间隔期内总费用为

$$C(T) = C_p R(T) + C_c [1 - R(T)]$$

这时,在每一间隔期内平均可工作时间为

$$\overline{T}_u = R(T)T + \int_0^T tf(t)\,dt = \int_0^T R(t)\,dt \tag{9-24}$$

故单位工作时间总费用为

$$\frac{C(T)}{\overline{T}_u} = \frac{C_p R(T) + C_c[1-R(T)]}{\int_0^T R(t)\,dt} \tag{9-25}$$

将式(9-25)等号右边对 T 求导,并令其为零,可得

$$[C_p - C_c]R'(T)\int_0^T R(t)\,dt = R(T)\{C_p + [C_c - C_p][1-R(t)]\}$$

整理后可得

$$\frac{C_p}{C_c - C_p} = \lambda(T)\int_0^T R(t)\,dt - [1 - R(T)] \tag{9-26}$$

显然,式(9-26)与式(9-23)相似,将式(9-23)中的 $\overline{M}_{pt}$、$\overline{M}_{ct}$ 换成 C_p、C_c 即是式(9-26)。故仍可用例9-6所介绍的方法,利用统计数据作图求得单位工作时间总费用最小的最佳更换间隔期 T。

9.3.2.3 全部定时更换的间隔期

1. 对于安全性影响和任务性影响

下面讨论以可用度最大为目标时的最佳更换间隔期 T 的确定方法。

采用全部定时更换策略时,因时序图和时间的计算方法与工龄更换策略不同,所以最佳间隔期 T 的求法也不相同。全部更换策略的时序图如图9-15所示。

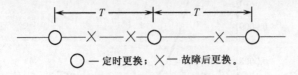

○—定时更换;×—故障后更换。

图9-15 全部更换策略时序图

令 $\overline{M}_{pt}$ 为全部定时更换的平均停机时间;$\overline{M}_{ct}$ 为故障后单个更换的平均停机时间;

$H(T)$ 为更换间隔期内故障发生的平均次数。那么,每一更换间隔期内,平均不能工作时间为

$$\overline{T}_d = \overline{M}_{pt} + \overline{M}_{ct} \cdot H(T)$$

假设在一个更换间隔期内,产品故障后仅进行小修,即修复如旧,则

$$\overline{T}_d = \overline{M}_{pt} + \overline{M}_{ct} \int_0^T \lambda(t) dt \qquad (9-27)$$

系统的可用度为

$$A = \frac{\overline{T}_u}{\overline{T}_u + \overline{T}_d} = \frac{T - \overline{T}_d}{T} = \frac{T - (\overline{M}_{pt} + \overline{M}_{ct} \int_0^T \lambda(t) dt)}{T} \qquad (9-28)$$

将式(9-28)对 T 求导数,并令其为零可得

$$T\lambda(T) - \int_0^T \lambda(t) dt = \frac{\overline{M}_{pt}}{\overline{M}_{ct}} \qquad (9-29)$$

设产品的寿命服从威布尔分布,即

$$\lambda(t) = \frac{m(t-r)^{m-1}}{\eta^m} \qquad (9-30)$$

将式(9-30)代入式(9-29)可得

$$T = \eta \left[\frac{\overline{M}_{pt}}{\overline{M}_{ct}(m-1)} \right]^{\frac{1}{m}} \qquad (9-31)$$

由式(9-31)可得以下结论。

(1) $m<1$(早期故障)时 $T<0$,早期故障全部定时更换不合理;

(2) $m=1$(偶然故障,指数分布)时 $T=\infty$,随机故障期更换间隔期无限长,即不必进行全部定时更换工作;

(3) $m>1$(耗损故障)时可确定 T,即耗损故障期可进行全部定时更换。

例 9-7 某产品采用全部更换策略,其故障后平均停机时间 $\overline{M}_{ct}=0.5\text{h}$,全部定时更换平均停机时间 $\overline{M}_{pt}=4.5\text{h}$,产品工作寿命服从 $m=2$、$\eta=1500\text{h}$、$r=0$ 的威布尔分布,试求以可用度最大为目标的最佳更换间隔期 T。

解:将数据代入式(9-31)可得

$$T = 1500 \times \sqrt{\frac{4.5}{(2-1) \times 0.5}} = 4500(\text{h})$$

2. 对于经济性影响

以平均费用最低为目标,确定更换期。

设全部定时更换费用为 C_p,故障后单个更换费用(含故障损失费用)为 C_c,T 为更换间隔期,$H(T)$ 为更换间隔期内故障发生的平均次数,则一个更换间隔期的总费用为

$$C(T) = C_p + C_c \cdot H(T)$$

假设在一个更换间隔期内,产品故障后仅进行小修,即修复如旧,则

$$C(T) = C_p + C_c \int_0^T \lambda(t) dt \qquad (9-32)$$

将式(9-32)两边除以 T，可得单位工作时间的平均费用为

$$\frac{C(T)}{T} = \frac{C_p}{T} + \frac{C_c}{T}\int_0^T \lambda(t)\,dt \tag{9-33}$$

将式(9-33)对 T 求导数，并令其为零可得

$$T\lambda(T) - \int_0^T \lambda(t)\,dt = \frac{C_p}{C_c} \tag{9-34}$$

显然，式(9-34)和式(9-29)的形式完全相同，只是将式(9-29)中的停机时间 $\overline{M}_{pt}$、$\overline{M}_{ct}$ 分别换成更换费用 C_p、C_c，故前面的结论同样适用于以平均费用最低为目标的最佳维修间隔期计算，即

$$T = \eta\left[\frac{C_p}{C_c(m-1)}\right]^{\frac{1}{m}} \tag{9-35}$$

例 9-8 某装备寿命分布同例 9-7，现已知预防性全部定时更换费用 $C_p = 0.8$ 万元，故障后单个更换费用 $C_c = 0.2$ 万元，试求以费用最低为目标的最佳更换间隔期 T。

解：将数据代入式(9-35)可得

$$T = 1500\left[\frac{0.8}{0.2 \times 1}\right]^{\frac{1}{2}} = 3000(\text{h})$$

9.4 修理级别分析

RCM 分析是关于预防性维修的决策分析。然而，产品一旦出了故障是否进行修理、如何修、在哪里修则要进行"修理级别分析"（level of repair analysis，LORA。国外现称为"修理分析"，repair analysis，RA。在本书中对两者将不加区别地使用）来研究确定。因此，LORA 同 RCM 分析一样，也是维修工程分析的一项重要内容，是装备维修规划的重要分析工具之一。

9.4.1 LORA 的目的、作用及准则

修理级别分析是针对故障的项目，按照一定的准则为其确定经济、合理的维修级别以及在该级别的修理方法的过程。

9.4.1.1 LORA 的时机、目的和作用

在装备寿命周期中，首先是在研制过程中进行 LORA，即当装备的初始设计一经确定就要提出新装备的 LOR 建议，在装备的整个寿命周期中应根据需要对 LOR 建议进行合理地调整。因此，LORA 是一个反复进行的过程。

LORA 的目的是确定产品是否修理，以及在哪一级维修机构执行最适宜或最经济，并影响装备设计。即在装备设计时，应回答如下两个基本问题。

（1）应将组成装备的设备、组件、部件设计成可修理的还是不修理的（故障后报废）？

(2) 如将其设计成可修理的,应在哪一个级别上进行修理?

在这里,"修理"是相对于故障后报废(不修理),并同确定的维修级别相联系。比如,经分析确定装备的某个组件在9.1节中区分的某个级别进行修理,就是说该组件在此级别上采取分解更换其中的部件或原件修复方法进行修理,而不是将组件整体更换。LORA 不仅直接确定了装备各组成部分的修理或报废的维修级别,而且还为确认装备维修所需要的保障设备、备件储存和各维修级别的人员与技术水平、训练要求等提供信息。LORA 是所建立的维修方案的细化。在装备研制的早期阶段,主要用于制订各种有效的、最经济的备选维修方案。在使用阶段,则主要用于完善和修正现有的维修保障制度,提出改进建议,以降低装备的使用保障费用。因此,LORA 决策直接影响装备的寿命周期费用和硬件系统的战备完好性。

9.4.1.2 LORA 的准则

LORA 的准则可分为非经济性分析和经济性分析两类准则。

非经济性分析是在限定的约束条件下,对影响修理决策主要的非经济性因素优先进行评估的方法。非经济性因素是指那些无法用经济指标定量化或超出经济性因素的约束因素。主要考虑安全性、可行性、任务成功性、保密要求及其他战术因素等。例如以修复时间为约束进行 LORA 就是一种非经济性修理级别分析。

经济性分析是一种收集、计算、选择与维修有关的费用,对不同修理决策的费用进行比较,以总费用最低作为决策依据的方法。进行经济性分析时需广泛收集数据,根据需要选择或建立合适的 LORA 费用模型,对所有可行的修理决策进行费用估算,通过比较,选择出总费用最低的决策作为 LORA 决策。

进行 LORA 时,经济性因素和非经济性因素一般都要考虑,无论是否进行非经济性分析,都应进行以总费用最低为目标的经济性分析。

9.4.2 LORA 的一般步骤与方法

9.4.2.1 LORA 的一般步骤

实施 LORA 的流程图如图 9-16 所示。

(1) 划分产品层次并确定待分析产品。为了便于分析和计算,需要根据装备的结构及复杂程度对所分析的装备划分产品层次,进而确定出待分析项目。较复杂的装备层次可多些,简单的装备层次可少些。如可将装备(坦克、火炮)划分为3个约定层次:装备、设备或装置、零部件或元器件。

(2) 收集资料确定有关参数。进行 LORA 通常需要大量的输入数据,按照所选分析模型所需的数据元清单收集数据,并确定有关的参数。进行经济性分析常用的参数如费用现值系数、年故障产品数、修复率等。

(3) 进行非经济性分析。对每一待分析产品首先应进行非经济性分析,确定合理的维修级别(基层级、中继级、基地级分别以 O、I、D 表示);如不能确定,则需进行经济性分析,选择合理可行的维修级别或报废(以 X 表示)。在实际分析中,为了减少分析工作量,可以采

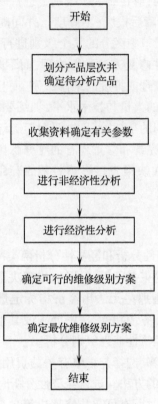

图 9-16 LORA 流程图

用 LORA 决策树对明显可确定维修级别的产品进行筛选。

（4）进行经济性分析。利用经济性分析模型和收集的资料,定量计算产品在所有可行的维修级别上修理的有关费用,以便选择确定最佳的维修级别。

（5）确定可行的维修级别方案。根据分析结果,对所分析产品确定出可行的维修级别方案编码。如某装备上 3 个修理产品可行的维修级别方案如下：

$$\begin{cases} 产品1:(I,D,D_X) \\ 产品2:(D,D_X) \\ 产品3:(O,I,I_X) \end{cases}$$

这里,在不同级别报废分别用 O_X、I_X 和 D_X 表示。应当注意,在确定可行的维修级别方案时,不能把子部件分配到比它所在部件的维修级别还低的维修机构去维修;一个项目弃件（报废）,其子项目也必须随之弃件（报废）。

（6）确定最优的维修级别方案。根据上述确定出的各可行方案,通过权衡比较,选择满足要求的最佳方案。

9.4.2.2 LORA 的常用方法

1. 非经济性分析方法

进行 LORA 首先应进行非经济性分析,以确定合理的维修级别。通过对影响或限制装备修理的非经济性因素进行分析,可直接确定待分析产品在哪级维修或报废。

非经济性分析常采用表 9-10 这种方式对每一待分析的产品提出问题。当回答完所有问题后,分析人员首先将"是"的回答及原因组合起来;然后根据"是"的回答确定初步的分配方案。不是所有问题都完全适用于被分析的产品,可通过剪裁来满足被分析产品的需要。必须指出的是,故障件或同一件上某些故障部件做出修理或报废决策时,不能仅凭非经济性分析为根据,还需分析评价其报废或修理的费用,以便使决策更为合理。

表 9-10 非经济性分析

非经济性因素	是	否	影响或限制的维修级别				限制维修级别的原因
			O	I	D	X	
安全性: 产品在特定的维修级别上修理存在危险因素(如高电压、辐射、温度、化学或有毒气体、爆炸等)吗?							
保密: 产品在特定的级别修理存在保密问题吗?							
现行的维修方案: 存在影响产品在该级别修理的规范或规定吗?							
任务成功性: 如果产品在特定的维修级别修理或报废,对任务成功性会产生不利影响吗?							
装卸、运输和运输性: 将装备从用户送往维修机构进行修理时存在任何可能有影响的装卸与运输因素(如质量、尺寸、体积、特殊装卸要求、易损性)吗?							
保障设备: (1)所需的特殊工具或测试测量设备限制在某一特定的维修级别进行修理吗? (2)所需保障设备的有效性、机动性、尺寸或质量限制了维修级别吗?							
人力与人员: (1)在某一特定的维修级别有足够数量的维修技术人员吗? (2)在某一级别修理或报废对现有的工作负荷会造成影响吗?							
设施: (1)对产品修理的特殊的设施要求限制了其维修级别吗? (2)对产品修理的特殊程序(如磁微粒检查、射线检查等)限制了其维修级别吗?							
包装和储存: (1)产品的尺寸质量或体积对储存有限制性要求吗? (2)存在特殊的计算机硬件、软件包装要求吗?							
其他因素:如对环境的危害							

2. 经济性分析方法

对待分析产品通常需进行经济性分析。进行经济性分析时要考虑在装备使用期内与维修级别决策有关的费用。一般应考虑如下费用。

(1) 备件费用。指对待分析产品进行修理时所需的初始备件费用、备件周转费用和备件管理费用之和。备件管理费用一般用备件管理费用占备件采购费用的百分比计算。

(2) 维修人力费用。包括与维修活动有关人员的人力费用。它等于修理待分析产品所消耗的工时(人—小时)与维修人员的小时工资的乘积。

(3) 材料费用。修理待分析产品所消耗的材料费用,通常用材料费用占待分析产品的采购费用的百分比计算。

(4) 保障设备费用。保障设备费用包括通用和专用保障设备的采购费用和保障设备本身的保障费用两部分。保障设备本身的保障费用可以采用保障费用因子来计算。保障费用因子是指保障设备的保障费用占保障设备采购费用的百分比。对于通用保障设备采用保障设备占用率来计算。

(5) 运输与包装费用。这是指待分析产品在不同修理场所和供应场所之间进行包装与运送等所需的费用。

(6) 训练费用。指训练修理人员所消耗的费用。

(7) 设施费用。指对产品维修时所用设施的相关费用,通常用设施占用率来计算。

(8) 资料费用。指对产品修理时所需文件的费用。

LORA 需要大量的数据资料,如每一项规定的维修工作类型所需的人力和器材量、待分析产品的故障数据和寿命期望值、装备上同类产品的数目、预计的修理费用(保障设备、技术文件、训练、备件等费用)、新产品价格、运输和储存费用、修理所需日历时间等。因此,从新装备论证阶段和方案阶段初期开始就应注意收集有关数据资料。

9.4.3 LORA 模型

LORA 模型与装备的复杂程度、装备的类型、费用要素的划分、分析的时机等多种因素有关。在 LORA 中采用的各类分析模型有其特定的应用范围,现对如下几种常用模型进行介绍。

9.4.3.1 LORA 决策树

对于待分析产品,可采用图 9-17 给出的 LORA 决策树,初步确定待分析产品的维修级别。通过决策树不能明显确定的产品则采用其他模型。

分析决策树有 4 个决策点,首先从基层级分析开始。

(1) 在装备上进行修理不需将故障件从装备上拆卸下来,是指一些简单的维修工作,利用随机(车、炮)工具由使用人员(或辅以修理工)执行。这类工作所需时间短,技术水平要求不高,多属于较小的故障排除工作,其工作范围和深度取决于作战使用要求赋予基层级的维修任务和条件。

将装备设计成尽量适合基层级维修是最为理想的。但是,基层级维修受部队编制和作战要求(修复时间、机动性、安全等)诸多方面的约束,不可能将工作量大的维修工作都设置

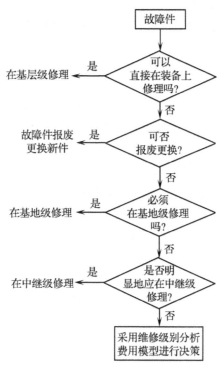

图 9-17 LORA 决策树

在基层级进行。这就必须移到中继级修理机构和基地级修理机构进行。

（2）报废更换是指在故障发生地点将故障件报废更换新件。它取决于报废更新与修理费用权衡。这种更换性的修理工作一般是在基层级进行，但要考虑基层级备件储存的负担。

（3）必须在基地级修理是指故障件复杂程度较高，或需要较高的修理技术水平并需要较复杂的机具设备。如果在装备设计时存在着上述修理要求，就可采用基地级修理决策，同时也应建立设计准则，尽可能地减少基地级修理的要求。

（4）如果故障件修理所需人员的技术水平要求和保障设备都是通用的，或即使是专用的但不十分复杂，那么该件的维修工作应设在中继级进行。

如果某待分析产品在中继级或基地级修理很难辨识何者优先时，则可采用经济性分析模型做出决策。应该指出，同类产品，由于故障部位和性质不同，可能有不同的维修级别决策。例如，根据统计分析，坦克减震器的修理约有 5% 在基层级，20% 在中继级，45% 在基地级，还有 30% 报废。

9.4.3.2 报废与修理的对比模型

在装备研制过程的早期，供 LORA 用的数据较少，因此，只能进行一定的非经济性分析和简单的费用计算。早期分析的目的是把待分析产品按照报废设计还是修理设计加以区分，以确定设计准则。

当一个产品发生故障时，将其报废可能比修复更经济，这种决策要根据修理一个产品的费用与购置一件新产品所需的相关费用的比较结果作出。下式给出了这种决策的基本原

理,若下式成立,则采用报废决策:

$$(T_{bf2}/T_{bf1}) \cdot N < (L+M)/P \tag{9-36}$$

式中:T_{bf1}为新件的平均故障间隔时间;T_{bf2}为修复件的平均故障间隔时间;L为修复件修理所需的人力费用;M为修复件修理所需的材料费用;P为新件单价;N为预先确定的可接受因子。

这里N是一个百分数(通常50%~80%),它说明了产品的修复费用所占新件费用的百分比临界值,超过这一比值则决定对其报废处理。

9.4.3.3 经济性分析模型

如果完成某项维修任务,对维修级别没有任何需要优先考虑的因素时,则修理的经济性就是主要的决策因素,这时要分析各种与修理有关的费用,建立各级修理费用分解结构,并制定评价准则。有很多经济性分析模型,现举一例进行说明。

对飞机的控制组件进行LORA,已知参数如下:

产品名称	飞机控制组件
单价D	5000元
每架飞机控制组件的数量/N_{qpei}	2个
飞机总数N	500架
飞行团数N_z	20个(每个飞行团25架飞机)
预期寿命T	10年
预计每月飞行小时数T_r	20h/月
平均故障间隔时间$\overline{T}_{bf}$	10h

中继级修理模型和基地级修理模型信息见表9-11。

表9-11 中继级修理模型和基地级修理模型输入信息

中继级修理			基地级修理		
费用参数	符号	数值	费用参数	符号	数值
每个团保障设备费用	C_z	100 000元/团	保障设备费用	C_{se}	50 000元
每年保障设备维修费用占其保障设备费用的百分比	R	1%	保障设备维修费用	C_{sem}	0
每个团训练费用	C_t	30 000元/团	训练费用	C_{tng}	5 000元
资料费用	C_{td}	100 000元	资料费用	C_{td}	0
修理循环时间	T_x	8天	修理循环时间	T_x	2月(60天)
人力费用率	R_g	5元/h	人力费用率	R_{gd}	12元/h
每次储存备件费用	R_b	120元/次	安全库存期	T_{an}	0.5月(15天)
每次修理的平均修理时间	$\overline{M}_{ct}$	2.5h	每次修理的平均修理时间	$\overline{M}_{ct}$	2.5h
			故障件的包装、装卸、储存和运输费用	C_p	150元

当确定对某产品进行修理时,首先选用LORA决策树,考虑非经济性因素,进行维修级

别决策,然后进行经济性分析。

1. LORA 决策树

利用图 9-17 中 LORA 决策树决策结果如下：

(1) 60%的故障件在基层级修理；

(2) 5%的故障件报废；

(3) 10%的故障件必须在基地级修理；

(4) 10%的故障件显然在中继级修理；

(5) 15%的故障件需用 LORA 费用模型进一步决策。

2. 经济性分析

15%的故障件需用修理级别分析费用模型进行决策。先计算飞机控制组件中的月修理次数

$$N_r = (N \times T_r / \overline{T}_{bf}) \times N_{qpei} \times 15\%$$
$$= (500 \times 20 \div 10) \times 2 \times 0.15 = 300 (次/月)$$

下面用修理级别分析费用模型进行计算。假设费用模型中仅考虑中继级修理 I 和基地级修理 D。下面给出修理级别分析采用的费用模型：

$$C_I = C_{se} + C_{sem} + C_{td} + C_{tng} + C_s + C_m \tag{9-37}$$

$$C_D = C_{se} + C_{sem} + C_{td} + C_{tng} + C_{ss} + C_{ps} + C_{rp} + C_m \tag{9-38}$$

式中：C_I 为中继级总费用；C_D 为基地级总费用；C_{se} 为保障设备费用；C_{sem} 为保障设备维修费用；C_{td} 为资料费用；C_{tng} 为训练费；C_{ss} 为库存费用；C_{ps} 为故障件的包装、装卸、储存和运输费用；C_s 为备件的发运和储存费用；C_{rp} 为修理件供应费用；C_m 为修理故障件的人力费用。

将表 9-11 中的数据代入式(9-37)和式(9-38),计算如下。

(1) 中继级修理费用计算：

$C_{se} = C_z \times N_z = 100\ 000 \times 20 = 2\ 000\ 000(元)$

$C_{sem} = C_{se} \times R \times T = 2\ 000\ 000 \times 0.01 \times 10 = 200\ 000(元)$

$C_{td} = 100\ 000(元)$

$C_{tng} = C_t \times N_z = 30\ 000 \times 20 = 600\ 000(元)$

$C_s = R_b \times T \times 12 \times N_r = 120 \times 10 \times 12 \times 300 = 4\ 320\ 000(元)$

$C_m = N_r \times T \times 12 \times R_g \times \overline{M}_{ct} = 300 \times 10 \times 12 \times 5 \times 2.5 = 450\ 000(元)$

(2) 基地级修理费用计算：

$C_{se} = 50\ 000(元)$

$C_{sem} = 0$

$C_{td} = 0$

$C_{tng} = 5\ 000(元)$

$C_{ss} = N_r \times T_{an} \times D = 300 \times 0.5 \times 5\ 000 = 750\ 000(元)$

$C_{ps} = N_r \times T \times 12 \times C_p = 300 \times 10 \times 12 \times 150 = 5\ 400\ 000(元)$

$C_{rp} = N_r \times T \times D = 300 \times 2 \times 5\ 000 = 3\ 000\ 000(元)$

$C_m = N_r \times T \times 12 \times R_{gd} \times \overline{M}_{ct} = 300 \times 10 \times 12 \times 12 \times 2.5 = 1\ 080\ 000(元)$

(3) 计算两种方案的总费用：

$$C_I = C_{se} + C_{sem} + C_{td} + C_{tng} + C_s + C_m$$
$$= 2\,000\,000 + 200\,000 + 100\,000 + 600\,000 + 4\,320\,000 + 450\,000 = 7\,670\,000(元)$$
$$C_D = C_{se} + C_{sem} + C_{td} + C_{tng} + C_{ss} + C_{ps} + C_{rp} + C_m$$
$$= 50\,000 + 0 + 0 + 5\,000 + 750\,000 + 5\,400\,000 + 3\,000\,000 + 1\,080\,000 = 10\,285\,000(元)$$

因为 $C_D > C_I$，所以这些故障件应在中继级完成修理。

9.5 维修工作分析与确定

在确定了要实施的预防性维修工作类型和产品故障后是否修、由谁修之后，还必须确定为完成这些维修工作所需的具体作业及维修资源和要求。为此，还需进行维修工作分析与确定。

9.5.1 维修工作分析的目的

维修工作分析（MTA）是将装备的维修工作分解为作业步骤进行详细分析，用以确定各项维修保障资源要求的过程。由于要对每项工作任务进行分析，制定相当数量的文件，协调多方面工作，所以该项工作是十分繁琐和复杂的。虽然，分析需要耗费较多的人力及费用，然而，由分析得出的准确结果，可以排除因采用一般估计资源要求的臆测性和经验法所引起的资源浪费或短缺，可以使装备在使用期间得到合理的保障资源，显著地提高维修保障费用的效益。维修工作分析与确定的主要目的如下。

(1) 为每项维修任务确定保障资源及其储备与运输要求，其中包括确定新的或关键的维修保障资源要求。

(2) 从维修保障资源方面为评价备选维修保障方案提供依据。

(3) 为备选设计方案提供维修保障方面的资料，为确定维修保障方案和维修性预计提供依据。

(4) 为制定各种保障文件（如技术手册、操作规程等）提供原始资料。

(5) 为其他有关分析提供输入信息。

9.5.2 维修工作确定

维修工作可以被划分为一系列维修作业，维修作业又可进一步划分为维修工序（基本维修作业）。为了确定实施维修工作所需的维修资源，应将维修工作加以细化并确定。一般的维修工作包括以下方面。

(1) 接近。为接近下一层次的部件或者为了接近所分析的部件而必需实施的工作。

(2) 调整。在规定限度内，通过恢复正确或恰当位置，或对规定的参数设置特征值，进行维护或校准。

(3) 对准。调整装备中规定的可调元件使之产生最优的或要求的性能。

(4) 校准。通过专门的测定或与标准值比较来确定精度、偏差或变化量。

(5) 分解(装配)。拆卸到下一个更小的单元级或一直到全部可拆卸零件(装配则反之)。

(6) 故障隔离。研究和探测装备失效的原因,在装备中隔离故障的动作。

(7) 检查。通过查验将产品物理的、机械的和(或)电子的特性与已建立的标准相比较以确定适用性或探查初期失效。

(8) 安装。执行必要的操作,正确地将备件或配件装在更高层次的装配件上。

(9) 润滑。利用一种物质(如机油、润滑脂、石墨)以减少摩擦。

(10) 操作。控制装备以完成规定的目的。

(11) 翻修。恢复一个项目到完全可用或可操作状态的维修措施。

(12) 拆卸。为从更高层次总成中取出故障件(配件)需要实施的操作。

(13) 修复。用来使成品装备、总成、分总成、组件或部件恢复到随时可用状态的一种维修活动或工作任务。也是用作维修活动或恢复从成品装备上拆卸下来的某项部件的特殊措施。通过更换低一级非修理部件或通过重新加工,如焊接、磨削或表面处理来排除特定故障或毛病,并证明故障已被排除。

(14) 更换。用能使用的部件替换有功能故障的、损坏的或磨损的部件。

(15) 保养。使装备保持在良好的可用状态,要求定期进行的操作,如清洗、换油换水、油漆、补充燃料、润滑油、液体或气体。

(16) 测试。通过测量某项装备的机械、气动液力或电特性并将这些特性与规定的标准值比较来验证其适用性。

维修工作分析与确定的流程图如图9-18所示。

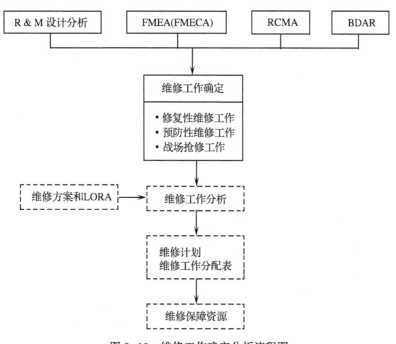

图9-18 维修工作确定分析流程图

9.5.2.1 修复性维修工作的确定

修复性维修工作确定通常是采用故障模式和影响分析(FMEA)或故障模式、影响和危害性分析(FMECA)或其他类似方法。对于新研装备,还应进行损坏模式与影响分析(DMEA),以便给出在遭受敌方武器破坏的情况下对保障的影响。由 FMEA(或 FMECA)确定修复性维修工作时,必须同时考虑修复的方法、维修级别及所需的保障资源。显然,该项工作的确定也为机内、机外测试评估与鉴别提供了依据。

9.5.2.2 预防性维修工作的确定

预防性维修工作由 RCM 分析确定。预防性维修的目的是避免故障或降低故障发生的频率,检测已发生的隐蔽故障。通过 RCM 分析,可以确定出经济、有效的各项预防性维修工作类型。

9.5.2.3 战场抢修工作的确定

战场抢修工作由战场损伤评估与修复(BDAR)分析确定。BDAR 分析以 FMEA 和 DMEA 为依据,对受损装备修复需进行的维修工作、修复方法、所需工具等进行分析,以便在战场上迅速恢复对于执行任务必不可少的功能,从而保证某项任务的完成。BDAR 分析的最终结果是产生装备的战场损伤评估与修复大纲及手册(见第十章)。

9.5.3 维修工作分析的内容及过程

9.5.3.1 维修工作分析的内容

确定出 3 种主要维修工作后,还应对每项维修工作进行详细分析,逐项确定以下内容。
(1) 为实施维修所需要的步骤(如拆卸、更换和调整等),以及相应的维修要求;
(2) 确定维修工作的完成顺序,并对技术细节加以详细说明;
(3) 完成每项工作所需要的人员数量、特长和技术等级;
(4) 完成每项维修工作所需的计算机资源;
(5) 按要求顺序完成维修工作所需的工具、保障设备和测试设备及设施;
(6) 完成维修工作所需要的备件和消耗器材;
(7) 完成每项工作的时间预测和完成某系列维修工作的总时间;
(8) 根据确定的维修工作和人员的要求,确定训练要求,并提出最佳训练方式;
(9) 确定在节约维修费用、合理利用维修资源及提高系统性能等方面能起优化和简化作用的工作,提出改进系统设计的建议并提供有效数据。

9.5.3.2 维修工作分析的过程

维修工作分析的过程如图 9-19 所示。为便于审查和交换维修工作分析信息,应以标准格式记录分析的结果。维修工作分析见表 9-12。表中的分析结果指明了完成某项维修工作分析可形成用途广泛的数据库,这对于进行其他分析和决策提供了输入。

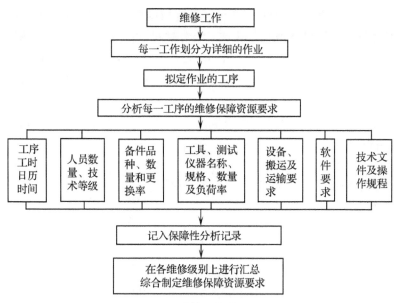

图 9-19 维修工作分析过程

表 9-12 维修工作分析表(示例)

项目名称	控制器汇总板		件号	A101-153-6		组件名称	流量控制器		件号	A101-153		说明事项:分解前应再测试,以确定故障部位
维修工作	更换有故障的线路板		工作编号	03		工作频数	0.002		维修级别	中继级		
维修作业工序号	工序名称	维修时间/h	操作人员		总工时/(人·时)	日历时间/h	维修设备		备件及消耗品			技术文件	
			数量	等级			名称	编号	名称	件号	数量	名称	编号
0010	确定故障部位	0.05	1	4	0.05	0.05	测试器	1622-5				检测手册	Z-102
0020	分解	0.09	1	4	0.09	0.09	扳手 起子	6811-1 6011-2				拆装手册	Z-101
0030	更换线路板	0.10	1	4	0.10	0.10	起拔器	6214-1	线路板 接线座 螺钉	A101-153-6 A101-8239 832567-M	1 4 6	拆装手册	Z-101
0040	装配	0.12	1	4	0.12	0.12	扳手 起子 测试器	6811-1 6011-2 1622-5				拆装手册	Z-101
0050	测试	0.05	2	4	0.10	0.05						检测手册	Z-102
合计					0.46	0.41				A101-153-6 A101-8239 832567-M	1 4 6		

制表:＿＿＿＿＿＿＿＿ 日期:＿＿＿＿年＿＿＿月＿＿＿日

对某装备的全部维修工作分析后,应该说明完成维修工作所需的全部保障资源,包括类型和数量。通过累加各维修级别所做维修工作的时间,可以确定出每一维修级别上完成维修工作所需的人员数量与技术水平。大量实践已经证明,这是确定维修保障资源和要求的有效方法。下面以某装备系统中一电子设备控制线路板维修为例,说明维修工作分析的过程与方法。

步骤 1:中继级收到故障单元后,对该单元进行测试,以便将故障隔离到该单元内的某一部件(如线路板)。

步骤 2:分解该单元。

步骤 3:拆卸有故障的控制线路板,并用备件更换。

步骤 4:装好单元。

步骤 5:测试单元确认通过更换有故障的部件已将故障排除。并将故障线路板送基地级修理。

上述的步骤 1~步骤 5 是在中继级上进行的维修活动,如表 9-12 所列即更换故障线路板的维修工作分析表。该分析表指明了完成维修所需的时间、维修人员的技术等级、工具和测试设备、推荐的培训、技术资料及所需备件和设施。对于每一故障的维修活动都进行这一分析工作,就是对装备的全面维修所需的主要保障资源要求。看起来这似乎是一条过于复杂的进行维修的途径,但这种限制不同维修级别的能力,并将故障单元和部件送往更高一级维修单位的方案是极其经济有效的,能获得最大可能的装备可用性。如果准许使用者在现场更换失效的元件或许也是可能的,但所需的资源数量(测试设备、维修手册、备件、使用人员手册和人员培训)较大将是不现实的,同时设想由使用者去寻找和更换失效的元件,将可能使装备在很长时间内无法进行工作。

上述这种分析工作有时并非一次完成,这是因为我们希望分析工作及早进行(方案阶段的后期即应开始),以便对需要新研的保障资源及早准备,并对装备设计与维修保障资源做出更好的协调。但是由于数据不足,往往分析得比较粗略,需要在工程研制阶段补充和细化。同时,分析的结果还需要作为评价备选保障方案的重要依据,因此这种分析是反复进行的。分析结果通常都记录在保障性分析记录中,并随装备研制深入而更新。

9.5.4 维修工作分析所需信息及分析时应注意的问题

9.5.4.1 维修工作分析所需信息

在维修工作分析中,由于要对每项工作进行分析,确定所需要的各种保障资源,因此,需要收集各种信息,以便得出准确结果。分析时所需要的主要信息如下。

(1)装备功能要求和备选维修保障方案中提出的维修要求信息。如使用前后的准备与保养、测试和维修的主要部位与要求等。

(2)已有装备类似的维修现场数据和资料。如维修时所用的工具和保障设备、确定维修工时和备件供应以及所需技术资料等。必要时可以实际测定工时和试用设备。

(3)修理级别分析所拟定的各维修级别的维修工作内容。例如在装备或分系统中所需更换的部件或零件和要求以及拆卸分解的范围等。

(4) 各种维修保障资源费用资料。

(5) 当前维修保障资源方面的新技术。如新型通用测试设备和工具及先进工艺方法等。

(6) 有关运输方面的信息,如运送待修件的距离、部队现有运输工具等。

从上述这些信息来源来看,做好维修工作分析,首先要做好数据和资料输入的接口工作,否则可能导致工作重复和高的费用。

9.5.4.2 分析中应注意的问题

1. 确定新的或关键的维修保障资源

进行维修工作分析要特别注意确定出新的或关键的维修保障资源要求,以及与这些资源有关的危险物资、有害废料及对环境的影响。新的维修保障资源是指需要专门为新研装备开发研制的资源。关键维修保障资源并非新研资源,是由于进度要求、费用限制或物资短缺的缘故而需要专门管理的资源,如与其他装备共用的维修设施和贵重维修保障设备等。在满足装备任务需求的前提下,尽可能地减少新的或关键的保障资源要求。另外,新的或关键保障资源需要专门投资或专门协调管理,都需要花费人力物力和时间,并且要做好它们与设计方案和保障方案的权衡。当首次确定一种新的或关键的资源要求时,必须进行验证。通过验证,决定要么修改设计,取消这个要求;要么预先规划,从一开始就设法满足这种需求。

2. 确定人员和训练要求

通过维修工作分析,可以得出保障新装备总的人员要求(人员数量、技术专业及技术等级)和人员的训练要求。利用上述分析的结论制定人员能力表,该表列出维修新装备或进行每项维修工作所需人员数量与技术等级的最低要求,包括需掌握的技能和熟练程度、需操作和维修的测试仪器和保障设备、组织某项维修工作的能力等。以此为依据确定出培训要求,包括训练课程、训练教材、训练器材、最佳的培训方式(正规上课、在职学习或两者结合)及训练进度计划。

3. 优化维修保障资源要求

通过维修工作分析,还能够确定出新装备保障性可以得到优化的领域,或为了满足最低保障性指标而必须更改设计的范围。其目的是影响设计而达到最佳保障性。通常考虑两个方面的问题:一是利用维修工作分析结果,确定出规划的维修工作在时间、资源等方面不能满足所制订的保障性要求,为改进设计提供依据;二是分析每一种保障资源的类型,确定是否有重复的保障资源要求。例如,能用一种测试设备完成全部所需的测试功能,就不能有两种不同的测试设备;新装备中用了多种不同尺寸的紧固件,则需要一系列拆卸工具,如果所有紧固件标准化,则仅用少量的工具就可拆卸,因此也就优化和简化了保障资源要求。

4. 初始供应问题

初始供应是为保障装备在早期部署期间(时间由合同确定,通常为1~2年)所需的零备件、消耗品、工具与保障设备等供应品的初始储备的过程。通过维修工作分析,可以确定初始供应项目,形成初始供应清单,提供保障新装备初期使用与维修的那些物资与设备。否则,初始备件供应存在很大的盲目性,将会造成停机待料或形成浪费。

习 题

1. 何谓维修方案？制定装备维修方案的主要目的是什么？
2. 什么是 RCM 分析？什么是预防性维修大纲（PMP）？PMP 有何用途？
3. 何谓潜在故障？是不是所有产品都有潜在故障？
4. RCM 分析的一般步骤是什么？
5. RCM 逻辑决断图有什么特点？
6. 什么是预防性维修工作类型的适用性准则和有效性准则？试举例说明。
7. 某武器系统，其工作寿命服从威布尔分布，且已知其形状参数 $m=2$，特征寿命 $\eta=300h$，若对其采用全部定时更换维修策略，其平均预防性维修费用 $C_p=400$ 元，平均故障修理费用 $C_f=1200$ 元，试确定其最佳维修间隔期 T。
8. 在习题 7 中，若已知全部更换平均停机时间 $\overline{M}_{pt}=2.5h$，其修复时间服从对数正态分布，修复时间的对数均值 $\theta=-0.2934$，标准差 $\sigma=0.7051$。试求以可用度最大为目标的最佳维修间隔期 T。
9. LORA 的目的是什么？其分析的基本步骤是什么？
10. 进行维修工作分析与确定有何意义？

第十章
装备战场抢修与抢修性

装备战场抢修是战时装备保障工作中十分重要的内容。我军在长期的实践中,积累了丰富的装备战场抢修方面的经验。但是,许多战场抢修问题有待于运用系统、科学的理论方法进行研究与探索。本章将主要介绍装备战场抢修与抢修性的概念、特点、战场损伤评估与修复分析的基本知识。

10.1 战场损伤

装备的战场损伤是装备生存性的对立物,预防战场损伤、减弱战场损伤的影响、克服战场损伤的后果是装备生存性的要求或体现。所以,进行装备战场损伤分析与研究,不仅是开展装备战场抢修研究和工作的重要基础,也是开展装备生存性和抢修性设计的基础。

战场损伤(battlefield damage)是指装备在战场上发生的妨碍完成预定任务的战斗损伤、随机故障、耗损性故障、人为差错和偶然事故等事件。

由上述定义可以看出,战场损伤并不仅仅是由于敌方武器的攻击作用而造成的,而是一个更为广泛的概念。在战场上妨碍装备完成任务的因素有许多,这些因素都是需要在战场上排除或处理的,归纳起来主要包括战斗损伤、故障、人为差错、装备得不到供应品和装备不适于作战环境等。

10.1.1 战斗损伤

战斗损伤(battle damage)是指因敌方武器装备作用而造成的装备损伤,是装备在战场环境下所特有的。过去,装备损伤主要是枪弹、炮弹、炸弹、导弹造成的"硬损伤",除此之外,还要考虑非常规武器(如核生化武器)造成的破坏;现在,战斗损伤不仅包括装备的"硬损伤",而且包括诸如电磁、激光、计算机病毒等造成的"软损伤"。由于装备战斗损伤的特殊性,所以战斗损伤是装备战场损伤众多因素中需关注的重要因素。

10.1.2 故障

故障包括装备的随机故障和耗损性故障。装备故障不仅会在平时发生,在战时特别是由于武器装备在战场上的高强度使用,加之恶劣的战场环境,会造成装备故障频率、范围和后果明显加剧,甚至会产生一些平时难以见到的新的故障模式或损伤模式。因此,不仅在平时应高度重视装备使用和训练中出现的故障并对之加以系统研究,而且在战时还应注意结合当前的作战任务和条件进行具体分析,以合理决定是修还是不修、是采用标准修理还是进行应急修复。

10.1.3 人为差错

在战时由于人为差错造成的装备损伤同样不可忽视。尽管在平时的装备使用与维修中这种情况也会发生,但是,在战时由于人员心理紧张等因素影响,由人为差错造成的装备损坏或事故会明显增多。例如,据美国空军飞行事故统计,自20世纪90年代以来,人为差错在飞行事故中所占比例持续增大,已从早期的30%~40%上升到了70%以上;俄罗斯空军70%~80%的飞行事故原因为人为差错。同样,因维修人员的人为差错导致装备妨碍完成任务的事件在平时和战时也时常发生,且战时的比例会更高。所以,无论是装备使用单位及人员,还是装备承研承制单位及设计人员,都应对可能发生的人为差错进行系统研究,并恰当地采取对策,以避免或减少人为差错的发生。

10.1.4 装备得不到供应品

由于战时装备故障和损伤较平时加重,而且供应线容易遭到敌人攻击破坏,装备得不到供应品的情况在战时也极易发生。这里所指的供应品主要包括装备使用与维修所需的油、液、备件、材料等资源。从表面上看,装备得不到供应品并不是装备损伤,但就其后果来说,它同样会造成装备不能正常工作,这与前面几种损伤影响和后果是一样的。所以,也非常有必要把它列入战场损伤的因素,作为装备战场抢修必须考虑的内容。

10.1.5 装备不适于作战环境

装备不适于作战环境是海湾战争后美军提出来的,并将其纳入战场损伤的一个因素,作为战场上需要排除、处理的一个问题。众所周知,美国从其全球战略的需要出发,历来重视武器装备的环境适应性,对装备的耐环境设计提出了非常苛刻的要求。尽管这样,在海湾战争中装备不适于海湾地区环境的问题仍很严重。例如,由于海湾风沙的影响,直升机发动机每工作50h就要吸入40kg的细沙,涡轮叶片上就会结一层硅石粉,造成15%的供能损失,油耗增加10%,甚至造成叶片断裂。虽然直升机装有防沙尘设备,发动机工作寿命还是大为缩短,平均工作100h就需更换。为此,美军在海湾战场对装备进行了大量应急维修和处理,保证了部队作战的需要。海湾战争后,他们提出应把装备不适应于作战环境作为战场损伤的一个因素,显然这也是很有必要的。

10.2 战场抢修

10.2.1 基本概念

战场抢修,是指在战场上运用应急诊断与修复技术,迅速地对装备进行评估,并根据需要快速修复损伤部位,使武器装备能够完成某项预定任务或实施自救的活动。外军将其称为"战场损伤评估与修复"(battlefield damage assessment and repair,BDAR)。

战场抢修的核心内容是战场损伤评估和战场损伤修复,其中,战场损伤评估是战场损伤修复的前提和基础。战场损伤评估(battlefield damage assessment,BDA)是指装备战场损伤后,迅速判定损伤部位与程度、现场可否修复、修复时间和修复后的作战能力,确定修理场所、方法、步骤及所需保障资源的过程;战场损伤修复(battlefield damage repair,BDR)是指在战场环境中将损伤的装备迅速恢复到能执行全部或部分任务的工作状态或自救的一系列活动。

10.2.2 战场抢修与平时维修的区别

平时维修主要是预防性维修和修复性维修,而战时除这两种维修外,更需关注的是战场抢修。两者在维修目标、修理标准和要求等方面有明显不同,主要区别如下。

(1) 目标不同。平时维修的目标是使装备保持和恢复到规定状态,以最低的费用满足战备要求。战场抢修的目标是使损伤装备恢复其基本功能,以最短的时间满足当前作战要求。

(2) 引起修理的原因不同。平时维修主要是由装备的自然故障或耗损而引起的,故障原因、故障机理、故障模式通常是可以预见的,其他一些因素往往也有其规律性。在战时,装备除了会发生耗损性故障和疲劳损伤以外,更为重要的是装备会发生战斗损伤,这是战时装备修理所特有的。此外,由于装备不适于作战环境、高强度使用、人员操作差错或违反平时操作规程等因素,也会引起一些平时不会发生或很少发生的故障,这些因素都是很难预见的。

(3) 修理的时间要求不同。战场抢修最突出的约束因素就是时间,它要求修复工作所需时间必须在战术上合理的限度之内。显然,实施战场抢修的允许时间是有限的,主要是"靠前修理"。而平时维修则无此要求,它强调一切以标准的程序进行。

(4) 修理的标准和方法不同。平时维修是根据修理手册和一定的技术标准,由规定人员按照规定的程序和方法进行的一种标准修理。战场抢修则主要是采用剪除、拆拼修理、替代等方法进行的一种非标准修理。某些应急修理方法可能对装备的部件有损害,但由于作战任务急需仍可能采用。所以,战时采用的应急修复方法,一般仅适用于战场紧急情况下使用,并且应视作战情况、装备损伤程度、允许的修理时间、可用的人员和备件等情况来实施修理。在任何情况下,只要情况允许,应首选标准修理。对损伤装备实施应急性的非标准修理,一般应在指挥员授权后进行。

(5) 维修人员技术水平不同。平时维修都是由规定的、有资格的专业维修人员实施的。在战场环境下,有时不可能有专业的技术人员在场,有些应急修理必须由操作人员实施。例如,电子设备的损伤,按平时的规定,一般应由级别较高的后方维修机构来实施。但是,战时的情况变化万千,有时不允许这样做,只能由非专业人员进行临时性应急修理。

(6) 工作环境条件不同。平时维修是在和平环境下进行的,维修人员可能有进度方面的压力,但没有生命危险,而且维修资源比较充分,必要时还可得到专家的指导,只要细心,在规定时间内修好装备是没有问题的,维修人员心理压力一般不会很大。但是在战时,由于敌人的封锁,供应保障线随时可能会被切断,加之维修资源消耗多,容易造成资源缺乏,导致未必都能采用换件修理方式。此外,在战场环境中维修人员的心理压力往往比平时大很多,致使维修差错增多,如果没有平时严格的训练,将很难完成预定的抢修任务。

(7) 备件需求不同。平时维修主要是修复性维修和预防性维修,因装备故障或预防性维修而引起的备件需求和消耗具有一定的规律性。战场抢修备件需求和消耗既可能是因战斗损伤引起也可能因非战斗损伤引起。由于战斗损伤模式的特殊性和随机性,加之战时装备使用的高强度及操作人员差错等,所以战场抢修的备件需求和消耗较平时维修有显著不同。例如,美国陆军M1坦克某些部件平时维修与战场抢修的备件需求如表10-1所列。

表10-1 M1坦克平时维修与战场抢修备件需求

部件	平时故障/备件需求	战时损伤/备件需求
同轴电缆7059	1	126
专用电缆13061	0	118
⋮	⋮	⋮

10.2.3 战场抢修的特点

战场抢修以恢复装备战斗所需的基本功能为主要目的,它具有以下主要特点。

(1) 抢修时间的紧迫性。现代战争具有立体化程度高、战场范围广、作战节奏快等突出特点,对装备战场抢修的时效性提出了新的更高的要求。因此,战场抢修最突出的特点就是时间的紧迫,要求抢修工作必须在一定的时间限度内完成。例如,美军实施两级维修后,野战级维修时间要求小于6h,其中战场抢修时间要求小于2h;维修时间大于6h则实施支援级维修,其中,维修时间大于6h且小于24h的在基地级以下支援级维修,维修时间大于24h的在大修基地开展支援级维修。

(2) 损伤模式的随机性。在战场上,装备的损伤既可能是战斗损伤又可能是非战斗损伤。由于战斗损伤和非战斗损伤模式都具有随机性,加之战斗损伤在平时的训练与使用中难以出现,使得战场抢修工作量的预计、维修保障资源的准备等较平时维修更加困难。

(3) 修理方法的灵活性。由于战场环境复杂多变、时间紧迫,有时难以采用平时的技术标准和方法对损伤装备实施标准修理以恢复其所有功能。因此,战场抢修往往采用的是临时性的应急修理手段和方法,对损伤装备实施非标准修理,以尽快恢复其必要功能使其重返战斗。需要指出的是,在时间允许、条件具备时,应首先选择常规的标准修理使装备恢复到规定状态,战场抢修方法只限于战时紧急条件下使用。

(4) 恢复状态的多样性。对于损伤装备,由于条件限制,进行战场抢修不一定能使损伤装备恢复到规定状态,采用临时性的应急措施,虽然可恢复部分所需功能,却可能缩短部件及装备的寿命。因此,在紧急情况下,应视情将损伤装备恢复到下述状态之一:

① 能够担负全部作战任务,即达到或接近平时维修后的规定状态;
② 能进行战斗,即虽然性能水平有所降低,但仍能满足大多数的任务要求;
③ 能作战应急,即能执行某一项当前急需的战斗任务;
④ 能够自救,即适当恢复装备的机动性,以便能够撤离战场。

10.2.4 战场损伤评估

战场损伤评估的实质是对损伤装备进行战场抢修技术决策的过程,是战场损伤修复的前提和基础。在战斗中,当装备遭到战损时,应由维修人员与使用人员配合对受损装备进行损伤评估,以确定是否修复和如何修复损伤装备。如果战损评估不及时、不准确,不仅会造成资源的严重浪费,而且会丧失装备重返战斗的机会,进而贻误战机。

10.2.4.1 战场损伤评估的内容

战场损伤评估应回答的主要问题如下:
(1) 损伤部位、程度及对装备完成当前任务的影响;
(2) 损伤是否需要现场或后送修复;
(3) 损伤修复的先后顺序;
(4) 在何处进行修复,即装备的修理场所;
(5) 如何进行修复,即装备的修理方法和步骤;
(6) 所需保障资源,包括人力、时间、器材、设备工具等;
(7) 修复后装备的作战能力和使用限制。

10.2.4.2 战场损伤评估的程序

对于具体型号装备,战场损伤评估的程序可分为3个步骤:判明损伤部位、继续使用决断和抢救抢修决断。如图10-1所示。

1. 判明损伤部位

对于损伤装备,应按照由表及里、由外到内、由物理损伤到功能损伤的过程进行损伤检查和定位。先查看装备的外在损伤情况,必要时借助必要的设备工具对装备内部损伤部位再进行深入检查和判断,确定装备系统的损伤影响和后果,为损伤修复决策提供依据。常用的损伤检查检测方法如下。

(1) 外观检查。深入细致地观察并确定装备各种损伤现象,不仅可以减少损伤检测与定位的时间,而且对于提高损伤修复效率具有重要作用。因此,装备一旦发生损伤,应由装备使用人员在第一时间对受损装备实施评估。通过初步的外观检查,主要明确如下问题:在损伤现场是否满足损伤评估的安全性要求;是否需要立即向上级请示;损伤装备能否依靠自身动力继续行驶;损伤修复措施能否恢复装备当前所需的必要功能或自救能力。

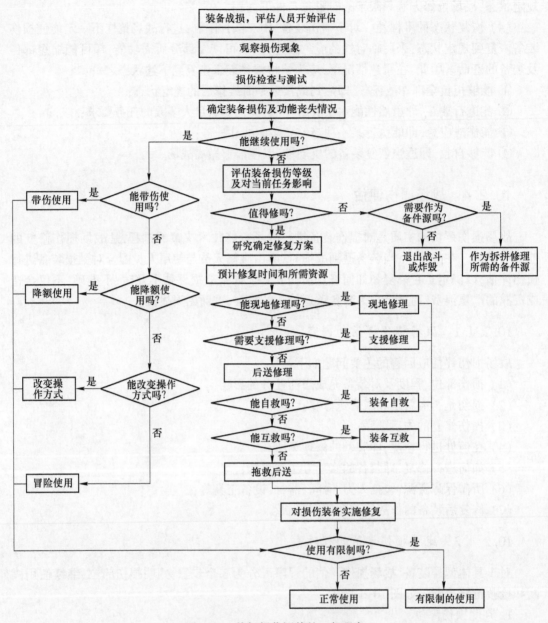

图 10-1 战场损伤评估的一般程序

(2) 装备自检。如果装备有机内测试设备,可以对受损装备进行自我诊断,以确定哪些系统还能够正常工作,哪些部件已经损伤。

(3) 使用检查。通过装备自检,虽可确定装备功能部件是否能够正常使用,但并不代表系统功能是完好的,例如:通信系统可以使用,但是频段受限;转向系统能够工作,但是装备不能急转弯。为此,必要时还需对装备做进一步的使用检查,以确定装备是否具备完成当前任务所必需的功能。

(4) 性能测试。对于某些复杂装备或部组件,需要借助一定的检测设备和工具,对其性能参数进行测试,以判断其是否具有完成当前作战任务所必要的能力。例如,由于弹片的打击,造成火炮身管压坑并发生膛内凸起,需要进一步检测是否影响到弹丸顺利通过,此时,可采用直度径规对火炮身管内径进行测量。

2. 继续使用决断

在战场条件下,装备发生损伤后,并不是所有的战场损伤都需要立即进行抢修。如果战场损伤对装备完成作战任务和使用安全无多大影响,应根据指挥员的决策,只进行必要的处理,使装备迅速继续投入战斗,而不必立即修理。所以,当判明装备的损伤部位后,应根据装备的功能丧失情况,进行"继续使用"决断分析。如果能够对损伤装备进行应急使用,还应进而明确应急使用的注意事项和要求。常用的继续使用方法如下。

(1) 带伤使用。装备的损伤若不直接影响当前战斗所需的功能,且对安全无大的影响,可以暂不抢修,继续使用。例如,车辆轮胎漏气损伤,不影响飞行安全的飞机蒙皮损伤,不影响舰船航行的船体损伤等,紧急情况下可推迟修理而继续使用。

(2) 降额使用。装备损伤后其战斗性能往往会降低,只要不危及安全,在战场上或紧急情况下可根据指挥员的决断继续使用。例如,多管火箭炮在损伤几个定向管后还可用剩余定向管继续发射,虽然杀伤区域变小了,但仍可起到一定的毁伤作用。飞机、舰船、车辆等装备损伤后继续减速行驶的情况也是常常采用的。

(3) 改变操作方式。当装备某些必要的功能丧失后,如果能通过改变使用方法找到替代功能的措施,使其继续战斗,就不必立即修理。例如,自动操作方式失灵,可用人工操作方式代替;火炮瞄准具损伤后,可用膛中瞄准、目视测距、象限仪装定等继续射击;飞机、舰船自动驾驶损伤后改用人工操作方式。

(4) 冒险使用。装备的某些部件损坏后,继续使用具有一定危险,在平时必须停止使用。但在战时紧急情况下,如果经采取必要的安全措施(如人员暂时疏散等)后,也可不做其他处理而继续使用。例如,某些保险、监控装置损坏,可能带来潜在的危险,在紧急情况下,采取疏散人员等安全措施后,也可继续使用;火炮炮闩保险器损坏,在确认炮闩无自动击发现象后,可取下保险器继续射击。

3. 抢救抢修决断

如果受损装备不能应急使用,应综合考虑装备损伤情况,科学地确定战场损伤修复方法和修复后的使用限制,并准确预计修复所需时间和资源。进而确定是在现场修理,或是需要支援修理,还是后送修理。对于需要后送的损伤装备,进一步判断进行自救、互救,还是拖救。最后,对损伤装备修复完成后,如果修浚装备有使用限制,进一步明确装备使用操作的注意事项。

10.2.4.3 战场损伤评估的方法

对于具体装备的战场损伤评估,也可进一步分为系统损伤评估和重要部件损伤评估。

系统损伤评估是一个较为复杂的逻辑决断过程,具体形式取决于装备的结构及其功能的复杂程度。图 10-2 给出了一个某武器系统损伤评估流程,评估人员可根据评估流程逐步检查、判断,直到做出评估结论为止。

重要部件损伤评估是根据具体型号装备完成某项任务所需的必要功能进行的。评估程序的具体格式可采用评估表(表 10-2)或流程图(其形式与图 10-2 相似)。

表 10-2　某榴弹炮机动性损伤评估

序号	项　　目	项目损伤时的处理方法
1	大架是否能动作	若"否",提出处理或修复的方法
2	高低机是否运转灵活	若"否",提出处理或修复的方法
3	方向机是否运转灵活	若"否",提出处理或修复的方法
4	车轮是否完好	若"否",提出处理或修复的方法
5	缓冲器是否完好	若"否",提出处理或修复的方法
6	制动器是否能制动	若"否",提出处理或修复的方法

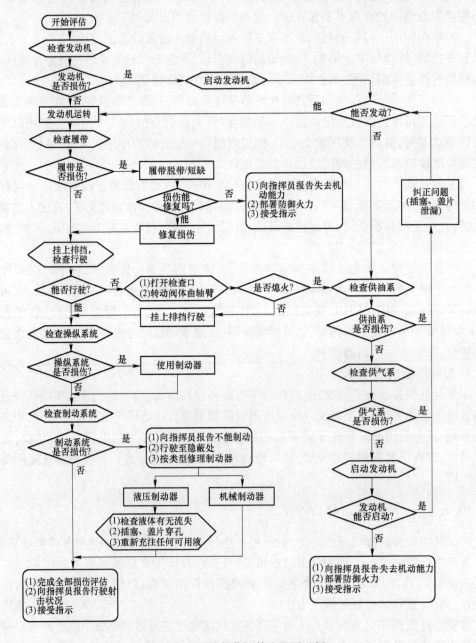

图 10-2　系统损伤评估流程图示例

装备战场损伤评估既重要又困难,通常应当由熟悉装备、有实践经验的损伤评估人员进行,损伤评估结果还应报告指挥员并做出决策。

10.2.5 战场损伤修复

10.2.5.1 战场抢修工作类型

与平时维修相比,战场抢修主要是一些应急性的修复方法。根据长期的战场抢修实践经验积累,人们总结出了一些常见的战场抢修方法,又称为战场抢修工作类型。

1. 切换(short-cut)

液压、气压、电路等系统,可通过转换开关或改接管道,脱开损伤部分,接通备用部分,从而实现装备的基本功能。对于机械装备,也可根据装备工作原理进行切换,如电动操作失灵,可用人工操作代替;火炮瞄准具表尺装定器损坏,可用炮目高低角装定器代替表尺装定射角;光学瞄准镜损坏,改用简易瞄准具。

2. 剪除(by-passing)

或称"切除""旁路"。即把损伤部分甩掉(或切断油、气、电路),以使其不影响安全使用和基本功能项目的运行。在电子、电气设备上,对完成次要功能支路的损坏可进行切除(如将管路堵上、电路切断)。对机械类装备,也可广泛采用切除方法,如枪、炮平衡机损坏后,高低机打不动时,可拆除损坏的平衡机,在瞄准时由几名炮手抬身管以打动高低机,进行高低瞄准;炮口制退器损伤变形后不能射击,可取下炮口制退器,用小号装药继续射击。

3. 拆换(cannibalization)

拆卸本装备、同型装备或异型装备上的相同单元来替换损伤的单元,也称为拆拼修理。如担负重要功能的部件损坏后,可以拆卸非重要部位的部件进行替换;战时通过对损伤装备(包括敌方遗弃的装备)进行拆拼修理,甚至可以重新组装成可用的装备。拆换的方法主要如下。

(1) 备件更换:拆卸损伤部件,用备件进行更换,即平时的标准修理。

(2) 拆次保重:在本装备上拆卸下非基本功能项目,替换损伤的基本功能项目。例如抗美援朝战争中,我军某部76mm加农炮驻退机螺塞损坏,修理人员卸下高低机蜗轮箱螺塞替换,从而使火炮恢复战斗。

(3) 同型拆换:从同型装备上拆卸相同单元,替换装备损坏的单元。

(4) 异型拆换:从不同型装备上拆卸下相同单元,替换装备损坏的单元。不同型装备包括民用设备、我方装备、敌方遗弃的装备等。

由上可以看出,拆换的形式多种多样,尽管其效果不完全相同,但只要能满足应急需要,在战场抢修中都是允许的、可行的。

4. 替代(substitution)

用性能相似或相近的单元或原材料、油液、仪表等暂时替换损伤或缺少的资源,以恢复装备的基本功能或能自救,也称为"置代"。替代的对象包括装备元器件、零部件、原材料、油液、仪器仪表、工具等。替代是指非标准的、应急性的,可以是"以高代低",即用性能好的单元、器材替代性能较差的单元、器材;也可以"以低代高",只要没有安全上的威胁,应根据战场实际情况"灵活采用"。如用小功率发动机代替大功率的发动机工作,可能使运转速度和载重量下降,但能应急使用;驻退机液体减少后,暂时加水代替。

5. 原件修复(repair)

利用现场有效的措施恢复损伤单元的功能或部分功能,以保证装备完成当前作战任务或自救,也称"临时修复"。除传统的清洗、清理、调校、冷热矫正、焊补焊接、加垫等技术之外,还应高度重视各种新材料、新技术、新工艺(如刷镀、喷涂、黏结、涂敷、等离子焊接等)的应用,以及在众多装备中普遍存在的产品(如电子电气设备、气液压系统、非金属件等)原件修复的可能性及就便的修复手段。

6. 制配(fabrication)

临时制作或加工新的零部件,以替换损伤件,恢复装备的必要功能或自救。制配不但适用于机械零部件损伤后的修复,也适用于某些电子元器件损伤后的修复。战场上制配方式有以下几种。

(1) 按图制配:根据损坏或丢失零件的设计图样加工所需备件。

(2) 按样制配:根据样品确定尺寸和原材料。若情况紧急,次要部位或不受力部位的形状和尺寸可以不予保证。

(3) 无样制配:在无样品、图样时,可根据损伤件所在机构的工作原理,自行设计、制作零件,以保证机构恢复工作。

7. 重构(reconfiguration)

系统损伤后,通过进行重组,重新构成能完成当前任务的系统。近年来,人们越来越重视系统的可重构和自修复问题,并大力开展相关理论技术研究及应用。例如,具有自修复功能的可重构卫星,在局部模块故障后,可通过在轨自重构完成备用模块与故障模块的替换,使其实现自修复;在发射卫星时,还可根据发射条件将模块化可重构的卫星调整到最佳发射构型,卫星入轨后再恢复到运行形态。由此可见,不仅单个装备可以进行重构,对于多个装备组成的更大的系统(网络/体系等),重构或许更是一种常用的、重要的抢修工作类型。

上述7种抢修工作类型,大体上是按照如下原则排序的,即:恢复功能的程度由好到差;抢修时间由短到长;抢修人员技术要求及所需资源由低到高;抢修后的负面影响(包括对人员及装备安全的潜在威胁,增加装备耗损或供应品消耗,战后按标准恢复规定状态的难度等)由小到大。在拟定损伤修复措施时可按上述顺序进行优选。

10.2.5.2 典型损伤模式应急修复方法

1. 漏气、漏液

漏气、漏液是装备上盛气、盛液装置的接头、管道、箱体、开关等零部件的常见损伤模式。漏气、漏液直接影响装备的作战或行军甚至安全。

战场上修复漏气、漏液的方法应在损伤评估后确定,在评估时应确定现象、找出部位、查明原因。确定现象就是确定是渗漏还是泄漏,找出部位要明确,是管道漏还是箱体漏;是接头漏还是开关漏。查明原因就是弄清是裂缝还是破孔;是接头未旋紧还是接头损坏,或是密封元件失效。显然,不同的损伤现象应用不同的抢修方法。

对于接头松动旋紧即可;接头损伤可考虑切换、剪除、拆换或原件修复的方法;还可选择技术和性能均比较成熟的纯聚四氟乙烯密封带进行缠绕修复。

箱体或管道裂缝会引起渗漏,轻微渗漏不影响装备完成基本功能,可不予修理,严重时可用肥皂或黏性较大的泥土堵塞裂缝,作为应急修理措施。堵漏的新材料,如水箱止漏剂、易修衬胶泥等。水箱止漏剂专门用于水箱渗漏,止漏时间仅需 3min,固化时间需 36~48h,固化后可保持 1 年不漏。易修补胶泥适用于对钢、铝等部件的破孔、碎裂、穿透等损伤进行快速和永久性修补。这种胶固化时间需 5~10min,固化强度高,硬如钢铁,而且结合牢固。

破孔是漏气、漏液最严重的原因,应进行及时修理。对于平面内的破孔(如水箱、油箱上的破孔)可用易修补胶泥补孔,破孔小于 15mm 可直接用易修补胶泥填补,破孔大于 15mm 可先制作一盖片或镶料,将破孔盖上或堵上后再进行修理;管道上的破孔除使用易修补胶泥外,还可使用前面提到的密封带(或石棉或塑料布等)缠于管道上,再用合适管箍(或铁丝)夹住密封带后旋紧止漏;还可以将管道有破孔处切掉,再用管箍和备用管子重新连一新管道,达到抢修的目的。轮胎上出现破孔应立即修复。目前,市场上出售的自动补胎充气剂可实现破孔轮胎的快速抢修。

2. 磨损

战场上的武器装备,由于使用强度大,加之战场环境恶劣,会加速零件磨损。磨损会造成间隙过大,通常可分为轴向间隙过大和径向间隙过大。轴向间隙过大可采取加垫方法修复,用铁皮或钢皮制作一垫片加于适当位置,减少轴向间隙;径向间隙过大修复较难,可采用刷镀或喷焊方法修复。

连接松动是战时装备经常出现的一种故障现象,其主要原因是连接件磨损,还有像振动、零件老化等因素。对于连接松动的修复,可选择目前市场上流行的具有锁紧功能的有机制品(如锁固密封剂)来修复。锁固密封剂属厌氧胶 200 系列,黏度低,渗透性好,强度中等,最大填充间隙 0.25mm,固化后具有较好的机械性能。使用时首先用超级清洗剂或汽油对密封与胶粘的表面清洁除油;然后涂胶结合,室温下 10min 可初步固化,24h 达到最大强度,是一种快速理想的修复连接松动的物质。在战场条件下,若缺乏锁固密封剂,可采用简易方法进行修复。如缠丝修复,将密封带(或麻丝或棉纱)缠于外螺纹上,旋紧螺帽,也可起到防松作用。

3. 变形

装备受损后零件的变形是多种多样的,如弯曲、扭转等。零件变形后会影响机构动作,导致装备功能丧失,战场条件下必须进行抢修。通过损伤评估,确定零件变形种类,根据变形种类选择适当的修复方法。

对于弯曲变形较小的零件,可采用修锉的方法进行修理。也可采用冲力校正法。对于弯曲变形较大的零件,可采用压力校正法。其方法是:将弯曲的零件放在坚硬的支架上,用千斤顶顶弯曲部位的顶点,并保持一定时间(一般为 2~3min)。

零件扭转变形的修复是较困难的。在评估后需要进行修理的,可采用拆配或制配的方法修理。

4. 折断

由于战场环境十分恶劣,加之装备的使用过度,零件折断是经常发生的。折断零件经评估后需要进行修理的,应尽快进行修理,以确保装备及时发挥基本功能或能自救。修复折断的方法通常有焊接、胶接、机械连接 3 种方法。修理过程中常用的连接形式有对接、搭接、套接、楔接等。焊接方法需有电源和焊接设备,对一般钢铁零件都是适用的,修复方便有效。

胶接法是使用金属通用结构胶进行黏结修理。金属通用结构胶可用于钢铁零件破损的修复和再生。机械连接法可采用捆绑、紧固件连接、销接、铆接等。

5. 压坑

零件表面由于过应力造成的凹陷称为压坑。这种过应力可能来自外来弹片的袭击作用或其他机械碰撞。对于压坑的修复可采用胶补法、焊接法及锤击法。

6. 裂缝

一旦发现裂纹,经评估后确认对装备基本功能或使用安全有潜在威胁,即应修复。目前对裂纹的抢修可选择下面几种方法。

(1) 胶补法,利用金属通用结构胶良好的性能,在裂缝里填满该胶,即可修复裂纹。

(2) 焊修法是在裂缝处实施焊接,但需要电源和焊接设备。

(3) 盖补法首先制作一个大于裂缝边缘的盖片,用盖片将裂缝盖住;然后将盖片焊接在零件上,但盖片应不影响零件的安装和使用。

对于发现的裂纹,经评估后确认不影响当前使用,可采取必要措施防止裂纹进一步扩展。这些措施如钻孔止裂法,捆绑法止裂。待完成战斗任务后,再采用常规方法进行维修。

7. 破孔

破孔主要是外来弹丸或弹片强有力的冲击而引起的穿透。破孔的修复见方法(1)。

8. 工作表面损伤

轻微损伤可不进行修理,若影响机构动作可用锉刀清理,若沟痕较深,可在清理后用金属通用结构胶将沟痕补平;对轴类零件的损伤或接触平面研伤,评估后若需要进行修理,可采用喷焊法。

9. 短路

短路是电流不经过负载而"抄近路"直接回到电源。短路发生后,应仔细检查电路,确定短路部位,然后实施修理。比较快的方法是使用快干绝缘胶修复短路,导线或接头绝缘物质失效引起的短路也可用绝缘胶布缠绕修理。对由于短路引起的元件失效,可采用切换、切除、拆配等方法修复。在某些情况下,采用断路作为消除短路临时处理。

10. 断路

断路是电气系统常见故障模式。发生断路后,首先应进行检查判断,确定断路元件及断路原因;然后进行抢修。目前,战场上修复断路比较好的方法是用快干导电胶进行黏结修理,像脱焊、烧断、接触不良等引起的断路都可实施黏结修理。对于零件损坏引起的断路(如电阻烧断)可采用拆除法或切换法,即拆除完成一般功能的电路元件来修理完成基本功能的电路。对于接触不良引起的断路,还可采用酒精清洗,重新装配的方法进行修理。在许多情况下,临时修复断路可以采用使其短路的方法。

11. 接触不良

接触不良可能引起电气系统时好时坏,不稳定等现象。产生接触不良的主要原因有开关或电路中的焊点有氧化、断裂、烧蚀、松动等。排除接触不良的故障可选择不同的方法,如松动可采用胶补法;烧蚀可进行擦拭、清洗;氧化可进行打磨;断裂可采取拆换或校正的方法。

12. 过载

过载也是电气系统常见故障现象,过载会使某些元器件输出信号消失或失真,保护电路会启动,电路全部或部分出现断电现象。应该指出,过载造成的断电现象,只有在保护电路处于良好状态时才会发生。否则,将会损坏某些单元。过载引起断路或短路,其修复方法参见方法(9)和(10)。

13. 机械卡滞

机械卡滞常出现于电气系统的开关、转轴等机械零部件上,其主要原因是零件过脏、变形、间隙不正常等。修复电气系统的机械卡滞可采用酒精清洗、砂布打磨、调整校正等方法。

10.2.6　战场抢修发展概况

在战时对损伤装备进行战场抢修由来已久。但是,引起各国军队关注并导致战场抢修理论与应用研究走向深入的则是 1973 年的第四次中东战争。在这次战争中,以色列和阿拉伯军队双方武器装备损失都很惨重,以色列军队在头 18h 内有 75% 的坦克丧失了战斗能力。但是,由于他们成功地实施了坦克等武器装备的靠前修理和战场抢修,在不到 24h 的时间内,失去战斗能力的坦克中 80% 又恢复了战斗能力,有些坦克"损坏—修复"达四五次之多。在以色列军队修复的坦克中,还有被阿拉伯军队遗弃的坦克。以色列军队出色的战场抢修,使其保持了持续的作战能力,作战武器装备对比是由少变多;而埃及、叙利亚军队可作战的装备则由多变少,最后以色列军队实现了"以少胜多",以色列军队的经验和做法引起各国军队高度重视。从此,战场抢修成为各国军队的热门话题,开始从一种全新的角度重新认识并系统地研究战场抢修问题。

20 世纪 70 年代中后期,美国陆军对以军战场抢修经验进行了深入研究和总结,提出了"靠前修理",并结合陆军师改编进行了大胆地尝试。随着实践的不断深入,美军认识到:实现"靠前修理"、快速修复战损装备的问题并不是一件简单的事情,它还涉及部队的编制体制、人员训练、保障资源、装备设计等多个方面,必须综合、系统地考虑并给予全面规划,才可能有效地予以解决。与此同时,北约国家(如英国等)也对战场抢修问题进行了认真研究。英国空军于 1978 年制定了战场修复大纲,并在马岛之战中得到了验证。马岛之战,英国海军则损失惨重,参战舰船被击沉 4 艘、击伤 12 艘。对此引起英国海军的高度重视,并开始进行战场抢修系列研究。

20 世纪 80 年代,战场抢修研究取得了新的进展。美军全面规划了 BDAR 工作,建立相应机构,组织实施培训,编写 BDAR 手册、标准,研制抢修工具、器材,开展学术研讨,并取得了显著成效。与此同时,西德军队采用作战模拟方式对 BDAR 进行了深入研究,再现了 1973 年中东战争的过程,并由此高度地肯定了 BDAR 在战场上的作用。1986 年和 1987 年,西德军队在德国梅彭还组织了大规模的实弹试验(并邀请美、英等国派人参加)。通过试验,他们得到如下结论:加强装备战场损伤修复能力是北约集团战胜兵力兵器优势的华约集团的重要途径。除此之外,在试验研究中还得出两条重要结论:一是西方国家军队现役武器装备在设计上并不便于快速抢修,需要一个新的要求来约束承包商的装备设计,以便于装备战损后修复;二是为了让士兵熟悉 BDAR 过程,需要进行广泛的专门训练。上述结论也被其他西方国家所认识。在 1986 年美国 R&M 年会上,美国陆军代表提出了战斗恢复力(combat resilience,CR)的概念,要求将其作为一个设计特性纳入新装备研制合同。

20 世纪 90 年代初,美国军方在战场抢修方面的前期投入,在海湾战争中得到了回报,美军成功解决了武器装备不适应海湾地区高温沙尘问题;海军在战场上抢修了严重损伤的"特里波利"和"普林斯顿"两艘军舰,并且都是在遭到损伤后 2h 内完成修复的,修复后的军舰还能担负部分作战任务,并依靠自身动力返回了前沿修理基地,以实施常规修复;空军抢修 A-10 等飞机 70 余架;陆军对导弹、坦克、火炮等装备也都不同程度实施了 BDAR,并开展了大量维修保障工作,紧急组装了 1050 套地面维修工具和大量 BDAR 工具箱运往海湾地区。海湾战争后,成功的 BDAR 和装备维修保障工作受到了高度赞誉。与此同时,也暴露了一些需要研究解决的保障问题。此后,美军进一步深化装备战场抢修研究,1991 年,BDAR 被列为实弹试验与评价(live fire test and evaluation, LFT&E)项目中的重要内容,此后纳入到 DoD 5000.2-R 中,要求武器装备研制阶段必须考虑 BDAR 问题;1992 年,美军将便携式辅助维修设备(portable maintenance aid, PMA)应用于飞机战损评估,能够辅助维修人员评估战斗机的战损程度;1995 年,美军出版了野战条令 FM 9-43-2《战场抢修与抢救》;1999 年,开始组织实施联合后勤训练(TWE/BDAR),将战场损伤评估与修复作为重要的训练内容。

进入 21 世纪以来,为了提高装备战场抢修能力,美军积极发展战场抢修新技术,应用快速拆拼技术、新材料及新工艺,实现装备及零部件的原位快速修复,发展现场快速再制造技术,将激光熔覆成型等技术应用于零件制造。在 2003 年伊拉克战争中,加拿大 NGRAIN 公司提供了一种基于任务的三维交互式战场损伤评估与修复训练系统,它的用户包括美国陆军、空军、加拿大国防部等。2003 年,美国陆军改进了装备通用战场抢修工具箱,根据装备的典型损伤模式,区分抢修任务分工,将抢修工具箱区分为维修人员用工具箱和装备使用人员用工具箱。2006 年,美军制订了 FM 4-30.31《战场抢救与抢修野战手册》(代替了 FM 9-43-2),并于 2014 年修订为陆军技术出版物 ATP 4-31《战场抢救与抢修》,阐述了装备在战场抢救与抢修的技术、方法和手段。

我军长期以劣势装备对敌优势装备作战,一贯重视研究与实施战场抢修,素有战场抢修的优良传统。特别是在抗美援朝、炮击金门、抗美援越和对越自卫反击作战中,广大使用与维修人员不畏牺牲,勇于创造,积极抢修,保证了作战的胜利,积累了丰富的经验。在海湾战争以后,我军积极研究现代技术特别是高技术条件下的局部战争,军械工程学院在国内率先引进并研究战斗恢复力及 BDAR 的理论与技术,并进行有关标准、手册、设备工具、组织指挥等方面的研究,战场抢修成为装备保障领域研究"热点"。海军重点研究了海湾战争中美军舰船 BDAR 的经验;空军进行了飞机战场修理研究,并于 1994 年 9 月组织了第 1 次飞机战场抢修实兵演习,随后研究制定了飞机战场修理研究的全面规划;二炮、装甲兵、工程兵等部门也都进行了有关装备战场抢修的研究和探讨。进入 21 世纪,战斗恢复力、BDAR 已引起全军各军兵种、各部门的高度重视,不仅针对各种实际问题开展了研究或准备,而且加强了装备战损规律、战场损伤评估、战场抢修新材料新技术、战场抢修虚拟训练等方面的研究与探索,各军兵种相继组织实施了装备战损试验,取得了丰富的研究与实践成果。

国内外几十年的战场抢修研究与实践表明,战场抢修在现代战争中具有重要地位和作用,可以概括为:战场抢修能够有效弥补战争损耗,补充战斗实力,是部队战斗力的"倍增器"。上述结论对我们尤其具有借鉴意义。在新的历史条件下,大力开展装备战场抢修研究显得十分重要而紧迫,主要表现在以下几个方面。

(1)战场损伤评估与修复应从武器系统的全系统考虑,加强系统设计和统一规划,从装备特性、保障资源、抢修训练等方面进行系统地研究和准备。

（2）战场损伤评估与修复应从武器装备全寿命过程入手，从装备研制、生产时就考虑未来的抢修，而不是等到装备使用后再从头研究和准备。

（3）装备损伤模式由过去的"硬损伤"为主，向"软/硬复合损伤"转变，特别是随着精确制导武器、电磁脉冲武器、激光武器等应用于战场，装备战场生存面临更大威胁，装备战损机理、模式和规律发生新的变化，亟需加强新型毁伤作用装备战损规律及抢修技术研究。

（4）抢修对象由过去传统的机械装备为主，向多种技术组成的高新装备转变，战场抢修涉及精密机械、电子、光学、材料等多种高新技术，抢修难度和复杂性显著增加，传统的机械修理模式将难以满足新的抢修需求。

（5）抢修技术由过去以各种机械或手工加工、换件等传统修理方法为主，向应用各种新技术、新工艺、新材料转变，以实现"三快"，即快速检测、快速拆卸、快速修复。例如，以信息技术发展和应用为基础的各种快速检测诊断技术和损伤评估技术，以化工技术为主的粘接、修补、捆绑、充填、堵塞等。

（6）研究方法由过去的以实战、实兵演练等为主，向"实装实打"和模拟仿真相结合转变，特别是对于一些新装备，没有战场抢修经验可借鉴，进行试验又需要很大投入，进行模拟仿真研究显得更为重要。

由此可见，在新的条件下，深入系统地开展装备战场抢修研究、抢修保障资源准备并开展针对性地训练是非常必要的。

10.3 抢修性

10.3.1 抢修性的提出

由于对战损装备靠前抢修和长期实践经验的积累，深化了人们对装备战损恢复能力的认识，从而对装备在战场上"抗战损"及"易修复"的能力形成了一个新的装备属性——战斗恢复力（combat resilience）。

战斗恢复力的概念是由美国陆军准将 Billy J Stalcup 在1986年美国可靠性与维修性年会上代表军方正式向工业部门提出的。Stalcup 在介绍美、英、德和以色列等国有关"战场损伤评估与修复"的概况和经验之后，一方面指出 BDAR 的重要性和有效性；另一方面则认为，尽管在 BDAR 实践中已经积累了许多经验和数据，美国陆军和空军也已编写了 BDAR 大纲和有关装备的 BDAR 手册，但发现这些做法只是一种"临时拼凑的东西，而基本的问题要广泛得多"。如果要更好地解决装备战场抢修问题，就需要考虑一个新的答案，即战斗恢复力，使之成为与其他特性有明显区别的一种武器装备的质量特性。同时，战斗恢复力应有自己的设计规范，并将其列为合同要求之一，在装备研制初期同其他性能一并进行考虑。

最初，Stalcup 想按 reliability（可靠性）和 maintainability（维修性）的先例采用"resility"（恢复性）这个词，因《韦氏大辞典》（Webster Dictionary）未载而作罢。最后从"人机系统"的角度，采用了"combat resilience"。"resilience"的本意是"回弹"，引申为"迅速恢复的力量"（见《现代高级英汉双解辞典》，牛津出版社）。军械工程学院王宏济教授首次将"combat resilience"称为"战斗恢复力"。因为它不仅是装备的一种设计特性,而且还强调人的作用,王宏济教授对战斗恢复力概念做了深入阐述:"战斗恢复力是武器装备(更确切地说是人与武器装备所构成的人机系统)的一种新的特性。它在战场上武器装备遭到战损的场合下才能表现出来。人们(使用人员或维修人员)利用这种特性,采用应急手段和就地取材,使战损的武器装备能够迅速重新投入战斗,即使不能恢复武器装备的全部功能,也应恢复其执行当时任务所必需的局部功能或自救的能力"。

考虑到我国的习惯和传统称谓,可靠性、维修性、安全性、测试性、保障性等装备的质量属性,都是以"××性"来命名的。同时,考虑"战斗恢复力"中人的作用,尤其是应急抢修的特性,为便于理解,之后称其为"抢修性"。

10.3.2 基本概念

抢修性(combat resilience)是指在预定的战场条件下和规定的时限内,装备损伤后经抢修恢复到能执行某种任务状态的能力。

由抢修性的概念可知,抢修性和一般的维修性既有联系,又有明显的区别。

战场抢修属于维修的范畴,所以抢修性与一般维修性有密切联系。它们都是有关武器装备维修的设计特性,都要求维修迅速、方便、有效,都是通过设计赋予的;它们有许多共同的要求,如:可达性、互换性、防差错、标志等,实现这些要求,既有利于一般的维修,又便于抢修。

由于抢修与维修的区别,使抢修性与维修性又有明显的不同。主要表现在:从修复方法而言,维修性主要考虑的是标准修理,抢修性主要考虑的是应急修理;从恢复状态而言,维修性主要考虑的是将装备恢复到规定状态,抢修性考虑的是恢复装备的基本功能;从维修条件而言,维修性主要考虑的是规定维修级别条件下的维修,抢修性强调的是战场上应急情况下的抢修。

从国内外实践来看,装备维修性好在一定程度上会有利于战场抢修,但并不意味着战时应急条件下的非标准修理就方便、快速、有效。只有按照全系统全寿命观点,将包括抢修性等有关要求切实落实到装备设计中,加强试验与评估,才能使装备从根本上具有良好的抢修性。

10.3.3 抢修性的主要要求

装备抢修性要求也可分为定性要求和定量要求。如,可以用某些规定条件下的抢修时间或者用类似维修度的"抢修度"作为定量指标。但在实践中这些指标往往难以确定,难以验证。由于种种原因,直至目前,抢修性主要还是一些定性要求。

1. 允许取消或推迟预防性维修的设计

在紧急的作战环境中,往往不允许按照平时的要求按部就班的实施预防性维修工作的,对于某些预防性维修工作应该允许取消或推迟。这就对装备设计提出了新的要求。

(1)取消或推迟预防性维修工作不至于产生严重的(安全性)后果,即装备耐受得住。比如,对于可靠性、安全性要求高的产品而言,要充分考虑战场环境的严酷性,采用高可靠性的元器件和冗余设计措施,或者增加必要的冗余或强度储备。

(2) 平时规定实施的预防性维修工作允许推迟到什么程度,应在设计时考虑并明确加以说明。例如,通过设置报警、指示、安全等装置,告诉操作人员在什么情况下装备仍可安全使用;对于大型复杂武器系统,应有对损伤或故障危害的自动预计判断报告系统。

2. 便于人工替代的设计

在战场环境条件下,战场抢修往往是由不熟练和/或半熟练的士兵,用临时拼凑的工具和方法在恶劣的环境中进行的,这种维修在平时是禁止的或非规范的,但在装备设计中应考虑允许和便于这样做。例如,大型零部件在拆卸时除了使用吊车或起重设备外,在设计上还允许使用人力和绳索等;对自动控制的装置,应考虑自动装置失灵时人工操纵的可能性。为此,在设计中应考虑如下措施。

(1) 尽量减少专用工具的品种和数量,使得装备抢修(维修)只需要用起子、钳子、活动扳手等普通工具和通用设备就可实施。

(2) 可修单元的质量和体积应限制在一个人就可搬动的程度。

(3) 质量较大的产品应设置人工搬动时所需的把手或起吊的系点。

(4) 配合和定位公差应尽可能地宽,从而使产品在分解结合时无须车间使用的起吊和定位工具,以便于人工安装和对中。

3. 便于截断、切换或跨接的设计

这种措施集中体现在电气、电子、供气或气动、燃油和液压系统中,在设计上应考虑损伤后可以临时截断(舍弃)、切换或跨接某些通路,使当时执行任务所必备的基本功能能够继续下去。适合于该项措施的设计措施如下。

(1) 对于流程或某种运动提供允许替代的(备用的)途径,以便主通路损坏时切换或重构。

(2) 设计附加的电缆、管道、轴、支承物等,以备替换或跨接。

(3) 对于各个线路、管道在全长或分段加上标识,即使在损伤情况下也能够简便而准确地进行识别,以追踪其流向。

(4) 设法使被截断、切换或跨接的部分能方便地与系统对接或从系统中分离出去。

设计人员从事的这项工作是两方面的:一方面,应明确各分系统在整个系统中具有的最低限度能力,即某一分系统停止了工作,而其他的分系统或系统还能保持工作;另一方面,设计人员应提供一种手段或是形成一种设计,在战场上能够容易地提供多种方法,使得受损装备的其他部分还能继续工作。

4. 便于置代的设计

置代不是互换,是为了战场抢修需要,用本来不能互换的产品去暂时替换损坏的产品,以使系统恢复当前任务所需的作战能力。因此,在设计中应考虑便于置代,其技术途径如下。

(1) 设计中应使用标准化、多用途的或易修改的零部件。例如,液压流体系统的有关参数、接口标准化后,可为泵、阀门的置代提供方便。

(2) 设计中应指明可以置代的零部件清单及在同一系统或其他系统中的位置,置代所需的分解步骤和修改方法,互换或置代后对系统的影响等。例如,用较小功率的发动机代替大功率的发动机,可能使装备运行速度和载重量下降,但起码还能应急使用;汽油发动机上的火花塞用在涡轮机上作为点火器等。

需要注意的是：为了实现置代，在设计上应使能够置代的产品与装备的接口、连接方式等保持一致。例如，上述例子中，不同功率的发动机要想实现置代，在设计上应使发动机的支座和外部接头保持一致；不同火花塞的尺寸、连接方式应一致等。

5. 便于临时配用的设计

用黏结、矫正、捆绑等办法或利用在现场临时找到的物品来代替损坏的产品，使系统功能得以保持。为此，设计时应尽可能：①配合和定位不采用紧容限，放宽配合公差，降低定位精度；②应提供较大的安装空间，适用于手工制作与安装；③材料容易加工（胶合、环氧树脂、钎焊、螺接等）。

6. 便于拆拼修理的设计

拆拼修理是指拆卸同型装备或不同型装备上的相同单元替换损伤的单元，对装备的设计要求主要包括以下几个方面。

（1）零部件或模块的良好互换性、标准化、通用化是实施拆拼修理的前提，应使同一功能的零部件在同类或不同类装备上可以互换（如汽油发动机和涡轮发动机采用相同的火花塞），并在抢修手册等信息资料中明确说明（美国陆军 M1 坦克的 BDAR 手册附录中还列出了这种坦克在哪些国家有此装备，以便战时利用友军或敌军坦克进行拆拼修理）。

（2）考虑电气、电子和流体系统参数的标准化，如电压、压力的标准化。

（3）对于电子装备或设备，标准的信息、电源电压可以不临时配用电阻就可获得所需的电压。

（4）对于液压流体装置或系统，标准化的参数值可以为拆拼修理泵、阀门、管路等提供方便。

7. 便于脱离战斗环境的设计

装备损伤后，若不能进行现场修复，应使损伤装备立即撤离战斗环境，以避免进一步发生"二次损伤"，并尽快实施抢修。为此，在装备设计上，应考虑使损伤装备能够自行撤离或采用拖曳等措施撤离危险地域。例如，坦克或自行火炮的履带负重轮少一个或几个时，仍然能继续行动；在坦克上提供专门的牵引环和机械手，使乘员在不离开坦克的情况下，能够用钢索连接并牵引损坏的车辆或坦克；飞机上应提供牵引钩、环，使其在跑道上损伤时，便于使用车辆拖曳等。

8. 使装备具有自修复能力的设计

对于装备的易损关键产品或系统，设计中应考虑使之具有自修复的能力，以便在遭受损伤后能够自行恢复其最低功能要求。例如，油箱具有损坏后自动补漏功能，车辆轮胎具有自动充气（或充填其他材料）功能，电子系统损坏后能自动切换等。此外，开展抢修性工作，还要考虑战场抢修所需的各种保障资源。例如，应按照抢修性要求，在研制结束投入批生产和使用之前，为部队提供装备战场抢修手册等资源。

10.3.4 抢修性与装备研制过程

与可靠性维修性保障性类似，抢修性也是装备的一种质量特性，具有先天性。因此，同样应高度重视研制过程中的论证、分析、设计、验证、生产等有关抢修性方面的工作，并在部署使用后不断完善。在整个过程中，军方作为用户应发挥主导作用。图 10-3 所示为装备抢修性形成过程的示意图。

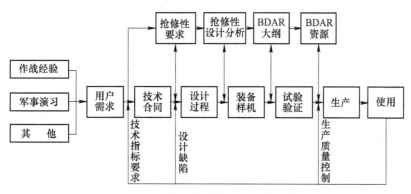

图 10-3 抢修性的形成过程示意图

图10-3表明,装备抢修性要从论证阶段开始考虑,即在分析历史经验、部队军事演习和其他资料的基础上,形成初步的抢修性要求以及战场抢修设想(方案)。这些要求和设想,经过论证、研究与权衡,作为抢修性要求(或作为维修性要求的一部分)提出并纳入合同。在装备设计的同时,就应考虑未来战场抢修的需求,并进行抢修性设计与分析。通过设计分析,制定战场损伤评估与修复大纲,确定战场抢修所需的资源,并根据分析结果必要时提出更改设计的意见和建议。在装备试验验证时,要进行抢修性的试验验证,以评估武器装备受到战场损伤后是否能够和便于在战场上修复。对于发现的缺陷要采取措施纠正。在装备生产后交付部队使用时,应提供必要的抢修手册、器材等抢修保障资源。在装备投入使用后,部队要进行战场抢修训练、演习,同时验证保障资源(特别是抢修部分)是否充足和适用,并加以完善,从而真正能够快速地形成强有力的战场抢修能力。

10.4 战场损伤评估与修复分析

10.4.1 基本概念

战场损伤评估与修复分析是确定装备战场抢修需求的一种系统工程过程或方法。它是按照以有限的时间和资源消耗保持或恢复装备执行任务所需功能的原则,分析确定装备战场抢修要求的过程。其标志性分析结果是装备战场损伤评估与修复大纲。

战场损伤评估与修复分析是制订装备战场损伤评估与修复大纲进而准备战场抢修手册、设备工具等资源的一种重要手段,也是进行装备抢修性设计与分析的重要途径。战场损伤评估与修复大纲是BDAR分析的输出信息,是关于装备战场损伤评估与修复要求的纲领性文件,它规定了BDAR的项目、损伤检测方法、抢修工作类型、修复对策等内容,是编写BDAR手册、教材,以及开展战场抢修训练和准备战场抢修资源的重要依据。

10.4.2 BDAR分析的基本观点

(1)产品(项目)的损伤或故障有不同的影响或后果,应采取不同的对策。损伤或故障后果的严重性是确定是否修复、应进行哪些抢修工作的出发点。战场损伤或故障难以避免，后果也不尽相同，关键是应从作战需求、装备当前执行的任务、抢修可用时间和资源等角度综合权衡，确定是否需要实施战场抢修。

（2）产品（项目）损坏或故障的规律和所处条件是不同的，应采取不同的抢修方法。在战时，开展战场抢修的前提条件是：一是作战任务要求迅速恢复最低限度的功能；二是没有时间迅速恢复全部功能；三是常规修理所需的资源无法满足需求。此时，将采取应急抢修措施进行抢修，否则，应采取常规的维修程序和方法。由于损坏或故障规律不同，抢修所需时间也大不相同，应避免费时而效果不大的抢修，也即对于不同的产品损坏或故障，应视情采取不同的抢修方法（工作类型）。

（3）抢修方法不同，其所需时间、资源、难度、对装备恢复的程度都是不同的，应加以排序。在战时，可用时间和资源是有限的，在有限的时间内利用有限的资源使装备能够迅速投入使用是战场抢修的宗旨。因此，开展抢修应优先修复战斗急需的重要装备；优先修复那些容易被修复的损伤装备；优先修复影响武器系统当前所需功能及人员安全的损伤或故障。必须将抢修工作加以排序，以保证战场抢修目标的顺利实现。

10.4.3 抢修对策

按照 BDAR 分析的基本观点，应采取如下抢修对策。

1. 划分基本功能项目和非基本功能项目

所谓基本功能项目，是指那些受到损伤将导致对作战任务、安全产生直接致命性影响的项目。对于非基本功能项目，因其影响较小，可不做重点考虑。

2. 按照损伤（故障）后果及原因确定抢修工作或提出更改设计要求

对于基本功能项目，通过对其进行损坏模式影响分析，确定是否需要开展战场抢修工作。其准则如下。

（1）若其损伤或故障具有安全性或任务性后果，须确定是否能够通过有效的战场抢修予以修复。

（2）应按照抢修工作可行性准则，确定有无可行的抢修工作可做，若无有效的抢修工作可做，应视情提出更改设计的要求。

3. 根据损伤（故障）规律及影响，选择抢修工作类型

在 BDAR 分析中，前述的切换、剪除、拆换、替代、原件修复、制配和重构是最常见的 7 种抢修工作类型（不包括在平时使用的常规修理方法）。当然，除上述 7 种类型外，还可能有多种针对具体损伤项目的抢修措施。

10.4.4 BDAR 分析的一般步骤与方法

10.4.4.1 BDAR 分析所需信息

进行 BDAR 分析，根据分析进程要求，应尽可能收集如下信息。

（1）装备概况；

(2) 装备的作战任务及环境的详细信息；
(3) 敌方威胁情况；
(4) 产品战斗损伤和故障的信息；
(5) 装备维修保障信息；
(6) 战时可能的保障资源信息；
(7) 相似装备的上述信息。

10.4.4.2 BDAR 分析的一般步骤

装备战场损伤评估与修复分析的一般程序如图 10-4 所示。

1. 确定基本功能项目

确定基本项目的目的是找出那些一旦受到损伤将对作战任务和安全产生直接致命性影响的项目，基本功能项目是战场抢修的重要对象，也即基本功能项目是 BDAR 分析决策的研究对象。

基本功能项目具有如下特征。

(1) 基本功能项目的损伤影响安全；
(2) 基本功能项目的损伤影响任务完成；
(3) 基本功能项目的损伤引起的从属故障将导致上述一项或多项影响；
(4) 包含有影响基本功能项目的任何项目，其本身也是基本功能项目；包含在非基本功能项目中的任何项目，都是非基本功能项目。

满足上述 4 个条件之一的项目均属基本功能项目。

由前所知，在 RCMA 中首先要确定重要项目 SI（包括重要功能产品 FSI 和重要结构项目 SSI）。显然，BDAR 分析中的基本功能项目是 RCMA 中的重要项目中的一部分。确定它们的主要区别在于：基本功能项目中不再考虑经济性影响，对于任务性和安全性影响强调的是致命性的、直接的、执行作战任务中必不可少的，而重要项目的范围则要宽得多。在实际分析中，如果已经确定了重要项目，那么，只需对各个重要项目做出判断，便可确定其是否属于基本功能项目。对于基本功能项目，应列出清单。

2. FMEA/DMEA 及危害等级评定

如前所述，战场损伤包括战场上装备发生的自然故障、战斗损伤等多个方面。所以，对战场损伤进行分析，包括故障模式影响分析（FMEA）和损坏模式影响分析（damage mode effect analysis, DMEA），并对损伤危害程度（等级）加以估计。其危害等级可依据损伤的影响程度和损伤出现的频率定性地确定。损伤危害等级是确定是否需要采取 BDAR 或更改设计措施的依据。

DMEA 是确定战斗损伤所造成的损坏程度，以提供因威胁机理所引起的损坏模式对武器装备执行任务功能的影响，进而有针对性地提出设计、维修、操作等方面的改进措施。DMEA 也属于 FMEA 中的一种分析方法。所谓损坏模式（damage mode）是指装备由于战斗损伤造成损坏的表现形式。这里的战斗损伤主要是指装备遭受到敌人的枪、炮、导弹、激光、核辐射、电磁脉冲等直接或间接作用造成的损伤、破坏。常见的损坏模式如：穿透，分离，震裂，裂缝，卡住，变形，燃烧，爆炸，击穿（电过载引起），烧毁（敌方攻击起火导致）。DMEA 的主要步骤如下。

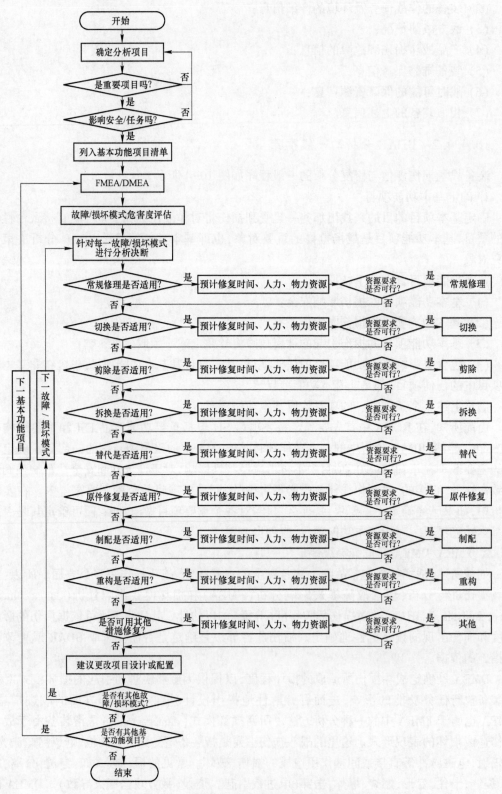

图 10-4 装备战场损伤评估与修复分析程序

(1) 威胁机理分析。威胁机理是指在战场环境下,由于敌方攻击而引起的产品损坏的所有可能条件和条件组合。武器装备在战场上的损伤是复杂多样的,敌方攻击能力、我方作战任务、自然环境因素等是装备发生损坏的主要因素。在实施 DMEA 之前,应首先确定一种或几种典型的潜在威胁条件(如敌方攻击方式、攻击的火力等)。DMEA 应在这种典型的威胁条件下进行威胁机理分析。

(2) 确定装备执行任务的基本功能。DMEA 不同于 FMEA,它不需要对系统初始约定层次以下的所有产品进行,而是针对基本功能项目展开的。装备的基本功能是指任务阶段完成当前任务所必不可少的功能。例如:火炮、导弹武器系统在执行战斗任务中,其基本功能是发射炮弹或导弹,包含进行瞄准、将弹抛射出去以及导弹制导;车辆在其运行任务期间,基本功能包含启动、运行、转向、停止等。确定基本功能时,要根据武器装备的全部作战任务,具体地分析每项任务要求的基本功能。确定基本功能,不仅是对装备系统层次,而且要沿着装备系统级基本功能向下确定各组成单元的基本功能。

(3) 确定完成基本功能的重要部件。在确定系统和各层次产品的基本功能后,还要确定完成基本功能的重要部件,即基本功能项目。为此,利用系统简图或功能框图,逐一分析各子系统、装置、组件、部件,确定其是否为基本功能单元,直至部件。在确定是否为基本功能单元时,以下准则是有用的:一是凡上层次产品是非基本功能产品,所有的下层次产品都是非基本功能产品;二是凡下层次产品是基本功能产品,其上层次产品都是基本功能产品。

(4) 分析损坏模式及其影响。对各基本功能项目进行 DMEA,列出各自可能的损坏模式。应通过对每一分系统、组件或零件的分析:首先确定由于它们暴露于特定的威胁性作用过程而造成的所有可能的损坏模式;然后分析其对自身、上一层次项目和最终影响。损坏影响系指每种可能的损坏模式对产品的使用、功能或状态所导致的后果。除被分析的产品约定层次外,所分析的损坏模式还可能影响到几个约定层次。因此,应评价每一损坏模式对局部的、高一层次的和最终的影响。应当注意,这种影响只是对基本功能的影响,不需要考虑对非基本功能的影响。在确定最终影响时,应重视"多重损坏"的影响,即两个(或以上)损坏模式共同作用的影响。

(5) 提出对策建议。根据 DMEA 的结果,分析研究预防、减轻、修复损伤的对策,提出从装备设计和维修保障(抢修)资源方面的建议。这里包含维修性设计的信息。

进行 DMEA 通常采用填写表格的方法,如表 10-3 所列。

表 10-3 损坏模式及影响分析表

初始约定层次　　　　　　　　任　　务　　　　　　　审核　　　　　　　第　页·共　页
约定层次　　　　　　　　　　分析人员　　　　　　　批准　　　　　　　填表日期

代码	产品或功能标志	功能	任务阶段与工作方式	损坏模式	严酷度类别	损坏影响			备注
						局部影响	高一层影响	最终影响	
(1)	(2)	(3)	(4)	(5)	(6)	(7)	(8)	(9)	(10)

3. 应用 BDAR 分析逻辑决断图确定抢修工作类型

以 FMEA/DMEA 结果为输入,针对基本功能项目的各种故障/损坏模式,应用图 10-4 中的逻辑决断图,通过回答一系列具体问题,分析战场抢修工作类型的适用性和有效性,确定各种损伤事件的应急修复方法和步骤;对于没有适用的和有效的战场抢修工作类型的项目,应根据其对装备执行任务和安全的影响程度,确定是否更改设计。由于该图与RCM分析中的逻辑决断图相似,故在此不再详述。

对抢修工作类型的选择,不但要考察其修复可能性(BDAR分析逻辑决断图中的问题框),而且要评估其资源要求的可行性。为此,针对具体基本功能项目的抢修工作,应预计所需的时间、人力、器材、设备工具等,并对抢修工作的可行性做出决策。判断抢修工作可行性的准则如下。

(1) 抢修时间在允许范围内。应根据装备的配备、使用特点和作战任务等情况确定战场抢修允许时间。

(2) 所需的人力及技术要求应是战场条件下所能达到。

(3) 所需的物资器材应是装备使用现场所能获得的,或者至少是在抢修时间允许范围内可获得的。

如果不能找到可行的抢修工作类型,则应提出更改装备设计的建议。对于危害等级高的项目更应如此。这类建议可能是:增加冗余或备件,调整基本功能项目的位置,以减少其被破坏的概率或使之可达,实现该项目的机内检测等。

4. 确定抢修工作的实施条件和时机

通过BDAR分析逻辑决断确定了抢修工作类型后,还应确定该类型工作实施的条件和时机。因为上述应急抢修工作是战时对损伤装备抢修的权宜之计,在和平时期是不允许的。此外,还应指明:一是实施上述抢修工作之前,可否推迟抢修而继续使用;二是继续使用可能造成的后果;三是实施上述抢修工作后,在装备使用中有无限制或约束,以及可能带来的影响和后果。

5. 提出维修级别的建议

对于每一基本功能项目确定了抢修工作类型及其实施条件、时机后,还应根据部队编制体制、装备战术使用、预计的敌对环境情况等,提出维修级别的建议。例如,哪些基本功能项目受到损伤后应当回收或后送装备,应在什么级别上进行抢修、测试等。

习 题

1. 何谓战场损伤?它包括哪些因素?
2. 何谓战场抢修?它与平时维修有何区别?它具有什么特点?
3. 战场损伤评估的内容有哪些方面?试述战场损伤评估的一般程序?
4. 常见的抢修工作类型有哪些?
5. 试述装备抢修性与维修性的区别与联系?简述装备抢修性的主要要求?
6. 何谓BDAR分析?其分析的一般步骤是什么?BDAR大纲有何用途?
7. 何谓威胁机理?试举例说明。
8. 何谓基本功能项目?它有哪些特征?
9. DMEA的分析步骤是什么?

第十一章
维修资源的确定与优化

维修资源是装备维修所需的人力、物资、经费、技术、信息和时间等的统称。维修工程的一个最终目的是提供装备所需的维修资源并建立与装备相匹配的经济、有效的维修保障系统。本章仅就维修人员、维修器材、维修设备和技术资料几个主要方面的资源确定与优化问题加以讨论。

11.1 维修资源确定与优化的一般要求

11.1.1 维修资源确定与优化的必要性

维修资源是实施装备维修的物质基础和重要保证,无论是平时训练还是战时抢修,维修资源保障都占据着十分重要的地位,不仅直接影响着装备的 LCC 和费用效果,还直接影响着装备的战备完好性以及部队战斗力的保持和恢复。

维修资源是维修保障系统中的重要组成部分,缺少维修资源保障(或配置不合理),必将在战场上付出代价或蒙受损失。我军多年的维修实践很能说明这一点。例如,某侦察雷达列装部队 5 年,无维修技术资料,部队不会用、不会修,导致许多故障部队无法修复,致使 80%~90% 的雷达返回工厂修理。各种装备维修技术资料"滞后"若干年,严重地影响了装备应有性能的发挥以及技术状态的保持和恢复。又如,在某部队演习中,动用了 4 种新型装备,为排除故障,应急筹措器材 204 种、几个备件才基本满足演习的需要。再如,某型号飞机列装 10 多年后才基本配备了所必需的设备,迟迟未能形成战斗力。无论是新研装备还是外购或仿制装备,缺少维修资源保障或保障不力,都将严重影响部队训练和任务完成。同样,维修资源确定得不合理往往会造成资源严重短缺与严重积压共存的现象,直接影响着部队装备的战备完好性和机动能力。要提高其军事经济效益,需要对维修资源进行优化。

新的军事战略和作战原则对各国军队维修保障工作提出了新的挑战。新技术在装备上的应用,军费的限制,装备作战使用要求,部队快速部署与展开,各种资源消耗增大等,要求装备具有高效运行的维修保障系统,具有合理、匹配的维修资源。要实现这些要求,最有效的办法就是在装备研制的早期便开始确定各种维修资源,并随着装备研制、部署和使用,不断对其进行优化和完善。

11.1.2 维修资源确定与优化的主要依据

1. 装备的作战使用要求

装备的编配方案、作战使用要求、寿命剖面、工作环境等约束条件,不仅是装备论证研制的依据,而且也是维修资源确定与优化的基础。例如,对于编配到机动作战部队的装备,要求其维修资源便于机动保障,在使用要求中,首要的是作战要求与敌方的威胁,这对备件、设备及人力要求都有很大的影响。又如,导弹系统需要长期储存,应确定适应其包装、储存和监控所需的维修资源。至于维修资源的分级保障方式及其储备量等,也需根据装备的编配方案、使用要求、工作环境以及费用等约束条件加以确定和优化。

2. 装备维修方案

装备维修方案是关于装备维修保障的总体规划,也是确定维修资源的重要依据(见9.1节)。

3. 维修工作分析

根据所确定的各个维修级别上的维修工作和频度,确定维修工作步骤和所需维修资源。通过分析确定维修资源的类型、数量和质量要求,以保证在预定的维修级别上,维修人员的数量和技术水平与其承担的工作相匹配;储备的维修器材同预定的换件工作和"修复—更新"决策相匹配;检测诊断和维修设备同该级别预定的维修工作相匹配等。

11.1.3 维修资源确定与优化的约束条件和一般原则

11.1.3.1 约束条件

在确定装备维修资源时,应考虑以下约束条件。

(1) 环境条件。维修资源应与装备的战备要求和工作环境相适应。

(2) 资源条件。尽可能利用现有的维修资源,减少新的维修资源的规模,如维修人员新的技能要求、新的设备工具、新的设施要求等。尽量避免使用贵重资源,如贵重的维修设备和器材、高级维修人员等。

(3) 费用条件。应在周期寿命费用最低的原则下,确定装备的维修资源。

11.1.3.2 一般原则

(1) 维修资源的确定与优化,应以装备平时战备完好性和战时利用率为主要目标,坚持平战一体,适应战时靠前抢修和换件修理的要求。

(2) 维修资源规划要与装备设计进行综合权衡,应尽量采用"自保障"、无维修设计等措施,以降低对维修资源的要求。

(3) 应着眼部队保障系统全局,合理确定维修资源,以减少维修资源的品种和数量,提高资源的利用率,降低维修资源开发的费用和难度,简化维修资源的采办过程。

(4) 尽量选用标准化(系列化、通用化、组合化)的设备、器材。

(5) 除确须专项研制外,应尽量选用国内有丰富来源的物资,尽可能从市场采购产品。

11.1.4 维修资源确定与优化的层次范围

维修资源的确定与优化属于决策问题。决策的层次性和保障对象本身的层次性决定了维修资源确定与优化将具有不同的层次和范围。维修资源的确定与优化所针对的层次由低到高。

(1) 针对单台(件)装备。研究确定其携行的维修资源,如工具、器材、检测设备或仪表、使用维护手册等,以完成规定的由操作手(含部分基层维修人员的帮助)能够承担的日常使用维护工作。

(2) 针对某个型号装备群体。研究在某个维修级别上特别是基层级应配置的维修资源,包括一些较大的备件、专用工具设备、维修手册、维修人力要求等。

(3) 针对武器系统。如火箭炮武器系统,由火箭炮、指挥车、测地车、装填车、运输车等不同类型装备组成。应尽可能采用几种装备通用的维修资源,如工具、设备、备件等。维修资源在这一层次的确定与优化,应当在武器系统的编成构想中,就对武器系统各组成部分(具体型号装备),分别提出维修资源的要求,作为装备初始维修方案的依据,然后统一加以规划。

(4) 针对部队保障系统。如营、旅、军,乃至更高层次部队维修保障系统,它的保障对象是多种类型装备或武器系统。例如,合成部队编配装甲、火炮、防空、工程、防化、指控、侦察等各种装备,应着眼整个部队装备维修保障系统的优化,考虑各种维修资源配置。

(5) 针对兵种、军种乃至全军装备的维修保障系统。其保障对象包括兵种、军种或全军的各种类型装备或武器系统,而保障的级别不仅包括部队级,而且包括基地级、社会化保障力量等。其维修资源要从兵种、军种及全军角度进行权衡、优化。

显然,维修资源的确定与优化也是武器系统发展规划的组成部分,应首先在高层次上做出规划决策,并将目标任务细化分解,对较低层次维修资源提出明确的要求和目标,以保证维修资源的整体优化。

维修资源的确定和优化从时间上说应当是装备的整个使用寿命期,包括初始部署使用阶段和正常使用阶段。不但要考虑平时,也要考虑战时的维修资源保障问题。此外,还必须考虑装备停产后的保障问题。

11.2 维修人员与训练

人员是使用和维修装备的主体。装备投入使用后,需要有一定数量的、具有一定专业技术水平的人员进行维修保障工作。在新装备研制与使用过程中,必须考虑维修人员数量、专业及技能水平的要求和训练保障。

11.2.1 维修人员的确定

11.2.1.1 主要依据

在进行新装备研制时,使用部门应把人员的编制定额和兵源可能达到的文化水平作为确定人员要求的约束条件向承制方提出。在装备使用过程中,要适时组织维修人员训练,开展维修工作,并根据实际使用维修状况,对人员编配进行调整。在确定维修人员专业类型、技术等级及数量时,主要依据包括:①维修工作分析结果;②平时及战时维修工作及要求;③部队各维修级别维修人员编制;④专业设置及培训规模等。

11.2.1.2 一般步骤

确定维修人员的数量和专业技术等级,依据不同使用单位和维修机构(或级别),通常按下列步骤加以确定。

(1) 确定专业类型及技术等级要求。根据使用与维修工作分析对所得的不同性质的专业工作加以归类,并参考相似装备服役人员的专业分工,确定维修人员的专业及其相应的技能水平。如机械修理工、光学工、电工、仪表工等。

(2) 确定维修人员的数量。维修人员的确定比较复杂,因为通常情况下维修人员并没有与特定装备存在一一对应的关系。因此,在确定保障某种装备所需的维修人员数量时,就需要做必要的分析、预计工作。通常可利用有关分析结果和模型予以确定。

11.2.1.3 主要方法

根据装备的特点和维修工作不同,维修人员预计可以有很多方法,主要如下。

1. 直接计算法

各维修机构(级别)维修人员的数量要求直接与该维修机构的维修工作有关,可以通过各项维修工作所需的工时数直接推算出,即

$$M = \left(\sum_{j=1}^{r} \sum_{i=1}^{k_j} n_j f_{ji} H_{ji} \right) \eta / H_0 \tag{11-1}$$

式中:M 为某维修机构(级别)所需维修人员数;r 为某维修机构(级别)负责维修的装备型号数;k_j 为 j 型号装备维修工作项目数;n_j 为某维修机构(级别)负责维修 j 型号装备的数量;f_{ji} 为 j 型号装备对第 i 项维修工作的年均频数;H_{ji} 为 j 型号装备完成第 i 项维修工作所需的工时数;H_0 为维修人员每人每年规定完成的维修工时数;η 为维修工作量修正系数(如考虑战损增加的工作量或考虑病假其他非维修工作等占用的时间,$\eta > 1$)。

另外,也可由使用与维修工作分析汇总表,计算各不同专业总的维修工作量,并用下式估算各专业人员数量:

$$M_i = \frac{T_i N}{H_d D_y y_i} \tag{11-2}$$

式中:M_i 为第 i 类专业人数;T_i 为维修单台装备第 i 类专业工作量;N 为年度需维修装备总数;H_d 为每人每天工作时间;D_y 为年有效工作日;y_i 为出勤率。

2. 分析计算法

利用保障性分析、排队论等方法,可预计出装备维修所需维修人员的数量。在此仅介绍前者,其主要步骤如下。

(1) 根据 FMEA(FMECA)和 RCM 分析,确定预防性维修和修复性维修工作,并确定需开展的全部维修工作。

(2) 预测每项工作所需的年度工时数,其中需确定维修工作的频度和完成每项维修工

作所需的工时数。

(3) 根据全年可用于维修的工作时间求得所需人员总数。

预测装备维修人员的总数：

$$M = \frac{NM_H}{T_N(1-\varepsilon)}$$

式中：M 为维修人员总数；T_N 为年时基数=(全年日历天数-非维修工作天数)×(每日工作时数)；ε 为设备计划修理停工率；N 为装备总数；M_H 为每年每台装备预计的维修工作工时数(每台装备维修工时定额)。

预测出所需维修人员数之后，还应将分析结果与相似装备的部队编制人员专业进行对比，做相应的调整，初步确定出各专业人员数量，并通过装备的使用试验与部署加以修正。图 11-1 所示为确定维修人员的分析流程图。

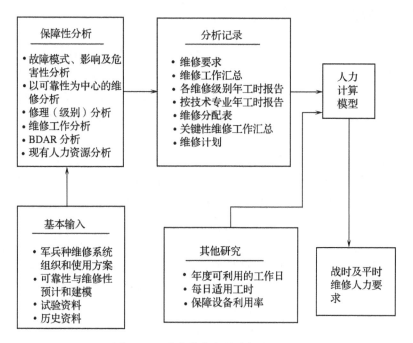

图 11-1　确定维修人员分析流程图

值得注意的是，在确定维修人员数量与技术等级要求时，要控制对维修人员数量和技能的过高要求。当人员数量和技术等级要求与实际可提供的人员有较大差距时，应通过改进装备设计、提高装备的可靠性与维修性、研制使用简便的保障设备、改进训练手段以提高训练效果等方面，对装备设计和相关保障问题施加影响，使装备便于操作和便于维修，以减少维修工作量，降低对维修人员数量和技术等级要求。

在确定战时维修人员数量与技术水平要求时，为了满足战时修理要求，对维修专业人员进行平时正常维修作业训练的同时，还应按计划接受战场抢修训练，做到平战结合。战场抢修人员数量与专业的确定要从 BDAR 分析中获得必需的信息。通常，战场抢修按机动维修小组每昼夜可修复损伤的装备数量作为预计的根据。装备的战损程度可分为 4 级，即轻度损坏、中等损坏、严重损坏和报废。每级都规定了损伤的项目和损伤范围。机动小组数目 G

的估算公式为

$$G = N\alpha\beta_i/n_i \tag{11-3}$$

式中：N 为装备总数；α 为装备的参战率；β_i 为每昼夜第 i 级战损比率；n_i 为每昼夜机动抢修小组可修复第 i 级损伤的装备数。

式(11-3)中所需数据可用装备战损试验、损伤模拟以及从有关历史资料中分析获得（如轻度损坏 $n_{轻}=2\sim3$；中等损坏 $n_{中}=1$）。

应该在装备论证时就明确人力的大体要求，在方案阶段进行初步估算。初步估计值是在分析其基准比较系统的基础上得出的。在工程研制阶段，随着设计的深入与完成，可有大量数据来进行详细的使用与维修工作分析，在此基础上可以得出更为准确具体的估计值。在部署使用后，应当根据实际情况，进行必要的调整。

11.2.2 维修人员的训练

为了实现维修工程的目标，必须要有经过严格训练的、合格的使用与维修人员。装备越是复杂，其训练越重要。按培训对象划分，可将人员训练分为 4 种：①装备使用操作人员训练；②维修人员训练；③教员训练；④管理人员（部队各级主管维修的人员）训练。

显然，在这些受训人员中教员是最主要的。对他们应当尽早实施最完善的训练，作为维修装备的"种子"。

按训练阶段的先后划分，可将训练分为初始训练和后续训练。

（1）初始训练。初始训练是指装备列装前为顺利地接收新装备，由承制方协助实施的训练，为部队培养最初的操作与维修人员。其目的是尽快使即将列装的装备能为部队掌握，并为后续训练提供经验。由于装备是新的，训练大纲和训练要求都比较灵活，训练的方法也处在探索与累积经验期。初始训练的某些内容可以采取演示和模拟的方式进行。

（2）后续训练。后续训练是为部队培养正常使用和维修及其管理人员的训练，从而保证不间断地为部队输送合格的人员。这类训练是由部队管理和组织实施的，其训练计划具体、正规，训练要求严格，对改型或新装备中有关新技术部分的技术训练也可由承制方协助进行。

对于新研装备，在方案阶段后期和工程研制阶段开始时就应着手研究各类人员的训练工作。为了保证人员训练工作落到实处，应制订人员训练大纲和训练计划，并注重研制训练器材和编写技术资料。训练大纲是指导训练工作的基本文件，它包括培养目标和要求、受训人员、期限、训练的主要内容与实施训练的机构组成和要求等。训练计划是实施训练大纲的具体安排和要求，其中包括训练目的、课程设置、课程的时间安排和进度、训练所需的资源、教材要求、训练方法（理论讲授和实际作业等）以及考核方法与要求等。训练计划的关键问题是课程的设置与教材，它要能满足培养目标所应有的专门知识和能力要求，其次是训练方式方法，要在有限的时间内让培训对象学懂、学会这些知识和技能。

11.3 维修器材的确定与优化

维修器材是维修资源中十分重要的组成部分，维修器材保障是装备使用过程中一项很重要的、经常性的工作。无论是在装备研制与使用期间,还是在装备生产及停产后,都必须重视维修器材的保障问题,以确保装备维修之需。

11.3.1 基本概念

11.3.1.1 维修器材

维修器材是指用于装备维修的一切器件和材料。如备件、附品、装具等。按照使用性质,可将其分为战备储备维修器材、正常供应维修器材与配套装备维修器材3种类型。它是装备维修的物质基础。在实际工作中,也常称为供应品。

备件是维修器材中十分重要的物资,对于装备的战备完好性和战斗力具有重要影响。随着装备复杂程度的提高,备件的确定与优化问题也越来越突出,备件费用在装备保障费用中所占比例也呈现上升的趋势。在本节中,将以备件为主要内容进行讨论。

11.3.1.2 维修器材标准量

维修器材标准量是指其储供标准中应明确的各类维修器材的标准数量。其中,包括筹供比例、库存限额、周转量、初始供应量、供应量。

(1) 筹供比例。筹供比例是指在规定条件下每单位(或一个基数量)装备所需的年维修器材数量,通常用"件/(年·单位装备)"或百分比表示。

(2) 库存限额。库存限额是指对维修器材的库存所规定的最高限量。装备在正常训练、使用阶段,为保证维修器材的及时供应,且避免过多的积压和浪费,各级保障机构的库存不应超过库存限额。该限额应保证在供应周期内,达到规定的维修器材保障度要求。由于各供应周期内维修器材的需要量是随机变化的,为避免经常出现维修器材短缺的现象,库存最高限量常大于平均需要量。

(3) 周转量。周转量是指为保证维修器材在规定时间内不间断供应所储备的维修器材数量。周转量的大小取决于筹措的延迟时间、维修器材的需求率以及维修器材的保障度要求。

(4) 初始供应量。维修器材的供应标准制定不是一次完成的,而是要经过不断的修改和完善。初始供应量是为使装备投入使用最初2~3年内,得到及时的维修器材保障而设置的。一般在服役初期,装备的训练使用尚未进入正轨,使用维修经验不足,故障特性还未进入稳定阶段,确定周转储备量的条件还不成熟。因此,有必要由装备生产厂一次提供2~3年的数量,保证这一时期的维修器材供应,然后再转入正常供应。

(5) 供应量。供应量指一个供应周期内供应给某级保障机构的维修器材数量。一般情况下供应量等于需要量,但有时也根据筹措的难度、供应标准与实际需求的状况做一些调整。

11.3.1.3 储供标准

维修器材储供标准是储存标准和筹措供应标准的总称。储存标准是保障机构进行库存管理的依据。维修器材储备标准规定了各级保障机构所应储备的维修器材品种、储备量的上、下限量及库存限额。目前,维修器材管理中所规定的库存限额,是按供应量的某一比例换算而来的。一般来说,对于装备都有规定的部队的库存最高限额和战区、军兵种级库存最高限额。规定最高限额目的在于防止维修器材的过多积压、避免造成浪费。一般在每年的集中筹供时,可达到这一库存水平,尤其是筹措困难的维修器材更应达到这一最高限额。最低限额是为保证维修器材规定的保障度要求而设,以满足正常供应。

供应标准是上级保障机构实施供应的基本依据,其规定了保障机构供应的维修器材品种和供应量。维修器材供应量以需要量为主要依据,同时还要视供应周期、库存状况、经费使用情况而定。

11.3.1.4 维修器材需要量与需求率

维修器材需要量是指在规定的时间内,进行维修所需某类维修器材的数量。它可以是某一台装备的,也可以是某一部队装备群的需要量。由定义可知,维修器材需要量与一定的使用时间相对应。从平均意义上来讲,使用时间长需要量就大;反之,需要量则小。在实际统计与预计中,需要量一般对应于一个批量供应周期。值得指出的是,维修器材需要量还包括人为因素造成的需求,如丢失、操作失误、维修中的损坏等。

维修器材需求率指单位时间内的维修器材需要量。这里的时间可以是日历时间,也可用其他广义时间单位。

备件需求率反映了部队装备需要备件的程度,它不仅取决于零部件的故障率或损坏率,还取决于维修策略、装备使用管理、装备使用环境、零部件对损坏的敏感性等多方面的因素。其主要因素如下。

(1) 零部件的故障率。零部件的故障率是装备(产品)的一种固有的特性,它反映了零部件本身的设计、制造水平。其大小直接影响着备件的需求率。所以,提高零部件的设计制造质量,是减少备件需求率的根本措施。此外,还应考虑战时武器装备的损坏率。

(2) 工作应力。同一种构件在不同的装备上使用或虽在同一种装备上,但由于安装位置不同,该构件受周围环境状况(如电的、光学的、机构的因素)的影响不同,发生故障的可能性及对备件的需求也不一样。例如,一种配电器,若用在某一装备上,经常处于有害气体之中,而用在另一装备上其周围却比较清洁,则前者场合故障率会高于后者。

(3) 零部件对于损坏的敏感性。这是指在搬运、装配、维修及使用过程中,零部件因非正常因素而受到损坏(特别是战场损伤)的可能性。该非正常因素主要包括人为差错、操作不当及战斗损伤。例如,在运输、装配或储存时,零部件可能在搬运过程中被损坏,也可能被安装工具所损坏。当对该件本身或在其附近对与其功能有关的部分进行维修时,也可能发生损坏。此外,有很多零部件,必须定期加以调整,这类零部件有可能由于调整不当而损坏,或因未能及时调整而在使用中损坏。显然,这一特性与可靠性截然不同,必须在分析中予以分别考虑。

(4) 装备使用环境条件。装备所在地区的温度、湿度、风沙、腐蚀和大气压力的变化都会影响装备的使用可靠性,从而影响备件需求率。

(5) 装备的使用强度。装备系统及其需要维修部分使用(工作)状况、连续或间断使用、年使用时数,特别是超出正常使用要求范围,也会影响该部分的故障率。超出正常范围的使用:一方面表现为使用连续时间过长或应力应变状况超出原设计条件;另一方面也可能是由于使用过少或没有使用,造成某些零部件变质或性能下降。

(6) 装备管理水平。装备的使用管理也会影响到备件需求率。例如,不按规定进行操作必定造成过多的故障、人为的损坏及丢失等,也将增加备件需求率。

11.3.1.5 基数(基数标准)

基数是维修器材筹措、储存、供应时采用的一种计算单位。以单种装备规定的一个基数的标准数量,简称为单种装备基数量或基数标准。以部队单位(如旅)规定的一个基数的标准数量,简称为部队基数标准(如旅)。以基数为单位计算维修器材,既方便又利于保密。

11.3.2 维修器材确定与优化的程序与步骤

维修器材确定与优化是一项较复杂的工作,需要可靠性、维修性、保障性分析等多方面的数据信息,并与维修保障诸要素权衡后才能合理地确定。就维修器材中的备件确定而言,一般应包括以下几个步骤:

(1) 进行装备使用、故障与维修保障分析,确定可更换单元。备件保障的依据是备件的需求。要搞清备件的需求状况,必须对装备的使用、故障与维修保障进行分析。装备的使用分析主要包括寿命剖面、使用条件、使用强度、任务目标的分析;装备故障分析主要有故障模式、影响及危害性分析;而维修保障分析则着重分析维修级别、修理方法及维修工具设备。备件对应于装备中的可更换单元,通过上述分析,可以明确各维修级别负责维修的可更换单元的种类,为确定备件品种奠定基础。

(2) 进行逻辑决断分析,筛选出备选单元。可更换单元的确定主要取决于装备的维修方案、构造和修理能力,通常经过第一步分析确定的可更换单元较多,进行分析时数据收集及处理难度较大。为此应进行定性分析,将明显不应储备备件的单元筛选掉。

逻辑决断分析包括两个问题的决断:一是分析可更换单元在寿命过程中更换的可能性,如更换的可能性很小,则可不设置备件;二是判断是否是标准件,如是标准件则可按需采购。经过逻辑决断分析可筛选出备选单元。

(3) 运用备件品种确定模型,确定备件品种。这一步是对备选单元进行分析,以确定备件的品种。一般应考虑影响备件的一些主要因素,如备件的耗损性、关键性和经济性等。

(4) 运用 FMEA 及故障与维修统计数据,确定备件需要量。确定了备件品种之后,还需确定备件的需要量。对于在用装备,备件需要量可由使用过程中收集的数据经统计方法确定。对于在研的新装备,则应根据 FMEA 等分析数据计算得出。

(5) 运用备件数量确定模型进行计算与优化。在满足装备战备任务目标及备件保障经费要求的条件下,通过数学模型,计算出各备件最佳的数量。

(6) 调整、完善及应用。经过分析计算出的备件品种和数量,可能存在着某些不足,还需根据试用情况加以调整和完善。调整时应对咨询意见和试用情况信息进行全面分析,并查明分析计算出现误差的原因。

备件确定流程图如图 11-2 所示,其他维修器材确定的过程大体与此相似。

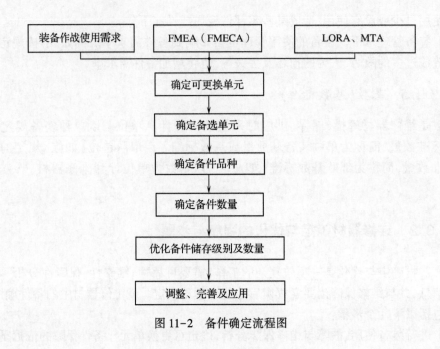

图 11-2 备件确定流程图

11.3.3 维修器材储存量确定的常用方法

科学地安排一定期限内各级别上所需的各种维修器材的储存量,对于做好装备维修保障的计划是十分必要的。特别是对于需求量较大或特殊需要的贵重器材,科学合理地做好储存量的计划更为必要。现将维修器材储存量确定常用方法介绍如下。

11.3.3.1 直接计算法

通过装备在一定的保障期内预期的维修任务以及每次维修预期的器材消耗量等直接计算某种器材的储存量:

$$N = \sum_{j=1}^{r} \sum_{i=1}^{k_j} n_j f_{ji} D_{ji} \tag{11-4}$$

式中:r 为需要该种器材的装备型号数;k_j 为 j 型号装备需要该种器材的维修项目数;n_j 为该储供级别上保障的 j 型号装备数;f_{ji} 为 j 型号装备在一定保障期限内对第 i 项维修任务的频数,可以通过维修任务分析确定;D_{ji} 为 j 型号装备进行一次 i 项维修工作,单台装备所需的某种器材消耗量(D_{ji} 可通过维修任务分析或其工艺技术文件等确定)。

由以上分析可知,该方法没有考虑器材消耗(损坏)后的可修问题,一般用于不修件(弃件)及其他供应品的储存量确定。

11.3.3.2 比较法

利用相似装备、相似的维修事件所消耗的某种器材量 D_j,通过一些修正来估算新装备某种器材的储存量:

$$N = \sum_{j=1}^{r} a_j n_j D_j \qquad (11-5)$$

式中：a_j 为第 j 型号装备修正系数（根据维修频率、工作条件等因素进行修正）；n_j 为该储供级别上保障的 j 型号装备数；D_j 为第 j 型号相似装备在给定保障期限内，单台装备某种器材消耗量。

该方法既可用于备件，也可用于其他供应品。

11.3.3.3 统计预测法

统计预测法是利用历史数据，采用统计学的方法，找出器材消耗规律，建立预测模型，预测未来消耗量和储供量。例如统计历次修船耗用材料，并做回归分析得出年均钢材消耗量 Q 与舰船吨位 T 的关系为

$$Q = KT$$

当 $T < 500t$ 时，$K = 0.034$；当 $T \geq 500t$ 时，$K = 0.07$。而其他材料的消耗也与钢材的消耗成正比，每消耗 1t 钢材将消耗木材 0.5t，生铁 0.07t，铜材 0.0205t，铝材 0.0097t。

统计预测模型很多，如简单平均法、滑动平均法、指数平滑法等，在此不做详细介绍。

统计预测法适用于各种维修器材储存量确定，需要有准确的历史数据。

11.3.3.4 库存法

在确定储存量时，对于确定型的需求，也可采用下述方法进行确定。

1. ABC 库存控制法

ABC 库存控制法的指导思想是抓住重点，兼顾一般。主要包括两个方面的内容：

首先，按储备供应品的品种数量、价格高低、用量大小、重要程度、采购难易等进行排队，并计算累计品种数占总品种数的百分数，以及供应品费用占全部供应品总费用的百分数，再根据费用占总费用的百分数的多少，将供应品分为 A、B、C 3 类。一般来说，A 类供应品品种数只占全部库存供应品品种的 5%~15%，而其占用金额却达全部供应品总金额的 60%~80%；B 类供应品品种数占 20%~30%，金额占 20%~30%；C 类供应品品种数占 60%~80%，金额却只占 5%~15%。

然后，在供应品分类的基础上，制定供应品分类管理办法。对 A、B、C 3 类供应品从采购订货的批量、时间、储备的数量，到检查分析等分别进行不同的控制。对 A 类供应品进行重点管理，要着重花力气了解需求规律，建立模型进行分析，使之既能保证供应又减少积压浪费；对 B 类供应品可进行一般管理；对 C 类供应品可采用比较简便的方法进行管理，其中，少数供应品可不储备，需用时临时采购。

应当指出，对军用装备来说，运用 ABC 分析法时不能单纯考虑金额多少一个因素，还应考虑供应品的重要性、采购周期等因素，从实际出发，合理地确定划分供应品类别的标准。

2. 订购点控制法

这种方法是当库存降到订购点时即开始订货，可以用模型分析得出最佳订货量，因此库存积压的储备最小，占用的流动资金少，存储成本低。但是，由于订货时间不定，要经常检查库存量是否降到订购点水平，因此管理工作比较繁重。

3. 定期库存控制法

就是定期订购制,也称定期盘点法。在具体实施中,订货间隔期可以按以下几方面来综合确定。

(1) 对 A 类供应品利用模型分析,求最佳经济订货量和最佳订货次数,计算出订货间隔期,作为确定订货间隔期的主要依据。

(2) 为了减少订货工作量,其余供应品的订货期尽量向主要供应(A 类)的订货期靠拢,做到一次订货品种多些。

(3) 根据供货方的实际情况,商定合理的订货间隔期。

4. 双堆法或三堆法

这种控制方法是根据实际需要与订货间隔期的长短,将库存供应品分为两堆或三堆。双堆法是将库存供应品分为两堆,一堆为订购点库存量,一旦用完第一堆即开始补充订货。三堆法与双堆法相比,增加了一堆安全库存量,这对于应付意外事件或保障作战的重要供应品是必要的。这种库存控制的方法简单易行,如果再加上模型分析方法来决定各堆的数量,则效果就更为明显。

5. 经济批量法

经济批量法是以最省费用为目标,权衡订购费用和存储费用,求得最经济的订货批量的一种方法。这种方法的基本思路是按假设的需求规律和订货情况,建立总费用的计算公式,或根据假设的订货情况计算费用,然后用求极值的方法或用比较的方法,确定使总费用最省的订货策略(批量、时间)等。经济批量法模型很多,可参阅运筹学等方面的书籍。

库存法适用于批次采购的器材,其模型属于确定型模型。

11.3.3.5 系统分析法

这种方法是利用维修工程、系统工程、概率论与数理统计、随机过程等理论和方法,通过对器材消耗及需求进行分析,建立数学模型,并计算出器材储存量。该方法既可以用于不修备件确定,也可用于可修复备件的确定。所建立的模型多为随机数学模型,可采用计算机仿真方法确定储存量。

11.3.4 维修器材保障系统模型

维修器材保障系统是涉及多方面因素、具有多个环节(如筹措、储存、供应)的较复杂的系统。按照系统的观点和方法分析维修器材保障问题,建立系统模型,对于维修保障系统高效、低耗地运行具有重要意义。下面分别讨论单级和多级维修器材保障系统及其建模。

11.3.4.1 单级维修器材保障系统模型

维修器材保障只由一级管理机构负责,这样的系统即为单级维修器材保障系统。在该系统中,维修器材供应(库存)单元与维修器材使用单元是其基本构成,其基本结构图如图 11-3(a)所示。部队在不考虑上级支援时,其携行维修器材保障可视为这种结构类型。在许多情况下,维修器材故障后还可修复并继续使用。这时,维修器材保障系统则是由使用单元、库存单元和修理单元这三者构成,如图 11-3(b)所示。在不考虑上级支援时,野战保障即可视为这种结构类型。当库存单元还将得到上级维修器材的补充供应时,如图11-3(c)所示。如果不考虑上级维修器材的库存限量(将其视为一个源),则在供应间隔期内可将其看成更一般的单级维修器材保障系统。

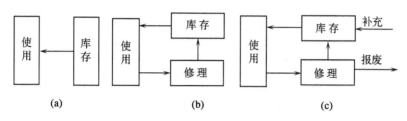

图11-3 维修器材保障系统结构图

根据不同的维修器材需求特征及不同的保障目标,可建立不同的系统模型。零散供应保障中所考虑的维修器材需求是随机变化的,对于具有随机需求的维修器材保障系统,通常可建立以不缺货概率为目标的系统模型。

1. 耗损类维修器材模型

耗损类维修器材是不可修复的,其系统结构类型属图11-3(a)型。设 X 表示在规定时间 t 内所需某类维修器材的数量,其为随机变量。记 α 为该类维修器材的需求率,N 为维修器材储存量,$P\{X \leq N\}$ 表示不缺货概率或保障概率,即规定的系统目标函数。根据实际统计和理论分析,可以认为维修器材需求服从泊松分布,即

$$f(x) = \frac{(L\alpha T)^x \mathrm{e}^{-L\alpha T}}{x!} \qquad (11-6)$$

式中:$f(x)$ 为维修器材需求密度函数;L 为使用单元中含有该类维修器材的数量。

不缺货概率为

$$P\{X \leq N\} = \sum_{x=0}^{N} f(x) = \sum_{x=0}^{N} \frac{(L\alpha T)^x \mathrm{e}^{-L\alpha T}}{x!} \qquad (11-7)$$

显然,在式(11-7)中如果已知 $L\alpha T$ 和 N 值,则可求出不缺货概率 $P\{X \leq N\}$ 值。反之,当给定了维修器材保障目标要求——不缺货概率,那么,在已知 $L\alpha T$ 值时则可确定维修器材的储存量 N。利用该模型可以确定耗损类维修器材,也可以用来确定装备携行备件量。在实际求解时,除可采用直接计算法外,还可采用下述几种方法。

(1) 查表法。由式(11-7)可知,当已知 $L\alpha T$ 和保障目标 P 值时,通过查泊松分布表,可以较快地确定出所需的器材数量 N。

(2) 列线图法。采用式(11-7)确定器材数量 N 时,由于 N 不能用显函数表示,因此直接计算法或查表法都属于试算法,即从 $N=0$ 开始逐渐增加,计算不缺货概率 P,直至满足规定要求为止。为方便求解,人们绘制了列线图(图11-6),将式(11-7)中的 $L\alpha T$、P 及 N 的关系直接反映在列线图上。利用该图可以方便地确定出所需器材储存量 N。

(3) 估算法。当所需确定的器材品种数目较多时,若不利用计算机进行求解,计算则显得较为繁琐。为了比较快速地估计出维修器材储存量 N,此时可采用下述估算法,该方法既考虑到了器材储存的费用又考虑了器材储存的效果。

在给定器材保障目标 $P(N;L\alpha T)$ 值后,已知 $L\alpha T$ 便可利用泊松分布函数表确定出相应

的器材储存量 N。但是，这样确定出的 N：一方面无法考虑备件本身的价格和其他的一些属性；另一方面，随着 N 的增大，它对不缺货概率 P 的影响也越来越小。进一步分析泊松分布函数表，可得出 P 与 N 的关系，如图 11-4 所示。

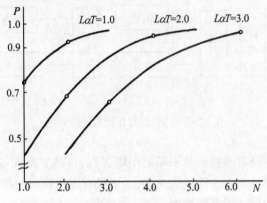

图 11-4　不缺货概率 P 与 N 的关系图

分析不缺货概率 P 与 N 的关系可知，在泊松分布条件下，需求量 X 的均值为 $E(X) = L\alpha T$。当 $L\alpha T = 1.0$ 时，$P(X \leq L\alpha T) = 0.7358$，且 $P(X \leq L\alpha T)$ 值随 $L\alpha T$ 值的增大而减小，例如，$L\alpha T = 6.0$ 时，$P(X \leq L\alpha T) = 0.6063$。这说明，即使储存 $n\lambda T$ 个器材，装备仍可能以约 40% 的概率因缺乏维修器材而不能工作。为了提高装备良好工作的概率，须增大维修器材的储存量。当储存量达到 $2L\alpha T$ 个时，$P(X \leq 2L\alpha T) > 0.90$。例如，$L\alpha T = 1.0$ 时，$P(X \leq 2L\alpha T) = 0.9197$；$L\alpha T = 2.0$ 时，$P(X \leq 2L\alpha T) = 0.9473$。$P(X \leq 2L\alpha T)$ 值随 $L\alpha T$ 值的增大而增大。但是，当 $N > 2L\alpha T$ 时，随 N 值增加，$\Delta P(X \leq N)$ 越来越小，即器材费用效果越来越差。由此，可将 N 分为 Ⅰ、Ⅱ、Ⅲ 3 个区（图 11-5）：Ⅰ区，$P(X \leq N)$ 难以满足保障要求，一般不宜选用；Ⅲ区，费效比较差，也不宜选用。通常的选择范围是Ⅱ区，即 N 的取值范围一般为 $L\alpha T \leq N \leq 2L\alpha T$。在Ⅱ区中，可以根据器材费用的高低选择 N 的取值，比如：高价器材（或非关键件）可取 $N = L\alpha T$，中价器材可取 $N = 1.5L\alpha T$，低价器材（或关键件）可取 $N = 2L\alpha T$。N 值不同，其不缺货概率也不同。

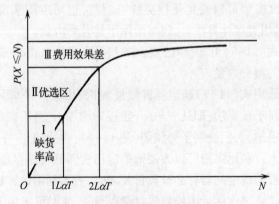

图 11-5　维修器材费效分析图

采用上述估算法,只要已知器材的 $L\alpha T$ 和费用信息,根据保障目标要求,则可快速估计出所需器材的储存量 N,而且具有一定的精度。

上述估算法考虑到了维修器材的费用。在实际中,可以用器材价格作为该费用,此时,由于器材的价格相差很大,可采用 ABC 分类法按价格将维修器材进行划分,便宜的为 A 类,适中的为 B 类,贵重的为 C 类。A 类维修器材应选择在 II 区的上限附近,C 类应选 II 区的下限附近,B 类一般选在 II 区的中段。

例 11-1 某装备上使用某种零件 10 个,其中任何一个损坏都将造成装备故障。已知该零件的需求率 $\alpha = 2.25 \times 10^{-4}$/h,该装备每年累积工作时间为 2000h,现要求不缺货的概率不小于 0.95,试确定该零件 1 年的备件储存量。

解:方法 1:查表法。

由题知, $L\alpha T = 10 \times 2.25 \times 10^{-4} \times 2000 = 4.5$

查泊松分布表得不缺货概率,如表 11-1 所列。

表 11-1 不同备件量时的不缺货概率

备件量 x	$L\alpha T = 4.5$		备件量 x	$L\alpha T = 4$	
	$\dfrac{(L\alpha T)^x e^{-L\alpha T}}{x!}$	$P\{X \leq N\} = \sum\limits_{x=0}^{N} \dfrac{(L\alpha T)^x e^{-L\alpha T}}{x!}$		$\dfrac{(L\alpha T)^x e^{-L\alpha T}}{x!}$	$P\{X \leq N\} = \sum\limits_{x=0}^{N} \dfrac{(L\alpha T)^x e^{-L\alpha T}}{x!}$
0	0.011109	0.011109	0	0.018316	0.018316
1	0.049990	0.061099	1	0.073263	0.091579
2	0.112479	0.173578	2	0.146525	0.238104
3	0.168718	0.342296	3	0.195367	0.433471
4	0.189808	0.531376	4	0.195367	0.628838
5	0.170827	0.702203	5	0.156298	0.785136
6	0.128120	0.830323	6	0.104196	0.889332
7	0.082363	0.912686	7	0.059540	0.948872
8	0.046329	0.959015	8	0.029770	0.978642

由表 11-1 可见,当备件数 $N=8$ 时,即可满足保障目标要求。

方法 2:列线图法。

由上面的分析可知, $L\alpha T = 4.5, P = 0.95$。在列线图图 11-6 上用直线连接上述两点,即可直接求出备件储存量 N,由图 11-6 可知, $N=8$。

方法 3:估算法。

若经 ABC 分类知该零件属于 A 类,价格较低且保障目标要求较高,取 $N = 2L\alpha T$,则有 $N = 9$。

2. 可修件模型

对于可修件,由于其修复后可再使用,能够提高维修器材的利用率,因此,在其他条件相同的情况下,所储备的维修器材数相应有所减少。这时,如果采用耗损类模型,必然导致决策的失误。特别是可修件往往价格较贵,计算的误差将会造成较大的浪费。在建立数学模型时,必须考虑维修器材的可修复性。

可修件的单级保障系统结构如图 11-3(b) 所示。设该系统使用单元中有某可修件 L

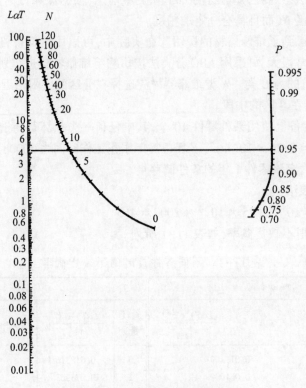

图 11-6 维修器材储存量列线图

个,维修器材储存量为 N,维修分队数为 $c(c \leq N)$,每个可修件的平均需求率为 α,假设可修件故障和修复时间均服从指数分布。这样该系统可看成是(排队论中的) $M/M/c/L+N/L$ 的排队系统。设 X 表示送修故障件的数量,其可能取值为 $0,1,2,\cdots,N+L$。当 $X=0 \sim N$ 时,维修器材不短缺;当 $X>N$ 时,则因维修器材短缺影响装备维修和使用。根据排队论的方法,可得出

$$P(X=k) = \begin{cases} \dfrac{L^k}{k!}\left(\dfrac{\alpha}{\mu}\right)^k p_0 & (0 \leq k \leq c) \\ \dfrac{L^k}{c!\ c^{k-c}}\left(\dfrac{\alpha}{\mu}\right)^k p_0 & (c < k \leq N) \\ \dfrac{L^N L!}{c!\ c^{k-c}(L-k+N)!}\left(\dfrac{\alpha}{\mu}\right)^k p_0 & (N < k \leq N+L) \end{cases} \quad (11-8)$$

由于

$$\sum_{k=0}^{N+L} P(X=k) = 1$$

则

$$p_0 = \left[\sum_{k=0}^{c} \dfrac{L^k}{k!}\left(\dfrac{\alpha}{\mu}\right)^k + \sum_{k=c+1}^{N} \dfrac{L^k}{c!\ c^{k-c}}\left(\dfrac{\alpha}{\mu}\right)^k + \sum_{k=N+1}^{N+L} \dfrac{L^N L!}{c!\ c^{k-c}(L-k+N)!}\left(\dfrac{\alpha}{\mu}\right)^k \right]^{-1}$$

(11-9)

因此,保障系统不缺维修器材的概率为

$$P(X \leqslant N) = \sum_{k=0}^{N} P(X=k) = \left[\sum_{k=0}^{c} \frac{L^k}{k!} \left(\frac{\alpha}{\mu}\right)^k + \sum_{k=c+1}^{N} \frac{L^k}{c! \, c^{k-c}} \left(\frac{\alpha}{\mu}\right)^k \right] p_0 \quad (11-10)$$

11.3.4.2 多级维修器材保障系统模型

维修器材保障由两级或两级以上的管理机构负责,这样的系统称为多级维修器材保障系统。由于装备维修通常采用多级维修体制,相应地,维修器材管理机构也常常设置为多级。这样既便于实施维修器材保障,也有利于维修器材保障能力的提高和保障费用的合理使用。实践表明,在多级维修器材保障系统中,各级库存机构中备件的合理配置是一个十分关键的问题。由于问题的复杂性,须在建立系统模型的基础上,进行优化计算才能搞好配置。下面着重讨论最基本的两级备件保障系统模型。

1. 系统的结构

(1) 两级备件保障系统构成。两级备件保障系统由两级维修(如本级维修和上级维修)、两级库存(如本级仓库和上级仓库)、备件源及备件报废处理等要素组成(图11-7)。装备作为保障系统的保障对象产生对备件的需求。两级维修主要负责对故障单元的更换、修理或报废。本级仓库负责向装备提供所需的备件,而且将接收本级修复后的故障件作为备件储存;上级仓库负责向本级仓库供应所需备件,接收上级修复后的故障件作为备件储存,且承担备件的请领和购置任务。备件源可理解为备件的生产单位或采购市场渠道。报废处理通常由上级维修机构负责实施。

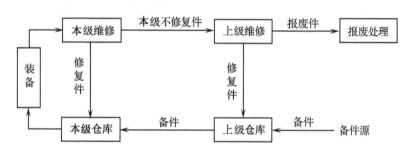

图 11-7 两级备件保障系统结构示意图

(2) 备件流程分析。若装备中某一可更换单元(零部件、组件或模块等)出现故障后,马上将其从装备中拆下并送本级修理部门进行修理;与此同时,本级仓库如果有该种备件,则立即实施供应并将其安装到装备上。对于故障单元,本级维修首先判断该故障是否可在本级修理,如果可修复则本级进行修理,并将修复件送往本级仓库;否则,将该故障件(本级不修复件)送上级维修进行修理,同时从上级仓库请领一个备件送到本级仓库储存。此时,上级仓库若无该备件,则应立即到备件源采购,再送到本级仓库。此后,再判断该故障件是否能修复或值得修复,即从经济性角度修复该件的费用小于购买一个同类件的费用。如果可以修复或值得修复,就将其修复后送上级仓库储存;否则,将其报废(此时,可等同于弃件修理),并重新购置一个备件补充到上级仓库储存。

2. 系统的基本参量

(1) 对可修件的修复时间。修复时间是产品维修性和维修部门维修能力的综合反映。

产品可修复性好,维修能力强,故障件的修复时间短、速度快,从而提高备件的利用率,保证装备可用度。因此,改善产品可修复性,提高维修机构的维修能力,是降低备件费用、提高备件保证度的有效措施。

(2) 备件的获取时间。当备件的库存量减少到一定程度时,就必须向备件生产厂或备件市场等(统称为备件源)进行采购。备件的获取时间反映了这种采购的难易程度,若易于采购,则获取时间短,备件保障度就高;反之,备件保障度则低。

(3) 备件库存水平。对于各种装备,都规定有一定的备件库存量水平。备件库存水平越高,对备件的供应保障能力越强,从而备件保障度增大,反之则减少。但是,过高的库存水平必将增大备件的购置费和库存费用,造成积压浪费。因此,备件的库存水平要适当。

(4) 备件需求率。备件需求率反映了装备需要备件的程度,它不仅取决于零部件的故障率,也取决于维修策略、装备使用管理、装备使用环境、零部件对损坏的敏感性等因素。

3. 系统的量化目标——备件保障度

所谓备件保障度是指装备在规定的条件下,在任一时刻一旦需要备件有所需备件的概率,记为 $A_s(t)$。

若令

$$X(t) = \begin{cases} 0 & (t\text{ 时刻装备需要备件时有所需备件}) \\ 1 & (t\text{ 时刻装备需要备件时无所需备件}) \end{cases}$$

则装备在 t 时刻的备件保障度为: $A_s(t) = P\{X(t) = 0\}$。显然,此即瞬时备件保障度,它只涉及在时刻 t 装备是否有所需要的备件。在实际分析中,常用稳态备件保障度反映备件保障的程度。若 $\lim_{t\to\infty} A_s(t) = A_s$ 存在,则称其为稳态备件保障度(以下简称备件保障度),模仿可用度的概念,它可表示为在一给定时间内装备能工作时间和因缺少备件造成装备不能工作时间总和之比。用平均时间表示备件保障度,即

$$A_s = \frac{\overline{U}}{\overline{U} + T_s}$$

式中:$\overline{U}$ 装备平均可用时间;T_s 为平均备件供应延迟时间,即由于缺乏备件而造成装备的平均停机时间。

备件保障度反映了备件保障对装备使用可用度影响的程度。这样,备件保障系统的目标则是确保一定的备件保障度,因而可选择 A_s 为备件保障系统的优化目标。根据备件保障系统的特点是可以建立不同的备件保障度模型。现举一例说明备件保障度模型的建立过程。

例 11-2 试建立两级备件保障系统的备件保障度模型。

解:(1)基本假设。根据备件保障系统的特点,可做如下假设。

① 上级维修和上级仓库负责 k 个完全相同的本级维修和本级仓库的备件的维修和供应,且每个本级维修和本级仓库负责 u 台同型装备的备件维修和供应;

② 备件的需求为泊松过程;

③ 不同类别可更换单元对备件的需求相互独立;

④ 备件保障系统处于稳态。

(2) 变量和参数说明:

i——第i类可更换单元($i=1,2,\cdots,n$);

k——保障系统中本级维修机构数;

u——保障系统所保障的装备数量;

α_i——u台装备中,第i类可更换单元对备件的需求率,即u台装备在单位时间内需要第i类备件的概率;

X_i——第i类可更换单元在一定时间内对备件的需要量,X_i为随机变量;

r_i——本级维修的修理率,它表示由本级维修修理第i类故障件的数目占第i类故障件总数的比率;

t_b——本级维修的平均修复时间,即故障单元从装备中拆下到本级维修机构对其修复完毕所经历的平均时间;

t_o——本级维修的平均请领周转时间,即从发出请领单到本级仓库收到备件的平均时间;

t_d——上级维修的平均修复时间,即故障件从装备中拆下到上级维修机构修理完毕所经历的时间;

t_c——上级维修的平均购置时间,即上级仓库从备件源购买备件所需时间的平均值;

t_l——上级仓库得到备件的平均时间;

$t_{\omega,i}$——由于上级仓库缺货而需等待备件的平均延迟时间;

T_i——本级仓库得到第i类备件的平均时间;

φ_i——第i类故障单元的报废率($0 \leqslant \varphi_i \leqslant 1$),对于弃件式维修,$\varphi_i=1$;

S_i——本级仓库第i类备件的库存水平;

$S_{o,i}$——上级仓库第i类备件的库存水平;

$B_i(S_{o,i},S_i)$——上级仓库的库存水平为$S_{o,i}$、本级仓库为S_i时的本级仓库库存备件缺货数;

$D_i(S_{o,i})$——在上级仓库库存水平为$S_{o,i}$时的上级仓库库存备件缺货数,是一个随机变量;

Y_i——第i类可更换单元在一定时间内需上级仓库供应的备件数量,Y_i为随机变量。

4. 备件保障度模型

(1) 上级仓库库存缺货数的计算。根据备件需求为泊松过程的假设,t_l内对上级仓库的需求量Y_i的概率密度函数为

$$g(y_i) = \begin{cases} \dfrac{e^{-\alpha_{io}t_l}(\alpha_{io}t_l)^{y_i}}{y_i!} & (y_i = 0,1,2,\cdots) \\ 0 & (其他) \end{cases} \quad (11\text{-}11)$$

式中:α_{io}为上级维修备件需求率,$\alpha_{io} = k\alpha_i(1-r_i)$,$t_l = \varphi_i t_c + (1-\varphi_i)t_d$。

因此,在t_l时间内上级仓库库存水平为$S_{o,i}$时的$D_i(S_{o,i})$的期望值为

$$E[D_i(S_{o,i})] = \sum_{y_i > S_{o,i}} g(y_i)(y_i - S_{o,i}) \quad (11\text{-}12)$$

(2) T_i的确定。令η_i表示上级仓库库存缺货率,即在t_l时间内,上级仓库的平均缺货数相对于应供数的比率,则

$$\eta_i = \frac{E[D_i(S_{o,i})]}{k\alpha_i(1-r_i)t_l} \tag{11-13}$$

因此,本级仓库得到备件的平均时间为

$$T_i = r_i t_b + (1-r_i)[t_o(1-\eta_i) + (t_o+t_l)\eta_i] \tag{11-14}$$

记

$$t_{\omega,i} = \eta_i t_l = \frac{E[D_i(S_{o,i})]}{k\alpha_i(1-r_i)}$$

则

$$T_i = r_i t_b + (1-r_i)(t_o + t_{\omega,i}) \tag{11-15}$$

(3) 基层级备件平均缺货数的计算。同确定 $E[D_i(S_{o,i})]$ 过程相同,可以得到 $B_i(S_i, S_{o,i})$ 的期望值为

$$E[B_i(S_i,S_{o,i})] = \sum_{x_i > s_i} f(x_i)(x_i - s_i) \tag{11-16}$$

其中

$$f(x_i) = \begin{cases} \dfrac{e^{-\alpha_i T_i}(\alpha_i T_i)^{x_i}}{x_i!} & (x_i = 0,1,2,\cdots) \\ 0 & (\text{其他}) \end{cases} \tag{11-17}$$

(4) 备件保障度 A_s 的计算。设 ξ_i 表示本级仓库库存缺货率,则

$$\xi_i = \frac{E[B_i(S_i,S_{o,i})]}{T_i \alpha_i} \tag{11-18}$$

若设每台装备中具有第 i 类可更换单元的数量为 q_i 个。那么,在给定时间 t 内,每台装备中的任意位置上,由于缺少备件造成的装备停机时间为

$$T_{sij} = \frac{\alpha_i t \cdot \xi_i \cdot T_i}{u q_i} \tag{11-19}$$

所以

$$A_{sij} = \frac{\overline{U}}{\overline{U}+T_{sij}} = 1 - \frac{T_{sij}}{\overline{U}+T_{sij}} = 1 - \frac{T_{sij}}{t} = 1 - \frac{\alpha_i \cdot \xi_i \cdot T_i}{u q_i} = 1 - \frac{E[B_i(S_i,S_{o,i})]}{u q_i} \tag{11-20}$$

式中:A_{sij} 为第 i 类可更换单元第 j 个位置上备件的保障度,$j=1,2,\cdots,q_i$。

因 q_i 个第 i 类可更换单元对备件的需求是串联关系,故第 i 类可更换单元的备件保障度为

$$A_{si} = S_{sij}{}^{q_i} = \left\{1 - \frac{E[B_i(S_i,S_{o,i})]}{u q_i}\right\}^{q_i} \tag{11-21}$$

所以,整个装备的备件保障度为

$$A_s = \prod_{i=1}^{n} A_{si} = \prod_{i=1}^{n} \left\{1 - \frac{E[B_i(S_i,S_{o,i})]}{u q_i}\right\}^{q_i} \tag{11-22}$$

联立式(11-12)~式(11-14)和式(11-22)即可求出备件保障度 A_s。

以上通过对影响备件保障度 A_s 的主要因素以及两级备件保障系统的分析,在备件需求为泊松过程等基本假设的条件下,建立了备件保障度模型。该模型所涉及的参数有 13 个,即 a_i、r_i、t_b、t_o、t_d、t_c、φ_i、S_i、$S_{o,i}$、u、k、n 及 q_i。其中,对特定保障系统,t_o、t_c、S_i、$S_{o,i}$、u、k、n 及 q_i 的数据将相应确定,t_b、t_d 的数据通过试验和分析比较容易获得,r_i 和 φ_i 经过统计分析也可以得到比较适用的数据,而 a_i 数据的获得相对麻烦些,且 a_i 对 A_s 的影响比较大。因此,利用该模型计算 A_s 的关键是能否合理地确定备件需求率。

该模型通常可以用来对已有的备件保障系统有效性进行评估,但用途最广且最有意义的是对备件保障系统进行优化,即将 A_s 作为目标函数,备件费用作为约束条件,对备件库存水平进行优化,以达到理想的费用效果。将该方法在计算机上得以实现是很有实用价值的。

11.4 维修设备的选配

维修设备是指装备维修所需的各种机械、电器、仪器等的统称。一般包括拆卸和维修工具、测试仪器、诊断设备、切削机工和焊接设备、修理工艺装置以及软件保障所需的特殊设备等。维修设备是维修资源中的重要组成部分,在装备寿命周期过程中,必须及早考虑和规划,并在使用阶段及时补充和完善。

11.4.1 维修设备分类

维修设备分类方法较多,最常见的分类方法是根据设备是通用的还是专用的进行分类。

(1) 通用设备。通常广泛使用且具有多种用途的维修与测试设备均可归为通用维修与测试设备。例如手工工具、压气机、液力起重机、示波器、电压表以及软件复制、训练及供应设备等。

(2) 专用设备。专门为某一装备所研制的完成某特定保障功能的设备,均可归为专用设备。例如为监测某型装备上某一部件功能而研制的电子检测设备等。专用设备应随装备同时研制和采购。随着装备复杂程度的日益提高,专用设备费用也呈现越来越昂贵的趋势,对于装备保障费用及装备战备完好率都有较大的影响。在规划装备维修设备时,应尽量避免使用专用设备,以便降低装备的寿命周期费用。

11.4.2 维修设备选配时应考虑的因素

经验证明,由于维修设备选配不当,致使一些设备长期闲置,有些设备则严重不足,给装备使用与维修造成直接影响。因此,正确合理地选择维修设备是维修设备规划工作的第一个环节,必须严格把好这一关,为装备选择技术上先进、经济上合算、工作上实用的与装备相匹配的维修设备。

在选配维修设备时应注意考虑以下几方面问题。

(1) 在装备研制阶段,必须把维修设备作为装备研制系统工程中的一项内容进行统一规划、研制和选配。

(2) 要考虑各维修级别的设置及其任务分工。应根据维修工作任务分析和修理级别分析的结果，综合考虑各维修级别与维修任务，对各级别所要修理的项目种类、需完成的测试功能、预期的工作强度和设备利用率等进行综合权衡。应优先考虑选用部队现有的维修设备；当现有维修设备数量、功能与性能不能满足装备维修需要时再考虑补充维修设备。

(3) 应使专用设备的品种、数量减少到最低限度。在装备设计中规划维修设备时，在满足使用与维修要求的前提下，应优先选配通用的维修设备，特别是市售商品。

(4) 要综合考虑维修设备的适用性、有效性、经济性和维修设备本身的保障问题。

(5) 配在部队级的设备工具应强调标准化、综合化和小型化。在满足功能和性能要求的基础上，力求简单、灵活、轻便、易维护，便于运送和携带。

11.4.3 维修设备需求确定及其主要工作

在研制装备的早期，通过维修工作分析，确定维修设备需求，并根据装备研制进度对维修设备作出初步规划。在方案阶段，应根据装备设计方案和维修方案尽早确定预期的维修设备要求，以便对维修设备提出资金计划。缺乏足够的资金将对维修设备研制计划的实施带来不利的影响。维修设备需求的确定过程开始于方案阶段，并且随着装备设计的成熟而逐步详细和具体。维修设备的具体设计要求要在工程研制阶段才逐步确定下来。在装备整个研制过程中，因为维修工程其他方面的工作也需要维修设备需求方面的资料，所以在方案阶段所建立的维修设备的基线不能随意变动。

在装备维修保障方案确定后，根据各维修级别应完成的维修工作，可以确定维修设备的具体要求，并据此评定各维修级别的维修能力是否配套。当分析每项维修工作时，要提供保障该项工作的维修设备类型和数量方面的数据。利用这些数据可确定在每一维修级别上所需维修设备的总需求量。较低维修级别所需的维修设备应少于较高维修级别，否则需要重新分配维修任务。在进行费用权衡时，如需要配备价格十分昂贵的维修设备时，应慎重研究，必要时可考虑修改装备维修保障方案，直至修改装备设计。

维修设备的选配涉及很多方面，具有很多接口：一方面，它的需求主要取决于装备使用与维修工作，并与装备设计相协调和相匹配；另一方面，它又与备件供应、技术资料、人员训练以及软件保障有密切关系。因此，对维修设备需求的任何更改必须提供给其他专业，以修正有关的保障要求。

在研制(包括采购)维修设备前，要论证并确定包括可靠性、维修性等要求在内的战技要求，要制定出完整的研制计划，说明应进行的工作，严格地执行研制程序，明确与相关专业工作的接口，并做好费用和进度的安排。维修设备研制计划的实施保证了所确定的维修设备要求的落实。在工程实践中，维修设备的论证与研制往往比主装备开始得晚，而又要同时定型甚至更早些，这就要求对其采取"快捷策略"进行研制与采购。

维修设备获取的主要工作如下。

(1) 确定维修设备的种类与功能要求，如随车(机)工具、自动测试设备等。

(2) 编制初始维修设备清单，包括通用设备和专用设备。

(3) 进行维修设备的综合权衡，应考虑各维修级别的工作、维修设备利用率、维修设备本身的保障要求及费用因素等，以形成维修设备清单。这份清单还可用于维修工作分析时选用维修设备之用。

(4) 明确是研制、改进还是采购维修设备,对承制方或供应方提出维修设备要求。

(5) 进行维修设备的设计与研制(或采购)。

(6) 编制维修设备的技术手册,其中应说明设备的工作原理、结构简图、使用与维修方法、测试技术条件以及保障要求等。

(7) 提出维修设备的保障设施要求,如动力、空间、环境和专门的基础建设等。

(8) 维修设备的验收与现场使用评估。

图 11-8 所示为维修设备获取过程流程图。在装备使用阶段,应在维修实践中检验维修设备的性能(含可靠性)和完备性,并根据需要改进和补充。这种改进、补充同样要遵循以上程序。

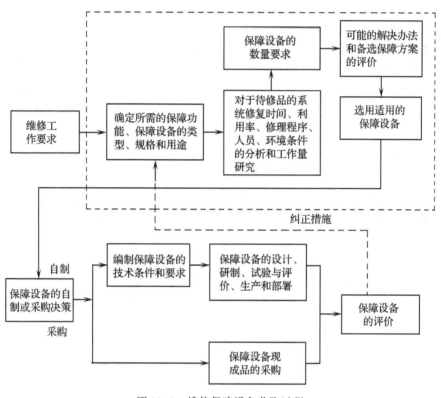

图 11-8 维修保障设备获取过程

11.5 技术资料

技术资料是指将装备和设备要求转化为保障所需的工程图样、技术规范、技术手册、技术报告、计算机软件文档等。它来源于各种工程与技术信息和记录,并用来保障使用或维修一种特定产品。就提交给部队的技术资料看,其范围也很广泛,包括装备使用和维修中所需的各种技术资料。编写技术资料的目的是为装备使用和维修人员正确使用和维修装备规定明确的程序、方法、规范和要求,并与备件供应、维修设备、人员训练、设施、包装、装卸、储存、运输、计算机资源保障以及工程设计和质量保证等互相协调统一,以便使装备发挥最佳效能。

编写技术资料是一项非常繁琐的工作,涉及诸多专业。提交给部队的各项技术资料文本必须充分反映所部署装备的技术状态和使用与维修的具体要求,准确无误,通俗易懂。由于装备的研制过程是不断完善的过程,所以反映装备使用和维修工作的技术资料也必须进行不断的审核与修改,并执行正式的确认和检查程序,以确保技术资料的准确性、清晰性和确定性。

11.5.1 技术资料的种类

为满足日益复杂的装备对技术资料的要求,各军兵种、各种装备都有各自的编制技术资料的要求,其种类、内容及格式有所不同,应按合同要求或保障要求而定。通常有下述几方面主要的技术资料。

(1) 装备技术资料。这类技术资料主要用来描述装备的战术技术特性、工作原理、总体及部件构造等,包括装备总图、各分系统图、部件分解图册、工作原理图、技术数据、有关零部件的图纸,以及装备设计说明书、使用说明书等。它是根据工程设计资料编纂而成的。

(2) 使用操作资料。这是有关装备使用和测试方面的资料,一般包括操作人员正确使用和维护装备所需的全部技术文件、数据和要求。例如:装备正常使用条件下和非正常使用条件下的操作程序与要求;测试方法、规程及技术数据;测试设备的使用与维修;装备保养的内容与方法;燃料、弹药、水、电、气和润滑油脂的加、挂、充、添方法和要求;故障检查的步骤等。

(3) 维修操作资料。维修操作资料是各维修级别上的装备维修操作程序和要求。各级维修人员使用该类资料保证装备每一维修级别的修理工作按规范进行。维修操作资料一般包括:故障检查的方法和步骤;维修规程或技术条件,包括各维修级别维修工作进行的时机、工作范围、技术条件、人员等级、设备工具等;更换作业时,拆卸与安装以及分解与结合各类机件的规程和技术要求;装备预防性维修所需的资料、程序、工艺过程、刀具和工艺装备等设备要求、质量标准和检验规范、修后试验规程等。不仅要有一般情况下的维修资料,而且要有战场抢修、抢救(或损管)方面的资料。

(4) 装备及其零部件的各种目录与清单。该类资料是备件采购和费用计算的重要根据。一般可以编成带说明的零件分解图册或者是备件和专用工具清单等形式。该类资料也可随维修操作资料一同使用,供维修人员确定备件和供应品需求。

(5) 包装、装卸、储存和运输资料。装备及其零部件包装、装卸、储存和运输的技术要求及实施程序。如包装的等级、打包的类型、防腐措施;装卸设备、装卸要求;储存方式及要求;运输模式及实施步骤等。

11.5.2 技术资料的编写要求

技术资料的形式一般为手册、指南、标准、规范、清单、技术条件和工艺规程等。技术资料的形式和内容虽有所不同,但编写的基本要求大致相同。其主要要求如下。

(1) 制订好编写计划,这是编制工作成败的关键。技术资料的编制计划要与装备设计和保障计划相协调,以便及时获得所需的资料。在资料的编写计划中,除了编写内容及进度要求外,还应包括资料的审核计划、资料的变更和修订计划以及资料变更文件的准备安排等。应当注意装备的使用、维修、备件、工具和保障设备等方面的文件计划要求是否协调一致。

(2) 技术资料要简单明了,通俗易懂,要充分考虑到使用对象的接受水平和阅读能力。图像说明要清晰、简洁。对于要点及关键部位要用分解或放大的图形或特别的文字加以说明。国外对编写技术资料有明确的规定和要求,包括易读程度等级和评估易读等级水平的方法,有些作法可资借鉴。我国也有编写技术资料的一些标准、法规,应予遵循。

(3) 资料必须准确无误,提供的数据和说明必须与装备一致。每一操作步骤、工具和设备的使用要求,每一要求和技术数据都必须十分明确,互相协调统一。资料中的任何错误或不准确都可能造成使用和维修操作上发生大的事故,导致对人身或财产的伤害,使得预定的任务无法完成。

(4) 技术资料编写所用的各种数据与资料是逐步完善的,要注意资料更改后,相互衔接,协调统一。为保证不出差错,要制定相应的数据更改接口与管理规定,做到万无一失。

(5) 要严格遵守编写进度的要求,不得延迟交付时间。技术资料不仅仅是保证装备部署后的使用,还要保证各种试验和鉴定活动、维修与施工过程以及训练活动的使用。所以应尽早编写初始技术资料,随着研制工作的不断开展而逐步完善,以保证不同时期的使用。

(6) 为确保交付的技术资料准确无误、通俗易懂,适合于使用对象的知识和接受能力,必须按资料的审核计划对其进行确认和检查。只有通过规定的验证和鉴定程序的资料,方可交付使用,这是保证质量的关键。

随着信息技术的发展,技术资料的数字化已经日渐成为现实。交互式电子技术手册(interactive electronic technical manual,IETM)正在越来越广泛地得到应用。这种供部队使用和维修装备的技术资料,应当在装备研制过程中统一考虑,以便及早提供给部队。

11.5.3 技术资料的编制过程

技术资料的编制过程是收集资料、加以整理并不断修订和完善的过程。在方案阶段初期,应提出资料的具体编制要求,并依据可能得到的工程数据和资料,在方案阶段后期开始编制初始技术资料。随着装备研制的进展,技术资料也应不断细化,汇编出的文件即可应用于有关保障问题的各种试验和鉴定活动、保障资源研制和生产及部队作战训练使用等方面。应用技术资料的过程也是验证与审核其完整性和准确性的过程。对于文件资料中的错误要记录在案,通过修订通知加到原来的文件资料中。此外,当主装备、保障方案及各类保障资源变动时,技术资料也应根据要求及时修订。

装备列装部署使用后,随着使用、维修实践经验的积累以及装备及其零部件的修改,对维修资料要及时修改补充。通过不断应用,不断检查和修订,最终得到高质量的技术资料。图 11-9 为技术资料的编写过程流程图。

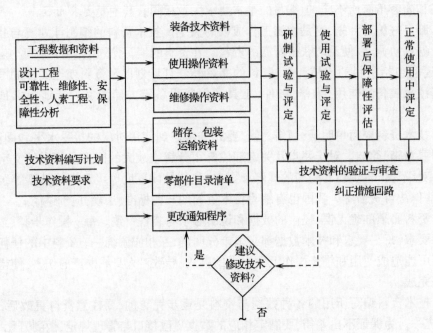

图 11-9 技术资料的编写过程

习 题

1. 维修资源确定的主要依据有哪些？可在哪些层次上确定与优化维修资源？
2. 影响备件需求率的主要因素有哪些？
3. 某装备上使用某种同型元件 20 个串联工作，已知其 $\alpha = 2.0 \times 10^{-4}/h$，装备每年累计工作时间为 500h，若要求备件保障度不小于 0.95，试确定初始两年内该元件随机配备的备件数 N。
4. 确定维修设备、技术资料及要求有何意义和作用？

第十二章
软件保障和软件密集系统保障

现代武器系统和自动化信息系统中广泛使用着各种计算机,各种软件密集系统(software-intensive system)接连出现。在这些装备中,计算机软件的质量和状况成为装备能否完成其规定功能、执行作战与保障任务的重要因素。软件的状况是装备战备完好性的重要影响因素。软件质量状况固然决定于软件的开发过程和水平,但软件投入使用后同硬件一样需要保障。本章主要介绍软件保障与软件系统保障要素、组织实施、关键技术等基本知识。

12.1 概 述

12.1.1 基本概念

在4.5节对软件保障与软件维护的概念已有明确的说明,对软件维护做了介绍。这里需要对有关概念做进一步的说明。

软件密集系统,或称软件密集型装备,是指装备系统中的软件在系统研制费用、研制风险、研制时间或系统功能、特性等的一个或更多方面占主导地位的系统。各种现代飞机、舰艇、导弹、航天装备、C^3I、C^4ISR 等武器系统和信息系统,特别是那些计算机控制的飞控系统、火控系统、指控系统等都是典型的软件密集系统。

软件保障是指为保证投入使用的软件能持续完全地保障产品执行任务所进行的全部活动。软件保障包括部署前软件保障和部署后软件保障,而以部署后保障为重点。软件保障与软件维护常常混用。实际上,软件保障是比软件维修略为广泛的概念,软件保障还包含使用人员训练、供应等因素,但以软件维护为主体。

从表面上看来,软件保障与硬件保障十分相似,但却有着本质上的差别。例如,软件维修实际上是针对软件缺陷、环境改变或需求变化的软件更改(重新设计),而不是像硬件那样主要是保持或恢复规定的状态;供应、备份概念也不相同。而软件密集系统的保障问题与一般装备保障问题相比,发生了质的变化。因此,对软件维修、软件保障和软件密集系统保障问题需要专门的研究和特殊的关注。

12.1.2 意义

多年以来,外军对装备中的软件保障问题非常重视。特别是在20世纪90年代初的海湾战争中及以后的几次作战中,软件保障成为美军武器装备保障的重要内容,发挥了应有的作用。美军在战争中对"爱国者"导弹武器系统软件进行了5项更改;而情报与指挥系统进行了多达30余项软件更改。其经验表明,对于任何一种具体的战场系统,特别是威胁敏感的系统,软件更改可能以每月几次的速率出现。除军事意义外,软件保障问题还有重大的经济意义。随着软件规模和复杂性的增加,软件成本将持续地上升。一些大规模的复杂武器系统的软件研制费用高达数亿元至数百亿元。同时,软件保障费用大大增加,国外典型软件系统寿命周期费用中软件保障费用占软件总费用的67%。软件保障还要求高水平的技术人员。所以,软件保障的研究和实践就格外重要。

我军随着武器装备和自动化信息系统的发展,软件保障问题已经浮现出来,各军兵种部门在情报指挥系统、导弹武器系统等装备中都遇到了软件保障问题。而且这个问题将越来越严重,软件与软件密集系统保障的需求越来越普遍,需要引起高度重视。

12.2 软件与软件密集系统保障要素

研究装备维修保障最重要的是综合考虑各种因素,建立、健全维修保障系统。但人们往往看重的是硬件的保障,实际上,软件的保障同样存在这些要素,而且从长远看其重要性、技术难度和所需资源都不亚于硬件。对含有软件或软件密集系统,应当特别重视有关软件与软硬件接口保障的要素。

12.2.1 维修(保障)规划

进行维修规划或更广泛的保障规划,是建立保障系统和实施保障的前提。在第九章对此有过详细讨论,其基本原理对于含有软件或软件密集系统是适合的。对软件密集型装备规划必须同时考虑软件和硬件的维修。这里仅讨论软件维护(保障)规划方面的问题,包括保障方案和保障计划。

12.2.1.1 软件保障方案

软件保障方案是对软件保障的总体构想,主要规定软件维护的程度、交付后工作、提供维修人员或部门的设想、寿命周期费用的估算等。软件维护方案应在软件开发的早期制定。

(1) 软件维护的范围。软件维护范围也称软件维护的程度,主要规定维护机构将为用户提供多少维护,软件维护范围可划分4级。

1级——完全维护:即为软件提供全面的保障工作,包括:纠错性维护、适应性维护、完善性维护,训练,提供帮助,全部文档,交付保障等。

2级——纠错性维护:除不提供适应性维护、完善性维护外,与1级维护的范围相同。

3级——有限纠错性维护:只提供必要的纠错性维护,即只有最急迫的问题才进行处理。

4级——有限软件配置管理:不提供维护经费,仅进行有限的配置管理,等到将来有经费后再进行更高级别的维护。

在制订软件保障方案时,要确定维护范围。至于采用哪一级维护,经费是限制软件维护深度的一个主要约束。

(2) 交付后工作。软件交付后不同的维护机构应该承担不同的维护工作内容,这些工作是从总的维护过程所规定的维护活动中剪裁出来的。例如,有的机构负责训练,有的只进行软件的帮助。维护方案中应明确规定谁完成什么工作,特别要反映出用户对维护工作划分的愿望,如用户是否希望由维护机构从事进行训练和帮助等工作。

(3) 维护主体的设想。要针对一个具体系统精确勾画维护机构要完成的维护工作涉及许多因素,如果一个系统只用 2 年,则可能就由开发者完成所有的维护就可以了。而装备数量较多的部队、大型团体或公司则可能决定拥有一个独立的维护机构来完成维护任务。

维护主体的设想需要考虑软件维护机构的能力。维护机构的能力可以通过评估来确定,从中做出最优的选择。评估因素通常应涉及长期费用、启动费用、地点、资格(如是否完成过相似软件的维护)、历史情况、机构的可用性、进度安排、领域知识等。

(4) 费用估计。寿命周期费用通常是维护范围的函数,1 级肯定需要的寿命周期费用最大。当然在估计寿命周期费用时,还应当注意维护机构到用户地点的旅差费用、维护人员训练费用、硬件及软件环境的年度维护费用、维护人员薪金等。实际上,这些费用的估算是非常困难的,但还是有必要进行估计。据历史统计,软件每年的维护费用大约为开发费用的 10%~50%。

12.2.1.2 软件保障计划

完成了软件保障方案后则应着手制订软件保障计划。对于军用软件,软件保障计划是其计算机资源全寿命管理规划的一部分,对于其他维护机构,软件保障计划也是其全寿命规划的一部分,或者是一份独立的软件保障计划。制订软件保障计划是十分重要的。

维修规划主要考虑的因素如下:
(1) 为什么要提供保障;
(2) 谁将完成何种工作;
(3) 各成员将担任什么角色、负什么责任;
(4) 估计本项目所需人员的规模;
(5) 如何完成这些工作;
(6) 哪些资源可用;
(7) 这些保障将在哪完成;
(8) 何时进行。

在规划中,还包含有关软件供应保障和软件保障资源的确定等内容。

12.2.2 人员与人力

软件密集系统必须同时准备软件和硬件保障的人员和人力。在软件维护中的编程工作,不论是纠正性维护活动还是增强性能,都是软件的再开发,通常与开发一个新的计算机软件配置项目一样具有挑战性。软件维护同样要进行需求分析、系统设计、软件实现、测试,并同时建立各种文档。因此,需要各种软件工程人员。即使是与软件保障有关的计算机程序员,其要求编程技巧也应接近于那些软件开发人员。软件开发往往有相对长的时间和系统的组织指导,而软件维护则可能在较为困难的条件下,有时甚至是十分紧急的情况下进行的。从这个意义上说,软件保障人员可能要求比软件开发人员具有更高的技术水平。

如前所述,软件维护、保障的工作量是相当大的。需要有足够数量的保障人员。

12.2.3 训练与训练保障

显然,不论是谁承担软件保障工作,软件维护人员和软件供应人员都需要经过充分的高层次培训。除一般软件工程、计算机软件的知识外,还要结合装备软件进行培训。同时,软件维护还需要研究和学习若干关键技术(见 12.4 节)。

12.2.4 供应保障

装备的供应保障主要是维修器材、油料、弹药等的筹措、运送、补充。对于硬件,备件与它所要替换的零部件是同样规格尺寸,用它替换损坏的零部件就可以修复装备。而软件就不同了,软件故障或需要改进性能,用备份的软件替换是没有意义的。所以,由于软件维修是重新设计,改变了软件配置,故传统意义上的备件对软件维修没有意义。但软件更改后,使用在同样条件下的同型软件都要更新,所以软件仍存在供应问题。同时,软件因媒体损伤或敌对威胁造成破坏时,也有恢复软件配置的问题,这时需要的是类似硬件更换的重新复制,要再供应。

软件供应或再供应与硬件供应有很大不同。软件可以通过卫星传送、有线传送、战术系统传送、快递和战区机动的复制与分发系统等多种方式快速分发。

对于软件供应保障来说,一个重要的问题是软件不同版本的识别和分发问题。由于软件是"无形"的,它虽然保存在不同的载体中,但从外表"看不见、摸不着",其识别困难;在分发中容易出现差错。这是比硬件突出的问题。这一问题带来管理战场上的软件版本的沉重负担。因此,在软件保障中要加强软件配置管理,跟踪系统更改,搞好软件存储、标识和载体管理,防止分发中的差错。

12.2.5 技术资料

技术资料是装备保障的重要因素。对于复杂装备,离开技术资料实施维修保障的实施几乎是不可能的。软件是知识密集产品,"看不见、摸不着",所以对软件维修和保障说来,技术资料的重要性比对硬件更突出。

对于军用装备中的软件保障,除各种软件文档外,还要有软件综合保障计划、投入使用或部署计划、保障转移计划和战场系统用户手册等。

12.2.6 保障设备与设施

同硬件比较,也许软件保障需要的设备、设施规模和数量要少一些,而且大都是通用设备。例如,可编程只读存储器和PCB程序设计器,CD-ROM、磁带、软盘复制器。为提供软件野战再供应能力,需要战区机动的复制和分配系统。它可由安装接收卫星、无线电和其他传输设备的车辆与(存放新发布或再补给软件在适当媒体上所需要的)复制设备一起组成。

12.2.7 设计接口

软件保障问题,要从研制抓起,改善软件可靠性以减少失效、减少维护,改善可维护性以便于维护,这是缓解软件维修、保障问题的根本途径。要像抓硬件可靠性、维修性一样抓好软件可靠性与可维护性,应当建立其保障性设计准则。软件开发时不注意保障问题,最后会是一个很差的设计,以至于维修原始编码比全面地重新开发还费钱费事。

软件保障性(software supportability)是指软件所具有的能够和便于维护、改进、升级或其他更改和供应等的能力。影响软件保障性的因素包括开发过程的项目管理和软件配置管理;软件产品特性,特别是可维护性;计算机保障资源等方面。

12.3 软件与软件密集系统保障的组织与实施

12.3.1 保障组织

由于硬件维修是恢复或保持规定状态,一般地说相对简单,只要找出损坏的单元并将其用好零部件替换即可。为了提高维修的及时性,常常采用两级、多层次维修机构维修。而软件维修则如4.5节所述,必须重新设计软件以排除类似故障或缺陷,还必须检查系统剩余部分以确保已找到并排除的失效不会将其他错误或潜在故障引入系统。显然,软件维修由于是重新设计,故有更高的技术要求。因此,部队只能进行简单的重新启动、软件复制、安装之类的工作;软件修改则要由原始开发单位或基地级来进行。所以,软件维修通常只需设两个维修级别。

由于软件维护技术复杂、难度大,许多软件维护工作由部队完成比较困难,软件维护要更多地依靠研制单位或高层次的"软件编程中心"。与维护相联系的其他保障工作大体上也是如此。所以,软件保障一般有3种基本的组织形式。

(1) 软件的原始开发单位(初始设备制造商,OEM)保障。由软件原始开发单位进行软件保障的优点是明显的,他们对所开发的软件比较熟悉,有比较完全的技术资料,并且一般地说有较强的实力,也不需花费移交时间,是目前广泛采用的一种保障组织形式。特别是在我国目前的情况下,这是主要的形式。特别是在装备列装初期,这种形式几乎是唯一的选择。即使在美军装备软件保障中,如预警机等武器平台的嵌入式软件基本上都是由承包商进行长期保障。但是,由原始开发单位进行保障,从长远看也存在某些问题或不足。例如,从开发单位来说,他们往往有自己的新工作、新项目,从事软件保障所获得的经济效益有限,而"麻烦"甚多,开发人员未必乐意进行,加上人员流动、资料的缺陷,承担具体维护的人员未必熟悉原来的软件等;从使用部门、单位来说,依靠原开发单位,始终处于"受制于人"的地位,信息沟通、工作安排等都可能有困难,保障及时性可能受到影响。

（2）使用方保障。由装备使用单位组织进行软件保障。通常由各军兵种集中组织自己的软件保障机构，对装备软件实施保障。美军各军种建立了软件保障中心或软件编程中心，对各自的（部分）装备软件实施保障。据统计，美军20世纪末军队软件保障人员达到约9000人，可见其规模已相当大。显然，由使用方实施保障，其主动性、及时性都会更好。上面列举的海湾战争中"爱国者"导弹和伊拉克战争中F-16飞机的软件维护都是由军队保障单位实施的。特别是对数量较多、时间较长的装备，采用使用方保障往往是更好的。

（3）第三方保障。由非开发单位和使用部门、单位的第三方进行保障，这种保障单位可以是专业的软件保障单位（承包商），也可能是其他软件企业。他们虽然不具备原始开发单位和军队单位的某些优势，但他们可能专门从事软件维护有其技术上的优势和人员保证。因此，第三方保障也是一种可供选择的软件保障组织形式。

以上3种保障组织形式并不是一成不变的。对于一些装备，可以采取两种形式组合的方法。例如，OEM为主，军方为辅；军方为主，OEM为辅；军方为主，第三方为辅等。

12.3.2 保障实施

12.3.2.1 维修保障实施

软件保障和软件密集系统保障的核心是维修保障。包含计算机软件或软件密集系统的维修保障，必须同时考虑硬件和软件的维修。当这样的系统发生故障时，需要进行诊断，以确定故障的具体部位。因为既有软件也有硬件，必须首先将故障隔离为软件故障或是硬件故障；然后进行修复。这种系统修理的过程如图12-1所示。如前所述，软件维护与硬件维

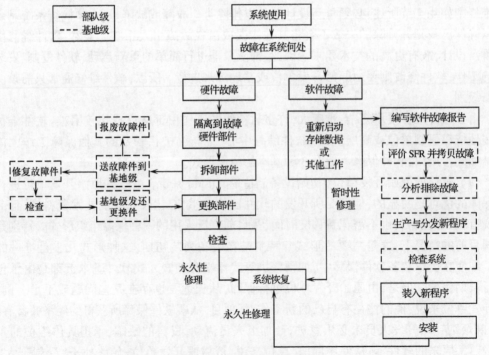

图12-1 包含软件、硬件的装备维修过程示意图

修有很大的不同,在将故障隔离为硬件或软件后,将按照图中所示流程采取不同的步骤、方法进行修复。图中左半部是硬件修理过程,右半部是软件维护过程。在部队级采取重新启动、存储数据或做其他工作仍然不能排除故障时,编写软件故障报告,提出软件维护(修改)的申请。然后,由软件维护机构进行维修。

软件维护过程实质上是一个软件再开发过程。软件维护的实施过程可以用图 12-2 所示的模型表示。以下对软件维护过程各个步骤做简要说明。

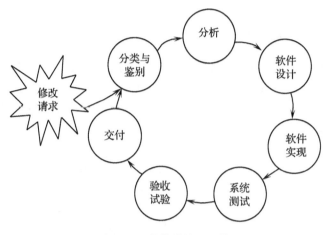

图 12-2　软件维护过程模型

(1) 修改请求。一般由用户、程序员或管理人员提出,是软件维护过程的开始。

(2) 分类与鉴别。根据软件修改申请,由维修机构来确认其维护的类别(纠错性、适应性还是完善性维护),即对软件修改申请进行鉴别并分类,并对该软件修改申请给予一个编号,然后输入数据库。这是整个维护阶段数据收集与审查的开始。

(3) 分析。先进行维护的可行性分析,在此基础上进行详细分析。可行性分析主要确定软件更改的影响、可行的解决方法及所需的费用。详细分析则主要是提出完整的更改需求说明、鉴别需要更改的要素(模块)、提出测试方案或策略、制订实施计划。最后由配置控制委员会(CCB)审查并决定是否着手开始工作。

通常维护机构就能对更改请求的解决方案做出决策,仅仅需要通知配置控制委员会就可以了。但要注意的是维护机构应清楚哪些是它可以进行维护的范围,哪些不是。配置控制委员会要确定的是维护项目的优先级别,在此之前维护人员不应开展维护更改工作。

(4) 软件设计。汇总全部信息开始着手更改,如开发过程的工程文档、分析阶段的结果、源代码、资料信息等。本阶段应更改设计的基线、更新测试计划、修订详细分析结果、核实维护需求。

(5) 软件实现。本阶段的工作是制订程序更改计划并进行软件更改,有如下工作:编码、单元测试、集成、风险分析、测试准备审查、更新文档。风险分析在本阶段结束时进行。所有工作应该置于软件配置管理系统的控制之下。

(6) 系统测试。系统测试主要测试程序之间的接口,以确保加入了修改的软件满足原来的需求,回归测试则是确保不要引入新的错误。测试有手工测试和计算机测试。手工测试如走代码,这是保证测试成功的重要手段。值得注意的是许多维护机构都没有独立的测试组,而将这些工作交给维护编程人员来进行,这样做的风险很大。

（7）验收试验。这是全综合测试,应由客户、用户或第三方进行。此阶段应报告测试结果、进行功能配置审核、建立软件新版本、准备软件文档的最终版本。

（8）交付。此阶段是将新的系统交给用户安装并运行。供应商应进行实物配置审核、通知所有用户、进行文档版本备份、完成安装与训练。

实际上,上述步骤中的(3)~(8)是一般软件开发过程的步骤,步骤(1)和(2)才是软件维护所特有的。

12.3.2.2 供应保障实施

对于软件密集系统,装备供应保障同样应当包含硬件和软件的供应。软件供应保障的功能是:消耗一定的信息、人、设备器材等资源,及时地报告软件问题,订购、接收软件,并将这些软件或修改后的软件及时、准确地提供给部队。软件供应保障过程如图12-3所示。

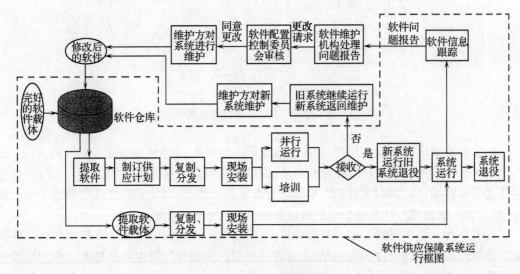

图12-3 软件供应保障过程

12.4 软件保障与软件密集系统保障的若干关键技术

软件保障和软件密集系统保障是高技术领域的活动。从国外的研究和实践以及国内实践看,有一系列关键技术问题需要研究和解决。这些技术除有关软件特性(软件可靠性、可维护性等)的设计、分析、试验技术外,还有一些规划和实施保障有关的关键技术。主要包括以下方面。

（1）软件密集系统保障方案。例如:维修级别划分,是采用软件、硬件分别划分,还是统一设级;软件供应与再供应;人员及其培训问题;包含前述的复制、分配、安装和训练设备规划和配置等。

（2）软件与硬件故障的隔离技术。含有软件或软件密集系统的故障既可能是硬件(包含计算机硬件)故障引起的,也可能是软件失效引起的,而它们的故障或失效的排除或修正方法完全不同。因此,区分(隔离、鉴别)软件、硬件失效引起的系统故障是维修的关键和先决条件。如何在使用现场快速、方便地隔离软硬件故障,需要学习和研究。

(3) 软件故障隔离技术。软件故障或失效隔离是修正软件失效的前提,其技术是又一关键技术和研究的重点。要把软件故障依次隔离到失效的分系统、模块直至程序行或数据元,需要学习和研究分析的技术和工具。

(4) 软件失效修正方法。软件失效的修正,实际上是软件的局部重新设计。然而,局部重新设计不应当造成系统其他部分程序或数据的不协调,引起新的失效。所以,它不同于全新的软件系统设计。同时,软件失效修正的人力、物力和环境条件都有限制。这就要求探讨和学习一些简便、实用的失效纠正方法。

(5) 软件密集系统应急维修技术。硬件在战场上的应急修理已有较多研究和实践,但对软件、软件密集系统来说却是一个新问题。事实上,因为软件在战场上的损伤源、威胁机理比单纯的硬件系统更复杂,而且软件密集系统往往要求有更快的反应能力和持续作战能力,所以对软件密集系统应急修理可能更重要。应当着重学习和研究软件的各种应急诊断和修复方法,以及装备损伤后可否采用软件硬件互相替代的技术进行修复。

习 题

1. 什么是软件保障?什么是软件密集系统?
2. 软件密集系统的保障要素有何特点?
3. 软件保障组织可能采用的形式有哪些?
4. 软件供应保障如何实施,有何特点?

第十三章
装备维修管理

在装备维修保障系统建立和运行过程中,应按照维修工程观点,对装备维修有关活动进行科学管理,通过有效的组织、计划、监督、协调和控制,以确保实现维修工程的目标。装备维修管理涉及众多要素和内容,本章仅就装备维修管理的基本原则和要求、装备部署前后的主要维修管理工作,以及装备维修现场管理、质量管理、信息管理、寿命管理有关工作与技术进行讨论。

13.1 装备维修管理的基本原则和主要工作

近年来,我军进行了全面改革和整体重塑,面临新形势,维修保障应该适应信息化时代军队建设模式和运用方式的深刻变化,着眼满足打赢信息化局部战争装备维修保障要求,以作战为牵引,以网络信息体系为支撑,健全维修保障机制,强化配套基础建设,全力推进组织创新、制度创新、技术创新和机制创新,不断提高装备维修保障能力。

13.1.1 装备维修管理的基本原则

装备维修管理的最终目标是要以较少的资源消耗保持和恢复装备的作战能力,确保部队顺利完成作战、训练、执勤等各项任务。为了实现这个目标,装备维修管理应实行统一领导,分级分部门负责,坚持平战结合,军民融合,行政、技术和经济管理相结合。

1. 统一领导,分级分部门负责

装备维修管理工作是保障军队战斗力的重要因素,它涉及装备科研、生产、使用等各方面,装备维修管理应实行领导负责制和目标管理责任制,应统一领导,分级分部门管理。

我军的装备维修管理是在中央军委的统一领导下,由军委装备发展部总体规划,各军兵种主管各自装备的维修工作。各军兵种和各军兵种战区有关业务部门及各部队首长负责本系统、本单位的装备维修管理。装备维修管理不仅是一项保障业务工作也是一项指挥职责,各级指挥员应对其所属单位装备维修任务的圆满完成负责,装备维修管理工作应受到各级指挥员的关注和支持。这也就要求直接使用装备的基层指挥员和战斗员,应对其使用的装备维护保养质量负责,并能排除简单的常见故障。我军历来有首长亲自抓装备管理(包括维修管理)使装备保持良好的战备状态的优良传统,在新时代,更应保持和发扬光大。

统一领导不仅是指装备维修不应多头领导,而且是指维修(技术保障)机构要统一规划,按照既定维修体制和承修任务实行综合管理,以迅速恢复装备的作战能力并提高维修人员、设备的使用效率。从各军兵种到基层部队,应当对所属装备的维修按照分工进行分级管理,做到责任明确,互不推诿。实行统一领导,分级分部门负责的原则,有利于理顺维修系统的内部关系,使各种维修资源充分发挥作用,实现装备维修的总目标。

2. 平战结合与军民融合

平战结合不仅是维修工作的原则,也是我军其他各项工作的原则之一。装备维修管理工作要贯彻平时与战时相结合的原则,既要保障装备在平时完成战备、训练、执勤等各项任务,又要保障装备能迅速转为战时状态,确保完成各种作战任务。维修管理在平时和战时既有许多相同之处,又有许多不同的特点和要求。平战结合原则涉及维修管理的诸多方面,要认真研究,并结合装备特点,在维修管理体制、规章制度、维修资源准备、人员培训等各方面都努力贯彻这条原则。

军民融合是我军革命战争时期和国防建设中的光荣传统,也是新时代军队建设的基本原则,军民融合发展已成为国家战略。在军民融合维修保障体制下,一方面军队要建立必要的核心的维修机构,保证装备得到良好的维护和适时的修理;另一方面对军选民用装备,一些数量较少、技术复杂的装备,应从国家全局着眼,军队不宜花费大量资金,建立一整套专门的维修机构,应充分考虑和重视利用民用资源,由装备生产单位实行装备维修保障,提高军事经济效益。此外,对于军队有能力维修的装备,在战时和紧急情况下也需要地方的支援。因此,无论是平时还是战时,都应特别重视军民融合,积极探索建立军民融合装备维修保障力量体系的方法和途径,将战时维修保障力量动员的有关要求写入相应的法规和制度。既要重视传统军工企业的作用,也要积极探索发挥民营企业的作用,努力建设一支数量充足、动员快速、能力较强的后备维修保障队伍。

3. 行政、技术和经济管理相结合

行政、技术和经济管理相结合是做到科学维修和注重效益的重要原则。特别是在和平时期,容易忽视装备管理,使故障和损坏增多,维修工作量增大。应实行强有力的行政管理,不仅要由各级指挥员抓装备管理,而且维修管理部门还要采取科学的技术管理措施。对于有关重大的维修决策,应当经过充分的技术、经济论证。此外,在维修任务的安排上也要有正确的技术措施,并注重利用经济手段,如实行优质优价、招标制、合同制等有效的方法,以提高装备维修的军事经济效益。

13.1.2 装备维修管理的基本要求

随着我军装备现代化程度的日益提高,对新时代的装备维修管理也提出了更高要求。按照维修工程的观点,应对装备维修进行全系统和全寿命过程的科学管理。

1. 实行全系统和全寿命过程的管理

全系统管理是从装备系统的整体效益出发,把装备维修保障系统看作是装备系统的一个分系统,使维修保障系统与主装备相匹配。在装备维修保障系统内不仅要管好装备的维修,还要对与维修有关的各种要素如维修的规章制度,编配标准,有关维修的人、财、物、信息等实行全面的管理,并不断使之优化,最大限度地发挥这些资源的作用,使保障系统按预定目标有效地运行。

全寿命过程的管理，就是对装备从论证、研制、生产、使用直至退役的全寿命过程进行管理。在装备论证研制的初期，就要对装备的可靠性和维修性等提出定性和定量的要求，并及时做好维修保障的规划。上述要求和规划还必须在装备寿命周期各阶段，通过设计分析、监督、评估和不断完善来保证装备维修管理目标的实现。

2. 维修管理要以预防为主

维修管理的各项工作要从防止装备故障及其后果着手，"预防为主"。首先，要在具体的使用和维修工作中，发扬我军"爱装管装"的光荣传统，从爱护武器装备出发，严格执行装备的使用、保管和维修制度。然后，应按照现代维修理论，科学地制定装备的预防性维修大纲，以最少的资源消耗，有效地保证使用安全、可靠，延长装备的使用寿命。此外，还要以维修保障要求影响装备设计，监督装备生产，提高装备的可靠性、维修性和保障性，使维修保障系统与装备匹配达到整体优化，从根本上减少故障和便于维修。

3. 维修管理要依靠科学，实行科学维修

"科学维修"是指依靠科学技术进步，科学地确定维修任务、活动、时机和维修的工艺程序，采用先进的维修手段和方法，提高维修的质量和效益，减少维修资源的消耗等。同时，科学维修还要合理地利用各种先进技术，特别是信息技术和以往的维修经验，改变不合适的维修制度与方法，实现维修管理信息化，使维修管理水平不断得以提高。

4. 维修管理要突出重点

维修要保证重点。重点是指担负重要任务的作战部队、重点建设部队、重点方向部队和新型装备等。突出重点对全军是如此，对各个部队也是如此。在维修资源相对紧缺的情况下，尤其要突出重点，实行分档次保证，使重点部队和重点装备处于良好的战备状态。对一般部队和一般装备，也要尽最大努力保持其战备状态。

5. 维修管理要保证质量

"保证质量"是对维修工作的基本的和首要的要求。维修质量不仅关系到装备作战能力的恢复，也关系到战士的生命。不安全、不可靠的装备不要说消灭敌人，它本身就是对战士的威胁。达不到维修质量标准和要求，就谈不到维修的效益，就不能保证装备的正常使用，以至影响作战，后果严重。

6. 维修管理要注重效益

"注重效益"是指注重维修的军事效益和经济效益。维修的军事效益主要表现为维修的质量和效率：一方面能保持装备不出故障或少出故障，有了故障要能及时、迅速地恢复装备的规定状态，使部队装备保持高的战备完好率，能随时用于作战；另一方面使装备维修保障机构具有较强的维修保障能力，包括维修设施、设备完好，备件、工具等器材数量充足，质量良好，维修技术资料完整，维修人员编配合理、训练有素。

装备维修的经济效益，主要体现在人、财、物等资源的低消耗，用尽可能少的维修资源消耗取得较高的经济效益。为了取得较高的经济效益，各项维修费用都要精打细算，把投入与产出进行比较，既要抓装备维修的质量，又要抓降低维修成本，要追求较高的效费比和最低的寿命周期费用。

全面正确地理解和贯彻装备维修管理的基本要求将会有效地促进装备维修工作的开展。

13.1.3 装备维修管理主要工作

为了实现维修工程的目标,应当运用现代管理科学的理论和方法对装备维修工作进行政策指导、组织、指挥和控制,协调维修过程中人员、部门之间的关系以及人力、财力、物力的合理分配,对维修过程各个环节进行预测、调节、检验和核算,以求实现最佳的维修效果和军事经济效益。维修管理的最终目的是科学地利用各种维修资源,以最低的资源消耗,及时迅速地保持和恢复装备系统的作战能力,保障部队作战、训练和执勤等任务的顺利完成。

装备维修管理包括对装备进行维修保障各方面的管理活动,从装备全寿命周期的角度来看,可将其分为装备部署前(研制过程各阶段)和部署后管理两个大的阶段。

13.1.3.1 装备部署前的维修管理

只有重视装备优生,才能为装备部署后的使用和维修管理创造良好的条件。因此,在装备部署前阶段,装备维修管理(技术保障)部门必须协同科研、订购部门一起做好装备部署前的各项管理工作,使装备真正"优生"。这一时期的维修管理工作主要有以下几个方面。

(1) 提出装备的可靠性、维修性、保障性等有关维修保障要求。

(2) 提供类似装备的维修资料,如维给修环境、设施、设备、工具、备件、技术资料、人员素质、数量以及维修管理体制、管理方针和管理原则等信息。

(3) 提供类似装备有关可靠性、维修性、保障性和维修费用的信息,特别是现役装备在这些方面存在的问题及实际达到的水平,提出防止装备出现同类问题的建议等。

(4) 进行装备保障性分析,提出新装备维修方案的建议及新装备保障系统要求与现役装备维修保障系统相协调的建议。

(5) 参与新装备有关可靠性、维修性和维修保障的评审。

(6) 参与组织新装备作战实验和在役考核阶段对其可靠性、维修性及维修保障系统适配性和保障效能等方面的评价,并提出改进建议。

13.1.3.2 装备部署后的维修管理

装备部署后的维修管理即使用阶段的维修管理,主要由各级装备维修(技术保障)管理部门负责实施。装备列装后初始的一段时间(通常为1~3年,与装备的保修期基本一致)可称为初始部署时期,该时期装备应形成初始作战能力(IOC),这也是装备维修保障系统形成和完善的关键时期。按照现行制度,在装备保修期内的这一段时间,维修保障工作主要由生产厂家完成,部队主要在厂家的指导下完成装备日常保养工作,并通过部队使用和对维修人员的培训,逐渐形成部队自身的维修保障能力。这一时期的维修管理和完成初始部署以后的维修管理有着不同的特点,因此下面分别叙述。

1. 装备初始部署时期的维修管理

在初始部署时期,装备在部队使用中常会暴露出如下问题。

(1) 设计缺陷。有些装备由于种种原因可能存在一些比较严重的设计缺陷,直到装备列装部队后也未能得以纠正,致使装备在使用中难以及时有效地得到保障。

(2) 生产缺陷。有些装备由于工业技术基础和生产工艺水平等方面的原因,致使装备

(含保障设备)的可靠性低、生产质量不稳定,使得设计时规划的维修方案和维修保障资源不能满足装备使用与维修要求。

(3) 保障缺陷。由于在装备设计时没有及早规划和构建维修保障系统,或规划不完善,如维修保障资源与装备不相匹配(备件品种、数量不匹配,维修保障人员数量、技术水平不适应,技术资料不匹配等),导致保障系统不能满足装备使用与维修需求。

(4) 管理缺陷。由于新装备技术含量更高,技术状态发生了较大变化,使得现有的维修人员编制、技术水平以及维修制度等不能满足装备维修需求。

导致上述问题出现的原因是多方面的,有些是由于在装备设计期间未能及时构建维修保障系统,有些是在装备设计期间未严格按照武器装备研制程序开展有关工作,如未在装备设计定型、生产定型中按规定进行各种试验和部队试用等。即使是严格按照规定程序进行装备研制和转段,并规划建立了装备的维修保障系统,也应在装备初始部署阶段,合理正确的使用、维修装备,并根据装备使用维修实际,全面地评估维修保障系统,及时发现问题并予以纠正,确保装备正常使用时维修保障系统能够高效地运行。

初始部署时期装备维修管理的主要工作如下。

(1) 考核新装备在部队使用环境下的适用性和质量稳定性。

(2) 考核设计定型中暴露的设计或保障缺陷是否得到纠正,提出试用装备的设计缺陷与纠正措施和建议。

(3) 考核新装备的战备完好性水平。

(4) 评估新装备的维修保障资源及其适用程度,提出修改完善建议。

(5) 评估维修制度和机构的适用性,并提出改进建议。

(6) 新装备使用与维修信息的收集与处理。

在该阶段,应依据合同和研制中明确的维修保障任务分工,切实完成使用部门所承担的任务,同时,应督促承制方完成其承担的任务。在该阶段,装备研制、生产、订购部门都有责任协助和保证部队建设和完善维修保障资源,逐步形成部队装备维修保障能力,达到战备完好目标;装备维修管理部门也应明确责任,分清细节,防止在某些项目维修上责任不明,无人负责,以致使装备长期形不成作战能力。部队装备承修机构(主要指各级负责维修的机构,如集团军维修机构、战区维修机构等)应当同步开展技术准备和维修能力建设,培训维修技术人员,筹措维修设备、工艺工装和技术资料,结合装备动用计划,制订试修计划。新装备试修时,承修机构应当拟定试修实施方案和技术方案,严密组织维修作业,探索和验证维修范围和工艺标准,并提出修订建议。试修结束后,应当按照认证权限由主管机关业务部门组织质量验收。在装备部署初期,需要重点关注以下问题。

(1) 确保保障资源及时部署,以使装备尽快形成初始作战能力。为此,在装备采办时,应同时采购各种维修保障资源;做好使用和维修人员培训,使部队在硬件、软件及人员素质上都能尽快适应新装备的要求;适时进行维修组织机构的必要调整;对现行维修管理规章制度不适应新装备的部分进行初步修订或发布新装备维修管理的暂行规定等。

(2) 将研制阶段制定的维修保障计划变为部队使用的维修计划。在装备部署的初期,应将在研制阶段制定的维修保障计划转化为部队的维修计划,包括该装备需进行的维修工作、应遵循的维修原则、所需要的维修资源、各维修级别的职责等。

(3) 做好数据的收集、分析及评估。装备在部署使用初期是全面考验装备系统战术技术性能和维修保障各要素的主要时机,并为后期装备管理提供数据,以便完善维修保障系统。在该阶段应及时组织收集和分析装备在使用中产生的各种使用与维修数据,以便评估现场所用装备的战备完好性、效能和维修保障能力等;应将现场评估结果及时向承制方反馈,作为改进装备和保障系统的依据。同时,根据这些数据分析结果,修订维修保障计划,完善维修保障资源,特别是维修备件及供应品的供应标准制订与完善,为初始保障转为正常保障创造条件。

2. 装备正常使用时期的维修管理

装备正常使用时期维修管理的具体任务如下。

(1) 经常掌握和分析装备的技术状况,适时组织对装备进行维护、修理,保持装备最大的可用性。

(2) 组织实施维修设施的建设,维修设备、工具、备件、消耗品等维修器材的筹措、储存和供应工作,及时保证部队的需要。

(3) 组织修理工厂和部队各级维修机构的业务工作,保证装备维修质量,完成维修计划和各项技术经济指标。

(4) 合理分配和使用装备维修经费,提高维修经费的使用效益。

(5) 组织维修人员的训练,不断提高其业务能力。

(6) 组织装备维修和改进的科学研究工作,开展技术革新活动,促进装备维修保障工作的现代化,延长装备的寿命。

(7) 组织实施装备使用和维修数据的统计工作,完善维修管理信息系统,为科学维修和装备改进提供可靠依据。

(8) 完善维修管理的规章制度。

上述维修管理的任务需要由各级维修管理部门共同完成。

13.2 装备维修现场管理

装备维修现场管理是各级装备维修管理人员日常工作的一部分,也常常面临较多的问题。只有装备维修现场人员维持良好的作业秩序,认真执行作业管理制度,严格执行安全管理要求,遵守相关操作规程和安全技术规则,才能做到装备维修保障工作安全、顺利、高效。另外,为进一步加强维修作业规范化和控制安全风险,维修现场还要做到修理设备、工装台架摆放整齐,零部件放置分类有序,作业现场涉及的高温、高压、易燃、易爆、有毒、有害等危险源必须明确标识,指定专人负责管理,定期检查、维护,确保维修作业安全无事故。可以说,维修现场管理是装备维修管理人员平时接触最多,细节最繁琐的工作。

13.2.1 全员维修管理

装备维修现场管理不仅要制定完善的制度并严格执行,同时还要充分调动维修保障所有参与人员的积极性、主动性,只有全员积极参与才能够形成长期良好的维修保障氛围(文化),使维修保障能力脱离单纯依靠"好领导"的状况,形成科学、完善和可执行的维修保障制度。在如何提高全员参与,创建良好维修管理方面,日本在20世纪70年代提出了一种称之为全员生产维修(total productive maintenance,TPM)的组织方式,这是一种全员参与的维修方式,其主要特点就在于"全员参与",其通过建立一个全系统员工参与的维修活动,使设备性能达到最优。

TPM的提出是建立在美国生产维修体制的基础上,同时也吸收了英国设备综合工程学、中国鞍钢宪法中群众参与管理的思想。TPM的特点就是3个"全",即全效率、全系统和全员参加。全效率指设备寿命周期费用评价和设备综合效率;全系统指维修系统的各种方法都要包括在内,即预防性维修、修复性维修、基于状态的维修等都要包含;全员参加指设备的计划、使用、维修等所有部门都要参加,尤其注重的是操作者的自主小组活动。全员的参与意识是推行TPM活动最核心的指导思想。上自高级管理层下至第一线的员工形成从小事做起的风气,人人都将组织的生存和发展视为自己的事情,积极关心参与TPM各项活动。在生产领域,这种参与意识体现出每个员工强烈的责任心,也是产品质量的可靠保障。

在生产领域,TPM的目标可以概括为4个"零",即停机为零、废品为零、事故为零、速度损失为零。停机为零是指计划外的设备停机时间为零。计划外的停机对生产造成的冲击相当大,一个设备故障可能造成整条生产线停工。同时,计划的停机时间要有一个合理值,不能为了满足非计划停机为零而使计划停机时间值很高。废品为零是指因设备原因造成的废品为零。事故为零是指设备运行过程中事故为零。设备事故的危害非常大,不仅会影响生产,还可能会造成人身伤害,严重的可能会"机毁人亡"。速度损失为零是指设备速度降低造成的产量损失为零。由于设备保养不好,设备精度降低而不能按高速度使用设备,等同于降低了设备性能。

在军用装备维修领域,TPM的目标可以转化3个"零",即影响装备动用使用的故障为零、装备维修事故为零、装备维修保障延误时间为零。影响装备动用使用的故障为零是指通过良好的装备维修保障,最大限度地降低意外故障带来的影响,在动用使用间隙实施有效地维修,在动用使用过程中不发生影响使用的故障;装备维修事故为零是指在装备维修保障过程中,人员和装备(设备)不出现安全事故;装备维修保障延误时间为零是指装备维修保障工作能够在限定的时间内完成,不影响平时装备训练,不影响战时作战行动。"零化管理"意味着在所有维修工作中要实现"零出错"。这些"零化管理"的思想要求装备维修保障领域的所有官兵树立"零错误"的思想,追求"十全十美"的工作作风。

TPM给出了要实现预定目标需要改善的3个主要方面的工作,一是提高工作技能,不管是操作人员,还是设备工程师,都要努力提高工作技能,没有好的工作技能,全员参与将是一句空话;二是改进精神面貌,精神面貌好,才能形成好的团队,共同促进,共同提高;三是改善操作环境,通过工作现场管理活动,使操作环境良好,这既可以提高工作兴趣及效率,又可以避免一些不必要的设备事故。

13.2.2 维修管理规范化

全员维修管理实施的成功与否与组织文化紧密相关,文化不同则对"全员"理念的认同程度、贯彻力度有所不同。中国企业在推行TPM时,遇到两方面的困难:一是操作工人缺乏自主、主动参与TPM活动的积极性;二是工人的文化素质偏低,很难适应越来越先进的设备维修,使 TPM 的"自主维修"难于操作。中国企业中遇到的这两点问题,在军用装备维修领域也是存在的,而且从目前的状况来看还将持续一段时间。

为了使 TPM 更加适合中国企业的实际,广州大学李葆文教授提出了"全员规范化生产维修"的管理模式,简称 TNPM 管理模式,即在原有 TPM 中增加了"规范化"的内容。TNPM 是基于中国国情和企业实际而提出的,TNPM 与 TPM 的不同之处在于,TNPM 不是把设备管理水平的提高完全寄托在操作工人的"自主"参与上,而是主张根据企业的设备状况、工人素质和技术水平,制定可以指导操作工人、维修人员及生产辅助人员"全员"参加的设备管理作业规范,通过宣传、推广和培训,形成可执行的设备管理行为准则。与此同时,TNPM 还主张对设备管理的其他子系统做好相应的规范化工作,就像 ISO 标准化控制文件一样,使得设备全寿命管理过程各个环节的行为规范化、流程闭环化、控制严密化和管理精细化。使设备管理各个环节有章可循,有"法"可依,有"工艺"可执行。企业形成了自己的 TNPM 系统之后,不论管理层如何变化,也无论操作与维修人员怎样流动,设备管理模式基本稳定不变。另外,TNPM 的这些规范也是动态的,随着人员素质的提高和设备的更新,在管理基本框架与闭环流程相对稳定的基础上,不断对管理内容进行完善和调整。

对于装备维修现场管理来说,规范化是部队重点强调的内容,也是能够立竿见影提高维修管理水平的有效途径。各种规范的具体要求体现的是管理的细节,因此各个单位的规范不可能完全一样。但是,不论规范的细节如何设置,都需要考虑以下 8 个方面的主要问题。

(1) 选人:确定维修现场的具体人员,包括操作人员、检查人员、维修工或辅助工等,让选定的人员深度参与装备维修管理,让维修现场处处有人管。从部队装备维修管理的职责分工来看,有些人员是专职维修人员,有些是兼职的人员,如驾驶员兼修理工等,但不论是专职人员还是兼职人员都要通过规范赋予明确的职责,这样才便于维修工作的落实。另外,有些岗位可能是需要认证的,即必须选择具备相应资格的人来承担。

(2) 选点:在装备上确定需要重点关注的操作点(需要进行清洁、检查、润滑等维修工作的具体位置,可以统称为操作点),操作点明确才能重点突出,提高效率,减少差错。所有维修的操作点都可以从装备维修保养手册等文件中找到,但操作点的重要程度不同,维修现场需要优先关注那些与装备使用密切相关、平时容易忽视、有安全性影响等的操作点。

(3) 选项:根据所选"点"的特点,选择日常维修保养中必须进行的若干项内容实施,不一定每项都实施,要结合装备的实际要求确定。比如,装备日常维修保养中采取的循环法,即每周的车炮场日执行一部分保养工作,每月执行完一遍全部的保养工作,形成按月的保养工作循环。

(4) 选时:按照科学的周期、时间操作。比如,日常保养工作也不是进行的越多越好,还要考虑降低维修工作量,提高维修的针对性;对于大、中、小修等制定科学合理的间隔期,避免"过维修"和"欠维修"的情况。

(5) 选标:对每一点的每一项操作内容制定相应的目标状态或达到的标准,根据标准执行工作。标准对于维修工作来说十分重要,不达标的维修工作等于没做甚至起到反作用,这就是为什么实际中很多情况下出现的问题不是"用坏的",而是"修坏的"。

(6) 选法:对于每一项操作明确工具、方法及辅助材料,减少"找工具"等耽误的时间,提高工作效率。这部分与下一节的现场 5S 活动紧密相关。规范化的现场布局,能够大大提高维修工作效率,降低维修工作出差错的概率。

(7) 选班:选班主要针对昼夜连续进行的维修工作。昼夜的环境条件存在很大差别,因此需要确定不同的工作内容和人员。比如白班人员精力充沛、整体照明条件好,夜班人员不论精力还是现场光线均较差。因此,应把装备维修工作按照实际情况进行分配,根据具体工作要求安排在相应的时间段,同时还要与该时间段的人员能力相匹配。一般情况下,有必要规定一些在特定时间段内禁止的工作或对一些工作提出时间段优先安排建议。

(8) 选路:选路包括两个方面,一是单装维修工作执行的路径,二是大型维修工间或设施内的工作路径。对于单装来说,根据装备的结构,对所选的操作点按照一定的路径进行优化,有利于维修工作逐项执行,做到不乱、不漏。对于大型维修工间和设施,可采取类似生产线优化的方法,理顺维修工作之间的步骤,协调人员、装备零部件、修理设备工具等之间的流动,既提高维修工作效率,又可降低维修工作中的安全风险。

以上 8 点规范化内容,需要聘请专家、组织技术骨干或者成立专门的小组,深入细致地根据装备现场情况研究制定,形成规范文件,经上级领导批准后,作为现场装备维修的依据。需要注意的是,规范通常不是一次就能够建立完善的,需要反复实践和改进,最终才能制定科学可行的规范。另外,建立规范化的体系,还需要注意两方面的问题,一是要制定与上述规范化作业相适应的检查评估体系,既可以用来自检,也可以用来互检;二是还应设计一套适应装备现场规范化操作的闭环管理体系,如 13.3 节中提到的 PDCA(计划、实施、检查、处理)的管理体系,一层一层,形成闭环,确保规范的有效实施。

13.2.3 维修现场 5S 活动

在装备维修现场管理中,对维修现场的秩序进行有效的管理是最直接、最有效、最"立竿见影"的活动。这些现场秩序的管理,总结起来可以归为现场"5S"活动。

5S 起源于日本,是指在生产现场中对人员、机器、材料、方法等生产要素进行有效的管理。5S 是日语中 5 个带有"S"的词语字头,即整理(SEIRI)、整顿(SEITON)、清扫(SEISO)、清洁(SEIKETSU)、素养(SHITSUKE),又被称为"五常法则"。1955 年,日本的 5S 宣传口号为"安全始于整理,终于整理整顿"。当时只推行了前两个 S,其目的只是为了确保作业空间的充足和安全。到了 1986 年,日本的 5S 著作逐渐问世,从而对整个现场管理模式起到了冲击的作用,并由此掀起了 5S 的热潮。

(1) 整理。整理指维修现场区分要与不要的物品,现场只保留必需的物品。其目的包括以下几个方面:①改善和增加作业面积;②现场无杂物,行道通畅,提高工作效率;③减少磕碰的机会,保障安全,提高质量;④消除管理上的混放、混料等差错事故;⑤有利于减少库存量,节约资金;⑥改变作风,提高工作情绪。

(2) 整顿。整顿指必需品依规定定位,摆放整齐有序,明确标示。其目的是不浪费时间寻找物品,提高工作效率和维修质量,保障维修过程安全。整顿工作的重点是解决以下几点问题:①物品摆放要有固定的地点和区域,以便于寻找,消除因混放而造成的差错;②物品摆放地点要科学合理。例如,根据物品使用的频率,经常使用的东西应放得近些(如放在作业区内),偶尔使用或不常使用的东西则应放得远些(如集中放在车间某处);③物品摆放目视化,使定量装载的物品做到过目知数,摆放不同物品的区域采用不同的色彩和标记加以区别。

（3）清扫。清扫指清除现场内的脏污和垃圾,保持现场干净、明亮。将工作场所的污垢去除,出现异常情况时就很容易被发现,有利于按需实施维修工作,进一步提高装备完好率。清扫工作的重点是解决以下问题:①自己使用的物品(如设备、工具等)要自己清扫,而不要依赖他人,不增加专门的清扫人员;②对装备的清扫,着眼于对装备的维护保养,将清扫与检查结合起来,清扫的同时做装备的检查、润滑等工作;③当清扫发现有飞屑和油水泄漏时,要查明原因,并采取措施加以改进。

（4）清洁。清洁指认真维护并坚持整理、整顿、清扫的效果,使其保持最佳状态。通过对整理、整顿、清扫活动的坚持与深入,消除发生安全事故的根源,创造一个良好的工作环境,使维修保障人员能够愉快地工作。清洁工作的重点是解决以下问题:① 维修现场环境不仅要整齐,而且要做到清洁卫生,保证人员身体健康,提高人员劳动热情;② 不仅物品要清洁,而且人员本身也要做到清洁,如工作服要清洁,仪表要整洁等;③ 人员不仅要做到形体上的清洁,而且要做到精神上的"清洁",待人要讲礼貌、要尊重别人;④ 要使环境不受污染,进一步消除浑浊的空气、粉尘、噪声和污染源,消灭职业病。

（5）素养。素养指人人按章操作、依规行事,养成良好的习惯,使每个人都成为有素质的人。努力提高维修保障人员的自身修养,使官兵养成良好的工作、生活习惯和作风,通过实践5S获得境界的提升,与部队装备保障事业共同进步。

5S自诞生以来,现已成为一种非常有效的作业现场管理方法,后续进一步发展为6S管理(在5S基础上增加了安全)、7S管理(在5S基础上增加了安全、节约)、8S管理(在5S基础上增加了安全、节约、学习)等。目前,已经发展到了13S管理(在5S基础上增加了安全、节约、学习、服务、满意、坚持、共享、效率)。无论怎么变化,5S是这种管理思想的基础和核心,也形成了一种管理文化。

13.3 装备维修质量管理

装备维修质量管理,是指为实现装备维修质量目标,对装备维修质量实施的全部控制与监督活动。装备维修质量管理的基本任务是健全维修质量管理体系,强化维修过程管理,严格维修质量监督与检查,提升装备维修保障能力和水平。维修质量管理的重点单位是那些专职承担维修任务的单位,如大修厂、战区维修机构等,对于基层部队维修机构也可参照建立维修质量管埋体系。各维修单位应该落实装备修理质量管理规章制度和技术要求,设立本单位装备维修质量管理机构(岗位),实施维修质量管理责任制,加强装备维修过程的质量管理,组织开展装备维修质量专项教育培训,正确处置装备维修质量问题,并开展维修质量相关信息的收集、反馈、管理和运用。

13.3.1 质量管理组织

各承担装备维修任务的单位(通常是大修工厂)和部队各级修理部(分)队应当按照GJB 9001C—2017《质量管理体系要求》和GB/T 19001—2016《质量管理体系》标准建立质量体系。参照GJB 9001C和GB/T19001标准建立相关组织,实施装备维修质量控制与监督。

通常军兵种一级的装备机关依托直属单位设立装备维修质量监管中心(办公室),在维修保障业务机关的指导下开展工作,负责装备维修质量监管、业务指导、维修质量信息管理等工作。

各级装备维修保障部门也应设立相应的维修质量监管办公室,在本级维修保障业务部门指导下开展工作,负责所属部队装备维修质量监管、业务指导、维修质量信息管理等工作。部队装备修理营(队)、连等基层单位可设立质量管理组,负责本单位落实质量管理制度、开展质量管理教育、组织质量知识与技术培训、实施维修质量检验与检查、采集报送维修质量信息等工作。通常质量管理组没有专门的编制,组长可由本单位行政主官担任,组员由指挥军官、技术军官和一线技术骨干等构成。质量检验员主要负责在修装备或产品的维修质量检验、开展维修质量分析、进行维修质量信息登统计等工作。质量检验员应该由通过相应级别考核认证的相关维修专业的技术员、技师或中高级士官担任。

13.3.2 维修过程管理

目前按照我军的规定,装备维修过程中实施质量检验制度。质量检验按照自检互检(班组检验)、专职检验和业务部门抽检相结合的方式进行组织。

自检互检(班组检验)指修理工对承修对象的维修质量进行全面自检和互检,班组对主要工序和主要部位进行抽检。

专职检验可按照机构层级进行划分,以陆军的情况为例,专职检验分为排检、连检和营检三级。排检负责对主要部件的装配和试验进行检验,对跨班(组)的产品进行检验;连检负责检验主要工序、抽验一般工序,对跨排产品进行检验;营检负责对机件总成和修理过程中主要工序进行检验和抽验,填写修理(装配)质量登记簿和修理质量卡片,部件、总成试验结果填入履历书。专职质量检验人员是维修过程质量管理的核心力量,需要具有专门素质和经验的人员担任,对这部分人员的培养和使用是各级落实维修质量管理的关键环节。

业务部门抽检分为本级抽检和上级抽检。本级抽检是指本级装备保障业务部门在装备维修过程中,定期进行抽检和修竣装备质量跟踪调查。上级抽检通常由军兵种装备机关和战区级装备机关依托质量监管中心或质量监管办公室,适时安排对下级装备维修机构的修竣装备质量进行抽检。

除质量检验工作外,过程质量控制也是维修过程质量控制的重要内容,主要包括内部流程管理、外部质量管理、设备计量检定和质量分析会议等。

(1) 内部流程管理。预先规划质量检验工作,确定必检和抽检项目;检查装备维修工艺规程、质量点控制及技术条件执行情况;检查验证重要技术参数调试、技术状态变化情况;验证维修过程中质量信息、修竣产品各项性能指标;填写质量鉴定与检验记录及结论,签署维修质量意见;记录维修过程质量问题,整理修竣装备质量证据,办理检验与交验手续;填写或开具修竣装备交验单据、合格证等,组织修竣装备交付前最终检验等。

(2) 外部质量管理。外购原材料、配套设备和器材的质量复验,查验外购物资合格证并留存检验记录,也可聘请具备资质的第三方机构进行质量复验并留存检验记录。外协维修的部件、系统等产品通常也需要进行质量复验。

(3) 设备计量检定。对处于计量检定合格期内的仪器、设备、量器(量具)进行质量检验。对本级不具备检定能力的,应该协调具有资质的机构或报请上级机关进行计量检定。应当注意,计量检定是维修质量管理的重要环节,当所采用的仪器、设备、量器(量具)等质量不达标时,维修质量会产生不可预料的偏差。

(4) 维修质量分析会。该会议是质量问题分析处理的协调会议,有条件的可以专门召开,也可以根据业务情况与其他会议合并召开。通常质量分析会的内容包括:上级质量管理工作指示要求、年度维修质量计划执行情况、当前维修质量形势、维修质量问题处理、后续质量管理措施等。通常各级根据任务安排定期召开质量分析会,分析总结一个阶段的维修质量问题,对于重大维修保障活动等时机,也可以增加专门的质量分析会。

13.3.3 维修质量保证

装备维修机构应在修竣装备交付部队后向部队提供质量保证服务,包括质保期内承修单位对出现质量问题的装备进行返修,以及质保期外提供的与维修质量相关的技术服务和回访等活动。

通常质保期自装备修竣出厂或修竣交接之日算起,各军兵种有权对装备的质保期进行规定。如果出现因维修质量问题而实施返修的,质保期应从返修修竣交接之日起重新计算。修竣装备在质保期内出现质量问题时,通常由装备所属单位通报承修单位,承修单位接到通报后应当在规定的时间内(法规制度或合同要求)做出回应,并根据要求在一定的时间内提出解决方案并返修完毕,所需费用由承修单位负责。实际中,如果出现一些特殊情况,如装备无法返回等,双方可协商确定翻修的方式和时间等。如果修竣装备在质量保证期内出现由装备所属部队管理或操作过失造成的问题,由送修单位承担相应的费用。质保期外装备发生故障,根据故障性质和修理任务分工,由相应的承修单位处理,产生费用由送修单位按部队相关规定办理。修竣装备交付部队后发生质量问题,对于责任认定等达不成一致意见的,按照部队的规定通常由上级业务主管部门或者专门的仲裁委员会进行裁定。

装备修竣交接后,承修机构应采取电话沟通、现场走访、技术服务等形式,收集质量信息反馈,了解承修装备质量问题并进行记录。

13.3.4 维修质量问题处理

通常装备修理质量问题按照一般质量问题、严重质量问题、重大质量问题进行划分。一般质量问题通常指装备维修后主要技术状态参数或质量特征值与规定状态略有差距,但不足以导致装备任务中断,未造成人员受伤或较大经济损失,通过送修与承修双方协商可以达成共识并予以解决。严重质量问题通常指装备维修后主要技术状态参数或质量特征值与规定状态有较大差距,对装备完成规定的功能有重大影响,可能导致装备任务中断或者造成人员受伤或较大的经济损失,其处理难以通过送修与承修双方协商达成共识。重大质量问题通常指装备维修后主要技术状态参数或质量特征值与规定状态严重不符,导致装备不能完成规定的功能,迫使装备使用任务中断,或造成人员伤亡和重大经济损失,不能通过送修与承修双方协商达成共识。装备维修质量问题认定应该由装备维修质量监管机构或质量管理机构进行。质量问题的认定主要考虑问题原因、责任划分和经济损失等因素,综合后进行问题等级的认定。

原因认定需要认定发生质量问题的原因来自于哪里,包括人为原因、设施与设备原因、器材物资或原材料问题、维修工艺过程或方法规程问题、自然环境问题、质量检验或测试问题、管理责任问题等。

责任认定需要对质量问题发生的过程、性质和证据的综合分析和客观评议,界定责任事故或非责任事故,重大责任问题或一般责任问题,主要责任单位或次要责任单位,直接责任人和管理责任人,主要责任人和次要责任人等。

经济损失认定需要认定质量问题的直接经济损失和间接经济损失。直接经济损失包括以价格计算的装备与设施设备的价值损失,人员伤亡支出的费用和善后处理费用等;间接经济损失包括因装备、设施设备损坏造成的停产、减产损失价值、人员伤亡造成的工作损失价值等。

按照规定,涉嫌质量责任的单位和人员不得参与质量责任调查和认定。质量责任认定结论形成后,应以报告的形式报上级业务主管部门进行复核,上级业务主管部门应对报告内容给出明确批复。责任单位和责任人员收到质量责任认定报告后,可以向质量责任管理部门提出异议,相关部门应当对异议进行研究,及时向责任单位和人员回复处理意见。

质量问题认定报告经上级主管部门复核审批后,应通报至相关单位和个人。责任单位应根据认定报告,在上级维修保障业务部门的监督下展开质量问题处理,确保质量问题纠正归零,并制订同类或类似质量问题预防措施,形成报告并反馈至主管部门。维修质量问题一经认定,应根据认定的问题严重程度、后果、原因和经济损失,展开责任追究。发生一般质量问题后,对负有责任的军队单位应给予部门通报,非军队单位可给予行业内通报和经济处罚;发生严重质量问题及重大质量问题后,对负有责任的军队单位应给予通报,非军队单位可取消或暂停其保障资格,并给予经济处罚和行业内通报。

13.3.5 维修质量监督

装备维修质量监督通常由军兵种以及战区级装备维修保障业务部门统一筹划,由装备修理质量监管中心或办公室负责组织实施。装备维修质量监督通常在维修质量普查、维修质量抽查、修竣装备质量验收等时机开展。质量抽查和监督的频次需要进行科学的衡量和统筹,不宜过于频繁,也不可放任不管。各级装备修理机构可根据上级普查和抽查计划合理安排本机的普查和抽查计划,通常下级的普查和抽查时间间隔小于等于上级的普查和抽查时间间隔。

装备维修质量监督的主要内容包括以下几个方面:装备维修机构质量体系组织运行情况;装备维修机构维修过程质量控制与管理活动;执行装备维修计划、工艺规程及技术标准情况;技术文件资料管理、装备技术状态变更及现行有效性;质量检验计量器具的定期检定情况;装备维修机构修竣装备质量;质量问题归零情况、质量纠纷认定与仲裁结论贯彻情况、质量问题预防和纠正措施效果等。

装备维修质量监管机构按照质量监督要求进行监督后通常需要形成监督结论。对装备承修单位的监督结论,应通报相关管理机构。

13.3.6 维修质量管理工具

装备维修质量管理除了制定法规制度实施行政管理外,也需要一些质量管理工具与之配合,形成科学的维修质量管理体系。现代质量管理体系中,提供了诸如 PDCA 循环、直方图、控制图、排列图等质量管理工具,这些工具的有效运用可以大大提高装备维修管理的科学性和有效性,并实现标准化管理。

13.3.6.1 PDCA 循环

PDCA 循环是一种基本的工作方法。PDCA 是指计划(plan)、实施(do)、检查(check)、处理(action)。PDCA 循环是由美国 W. E. Deming(1900—1993 年)首先使用,故又称戴明循环,它可概括为 4 个阶段、8 个步骤及常用统计工具,如表 13-1 所列。

表 13-1 PDCA 循环

阶段	步骤	质量控制方法
计划	(1)找出存在问题,确定工作目标	排列图、直方图、控制图等
	(2)分析产生问题的原因	因果图等
	(3)找出主要原因	排列图、相关图等
	(4)制订工作计划	对策表
实施	(5)执行措施计划	严格按计划执行,落实措施
检查	(6)调查效果	排列图、直方图、控制图等
处理	(7)找出存在问题	转入下一个 PDCA 循环
	(8)总结经验与教训	工作结果标准化、规范化

PDCA 循环作为质量管理的基本方法,适用于装备管理的各个级别,可以形成 PDCA 循环系统,如图 13-1 所示。通过 PDCA 4 个阶段的不断循环,可以促使装备质量管理不断迈向新的水平,如图 13-2 所示。

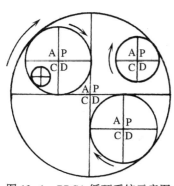

图 13-1 PDCA 循环系统示意图

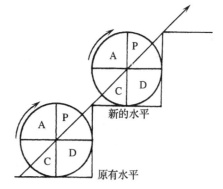

图 13-2 PDCA 循环逐级上升示意图

13.3.6.2 直方图

直方图适用于对大量数据进行整理加工,找出其统计规律,即分析数据分布的形态,以便对其总体的分布特征进行推断。直方图用矩形表示数据,各矩形底边长相等,为数据区间,矩形的高为数据落入各相应区间的频数。

例 13-1 从某修理厂生产的一批舰船备件中抽出 100 件测量其厚度,结果如表 13-2 所列。

表 13-2 某批舰船用备件厚度测量值　　　　　　　　　　单位:mm

序号	A	B	C	D	E	F	G	H	I	J
1	3.56	3.46	3.48	3.50	3.42	3.43	3.52	3.49	3.44	3.50
2	3.48	3.56	3.50	3.52	3.47	3.48	3.46	3.50	3.56	3.38
3	3.41	3.37	3.47	3.49	3.45	3.44	3.50	3.49	3.46	3.46
4	3.55	3.52	3.44	3.50	3.48	3.44	3.48	3.46	3.52	3.46
5	3.48	3.48	3.32	3.40	3.52	3.34	3.46	3.43	3.30	3.46
6	3.50	3.63	3.59	3.47	3.38	3.52	3.45	3.48	3.31	3.46
7	3.40	3.54	3.46	3.51	3.48	3.50	3.63	3.60	3.46	3.62
8	3.48	3.50	3.56	3.50	3.52	3.46	3.48	3.46	3.52	3.56
9	3.52	3.48	3.46	3.45	3.46	3.54	3.54	3.48	3.49	3.41
10	3.41	3.45	3.34	3.44	3.47	3.47	3.41	3.48	3.54	3.47

画出的直方图,如图 13-3 所示。由图所见,备件的厚度尺寸在 3.45~3.50mm 范围内最多。若将标准值 3.50±0.15 标在图上,即可看出已有一部分超出公差范围。

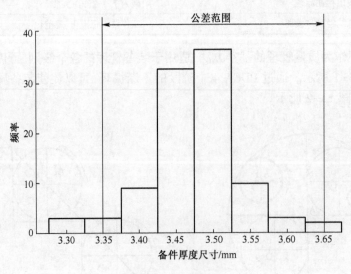

图 13-3 直方图

13.3.6.3 控制图

控制图可用于反映装备维修过程中的动态情况(能够反映质量特征值随时间的变化),

以便对装备维修质量进行分析和控制。主要图形为直角坐标系中的一条波动曲线,横坐标表示抽取观测值的顺序号(或时间),纵坐标表示观测的质量特征值。由控制图可以看出质量特征值的变化趋势,也可看出是否有周期性变化。

例 13-2 某零件规格为 $\phi 31^{+0.010}_{+0.002}$,其尺寸控制图如图 13-4 所示。

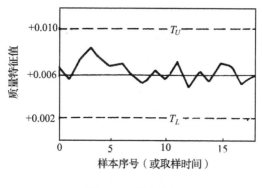

图 13-4 控制图

13.3.6.4 排列图

排列图是找出影响装备维修质量主要问题的图表之一。通过寻找关键问题并采取针对性措施,以确保装备维修的质量。

例 13-3 某型火炮进行实弹试验,13 门火炮共射击 343 发,故障数据分布如表 13-3 所列。

表 13-3 某型火炮故障数据分布表

故障部位	炮身、炮门	摇架、反后坐装置	上架、瞄准机、平衡机	下架、运动体、缓冲器	瞄准具	合计
故障次数/次	165	266	53	20	17	521
故障百分数/(%)	31.67	51.05	10.17	3.85	3.26	100
累计百分数/(%)	31.67	82.72	92.89	96.74	100	

根据表 13-3,画出排列图(图 13-5)。

在排列图中,通常把累计频率在 0~80% 的若干因素称为影响产品质量的关键因素,又称为 A 类因素。如上例中的反后坐装置和炮门即是关键因素。把累计频率在 80%~95% 的若干因素,称为 B 类因素,它们对装备的质量有一定的影响。把累计频率在 95%~100% 的若干因素称为次要因素,又称为 C 类因素,这些因素对装备质量仅有轻微的影响。如上例的运动体和瞄准具即是次要因素。

13.3.6.5 因果图

为分析产生质量问题的原因以便确定因果关系的图称为因果图,如图 13-6 所示。按

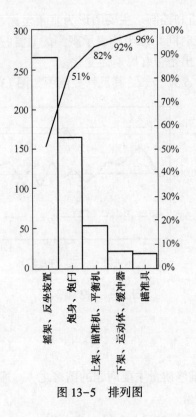

图 13-5 排列图

其形状又称树状图或鱼刺图。因果图由质量问题和影响因素两部分组成。图中主干箭头所指为质量问题,主干上的大枝表示大原因,中枝、小枝、细枝等表示原因的依次展开。因果图的重要作用在于明确因果关系的传递途径,并通过原因的层次细分,明确原因的影响大小与主次。如果有足够的数据,可以进一步找出影响平均值、标准差以及发生概率方面的原因,从而做出更确切的分析,确保装备质量符合规定要求。

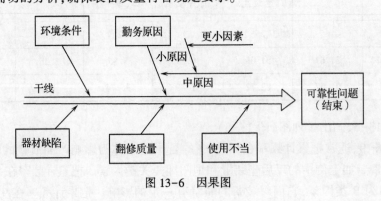

图 13-6 因果图

13.4 装备维修信息管理

装备维修管理需要以信息为依据。在装备维修保障系统运行中,获得的信息越及时、越准确、越完整,越能保证维修保障分析与决策的正确性,保证维修保障系统及时建立和高效运行。在装备全系统全寿命过程中,与装备维修保障相关的信息种类繁多,必须对其进行有效的管理,建立维修管理信息系统,为装备保障性分析与决策提供支持。

13.4.1 装备维修信息分类

信息的范畴十分广阔,从不同的角度、不同的需要,可以有不同的分类方法。

13.4.1.1 按信息的稳定情况划分

(1) 基本信息。例如,比较稳定的政策、法规、标准;装备的设计特点、工作原理;装备的战术技术性能(含可靠性、维修性和保障性)和作战特点;装备维修保障系统的构成信息(如工具、设备、人员、设施、机构等),以及包括研制生产中的试验、计算、工程资料等。

(2) 动态信息。例如,使用情况数据、技术状况检测数据、故障和维修数据等需要经常统计收集的信息等。

13.4.1.2 按信息是否经过加工处理划分

可分为原始信息和已加工处理的信息。对于维修工程信息来说直接收集来的信息都称为原始信息;经过维修工程分析或其他分析、分类处理的输出信息都称为已加工处理的信息。如通过装备多次维修收集到的各次维修时间应属于原始信息,经分析计算后的平均修复时间是已加工处理的信息。但是,如果是从研制部门直接收集的,已经验证确定的平均修复时间则是原始信息。

13.4.1.3 按信息反映的内容划分

(1) 装备基本信息。反映装备基本情况的一些信息,如装备名称、型号、类型、生产厂家、生产年份、批次等。

(2) 使用信息。反映装备使用情况的信息,如使用单位、使用时间(寿命单位数)和使用强度、役龄、使用环境等。

(3) 储存信息。反映装备储存基本情况的信息,如装备储存条件、储存时间、质量变化等。

(4) 故障信息。反映装备在使用、储存等过程中故障的信息,如故障时间、故障部位、故障原因、故障现象等。

(5) 维修信息。反映装备故障修复或预防性维修的有关信息,如各项预防性维修工作的维修级别,维修工作类型、维修时间及消耗的资源等。

(6) 可靠性信息。反映装备、零部件可靠性的数据,如故障状况、寿命分布类型、参数等。

(7) 维修性信息。反映装备、零部件维修性的数据,如维修时间分布的类型、参数等。

(8) 备件和其他供应品信息。反映备件和其他供应品的品种、需求、储存与消耗的数量等。

(9) 人员信息。反映与装备相关人员的信息情况,如使用人员情况、维修人员情况等。

(10) 费用信息。反映装备维修和使用中费用的预算和实际收支的信息。如维修费用、使用费用等。

(11) 维修机构信息。反映各级维修机构、设备、设施等方面的信息。

(12) 相关信息。如有关政策、法规、标准、制度和使用要求等。

上述信息包括了维修保障信息的方方面面,在具体的管理信息系统的建立和使用中,应根据实际需要和现实的可能性对这些信息进行收集、分类和处理。

13.4.2 信息管理的工作流程

信息管理工作流程包括信息收集、处理、储存、反馈与交换以及对信息利用情况的跟踪。信息的价值和作用只有通过信息流程才能得以实现,因此,对信息流程的每一个环节都要实施科学的管理,保证信息流的畅通。图13-7所示为简化的信息流程图。

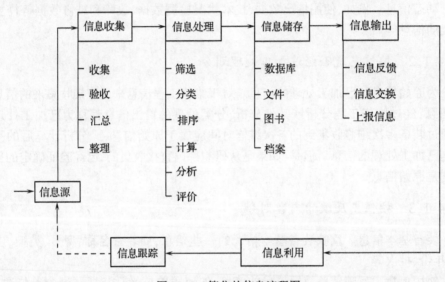

图13-7 简化的信息流程图

13.4.2.1 信息的收集

1. 信息来源

按装备寿命周期过程各阶段顺序可将信息来源分为5个方面。

(1) 装备的论证部门。论证部门首先可提供装备研制开发的必要性和可行性信息。例如装备在作战中的地位和作用、未来作战的战术想定、装备的配备与部署、使用方案等。然后,还可提供与维修保障有关的多种信息,如装备的战术技术指标、寿命剖面与任务剖面、工作频率、工作环境、性能要求及可能的维修保障条件等。

(2) 装备的研制部门。研制部门可提供装备的设计信息。例如,装备各部分的作用和工作原理,故障模式与影响,研制过程中的可靠性和维修性的分析、设计、试验的资料和信息,设计定型的试验验证方法和信息等,这些信息对于装备维修决策是十分重要的。

(3) 装备的生产部门和备件的生产供应部门。生产部门首先可提供所生产装备(及备件)的质量信息,包括生产过程、检验试验中的信息;然后可提供易损件的加工工艺、装备的质量以及生产定型的资料和信息。维修时可参照生产厂的加工工艺,结合修理单位的工作条件,修复损坏的零部件或装备。生产厂的产品验收技术条件亦可作为制定装备修复验收技术条件的基础;备件的生产供应部门可提供备件品种、数量、价格、质量和生产能力等方面的信息,这对于维修管理、备件筹措与供应都是必需的。

(4)装备的使用部门。使用部门可提供装备的使用信息,包括使用情况、工作时间、故障的记录、使用能源消耗情况等,这是掌握部队使用情况和研究装备故障规律及维修计划决策的重要资料。

(5)装备的维修(技术保障)部门。装备维修部门可直接提供装备维修工作的信息,例如装备的维修时间及间隔、维修工时、备件和其他维修物资的消耗数据、维修工具和设备的利用情况、费用数据等。

2. 信息收集的要求

为了保证信息收集的质量,满足对信息的实际需求,信息收集应符合如下要求。

(1)及时性。信息的及时性要求是由信息的时效性所决定的。信息的价值往往随时间的推移而降低,及时收集信息才能充分发挥其应有的价值。特别是影响安全、可能造成重大后果的严重异常的质量与可靠性信息,一经发现就应立即提供,以免造成重大的损失。

(2)准确性。信息的准确性是信息的生命。信息必须如实地反映客观事实的特征及其变化情况,信息失真或畸形,不但没用,还会造成信息的"污染",导致错误的结论。对信息的描述要清晰明确,避免模棱两可。因此,在采集和记载信息时,除了要加强调研工作和认真负责外,还要在信息收集过程中采取必要的防错措施,如加强信息的核对、筛选和审查,利用计算机自动查错等,以提高信息的准确性。

(3)完整性。信息的完整性是使信息能全面、真实地反映客观事实全貌的必要条件。为保证信息的完整性:一是要求信息内容上的全面,做到不缺项。因为信息之间往往是相关的,丢失一项就可能使信息失去应有的价值;二是要求信息数量上的完整,数量不足就难于找出事物的规律,而且数量多也是弥补个别信息不准确的有效措施之一。

(4)连续性。信息的连续性、系统性是保证信息流不中断以及有序性的重要条件。在产品寿命周期的不同阶段,产品的 R&M&S 水平不同,为了掌握产品 R&M&S 动态变化的规律,必须保持信息收集上的连续性。信息不连续或时断时续与信息不完整一样,难以找出变化的规律,同样会导致错误的结论。

3. 数据收集的主要方法

数据收集方法主要有两类,即抽样数据收集和常规记录表格数据收集。抽样数据的收集按抽样试验相应标准和规定收集数据。常规记录表格数据是现行数据收集中数量最大的部分,要收集好这部分信息,重要的是按信息收集和管理中所提的要求进行收集。

各类数据收集记录的格式和表格应设计得简明、易懂、完整。数据收集记录表格因具体对象的不同可以有很大的差异。在实际中应根据具体信息系统的数据要求设计符合实际情况的表格和记录格式。

13.4.2.2 信息处理

信息处理主要是指对所收集到的分散的原始信息,按照一定的程序和方法进行审查、筛选、分类、统计计算、分析的过程。信息处理是提高信息质量的重要手段,同时也是对信息价值的再开发,以扩大其可用的范围。通过对大量信息的去伪存真、去粗取精和综合分析的处理过程,可以得到更系统的信息资料,以便为各管理层提供决策的依据,并为新品的研制和生产积累宝贵的技术资源。

信息处理的基本要求是真实、准确、实用、系统、浓缩、简明、经济。

13.4.2.3 信息储存

信息经加工处理后,无论是否立刻向外传递都应分类储存,以便查询。信息储存有多种方式,如文件、缩微胶片、计算机和声像设备等。为便于信息交流,应在信息分类的基础上,科学排序与编号,实施规范化管理。

13.4.3 维修管理信息系统

根据装备维修管理各部门业务工作的需要(包括装备保障性分析的需要),应当建立由人、计算机等组成的能进行维修管理信息收集、传递、储存、加工、维护和使用的维修管理信息系统(maintenance management information system, MMIS)。随着装备复杂程度的日益提高,各国都十分注重建立和完善装备维修管理信息系统。

按照一般信息系统的开发方法,根据不同的管理侧重点进行开发,可以形成不同类型的管理信息系统。例如,有供机关使用、面向机关管理工作的管理型系统;供科研单位使用、面向研制的管理型系统。这些系统均应本着使用对象的不同要求,来开发符合实际工作需要的系统。

一般来说,在系统开发初期,开发人员应根据用户所提的要求进行可行性分析,软件需求分析以及数据分析,明确该系统的使用对象,所需数据种类和数量;然后,利用这些分析结论对系统进行总体设计,决定系统构成。系统的构成与使用对象和数据的获取渠道等工作是密切相关的,其中使用对象占有十分重要的地位。实际上,在开发过程中的一切工作,都是围绕着使用需求进行的。在设计系统时,应以使用者管理信息工作的方式、方法为主线对信息进行归纳分类,充分满足使用需求。同时,也要注意到在实际中来自各个方面的条件限制(尤其是数据来源)。要区分各种因素的主次,使系统合理简化,便于实际使用。

我军在信息系统的开发和使用方面还存在较大的差距,目前在维修保障领域,还没有统一的维修管理系统,部分单位开发和使用了维修管理信息系统,但其功能相对限制在日常维修业务范围内,没有充分和维修器材、装备送修等联系起来,发挥的作用方面比较有限。

美军为确保各项规划的维修工作能够顺利进行,从20世纪70年代左右就开始使用计算机辅助管理系统。其使用的系统一直在发展和完善,目前已经形成了从底层作战部队到装备司令部贯通的维修管理信息系统,并且与作战指挥系统相连,支持了作战行动的开展。经过多年的发展,美国陆军使用的维修管理系统称为陆军维修管理系统(TAMMS)(这一系统在2010年更名为综合后勤管理系统,新系统整合了更多的功能。但是,维修方面仍保持原有系统内容),对应陆军航空兵使用的是陆军维修管理系统-航空(TAMMS-A),以实现自动化的维修保障管理。近年来,美军认识到,单独的维修管理系统还不能够充分发挥对于作战保障的优势,需要将原有的维修保障系统、供应保障系统等保障领域的各个系统连接起来,并且与作战指挥系统实现互联互通,这样才能更好地发挥信息化优势,消除信息孤岛带来的问题。为此,美军开发了全球作战保障系统(global combat support system,GCSS),该系统分为不同军兵种的版本,如陆军版本称为GCSS-A(global combat support system-army),海军版本称为GCSS-N(global combat support system-navy)。

以美国陆军为例,其GCSS-A使用逐步部署的方式进行,逐步替代目前单一的维修管理系统、供应管理系统等保障相关的系统,最终在GCSS-A上形成统一完整的信息系统。美国陆军在2015年开始使用GCSS-A的供应功能取代标准陆军零星供应系统(standard army retail supply system),2016年开始使用GCSS-A功能取代增强型基层级资产订购与供应系统(property book unit supply enhanced,PBUSE)和增强型标准陆军维修系统(standard army maintenance system-enhanced,SAMS-E)的工作,美军的计划是在2025年实现全球作战保障系统的全面部署,替代所有原来的保障相关的系统,实现保障信息系统的统一,并和作战指挥系统形成协调统一。

13.5 装备寿命管理

从某种意义上说,装备维修的目的就是为了延长其使用(储存)寿命。所以,在装备维修保障系统运行过程中,必须重视装备的定寿与延寿工作,这不仅是装备维修工程全寿命过程及其目标的要求,而且对于部队装备保障具有重要的军事经济价值。

装备系统是由若干单元组成的,由于单元具有寿命特性,因此装备系统也具有寿命特性。若组成系统的各单元的寿命大体接近,那么系统的寿命也就能够确定,这样的装备系统是比较理想的情况。事实上,组成系统的各单元的寿命一般都不相同,确定与延长装备寿命的工作便成为一项技术性很强的工作。一般把研究与确定装备系统寿命的活动称为定寿,把延长装备系统寿命的活动称为延寿。

我国通过对飞机、坦克、弹药、导弹、鱼水雷等装备进行试验和分析,获得了这些装备的使用或储存故障模式和规律,在装备定寿与延寿方面取得了显著成效。

13.5.1 寿命的分类

在装备使用过程中,一般可将装备的寿命分为物质寿命、技术寿命和经济寿命。

物质寿命(也称自然寿命)是指装备从开始使用直至不能再用、再修而报废所经过的时间。此处的时间是广义的,可用不同寿命单位度量。装备的物质寿命与装备使用、维修、储存及管理等多种因素直接相关,做好装备的使用维修及保障工作,无疑可以延长装备的物质寿命。

技术寿命是指从装备开始使用到因技术落后而被淘汰所经过的时间。现代科学技术的发展日新月异,由于科技进步速度的加快,装备的技术寿命趋于缩短。通过装备技术改造和装备设计模块化,可以有效地延长装备的技术寿命。

经济寿命是指从装备开始使用到因经济效益变差而被淘汰所经过的时间。装备的使用与维修要考虑经济是否合算的问题,经济寿命是从技术经济角度出发,根据经济性原则来确定的。在装备保障系统运行过程中,通过改善保障系统的运行环境,加强装备使用与维修管理以及装备维修改革,也可以延长装备的经济寿命。

装备的物质寿命、技术寿命和经济寿命通常是不相同的。在科学技术飞速发展的时代,装备的技术寿命和经济寿命往往短于装备的物质寿命。装备的物质寿命主要由装备的使用可靠性和(或)储存可靠性决定,装备的技术寿命主要由装备所具有的技术水平决定,装备的经济寿命主要由装备的使用与维修保障费用决定。

13.5.2 装备定寿

装备定寿工作直接关系到装备的使用问题,特别是复杂的装备系统(如飞机、坦克、舰艇、自行火炮等),能否合理地、科学地确定装备的寿命,对于部队战斗力及军事经济效益的充分发挥有着十分重大的意义。下面主要对装备的物质寿命和经济寿命进行讨论。

13.5.2.1 物质寿命

装备物质寿命的确定实际上是装备可靠性或耐久性问题。装备的实际可靠性往往是确定寿命的依据,但由于装备使用(包含储存)中影响因素的不同以及装备中主要部件的故障模式存在很大差异。因此,确定装备物质寿命是一项技术性很强的复杂问题,不可能有一种统一的确定方法。通过对构成装备系统的分系统或部件尤其是一些关键的分系统或部件进行试验、模拟以及统计分析,可以确定出装备的物质寿命。

1. 使用寿命

武器装备的性质不同其故障的规律也不相同,显然,有耗损性故障的装备或零部件可根据耗损点位置确定其寿命。例如,机械产品的损坏或劣化从微观上看起源于原子、分子的变化,常见的故障模式有磨损、疲劳断裂、腐蚀、蠕变等。而电子产品则主要表现为短路、开路、参数漂移、击穿等,往往并无明显的耗损点。因此,确定装备的工作(使用)寿命的具体方法也各异,但一般是从战术技术性能指标和安全使用指标进行物质寿命评定。如我军一些火炮的寿命,就是结合以往经验,经过统计计算与分析,重点是以炮身弹道寿命和安全使用寿命来确定火炮的物质寿命的。对某些火炮炮身烧蚀磨损后,当发射时发生弹带削平、射击散布超过一定数值或初速下降量达射表规定的百分数则予以报废。

对机械产品而言,磨损是最常见的故障模式之一。虽然摩擦、磨损因受多种因素的影响而比较复杂,但实验表明,其磨损量与产品的物质寿命之间具有一定的规律性。确定以磨损为主要故障模式的产品的物质寿命主要是确定磨损极限值,通常记为 W_{max}。而磨损量与磨损率 W_t 直接相关。最典型的产品磨损量按线性规律随时间增加,若考虑摩擦副装配时的原始参数 a(过盈间隙及零配合),则广义磨损量可记为

$$W_g = a + W_t t \tag{13-1}$$

由于 W_g 一般服从正态分布,可以证明,此时产品的可靠度为

$$R(t) = \Phi\left(\frac{W_{gmax} - \theta_a - \theta_w t}{\sqrt{\sigma_a^2 + \sigma_w^2 t^2}}\right) \tag{13-2}$$

式中:W_{gmax} 为磨损量 W_g 的最大允许值;θ_a 和 σ_a^2 为变量 a 的均值和方差;θ_w 和 σ_w^2 为磨损

率的均值和方差。

例 13-1 已知某导航仪器中主要部件的最大允许磨损量为 10μm，原始参数的均值为 0，标准差为 1μm，磨损率的均值和标准差分别为 2×10^{-2} μm/h 和 2.77×10^{-3} μm/h。已知该部件规定正常工作的概率必须大于 99.9%，试求该产品的寿命。

解：由式(13-2)可得

$$0.999 = \Phi\left(\frac{10 - 2 \times 10^{-2}t}{\sqrt{1 + 2.77^2 \times 10^{-6}t^2}}\right)$$

查标准正态分布表知 $\Phi(3.1) \approx 0.999$，所以 $t = 300$(h)。

2. 储存寿命

储存武器装备的管理工作是国家战备建设和军队应付未来战争中的一项重要工作。储存装备虽然不承受工作应力，但要承受各种环境应力的作用，由于作用时间长，这些应力也可能导致装备故障或失效，因此，需要重视和研究储存装备的可靠性或储存寿命问题。装备储存可靠性分布类型与一般工作可靠性分布相似，但有其特殊性，各种产品也有不同。各种装备在储存状态如果没有维修，其储存可靠度 $R(t_s)$ 总是随储存时间 t_s 增加而降低。所以，通常使用指数分布、威布尔分布或极小值分布。

对于指数分布，即

$$R(t_s) = \exp(-F_0 - \lambda_s t_s) = R_0 \exp(-\lambda_s t_s) \tag{13-3}$$

式中：F_0 为储存开始未检测出的故障概率；R_0 为储存开始时的可靠度；λ_s 和 t_s 为储存故障率和储存时间。

例如，通过对某仓库某种型号火炮的质量进行检查和分析知，其储存可靠性参数指标如下：

$$F_0 = 0.00916, R_0 = 0.991, \lambda_s = 2.1199 \times 10^{-7} \text{h}^{-1}$$

即

$$R(t_s) = 0.991 \exp(-2.1199 \times 10^{-7} t_s)$$

若储存 10 年，$t_s = 87600$h，$R(10) = 0.1561$。

对于威布尔分布，即

$$R(t_s) = \exp\left[-\left(\frac{t_s}{\eta}\right)^m\right] \tag{13-4}$$

式中：m, η 为分布参数，如对某火箭弹进行储存数据统计分析知，在南方地区储存 $\eta = 22.68, m = 2.265$；在北方地区储存 $\eta = 112.9, m = 1.544$。

对于极小值分布，即

$$R(t_s) = \exp[-\exp(at_s + m)] \tag{13-5}$$

式中：$a、m$ 为分布参数。

上述分布都只是无维修条件下的，有维修时 $R(t_s)$ 下降后可能得以恢复，此种情况下问题会更复杂一些。

总之，影响装备储存寿命的因素很多，归纳起来，主要有两方面：一是环境条件(如温度、湿度等)；二是仓库类型(如洞库、地面库等)。储存寿命与温、湿度的关系可近似用线性回归方程进行描述，即

$$T = a - bW - cS \tag{13-6}$$

式中:W 为年平均环境温度;S 为年平均环境湿度;a,b,c 为非负常数,可由试验数据通过回归分析获得。

例如,某种弹药的 a,b,c 参数经统计分析,分别为 30.296、0.43378 和 0.14144。一般情况下,装备存放在洞库要比地面库时的储存寿命长。

多数产品储存都有耗损特征,可根据耗损点确定其储存寿命。对无明显耗损的装备,则可按允许的可靠度下限确定储存寿命。

3. 装备物质寿命工作

装备的物质寿命首先是一种设计特性,但使用阶段的各项活动对其也有直接影响。因此,要抓好装备的寿命工作,不仅要重视做好装备使用和储存期间的各项管理工作,而且要重视做好设计和生产中的可靠性管理工作,从根本上提高装备物质寿命的固有水平。

1) 装备研制中的寿命工作

装备研制中的有关寿命工作实质上是可靠性工程中所进行的可靠性监督与控制、设计与分析、试验与评定等工作,但应注意做好以下几方面工作。

(1) 合理确定装备特别是重要有寿件的使用(工作)寿命和储存寿命或可靠性指标,并纳入装备研制合同中。过去,有些装备常常没有明确的寿命指标要求,有的虽然提出了寿命指标,但往往是一个很笼统的概念,如可储存多少年,使得有关寿命的要求难以在设计中予以落实和考核。国外一些新发展的重要武器装备一般都有明确的寿命指标,如导弹储存5年可靠度为 0.95,储存 10 年为 0.9 等,同时也对指标的检验有明确规定。

(2) 可靠性设计要针对使用和储存故障模式采取措施。可靠性设计中的建模、分配、预计等技术,对于使用和储存可靠性都是适用的。在储存可靠性中采用 FMECA 是极为重要的手段,应针对储存故障的主要原因和机理,着重对腐蚀、老化、霉变、潮解等作用进行分析,找出薄弱环节,采取针对性措施。

(3) 原材料选择是装备物质寿命设计的重要内容。选择原材料不仅要从承受工作应力角度考虑,而且要针对装备特点,从装备承受环境应力角度予以考虑。应选择耐腐蚀、耐老化、不易霉烂变质的原材料,还应注意接触材料之间的相容性。例如,某时期生产的某型火箭弹大量失效,原因就是所用炸药与导体的相容性不好,引起腐蚀,不得不成批报废。

(4) 重视包装设计和封存要求。采用恰当的包装和封存进行防护是提高装备使用与储存寿命的重要途径,它可以有效地提高储存装备的寿命。

2) 装备使用与储存中的寿命工作

设计与制造赋予的装备物质寿命需要通过装备使用和储存中的一系列工作得以保持、恢复甚至是提高,延长装备的物质寿命,这些工作包括以下各种管理与技术活动。

(1) 根据装备的使用(储存)要求和特点,尽可能改善装备的使用和储存环境。各种装备使用和储存可靠性要求不同,对使用和储存的环境有不同的要求。一般地说,车辆、火炮等装备储存可靠性较高;光学仪器、电子设备受环境温、湿度及振动等影响较大;弹药、导弹等装备耐环境能力较差。应根据产品特性,确定使用和储存条件,改善使用和储存环境。

(2) 加强使用和储存管理,搞好装备质量监控。装备在使用和储存过程中由于受各种工作应力和环境应力的影响会不断发生变化,通过质量监控,可以及时掌握装备的变化情况,为作战(训练)任务的完成以及装备的定寿、延寿提供重要依据。

(3) 采取有效措施,延长装备的使用和储存寿命。由于装备在使用和储存过程中各零、部件受工作和环境影响的变化是不同的,因此,通过对其薄弱环节采取有效措施(如采取更换或封存等方法缓解装备储存故障),可使装备的物质寿命得到延长。

(4)做好装备的定寿工作。合理确定装备的使用和储存寿命对于提高装备效能和减少浪费具有巨大的军事经济效益。定寿应以寿命试验为基础,通过进行数据分析以获得其变化规律。

13.5.2.2 经济寿命

在装备使用过程中也存在经济寿命问题,对于现代复杂装备系统尤其如此。装备服役时间越长,平均每年分摊的装备投资就越少,而使用保障费用一般都是越来越多,这就需要对装备合理经济的使用年限——经济寿命进行研究。

计算经济寿命,民用产品或设备一般是根据使用设备时总收益的大小来确定。对于军用装备而言,可以根据装备的使用保障费用大小加以确定。以下介绍一种较常采用的计算经济寿命的方法——"低劣化法"。

随着装备使用时间的增长,其损耗也不断加剧,使用保障费用也将不断增长,这种现象即装备的"低劣化"。将装备购置费用与使用保障费用描绘成时间的函数曲线如图13-8所示。

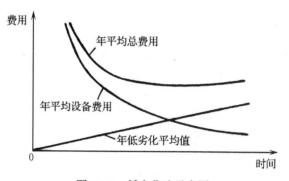

图13-8 低劣化法示意图

设装备的购置费用为C_0,使用保障费用每年以某种速度a劣化,即使用保障费用的劣化呈线性关系,若装备使用t年,则第t年的使用保障费用劣化为at,其t年内平均低劣化值为

$$\frac{a + 2a + \cdots + ta}{t} = \frac{1}{2}a(t + 1)$$

那么,装备平均每年标准的使用费用为

$$C(t) = \frac{C_0}{t} + \frac{1}{2}a(t + 1)$$

要使装备平均年总费用最低,则对上式求导,可得装备的经济使用寿命为

$$t^* = \sqrt{\frac{2C_0}{a}} \tag{13-7}$$

在上述分析中没有显性地反映出费用的时间价值。若需考虑,可采用前述费用估算中

的时值问题处理方法进行费用折算。

值得说明的是,装备经济寿命确定的方法有多种,对于具体装备而言,应根据情况进行选用。如利用使用数据得出装备年度平均总费用的回归模型并进行经济寿命确定等。有的装备经济寿命的确定,是根据一次性修理费用占装备现行价格的百分数多少予以确定。例如,美国陆军规定,装备大修若一次性修理费用超过装备现行价格的35%则予以更换。我军规定某些火炮若一次性修理费用达到购置新炮费用的25%则予以报废,或已经过3次大修现仍需要大修的,则予以报废。这种方法简单可行。

13.5.3 装备延寿

装备延寿工作,在此是专指使用(储存)阶段的延长使用(储存)寿命的工作。延寿实质上就是产品可靠性增长;而技术、经济寿命的延长,往往包含着维修性及其他设计特性的改进。所以,延寿与装备的 R&M 增长及改进工作紧密相关。对于装备研制、生产中的 R&M 增长工作固然要给予高度重视,但是,对于使用阶段中的装备 R&M 增长及改进工作也不能忽视。对于部队装备管理人员而言,更应强调重视和研究装备使用阶段的 R&M 增长和延寿工作。R&M 工程虽然主要是为实现产品 R&M 要求的设计、制造与管理的活动。但是,在使用阶段也有许多保持和提高装备 R&M 的各种活动。可靠性与维修性有其固有特性,使用阶段首先是保持和恢复其固有可靠性与维修性;对于现役装备使用阶段的 R&M 研究,则是在强调与承认 R&M 具有先天性的同时,又强调使用阶段的可增长性。通过使用阶段的 R&M 增长和延寿工作,不仅可以保持、恢复装备的固有可靠性和固有维修性,而且还可以提高其原有水平,这就是现役武器装备研究的基本出发点。其依据主要如下。

(1) 产品的结构及特性固然是由设计、生产决定的,但是使用阶段是设计、生产的继续,尤其是在装备使用阶段暴露故障,不仅有益于装备的使用与维修保障,而且有利于装备的改进和再设计,从而提高装备的寿命。

(2) 产品的使用和维修条件固然要在论证、研制时加以确定,并与产品的可靠性、维修性设计互为条件,但使用、维修条件也并非是一成不变的。在研制阶段由于装备的有关数据较少,在确定维修规划、维修周期时往往趋于保守,通过使用阶段的合理调整,事实上完全可以提高产品的使用寿命。

(3) 产品在研制、生产、定型过程中,所抽取的样本量一般都较少,做出的各种决策都包含有一定的风险。对于可靠性和维修性设计方面的不足,在使用过程中如能发现并采取一定措施加以排除,实际上使产品的寿命得到了提高。

(4) 产品定型以及保障和使用条件的确定是有阶段性的,但科技发展是无止境的,新材料、新工艺、新方法、新产品层出不穷,将给产品的可靠性、维修性与装备保障提供新的手段和技术,从而可能延长装备的寿命。

13.5.3.1 装备 R&M 增长

对于现代复杂武器装备系统,由于高、新技术的不断应用,在装备寿命周期(全寿命)过程中,更需要有一个不断深化认识、逐步改进完善的过程。通过有计划地开展 R&M 工作,采取必要的纠正措施,可以逐步改进装备设计和制造中的缺陷,不断提高装备的 R&M 水平。装备 R&M 增长贯穿于装备的整个寿命周期过程中。如图 13-9 所示。可以看出,在装备寿命周期的早期阶段,由于存在着初期设计、制造等方面的缺陷,使得装备的 R&M 水平比较低。通过反复改进和试验(使用),装备的 R&M 水平可以不断增长。

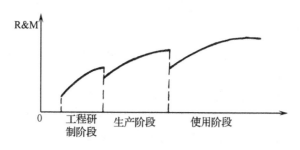

图 13-9 装备 R&M 增长过程

实现装备 R&M 增长的主要要素有:①通过分析和试验(使用)发现 R&M 缺陷。②问题反馈。③根据发现的问题,采取有效地改正措施。

装备 R&M 增长的速度取决于上述三要素实现的完善程度和反馈回路的运转速率。在大多数情况下,装备的 R&M 缺陷是通过试验和使用发现的,因此,装备 R&M 增长的过程可描述为试验(使用)—分析—改进的反复过程。

在装备使用阶段开展装备延寿和 R&M 增长工作具有重要意义。

(1) 适应我军新时代装备建设与发展的需要。我军现役装备经过几十年发展建设已有相当规模,数以万计的飞机、坦克、火炮等装备,以万吨计的弹药,其中许多已经生产并部署了很多年。因此,必须做好现役装备延寿和 R&M 增长工作。

(2) 具有巨大的军事经济效益。保持和提高部队的战斗力是各国军队所致力追求的目标。通过对现役装备进行研究,开展工作,可以用较少的投资获得较好的效果。例如,某型反坦克导弹原值每发 2 万元,寿命为 5 年,通过开展延寿工作,寿命延至×年、××年,而投入研究经费仅百余万元,效益十分明显。对于一些战略导弹和飞机等大型复杂装备系统而言,其效益更为突出,如某型飞机,原平均寿命仅为几百飞行小时,现已延寿至 3000 飞行小时,取得明显的军事经济效益。

(3) 通过对现役装备开展 R&M 增长工作,找出其薄弱环节,并采取有效措施加以纠正和完善,不仅可以有效地延长装备的寿命,而且可以有效地提高装备的作战效能。

(4) 通过对现役装备开展延寿工作,可以促进新装备的发展,为我军新装备的研制提供重要的数据,为提高新研装备的质量水平奠定坚实的基础。

13.5.3.2 装备 R&M 改进

使用阶段的装备 R&M 增长是通过 R&M 改进来实现的。这种改进已被认为是装备发展和维修中的一种重要策略。美国空军在 20 世纪 90 年代和 2000 年后的发展规划中,均十分强调装备的 R&M 改进工作,并在实践中取得了极大的成功。例如,F-15 飞机通过用圆形激光罗盘代替原来的旋转体惯性罗盘,使得其 MTBF 增长到 10 倍以上,而费用却减少 3.9 万美元,仅此一项节经费 9420 万美元。再如 A-7 飞机的机油指示系统,改进前每个系统的费用为 1.1 万美元,MTBF 为 200h,改进后费用仅为 0.3 万美元,而 MTBF 达 18000h,5 年可节约700万美元。由此可见,装备R&M的改进不仅可以降低寿命周期费用,而且可以有效地提高装备的效能。

为了以较少的资源投入取得较高的效益,在装备R&M改进中需要有科学、合理的程序与方法。一般地说,R&M改进的大体程序如下。

1. 确定目标与准则

R&M改进要有明确的目标,要确定目标就应找出现役装备的R&M方面存在的问题。在确定目标与准则时应注意以下几个方面。

(1) 作战、使用需求的发展变化对装备R&M提出的要求。这是改进R&M的出发点。

(2) 装备作战、使用中暴露出的R&M问题,不能满足使用需求或造成失修、维修费用很高等方面的问题。例如,某型加榴炮,液量调节器导管的折断主要是在作战中暴露出来的,由于其损坏多造成前线备件短缺,不得不从后方空运。这就为其改进提供了目标和方向。

(3) 新技术、新产品、新材料、新工艺的发展,提供了R&M改进的可能和途径。

2. 收集资料

通过广泛收集有关资料,包括研制、生产、使用与维修中的有关R&M信息,以及有关技术的发展,特别是现役装备的故障、维修、费用信息,可以找出装备在R&M方面的薄弱环节和装备改进的重点与方向。

3. 选择可能改进的产品清单

一旦建立了准则,就应对照准则,根据维修数据和使用维修中暴露的R&M问题,选择备选的R&M改进产品,并列出清单。

4. 进行排序与评审

通过对上面提出的可能改进的产品进行排序,以便确定改进的对象。根据排列顺序,选定改进项目,并组织评审。

5. 确定改进措施

根据备选产品,进一步分析其故障的机理和原因,并寻求解决问题的改进措施。

6. 验证与批准

对改进措施要进行验证,做必要的试验或模拟,并进行必要的经济性和可行性分析与验证。进行论证的主要工具是各种R&M模型、模拟计算和试验。涉及装备的局部改进或变更,应当经有关部门给予批准。

7. 实施

对改进措施要有计划、有步骤地进行推广和实施。我军坦克、火炮、飞机的R&M改进都是经过扩试,根据其效果和经费,逐步向全军加以推广的。

13.5.3.3 装备封存

通过正确、合理地对装备进行封存,可以有效地延长装备的物质寿命或降低使用保障费用。例如,对某仓库的光学仪器进行检查发现,对10000具光学仪器采取一定的封存措施,共耗费1万元,不再需要空调、吸湿机及设备的维修。而不加封存,5年需耗费23950元。我军不仅对枪炮、弹药、仪器等小型装备实施封存,而且对飞机、舰船也成功地进行了封存。通过对部队暂时不用的装备进行油封或密封状态的管理,可以有效地延长装备的物质寿命,提高武器装备的战备完好率,并大大减少装备的使用保障费用。

装备封存的基本要求如下。

(1) 就地封存、分级管理。应根据战备和遂行作战任务要求以及各单位、各类装备不同的特点,因情、因地对装备进行封存和管理。大型装备系统一般集中于较高级别,小型武器装备一般由基层部队进行封存管理。采用集中和分散的分级管理,不仅有利于战备而且也便于管理。

(2) 数量准确、配套齐全。装备封存是装备管理中的一项战略安排,其目的是保证部队在紧急战备情况下能顺利投入使用。因此,在封存前必须组织进行装备普查或点验,摸清装备的数量和质量状况,并认真地做好登记工作,作到数量准确、配套齐全。

(3) 严格把关、确保质量。应按装备技术使用说明书等有关规定和要求实施装备封存。在封存前应做好封存装备的保养、修理和使用检查工作,确保武器装备的封存质量。

对装备进行封存后,还应采取有效措施,加强封存装备的管理。应根据各类装备的特点,合理地组织人员进行检查和保养等工作。例如,定期转动活动机件,定期通电检查,定期检查装备状况及环境条件等,按照有关规章制度(如维护保养制度、登记统计制度、动用审批制度、管理责任制等)对封存装备实施严格管理。

习 题

1. 装备维修管理包括哪些主要工作?
2. 什么是 5S 活动?
3. 什么是装备维修质量管理?其基本任务是什么?
4. 什么是物质寿命、技术寿命和经济寿命?如何提高装备的物质寿命?
5. 装备维修信息有哪些?信息收集的基本要求是什么?

附录一
泊松分布表

$$P(rm) = \frac{e^{-m}m^r}{r_t}$$

r \ m	0.05	0.10	0.15	0.20	0.25	0.30	0.35	0.40	0.45
0	0.95123	0.90484	0.86071	0.81873	0.77880	0.74082	0.70469	0.67032	0.63763
1	0.04756	0.09048	0.12911	0.16375	0.19470	0.22225	0.24664	0.26813	0.28693
2	0.00119	0.00452	0.00968	0.01637	0.02434	0.03334	0.04316	0.05363	0.06456
3	0.00002	0.00015	0.00048	0.00109	0.00203	0.00333	0.00504	0.00715	0.00968
4			0.00002	0.00005	0.00013	0.00025	0.00044	0.00072	0.00109
5					0.00001	0.00002	0.00003	0.00006	0.00010
6									0.00001

r \ m	0.50	0.60	0.70	0.80	0.90	1.0	1.1	1.2	1.3
0	0.60653	0.54881	0.49659	0.44933	0.40657	0.36788	0.33287	0.30199	0.27253
1	0.30327	0.32929	0.34761	0.35946	0.36591	0.36788	0.36616	0.36143	0.35429
2	0.07582	0.09879	0.12166	0.14379	0.16466	0.18394	0.20139	0.21686	0.23029
3	0.01264	0.01976	0.02839	0.03834	0.04940	0.06131	0.07384	0.08674	0.09979
4	0.00158	0.00296	0.00497	0.00767	0.01111	0.01533	0.02031	0.02602	0.03243
5	0.00016	0.00036	0.00070	0.00123	0.00200	0.00307	0.00447	0.00625	0.00843
6	0.00001	0.00004	0.00008	0.00016	0.00030	0.00051	0.00082	0.00125	0.00183
7			0.00001	0.00002	0.00004	0.00007	0.00013	0.00021	0.00034
8						0.00001	0.00002	0.00003	0.00006
9									0.00001

r \ m	1.4	1.5	1.6	1.7	1.8	1.9	2.0	2.2	2.4
0	0.24660	0.22313	0.20190	0.18268	0.16530	0.14957	0.13534	0.11080	0.09072
1	0.34524	0.33470	0.32303	0.31056	0.29754	0.28418	0.27067	0.24377	0.21772
2	0.24167	0.25012	0.25843	0.26398	0.26778	0.26997	0.27067	0.26814	0.26127
3	0.11278	0.12551	0.13783	0.14959	0.16067	0.17098	0.18045	0.19664	0.20901
4	0.03947	0.04707	0.05513	0.06357	0.07230	0.08122	0.09022	0.10815	0.12541
5	0.01105	0.01412	0.01764	0.02162	0.02603	0.03086	0.03609	0.04757	0.06020
6	0.00258	0.00353	0.00470	0.00612	0.00781	0.00977	0.01203	0.01745	0.02408
7	0.00052	0.00076	0.00108	0.00149	0.00201	0.00265	0.00344	0.00548	0.00826
8	0.00009	0.00014	0.00022	0.00032	0.00045	0.00063	0.00086	0.00151	0.00248
9	0.00001	0.00002	0.00004	0.00006	0.00009	0.00013	0.00019	0.00037	0.00066
10			0.00001	0.00001	0.00002	0.00003	0.00004	0.00008	0.00016
11							0.00001	0.00002	0.00003
12									0.00001

附录二
标准正态分布表（一）

$$\Phi(u_p) = \frac{1}{\sqrt{2\pi}} \int_{-\infty}^{u} e^{-\frac{z^2}{2}} dz = p$$

u	0.00	0.01	0.02	0.03	0.04	0.05	0.06	0.07	0.08	0.09
-0.0	0.5000	0.4960	0.4920	0.4880	0.4840	0.4801	0.4761	0.4721	0.4681	0.4641
-0.1	0.4602	0.4562	0.4522	0.4483	0.4443	0.4404	0.4364	0.4325	0.4286	0.4247
-0.2	0.4207	0.4168	0.4129	0.4090	0.4052	0.4013	0.3974	0.3936	0.3897	0.3859
-0.3	0.3821	0.3783	0.3745	0.3707	0.3669	0.3632	0.3594	0.3557	0.3520	0.3483
-0.4	0.3446	0.3409	0.3372	0.3336	0.3300	0.3264	0.3228	0.3192	0.3156	0.3121
-0.5	0.3085	0.3050	0.3015	0.2981	0.2946	0.2912	0.2877	0.2843	0.2810	0.2776
-0.6	0.2743	0.2709	0.2676	0.2643	0.2611	0.2578	0.2546	0.2514	0.2483	0.2451
-0.7	0.2420	0.2389	0.2358	0.2327	0.2297	0.2266	0.2236	0.2206	0.2177	0.2148
-0.8	0.2119	0.2090	0.2061	0.2033	0.2005	0.1977	0.1949	0.1922	0.1894	0.1867
-0.9	0.1841	0.1814	0.1788	0.1762	0.1736	0.1711	0.1685	0.1660	0.1635	0.1611
-1.0	0.1587	0.1562	0.1539	0.1515	0.1492	0.1469	0.1446	0.1423	0.1401	0.1379
-1.1	0.1357	0.1335	0.1314	0.1292	0.1271	0.1251	0.1230	0.1210	0.1190	0.1170
-1.2	0.1151	0.1131	0.1112	0.1093	0.1075	0.1056	0.1038	0.1020	0.1003	0.09853
-1.3	0.09680	0.09510	0.09342	0.09176	0.09012	0.08851	0.08691	0.08534	0.08379	0.08226
-1.4	0.08076	0.07927	0.07780	0.07636	0.07493	0.07353	0.07215	0.07078	0.06944	0.06811
-1.5	0.06681	0.06552	0.06426	0.06301	0.06178	0.06057	0.05938	0.05821	0.05705	0.05592
-1.6	0.05480	0.05370	0.05262	0.05155	0.05050	0.04947	0.04846	0.04746	0.04648	0.04551
-1.7	0.04457	0.04363	0.04272	0.04182	0.04098	0.04006	0.03920	0.03836	0.03754	0.03673
-1.8	0.03593	0.03515	0.03438	0.03362	0.03288	0.03216	0.03144	0.03074	0.03005	0.02938
-1.9	0.02872	0.02807	0.02743	0.02680	0.02619	0.02559	0.02500	0.02442	0.02385	0.02330
-2.0	0.02275	0.02222	0.02169	0.02118	0.02068	0.02018	0.01970	0.01923	0.01876	0.01931

附录三
标准正态分布表(二)

$$\Phi(K_\alpha) = \int_{K_\alpha}^{\infty} \frac{1}{\sqrt{2\pi}} e^{\frac{x^2}{2}} dz = \alpha$$

K_α	0.00	0.01	0.02	0.03	0.04	0.05	0.06	0.07	0.08	0.09
0.0	0.5000	0.4960	0.4920	0.4880	0.4840	0.4801	0.4761	0.4721	0.4681	0.4641
0.1	0.4602	0.4562	0.4522	0.4483	0.4443	0.4404	0.4364	0.4325	0.4280	0.4247
0.2	0.4207	0.4169	0.4129	0.4090	0.4052	0.4013	0.3974	0.3936	0.3897	0.3859
0.3	0.3821	0.3783	0.3745	0.3707	0.3669	0.3632	0.3594	0.3557	0.3520	0.3483
0.4	0.3446	0.3409	0.3372	0.3336	0.3300	0.3264	0.3228	0.3192	0.3156	0.3121
0.5	0.3085	0.3050	0.3015	0.2981	0.2946	0.2912	0.2877	0.2843	0.2810	0.2776
0.6	0.2743	0.2709	0.2676	0.2643	0.2611	0.2578	0.2546	0.2514	0.2483	0.2451
0.7	0.2420	0.2389	0.2358	0.2327	0.2296	0.2266	0.2236	0.2206	0.2177	0.2148
0.8	0.2119	0.2090	0.2061	0.2033	0.2005	0.1977	0.1949	0.1922	0.1894	0.1867
0.9	0.1841	0.1814	0.1788	0.1762	0.1736	0.1711	0.1685	0.1660	0.1635	0.1611
1.0	0.1587	0.1562	0.1539	0.1515	0.1492	0.1469	0.1446	0.1423	0.1401	0.1379
1.1	0.1357	0.1335	0.1314	0.1292	0.1271	0.1251	0.1230	0.1210	0.1190	0.1170
1.2	0.1151	0.1131	0.1112	0.1093	0.1075	0.1056	0.1038	0.1020	0.1003	0.0985
1.3	0.0968	0.0951	0.0934	0.0918	0.0901	0.0885	0.0869	0.0853	0.0838	0.0823
1.4	0.0808	0.0793	0.0778	0.0764	0.0749	0.0735	0.0721	0.0708	0.0694	0.0681
1.5	0.0668	0.0655	0.0643	0.0630	0.0618	0.0606	0.0594	0.0582	0.0571	0.0559
1.6	0.0548	0.0537	0.0526	0.0516	0.0505	0.0495	0.0485	0.0475	0.0465	0.0455
1.7	0.0446	0.0436	0.0427	0.0418	0.0409	0.0401	0.0392	0.0384	0.0375	0.0367
1.8	0.0359	0.0351	0.0344	0.0336	0.0329	0.0322	0.0341	0.0307	0.0301	0.0294
1.9	0.0287	0.0281	0.0274	0.0268	0.0262	0.0256	0.0250	0.0244	0.0239	0.0233
2.0	0.0228	0.0222	0.0217	0.0212	0.0207	0.0202	0.0197	0.0192	0.0188	0.0183
2.1	0.0179	0.0174	0.0170	0.0166	0.0162	0.0158	0.0154	0.0150	0.0146	0.0143
2.2	0.0138	0.0136	0.0132	0.0129	0.0125	0.0122	0.0119	0.0116	0.0113	0.0110
2.3	0.0107	0.0104	0.0102	0.00990	0.00964	0.00939	0.00914	0.00889	0.00866	0.00842
2.4	0.00820	0.00798	0.00776	0.00755	0.00734	0.00714	0.00695	0.00676	0.00657	0.00639
2.5	0.00621	0.00604	0.00587	0.00570	0.00554	0.00539	0.00523	0.00508	0.00494	0.00480
2.6	0.00466	0.00453	0.00440	0.00427	0.00415	0.00402	0.00391	0.00379	0.00368	0.00357
2.7	0.00347	0.00336	0.00326	0.00317	0.00307	0.00298	0.00289	0.00280	0.00272	0.00264
2.8	0.00256	0.00248	0.00240	0.00233	0.00226	0.00219	0.00212	0.00205	0.00199	0.00193
2.9	0.00187	0.00181	0.00175	0.00169	0.00164	0.00159	0.00154	0.00149	0.00144	0.00139

续表

K_α	0	1	2	3	4	5	6	7	8	9
3	0.00135	0.0^3968	0.0^3687	0.0^3483	0.0^3337	0.0^3233	0.0^3159	0.0^3108	0.0^4723	0.0^4481
4	0.0^4317	0.0^4207	0.0^4133	0.0^5854	0.0^5541	0.0^5340	0.0^5211	0.0^5130	0.0^6793	0.0^6479
5	0.0^6287	0.0^6170	0.0^7996	0.0^7579	0.0^7333	0.0^7190	0.0^7107	0.0^8599	0.0^8332	0.0^8182
6	0.0^9987	0.0^9530	0.0^9282	0.0^9149	$0.0^{10}777$	$0.0^{10}402$	$0.0^{10}206$	$0.0^{10}104$	$0.0^{11}523$	$0.0^{11}260$

附录四
Γ函数值表

x	$\Gamma(x)$	x	$\Gamma(x)$	x	$\Gamma(x)$	x	$\Gamma(x)$
1.00	1.00000	1.25	0.90640	1.50	0.88623	1.75	0.91906
1.01	0.99433	1.26	0.90440	1.51	0.88659	1.76	0.92137
1.02	0.98884	1.27	0.90250	1.52	0.88704	1.77	0.92376
1.03	0.98355	1.28	0.90072	1.53	0.88757	1.78	0.92623
1.04	0.97844	1.29	0.89904	1.54	0.88818	1.79	0.92877
1.05	0.97350	1.30	0.89747	1.55	0.88887	1.80	0.93138
1.06	0.96874	1.31	0.89600	1.56	0.88964	1.81	0.93408
1.07	0.96415	1.32	0.89464	1.57	0.89049	1.82	0.93685
1.08	0.95973	1.33	0.89338	1.58	0.89142	1.83	0.93969
1.09	0.95546	1.34	0.89222	1.59	0.89243	1.84	0.94261
1.10	0.95135	1.35	0.89115	1.60	0.89352	1.85	0.94561
1.11	0.94740	1.36	0.89018	1.61	0.89468	1.86	0.94869
1.12	0.94359	1.37	0.88931	1.62	0.89592	1.87	0.95184
1.13	0.93993	1.38	0.88854	1.63	0.89724	1.88	0.95507
1.14	0.93642	1.39	0.88785	1.64	0.89864	1.89	0.95838
1.15	0.93304	1.40	0.88726	1.65	0.90012	1.90	0.96177
1.16	0.92980	1.41	0.88676	1.66	0.90167	1.91	0.96523
1.17	0.92670	1.42	0.88636	1.67	0.90330	1.92	0.96877
1.18	0.92373	1.43	0.88604	1.68	0.90500	1.93	0.97240
1.19	0.92089	1.44	0.88581	1.69	0.90678	1.94	0.97610
1.20	0.91817	1.45	0.88566	1.70	0.90864	1.95	0.97988
1.21	0.91558	1.46	0.88560	1.71	0.91057	1.96	0.98374
1.22	0.91311	1.47	0.88563	1.72	0.91258	1.97	0.98768
1.23	0.91075	1.48	0.88575	1.73	0.91467	1.98	0.99171
1.24	0.90852	1.49	0.88595	1.74	0.91683	1.99	0.99581
						2.00	1.00000

附录五
t 分布表

$$P\{t(n) < t_\alpha(n)\} = \alpha$$

n	α=0.75	0.90	0.95	0.975	0.99	0.995
1	1.0000	3.0777	6.3133	12.7062	31.8207	63.6574
2	0.8165	1.8856	2.9200	4.3027	6.9646	9.9248
3	0.7649	1.6377	2.3534	3.1824	4.5407	5.8409
4	0.7407	1.5332	2.1318	2.7764	3.7469	4.6041
5	0.7267	1.4759	2.0150	2.5706	3.3649	4.0322
6	0.7176	1.4398	1.9432	2.4469	3.1427	3.7074
7	0.7111	1.4149	1.8946	2.3646	2.9980	3.4995
8	0.7064	1.3968	1.8595	2.3060	2.8965	3.3554
9	0.7027	1.3830	1.8331	2.2622	2.8214	3.2498
10	0.6998	1.3722	1.8185	2.2281	2.7638	3.1693
11	0.6974	1.3634	1.7959	2.2010	2.7181	3.1058
12	0.6955	1.3562	1.7823	2.1788	2.6810	3.0545
13	0.6938	1.3502	1.7709	2.1604	2.6503	3.0123
14	0.6924	1.3450	1.7613	2.1448	2.6245	2.9768
15	0.6912	1.3406	1.7531	2.1315	2.6025	2.9467
16	0.6901	1.3363	1.7459	2.1199	2.5835	2.9208
17	0.6892	1.3334	1.7396	2.1098	2.5669	2.8982
18	0.6884	1.3304	1.7341	2.1000	2.5524	2.8784
19	0.6876	1.3277	1.7291	2.0930	2.5395	2.8609
20	0.6870	1.3253	1.7247	2.0860	2.5280	2.8453
21	0.6864	1.3232	1.7207	2.0796	2.5177	2.8314
22	0.6858	1.3212	1.7171	2.0739	2.5083	2.8188
23	0.6853	1.3195	1.7139	2.0687	2.4999	2.8073
24	0.6848	1.3178	1.7109	2.0639	2.4922	2.7969
25	0.6844	1.3163	1.7081	2.0595	2.4851	2.7874
26	0.6840	1.3150	1.7056	2.0555	2.4786	2.7787
27	0.6837	1.3137	1.7033	2.0518	2.4727	2.7707
28	0.6834	1.3125	1.7011	2.0484	2.4671	2.7633
29	0.6830	1.3114	1.6991	2.0452	2.4620	2.7564
30	0.6828	1.3104	1.6973	2.0423	2.4573	2.7500
31	0.6825	1.3095	1.6955	2.0395	2.4528	2.7440
32	0.6822	1.3086	1.6939	2.0369	2.4487	2.7385
33	0.6820	1.3077	1.6924	2.0345	2.4448	2.7333
34	0.6818	1.3070	1.6909	2.0322	2.4411	2.7284
35	0.6816	1.3062	1.6896	2.0301	2.4377	2.7238
36	0.6814	1.3055	1.6883	2.0281	2.4345	2.7195
37	0.6812	1.3049	1.6871	2.0262	2.4314	2.7154
38	0.6810	1.3042	1.6860	2.0244	2.4286	2.7116
39	0.6808	1.3036	1.6849	2.0227	2.4258	2.7079
40	0.6807	1.3031	1.6839	2.0211	2.4233	2.7045
41	0.6805	1.3025	1.6829	2.0185	2.4208	2.7012
42	0.6804	1.3020	1.6820	2.0181	2.4185	2.6981
43	0.6802	1.3016	1.6811	2.0167	2.4163	2.6951
44	0.6801	1.3011	1.6802	2.0154	2.4141	2.6923
45	0.6800	1.3006	1.6794	2.0141	2.4121	2.6896

附录六
χ^2-分布的上侧分位数表

$$P(\chi^2) > \chi^2_\alpha(f) = \alpha$$

f \ α	0.99	0.98	0.975	0.95	0.90	0.80	0.75	0.70	0.50
1	0.0³157	0.0³628	0.0³982	0.0²393	0.0158	0.0642	0.102	0.148	0.455
2	0.0201	0.0404	0.0506	0.103	0.211	0.446	0.575	0.713	1.385
3	0.115	0.185	0.216	0.352	0.584	1.005	1.213	1.424	2.366
4	0.297	0.429	0.484	0.711	1.064	1.649	1.923	2.195	3.357
5	0.554	0.752	0.831	1.145	1.610	2.343	2.674	3.000	4.351
6	0.872	0.134	0.1237	1.635	2.204	3.070	3.455	3.828	5.348
7	1.239	1.564	1.690	2.167	2.833	3.822	4.255	4.671	6.346
8	1.646	2.032	2.180	2.733	3.490	4.594	5.071	5.527	7.344
9	2.088	2.532	2.700	3.325	4.168	5.380	5.899	6.393	8.343
10	2.558	3.059	3.247	3.946	4.865	6.179	6.737	7.267	9.342
11	3.053	3.609	3.816	4.575	5.578	6.989	7.584	8.148	10.341
12	3.571	4.178	4.404	5.226	6.304	7.807	8.438	9.034	11.340
13	4.170	4.765	5.009	5.892	7.042	8.634	9.299	9.926	12.340
14	4.660	5.368	5.629	6.571	7.790	9.467	10.165	10.821	13.339
15	5.229	5.985	6.262	7.261	8.547	10.307	11.037	11.721	14.339
16	5.812	6.614	6.908	7.962	9.312	11.152	11.912	12.624	15.338
17	6.408	7.255	7.564	8.672	10.085	12.002	12.792	13.531	16.338
18	7.015	7.906	8.231	9.390	10.865	12.857	13.675	14.440	17.338
19	7.633	8.567	8.907	10.117	11.651	13.716	14.562	15.352	18.338
20	8.260	9.237	9.591	10.851	12.443	14.578	15.452	16.266	19.337
21	8.897	9.915	10.283	11.591	13.240	15.445	16.344	17.182	20.337
22	9.542	10.600	10.982	12.338	14.041	16.314	17.240	18.101	21.337
23	10.196	11.293	11.689	13.091	14.848	17.187	18.137	19.021	22.337
24	10.856	11.992	12.400	13.848	15.659	18.062	19.037	19.943	23.337
25	11.524	12.697	13.120	14.611	16.473	18.940	19.939	20.867	24.337
26	12.198	13.409	13.844	15.379	17.292	19.820	20.843	21.792	25.336
27	12.879	14.125	14.573	16.151	18.114	20.703	21.749	22.719	26.336
28	13.565	14.847	15.308	16.928	18.939	21.588	22.657	23.647	27.336
29	14.256	15.574	16.047	17.708	19.768	22.475	23.567	24.577	28.336
30	14.953	16.306	16.791	18.493	20.599	23.364	24.478	25.508	29.336

参 考 文 献

[1] 徐绪森,王宏济,甘茂治,等．装备维修工程学[M]．北京:国防工业出版社,1993.
[2] 陈学楚．装备系统工程[M]．北京:国防工业出版社,1995.
[3] 章国栋,屠庆慈．系统可靠性与维修性的分析与设计[M]．北京:北京航空航天大学出版社,1990.
[4] 杨为民,阮镰,俞沼,等．可靠性．维修性．保障性总论[M]．北京:国防工业出版社,1995.
[5] 陆廷孝,郑鹏洲,何国伟,等．可靠性设计与分析[M]．北京:国防工业出版社,1995.
[6] 甘茂治,徐绪森,傅光甫,等．维修性工程[M]．北京:国防工业出版社,1991.
[7] 甘茂治,吴真真,贾希胜,等．维修性设计与验证[M]．北京:国防工业出版社,1995.
[8] 马绍民,章国栋,宋太亮,等．综合保障工程[M]．北京:国防工业出版社,1995.
[9] 刘瑾辉．雷达维修工程学[M]．武汉:空军雷达学院,1994.
[10] 王汉功．导弹使用维修工程[M]．北京:国防工业出版社,1989.
[11] 孔繁柯,刘秘,马绍民,等．军用车辆运用工程[M]．北京:国防工业出版社,1993.
[12] 曾天翔．可靠性及维修性工程手册[M]．北京:国防工业出版社,1995.
[13] 周青龙,贾希胜,朱小冬,等．可靠性与维修工程[M]．石家庄:河北教育出版社,1992.
[14] 梅启智,廖炯生,孙慧中,等．系统可靠性基础[M]．北京:科学出版社,1987.
[15] 疏松桂．系统可靠性分析与综合[M]．北京:科学出版社,1992.
[16] 周源泉,翁朝曦.可靠性评定[M]．北京:科学出版社,1990.
[17] 李明,刘澎．武器装备发展系统论证方法与应用[M]．北京:国防工业出版社,2000.
[18] [美]Benjamin S. Blanchard. 物流工程与管理[M]．6 版．蒋长兵,等,译. 北京：中国人民大学出版社,2007.
[19] 冯静,孙权,罗鹏程,等．装备可靠性与综合保障[M]．长沙:国防科技大学出版社,2008.
[20] 陆民燕,艾骏,李秋英,等．软件可靠性工程[M]．北京:国防工业出版社,2011.
[21] 曹晋华,程侃. 可靠性. 数学引论(修订版)[M]．北京:高等教育出版社,2012.
[22] 康锐,屠庆慈,章国栋,等．可靠性维修性保障性工程基础[M]．北京:国防工业出版社,2012.
[23] 章文晋,郭霖瀚．装备保障性分析技术[M]．北京:北京航空航天大学出版社,2012.
[24] 宋太亮,王岩磊,方颖．装备大保障观总论[M]．北京:国防工业出版社,2014.
[25] [英]Donald Waters. 库存控制与管理[M]．李习文,李斌,译. 北京:机械工业出版社,2015.
[26] [沙特]Mohamed Ben-Daya,等. 维修管理与工程手册[M]．胡起伟,白永生,赵建民,等译．北京:国防工业出版社,2017.
[27] 康建设,宋文渊,白永牛,等．装备可靠性工程[M]．北京:国防工业出版社,2017.